U0251425

国家出版基金资助项目

现代数学中的著名定理纵横谈丛书

丛书主编　王梓坤

ORLICZ SPACE

Orlicz空间

刘培杰数学工作室　编

哈尔滨工业大学出版社
HARBIN INSTITUTE OF TECHNOLOGY PRESS

内 容 简 介

本书详细地介绍了 Orlicz 空间的相关内容以及 Orlicz 空间在数学各个分支领域中的应用. 全书共六编,分别介绍了距离与空间,Orlicz 空间基本理论,Orlicz 空间的性质,Orlicz 空间与方程,Orlicz 空间与逼近,Orlicz 空间与三角级数的相关内容.

本书适合大中师生及数学爱好者参考阅读.

图书在版编目(CIP)数据

Orlicz 空间/刘培杰数学工作室编. —哈尔滨:哈尔滨工业大学出版社,2024.3

(现代数学中的著名定理纵横谈丛书)

ISBN 978 - 7 - 5767 - 0591 - 1

Ⅰ.①O… Ⅱ.①刘… Ⅲ.①奥尔里契空间 Ⅳ.①O177.3

中国国家版本馆 CIP 数据核字(2023)第 023283 号

ORLICZ KONGJIAN

策划编辑	刘培杰 张永芹	
责任编辑	刘春雷	
封面设计	孙茵艾	
出版发行	哈尔滨工业大学出版社	
社　　址	哈尔滨市南岗区复华四道街 10 号　邮编 150006	
传　　真	0451 - 86414749	
网　　址	http://hitpress.hit.edu.cn	
印　　刷	辽宁新华印务有限公司	
开　　本	787 mm×960 mm　1/16　印张 28.5　字数 306 千字	
版　　次	2024 年 3 月第 1 版　2024 年 3 月第 1 次印刷	
书　　号	ISBN 978 - 7 - 5767 - 0591 - 1	
定　　价	188.00 元	

读书的乐趣

你最喜爱什么——书籍.

你经常去哪里——书店.

你最大的乐趣是什么——读书.

这是友人提出的问题和我的回答. 真的,我这一辈子算是和书籍,特别是好书结下了不解之缘. 有人说,读书要费那么大的劲,又发不了财,读它做什么？我却至今不悔,不仅不悔,反而情趣越来越浓. 想当年,我也曾爱打球,也曾爱下棋,对操琴也有兴趣,还登台伴奏过. 但后来却都一一断交,"终身不复鼓琴".那原因便是怕花费时间,玩物丧志,误了我的大事——求学. 这当然过激了一些. 剩下来唯有读书一事,自幼至今,无日少废,谓之书痴也可,谓之书橱也可,管它呢,人各有志,不可相强. 我的一生大志,便是教书,而当教师,不多读书是不行的.

读好书是一种乐趣,一种情操;一种向全世界古往今来的伟人和名人求

1

教的方法,一种和他们展开讨论的方式;一封出席各种活动、体验各种生活、结识各种人物的邀请信;一张迈进科学宫殿和未知世界的入场券;一股改造自己、丰富自己的强大力量.书籍是全人类有史以来共同创造的财富,是永不枯竭的智慧的源泉.失意时读书,可以使人重整旗鼓;得意时读书,可以使人头脑清醒;疑难时读书,可以得到解答或启示;年轻人读书,可明奋进之道;年老人读书,能知健神之理.浩浩乎!洋洋乎!如临大海,或波涛汹涌,或清风微拂,取之不尽,用之不竭.吾于读书,无疑义矣,三日不读,则头脑麻木,心摇摇无主.

潜能需要激发

我和书籍结缘,开始于一次非常偶然的机会.大概是八九岁吧,家里穷得揭不开锅,我每天从早到晚都要去田园里帮工.一天,偶然从旧木柜阴湿的角落里,找到一本蜡光纸的小书,自然很破了.屋内光线暗淡,又是黄昏时分,只好拿到大门外去看.封面已经脱落,扉页上写的是《薛仁贵征东》.管它呢,且往下看.第一回的标题已忘记,只是那首开卷诗不知为什么至今仍记忆犹新:

日出遥遥一点红,飘飘四海影无踪.

三岁孩童千两价,保主跨海去征东.

第一句指山东,二、三两句分别点出薛仁贵(雪、人贵).那时识字很少,半看半猜,居然引起了我极大的兴趣,同时也教我认识了许多生字.这是我有生以来独立看的第一本书.尝到甜头以后,我便千方百计去找书,向小朋友借,到亲友家找,居然断断续续看了《薛丁山征西》《彭公案》《二度梅》等,樊梨花便成了我心

2

中的女英雄.我真入迷了.从此,放牛也罢,车水也罢,我总要带一本书,还练出了边走田间小路边读书的本领,读得津津有味,不知人间别有他事.

当我们安静下来回想往事时,往往会发现一些偶然的小事却影响了自己的一生.如果不是找到那本《薛仁贵征东》,我的好学心也许激发不起来.我这一生,也许会走另一条路.人的潜能,好比一座汽油库,星星之火,可以使它雷声隆隆、光照天地;但若少了这粒火星,它便会成为一潭死水,永归沉寂.

抄,总抄得起

好不容易上了中学,做完功课还有点时间,便常光顾图书馆.好书借了实在舍不得还,但买不到也买不起,便下决心动手抄书.抄,总抄得起.我抄过林语堂写的《高级英文法》,抄过英文的《英文典大全》,还抄过《孙子兵法》,这本书实在爱得狠了,竟一口气抄了两份.人们虽知抄书之苦,未知抄书之益,抄完毫末俱见,一览无余,胜读十遍.

始于精于一,返于精于博

关于康有为的教学法,他的弟子梁启超说:"康先生之教,专标专精、涉猎二条,无专精则不能成,无涉猎则不能通也."可见康有为强烈要求学生把专精和广博(即"涉猎")相结合.

在先后次序上,我认为要从精于一开始.首先应集中精力学好专业,并在专业的科研中做出成绩,然后逐步扩大领域,力求多方面的精.年轻时,我曾精读杜布(J. L. Doob)的《随机过程论》,哈尔莫斯(P. R. Halmos)的《测度论》等世界数学名著,使我终身受益.简言之,即"始于精于一,返于精于博".正如中国革命一样,必须先有一块根据地,站稳后再开创几块,最后连成一片.

丰富我文采,澡雪我精神

辛苦了一周,人相当疲劳了,每到星期六,我便到旧书店走走,这已成为生活中的一部分,多年如此.一次,偶然看到一套《纲鉴易知录》,编者之一便是选编《古文观止》的吴楚材.这部书提纲挈领地讲中国历史,上自盘古氏,直到明末,记事简明,文字古雅,又富于故事性,便把这部书从头到尾读了一遍.从此启发了我读史书的兴趣.

我爱读中国的古典小说,例如《三国演义》和《东周列国志》.我常对人说,这两部书简直是世界上政治阴谋诡计大全.即以近年来极时髦的人质问题(伊朗人质、劫机人质等),这些书中早就有了,秦始皇的父亲便是受害者,堪称"人质之父".

《庄子》超尘绝俗,不屑于名利.其中"秋水""解牛"诸篇,诚绝唱也.《论语》束身严谨,勇于面世,"己所不欲,勿施于人",有长者之风.司马迁的《报任少卿书》,读之我心两伤,既伤少卿,又伤司马;我不知道少卿是否收到这封信,希望有人做点研究.我也爱读鲁迅的杂文,果戈理、梅里美的小说.我非常敬重文天祥、秋瑾的人品,常记他们的诗句:"人生自古谁无死,留取丹心照汗青""休言女子非英物,夜夜龙泉壁上鸣".唐诗、宋词、《西厢记》《牡丹亭》,丰富我文采,澡雪我精神,其中精粹,实是人间神品.

读了邓拓的《燕山夜话》,既叹服其广博,也使我动了写《科学发现纵横谈》的心.不料这本小册子竟给我招来了上千封鼓励信.以后人们便写出了许许多多的"纵横谈".

从学生时代起,我就喜读方法论方面的论著.我想,做什么事情都要讲究方法,追求效率、效果和效益,方法好能事半而功倍.我很留心一些著名科学家、文学家写的心得体会和经验.我曾惊讶为什么巴尔扎克在51年短短的一生中能写出上百本书,并从他的传记中去寻找答案.文史哲和科学的海洋无边无际,先哲们的明智之光沐浴着人们的心灵,我衷心感谢他们的恩惠.

读书的另一面

以上我谈了读书的好处,现在要回过头来说说事情的另一面.

读书要选择.世上有各种各样的书:有的不值一看,有的只值看20分钟,有的可看5年,有的可保存一辈子,有的将永远不朽.即使是不朽的超级名著,由于我们的精力与时间有限,也必须加以选择.决不要看坏书,对一般书,要学会速读.

读书要多思考.应该想想,作者说得对吗?完全吗?适合今天的情况吗?从书本中迅速获得效果的好办法是有的放矢地读书,带着问题去读,或偏重某一方面去读.这时我们的思维处于主动寻找的地位,就像猎人追找猎物一样主动,很快就能找到答案,或者发现书中的问题.

有的书浏览即止,有的要读出声来,有的要心头记住,有的要笔头记录.对重要的专业书或名著,要勤做笔记,"不动笔墨不读书".动脑加动手,手脑并用,既可加深理解,又可避忘备查,特别是自己的灵感,更要及时抓住.清代章学诚在《文史通义》中说:"札记之功必不可少,如不札记,则无穷妙绪如雨珠落大海矣."

许多大事业、大作品,都是长期积累和短期突击相结合的产物.涓涓不息,将成江河;无此涓涓,何来江河?

爱好读书是许多伟人的共同特性,不仅学者专家如此,一些大政治家、大军事家也如此.曹操、康熙、拿破仑、毛泽东都是手不释卷,嗜书如命的人.他们的巨大成就与毕生刻苦自学密切相关.

王梓坤

目
录

◎

1

4

第一编
距离与空间

从一道上海高考数学试题谈起

第 1 章

世界著名数学家 R. L. Wilder(R. L. 怀尔德)曾指出：

> 然而看来有理由期望,一旦一个能够提供研究沃土的数学新分支存在于足够多的数学家头脑之中,这个分支就将沿着与推进该分支的数学家的个人气质无关(除去纯细节方面)的方向发展,先是出现许多重复性的结果,该学科的活动达到了最热烈的程度,继而兴趣开始衰落,衰落可能是因为最重要的、最有兴趣的问题已经解决,也许是因为这个分支已经被包容更大领域的数学新分支所吸收.最后只有分散的工作者滞留在原分支中,而主要的年轻人则忙于新理论的工作.

Orlicz(奥尔里奇)空间理论在几十年的发展历程中基本上完美地诠释了这个路径.

Orlicz 空间

Orlicz 是现代波兰著名数学家. 他提出了一个以他的名字命名的空间,因其数学结构的优美和广泛的应用受到众多数学家的重视和挖掘,在 20 世纪初成了一个热门的数学分支. 正像关于数学的荷马诗句所描述:"她出生时十分弱小,但每个时辰都在长大. 她在大地上蔓延,并震撼着周围的世界."

世界著名数学家 E. J. Macshane(E. J. 麦克沙恩)曾指出:

Hermann Weyl(韦尔)提出过警告说,我们长期以来搞抽象与推广,今后的数学需要发现新的、有趣的例子. 有些数学对象的主要公共性质实在单调,找到其公共的推广并无多少益处.

Orlicz 空间理论经过近一个世纪的发展,现在被不断地抽象与推广,变得越来越艰深与精巧,离普通数学爱好者越来越远. 所以我们为了科普,有必要回到最初的起点.

我们从空间中最基本的要素"距离"谈起. 在 2019 年,岳敏曾在微信公众号 The Fifth Postulate 中发表过一篇原创文章,题为《曼哈顿距离和函数的最小值》. 文中指出:

在不同的空间中,像"两点的距离"这样的几何概念可以有不同的直观含义. 例如,两点在同一个球表面上的球面距离就和通常意义上两点的直线距离不同,因为球面上没有通常意义上的直线.

在一个街道纵横交错的城市中,如果某人从某处

4

坐出租车去另一处,那么对于乘客而言,这两处的直线距离显然意义不大,因为实际驶过的很可能是一条随街道而弯折的路线. 如果不考虑交通拥堵情况,如何使这条弯折的路线长度尽量地小,才是乘客所关心的.

讨论在这类网格图形中的几何问题的数学分支,被形象地称为"出租车几何学". 在出租车几何学中,受到网格图形的限制,距离以及和距离有关的一些概念(如中垂线、圆等)都需要被重新定义,有些几何定理也需要改写.

我们先来讨论在出租车几何学中,某一动点到若干给定点的"距离"(曼哈顿距离)之和的最小值. 该问题具有重要的现实意义. 例如,如果某快递公司要在某地区设置一个中转站,以便于附近几个小区的快递收发,那么根据该地区的街道网格,应选定一个到附近各小区"距离"之和尽量小的地方设置中转站.

2009 年上海秋季高考理科卷第 13 题、文科卷第 14 题的考点就是(二维)曼哈顿距离和函数的最小值.

1. 曼哈顿距离简介

我们知道,在平面直角坐标系中,如果要从点 $A(x_1, y_1)$ 出发到点 $B(x_2, y_2)$,最近的路线是沿线段 AB 移动,其距离为 $\sqrt{(x_1 - x_2)^2 + (y_1 - y_2)^2}$,这个距离称为点 A 和点 B 的二维 Euclid(欧几里得)距离.

但是,如果点 $A(x_1, y_1)$ 和点 $B(x_2, y_2)$ 位于一个以东西 – 南北方向街道布局的城镇中,从点 A 出发到点 B 只能沿街道移动,那么最近的路线可以沿图中的几条折线移动,不论沿哪条折线移动,其距离都为 $|x_1 - x_2| + |y_1 - y_2|$,这个距离称为点 A 和点 B 的二维曼哈顿距离(图 1.1).

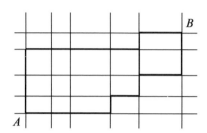

图 1.1

在三维空间中,如果从点 $A(x_1,y_1,z_1)$ 出发,只能沿与 x 轴,y 轴,z 轴平行的方向移动到点 $B(x_2,y_2,z_2)$,那么同理可得,最近路线的距离是 $|x_1-x_2|+|y_1-y_2|+|z_1-z_2|$,这个距离称为点 A 和点 B 的三维曼哈顿距离.

一般地可以定义,在 n 维空间中,点 $A(x_1,x_2,\cdots,x_n)$ 和点 $B(y_1,y_2,\cdots,y_n)$ 的 n 维曼哈顿距离为 $|x_1-y_1|+|x_2-y_2|+\cdots+|x_n-y_n| = \sum_{i=1}^{n}|x_i-y_i|$.

2. 曼哈顿距离和函数

考虑以下问题. 在 n 维空间中,给定 k 个不同点 $P_j(m_{j_1},m_{j_2},\cdots,m_{j_n})(j=1,2,\cdots,k)$,求一点 P,使 P 到这些点的曼哈顿距离之和最小,并求出最小值.

设 $P(x_1,x_2,\cdots,x_n)$,则 P 到这些点的曼哈顿距离之和为 $\sum_{j=1}^{k}\left(\sum_{i=1}^{n}|x_i-m_{ji}|\right) = \sum_{i=1}^{n}\left(\sum_{j=1}^{k}|x_i-m_{ji}|\right)$. 由于该表达式中的 n 个变量 $x_1,x_2,\cdots,x_n$ 是相互独立的,因此该问题可分解为:① 对每一个 $i=1,2,\cdots,n$,分别求一个数 x_i,使 $\sum_{j=1}^{k}|x_i-m_{ji}|$ 最小,并求出最小值;② 所求得的 $x_1,x_2,\cdots,x_n$ 即为 P 的 n 个坐标分量,

将 i 分别取 $1,2,\cdots,n$ 时 $\sum\limits_{j=1}^{k}\mid x_i - m_{ji}\mid$ 的最小值相加,即得 P 到 $P_j(j=1,2,\cdots,k)$ 的曼哈顿距离之和的最小值.

至此,问题转化成了讨论一个一元函数的最小值. 为后面讨论方便,将上述符号简化,并作如下定义.

定义 1.1　设函数 $f(x)=\sum\limits_{i=1}^{n}\mid x-m_i\mid=\mid x-m_1\mid+\mid x-m_2\mid+\cdots+\mid x-m_n\mid\ (m_1\leqslant m_2\leqslant\cdots\leqslant m_n, n\in\mathbf{N}^*)$,称 $f(x)$ 为一维曼哈顿距离和函数,以下简称曼哈顿距离和函数. 下文主要讨论 $f(x)$ 的最小值,及何处取到最小值.

3. 曼哈顿距离和函数的最小值

$(1)f(x)$ 的分段.

按绝对值的定义,可将 $f(x)$ 从左至右依次分成 $n+1$ 段:$x\leqslant m_1,m_1\leqslant x\leqslant m_2,\cdots,m_{n-1}\leqslant x\leqslant m_n,x\geqslant m_n$. 当 x 在第 $i(i=1,2,\cdots,n+1)$ 段内时,前 $i-1$ 个绝对值 $\mid x-m_1\mid,\mid x-m_2\mid,\cdots,\mid x-m_{i-1}\mid$ 非负(如果 $i=1$,那么不存在这样的项);后 $n-i+1$ 个绝对值 $\mid x-m_i\mid,\mid x-m_{i+1}\mid,\cdots,\mid x-m_n\mid$ 非正(如果 $i=n+1$,那么不存在这样的项),因此

$$
\begin{aligned}
f(x) &= (x-m_1)+(x-m_2)+\cdots+(x-m_{i-1})+ \\
&\quad (m_i-x)+(m_{i+1}-x)+\cdots+(m_n-x) \\
&= (i-1)x-m_1-m_2-\cdots-m_{i-1}- \\
&\quad (n-i+1)x+m_i+m_{i+1}+\cdots+m_n \\
&= (-n+2i-2)x-\sum_{j=1}^{i-1}m_j+\sum_{j=i}^{n}m_j
\end{aligned}
$$

（2）$f(x)$ 的单调性.

根据 $f(x)$ 的表达式可知，$f(x)$ 在每一段长度不为零的区间内都是一个一次函数或常值函数的一部分. 它们的斜率从左至右依次为 $-n, -n+2, \cdots, n-2, n$，成一个首项为 $-n$、公差为 2 的等差数列，因此，当 n 为奇数时，第 1 段至第 $\frac{n+1}{2}$ 段斜率为负（斜率依次为 $-n, -n+2, \cdots, -1$），$f(x)$ 单调递减；第 $\frac{n+3}{2}$ 段至第 $n+1$ 段斜率为正（斜率依次为 $1, 3, \cdots, n$），$f(x)$ 单调递增. 当 n 为偶数时，第 1 段至第 $\frac{n}{2}$ 段斜率为负（斜率依次为 $-n, -n+2, \cdots, -2$），$f(x)$ 单调递减；第 $\frac{n+2}{2}$ 段斜率为零，第 $\frac{n+4}{2}$ 段至第 $n+1$ 段斜率为正（斜率依次为 $2, 4, \cdots, n$），$f(x)$ 单调递增.

从第 2 段至第 n 段，如果其中某段的区间长度为零，那么 $f(x)$ 在该段上的图像是一个点.

（3）$f(x)$ 的最小值.

根据 $f(x)$ 的单调性可知，当 n 为奇数时，$f(x)$ 在第 $\frac{n+1}{2}$ 段和第 $\frac{n+3}{2}$ 段的分界点，即 $m = m_{\frac{n+1}{2}}$ 处取到最小值，最小值为

$$f_{\min} = f\left(m_{\frac{n+1}{2}}\right) = \left(m_{\frac{n+1}{2}} - m_1\right) + \left(m_{\frac{n+1}{2}} - m_2\right) + \cdots +$$
$$\left(m_{\frac{n+1}{2}} - m_{\frac{n-1}{2}}\right) + \left(m_{\frac{n+1}{2}} - m_{\frac{n+1}{2}}\right) + \left(m_{\frac{n+3}{2}} - m_{\frac{n+1}{2}}\right) +$$

$$\left(m_{\frac{n+5}{2}} - m_{\frac{n+1}{2}}\right) + \cdots + \left(m_n - m_{\frac{n+1}{2}}\right)$$

$$= -m_1 - m_2 - \cdots - m_{\frac{n-1}{2}} + m_{\frac{n+3}{2}} + m_{\frac{n+5}{2}} + \cdots + m_n$$

$$= -\sum_{i=1}^{\frac{n-1}{2}} m_i + \sum_{i=\frac{n+3}{2}}^{n} m_i$$

当 n 为偶数时, $f(x)$ 在第 $\dfrac{n+2}{2}$ 段上, 即 $m_{\frac{n}{2}} \leqslant x \leqslant m_{\frac{n+2}{2}}$ 处取到最小值, 最小值为

$$
\begin{aligned}
f_{\min} = f\left(m_{\frac{n}{2}}\right) = & \left(m_{\frac{n}{2}} - m_1\right) + \left(m_{\frac{n}{2}} - m_2\right) + \cdots + \\
& \left(m_{\frac{n}{2}} - m_{\frac{n-2}{2}}\right) + \left(m_{\frac{n}{2}} - m_{\frac{n}{2}}\right) + \left(m_{\frac{n+2}{2}} - m_{\frac{n}{2}}\right) + \\
& \left(m_{\frac{n+4}{2}} - m_{\frac{n}{2}}\right) + \cdots + \left(m_n - m_{\frac{n}{2}}\right) \\
= & -m_1 - m_2 - \cdots - m_{\frac{n-2}{2}} - m_{\frac{n}{2}} + m_{\frac{n+2}{2}} + \\
& m_{\frac{n+4}{2}} + \cdots + m_n \\
= & -\sum_{i=1}^{\frac{n}{2}} m_i + \sum_{i=\frac{n+2}{2}}^{n} m_i
\end{aligned}
$$

至此, 我们完整地讨论了一维曼哈顿距离和函数的最小值, 及何处取到最小值. 根据前文的方法, 就可求出 n 维曼哈顿距离和函数的最小值, 以及当其取到最小值时, $x_1, x_2, \cdots, x_n$ 的值.

(4) $f(x)$ 的大致图像.

根据上述讨论, 以下描绘 $f(x)$ 的大致图像. 为便于观察, 该图像主要反映 $f(x)$ 在最小值点附近的形状, 且图中每段的斜率等几何性质仅体现 $f(x)$ 的单调性等性质特征, 并不代表其数量特征.

当 n 为奇数时, $f(x)$ 的大致图像如图 1.2.

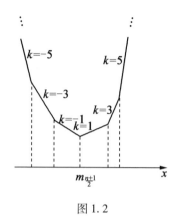

图 1.2

当 n 为偶数时，$f(x)$ 的大致图像如图 1.3.

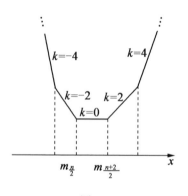

图 1.3

本题因其有深远的高等数学背景而一再被人们所想起. 12 年后在 2021 届重庆南开中学第六次质检试题中再度重现：

题 1.1（多选题） 曼哈顿距离（或出租车几何）是由数学家 Hermann Minkowski（赫尔曼·闵可夫斯基）所创的词汇，是一种使用在几何度量空间的几何

学用语. 例如, 在平面上, 点 $P(x_1,y_1)$ 和点 $Q(x_2,y_2)$ 的曼哈顿距离为 $L_{PQ} = |x_1 - x_2| + |y_1 - y_2|$, 若点 $P(x_1,y_1)$ 为圆 $C : x^2 + y^2 = 4$ 上一动点, $Q(x_2,y_2)$ 为直线 $l : kx - y - 2k - 4 = 0 \left(k \in \left[-\dfrac{1}{2}, 2 \right] \right)$ 上一动点, 设 $L(k)$ 为 P, Q 两点的曼哈顿距离的最小值, 则 $L(k)$ 的可能取值有　　　　　　　　　　　　　　 （　　）

A. 1　　　　B. 2　　　　C. 3　　　　D. 4

解法一　绝对值不等式法(安徽淮北马建).

设 $P(2\cos\theta, 2\sin\theta), Q(x, kx - 2x - 4)$. 当 $k \in [1,2]$ 时

$$L_{PQ} = |2\cos\theta - x| + |2\sin\theta - (kx - 2x - 4)|$$
$$\geqslant \left| 2\cos\theta - \left(\frac{2\sin\theta + 2k + 4}{k} \right) \right|$$
$$\geqslant \frac{2k+4}{k} - 2\sqrt{1 + \frac{1}{k^2}}$$

此时最小值 $L(k) = \dfrac{2k+4}{k} - 2\sqrt{1 + \dfrac{1}{k^2}} \in [4 - \sqrt{5}, 6 - 2\sqrt{2}]$.

当 $k \in \left[-\dfrac{1}{2}, 1 \right)$ 时

$$L_{PQ} = |2\cos\theta - x| + |2\sin\theta - (kx - 2k - 4)|$$
$$\geqslant |2\sin\theta - (2k\cos\theta - 2k - 4)|$$
$$\geqslant 2k + 4 - 2\sqrt{1 + k^2}$$

此时最小值 $L(k) = 2k + 4 - 2\sqrt{1 + k^2} \in [3 - \sqrt{5}, 6 - 2\sqrt{2})$.

综上, $L(k) \in [3 - \sqrt{5}, 6 - 2\sqrt{2}]$, 应选 ABC.

注　①求最值时利用了三角函数的有界性和函数的单调性.

② 第一个不等式利用了下面的结论：当 $|k| \geqslant 1$ 时，$f(x) = |x - x_1| + |k(x - x_2)|$ 的最小值为 $f(x_2)$，当 $|k| < 1$ 时，$f(x) = |x - x_1| + |k(x - x_2)|$ 的最小值为 $f(x_1)$。

③ 关于曼哈顿距离的结论：

点 P 是直线 l（斜率记为 k）外的定点，点 Q 是直线 l 上的动点，过点 P 作坐标轴的垂线分别与直线交于点 P_1 和 P_2，则当 $|k| \geqslant 1$ 时

$$L_{PQ} = |PM| + |MQ| \geqslant |PM| + |MP_1| = |PP_1|$$

当 $|k| < 1$ 时

$$L_{PQ} = |PN| + |NQ| \geqslant |PN| + |NP_2| = |PP_2|$$

解法二 分类讨论法（浙江杭州龚大成，广东阳江曾广荣）。

可以证明：已知圆 $M:(x - x_0)^2 + (y - y_0)^2 = r^2$，直线 $l:Ax + By + C = 0$，其中直线与圆相离，则圆上一点 P 与直线上一点 Q 之间的"曼哈顿距离"为

$$L_{PQ} = \frac{|Ax_0 + By_0 + C| - r\sqrt{A^2 + B^2}}{\max\{|A|, |B|\}}$$

本题中，圆 $C:x^2 + y^2 = 4$，直线

$$l:kx - y - 2k - 4 = 0 \quad \left(k \in \left[-\frac{1}{2}, 2\right]\right)$$

$(x_0, y_0) = (0, 0)$，$r = 2$，$A = k$，$B = -1$，$C = -2k - 4$ 则

$$L(k) = L_{PQ} = \frac{|Ax_0 + By_0 + C| - r\sqrt{A^2 + B^2}}{\max\{|A|, |B|\}}$$

$$= \frac{|2k + 4| - 2\sqrt{k^2 + 1}}{\max\{|k|, 1\}} \quad \left(k \in \left[-\frac{1}{2}, 2\right]\right)$$

① 当 $k \in (1, 2]$ 时

$$L(k) = \frac{|\,2k+4\,|-2\,\sqrt{k^2+1}}{|\,k\,|}$$

$$= \frac{2k+4-2\,\sqrt{k^2+1}}{k}$$

$$= 2 + \frac{4}{k} - \frac{2\,\sqrt{1+k^2}}{k}$$

得

$$L'(k) = -\frac{4}{k^2} - 2 \times \frac{-1}{k^2\,\sqrt{1+k^2}}$$

$$= \frac{2-4\,\sqrt{1+k^2}}{k^2\,\sqrt{1+k^2}} < 0$$

$$\Rightarrow L(k)\ \text{单调递减}$$

故 $L(1) = 6 - 2\sqrt{2}$，$L(2) = 4 - \sqrt{5}$，$L(k) \in (4 - \sqrt{5},\ 6 - 2\sqrt{2}\,]$.

② 当 $k \in \left[-\dfrac{1}{2}, 1\right]$ 时

$$L_{PQ} = 2k+4-2\,\sqrt{1+k^2} = L(k)$$

得

$$L'(k) = 2 - \frac{2k}{\sqrt{1+k^2}} = \frac{2(\,\sqrt{1+k^2}-k)}{\sqrt{1+k^2}} > 0$$

$$\Rightarrow L(k)\ \text{单调递增}$$

故 $L(1) = 6 - 2\sqrt{2}$，$L\left(-\dfrac{1}{2}\right) = 3 - \sqrt{5}$，$L(k) \in [\,3 - \sqrt{5}, 6 - 2\sqrt{2}\,]$.

综合 ① 和 ②，可得 $L(k) \in [\,3 - \sqrt{5}, 6 - 2\sqrt{2}\,]$，故选 ABC.

Minkowski 空间

2.1 引 言

Euclid 几何中的 Pythagoras(毕达哥拉斯) 定理把由 $s^2 = x^2 + y^2$ 算得的 s 看作矢量 (x, y) 的长度. 在曲面理论和广义相对论中长度有更复杂的公式,那里 ds^2 是用二次微分表示式给定的. 很引人注意的是,似乎总是与平方打交道,不是 s^2 就是 ds^2. 读者可能会怀疑,受制于平方是不是束缚了我们的思想. 几何为什么一定要以平方为基础?能不能有一种几何,在这种几何里 $s^p = x^p + y^p$,或对多维情况来说

$$s^p = \sum_{r=1}^{n} x_r^p$$

其中 p 为某个不等于 2 的数. Minkowski 在 1896 年出版的一本书《数的几何学》(*Geometrie der Zahlen*) 中就提出了

这种想法. 在这本书里以及更早的论文中,他用简单的几何论证得到了数论上很有意思的结果. 他用下式定义矢量$(x_1, x_2, \cdots, x_n)$的长度 s

$$s^p = \sum_{r=1}^{n} \mid x_r \mid^p$$

必须用绝对值,以免矢量有零长度或负长度. 例如

$$p = 3, s^3 = x^3 + y^3$$

会使$(1, -1)$的长度为 0,使$(0, -1)$的长度为 -1,这是与距离概念相矛盾的.

系统研究度量空间是从 1906 年 Fréchet(弗雷歇)的论文开始的. 在一般度量空间概念被认识以前的那些年里,Minkowski 的距离定义提供了一个赋范矢量空间的例子. 范数定义为

$$\parallel (x_1, \cdots, x_n) \parallel = \Big[\sum_{r=1}^{n} \mid x_r \mid^p \Big]^{\frac{1}{p}}$$

的空间,现在称为 l_p 空间. 有类似范数的无穷维空间用同样的符号 l_p 表示 —— 其实 l_p 一般是指这种无穷维空间. l_p 空间的特殊情况为 $p = 1, 2$ 和 ∞ 的情况.

在数值分析中,l_1, l_2 和 l_∞ 空间是常用的,一般的 l_p 空间相对地讲用得很少. 既然本书是偏重应用的,这里需要解释一下为什么本章要讲一般的 l_p 空间.

有两个原因:一是因为许多书很早就引进了 l_p 空间,并且总是从三角不等式的证明讲起,其意图似乎是为使学生摆脱实际的对象. 这个证明的思想将在 2.2 节中解释,希望以此克服进一步学习的一大障碍.

再一个原因是,这个证明很好地说明了泛函分析中用几何想象是有益的,同时由它能引出数值分析中很重要的概念.

当然,人们会感到奇怪 —— 写进教科书里的证明（如下一节就要看到的）怎么会那样使人费解?原因在于发现和发表之间的差别. 在做出一个发现的时候,都是有某种思想指导的,这种思想也许像图画似的,它很有用,但很难用精确的方式来表达. 一位数学家在准备要发表论文时,他（或她）首先关心的是要使其他专家信服定理确实是成立的,是确凿无疑地证明了的. 于是首要考虑的是逻辑,而最后发表的证明可能完全不同于使作者发现定理时的思路. 对于数学来说,在学术期刊上和叙述性的教科书中,逻辑证明当然都是根本的. 麻烦在于大数学家总是浓缩了很长的逻辑推理,只给出正式证明,而对于如何做出证明的思想活动过程则不加任何说明. 对于希望学好数学并且也许要做出他们自己的数学发现的学生来说,思想活动过程,包括导致发现的猜测和想象的过程,是同逻辑一样重要的.

2.2　剖析三角不等式的证明

要证明的结果是很简单、很自然的. 在赋范矢量空间中,三角不等式是用以下公式表示的

$$\|u\| + \|v\| \geq \|u + v\|$$

我们要证明 Minkowski 定义的距离

$$\|(x_1, \cdots, x_n)\| = \Big[\sum_{r=1}^{n} |x_r|^p \Big]^{\frac{1}{p}} \quad (p > 1)$$

满足这个公式. 不用多说就能知道,只要对没有负分量的矢量证明不等式成立就够了. 也就是说,只要证明 $x_r \geq 0, y_r \geq 0$ 时有不等式

$$\left(\sum x_r^p \right)^{\frac{1}{p}} + \left(\sum y_r^p \right)^{\frac{1}{p}} \geqslant \left[\sum (x_r + y_r)^p \right]^{\frac{1}{p}}$$

$$(2.1)$$

下面概述一下常见的一种证明. 圆括号的注里所说的问题, 即使见识很广的优秀学生在第一次见到这个证明时也可能会有迷惑不解的.

我们先建立一个预备性结果, 即 Hölder(赫尔德) 不等式. 如果对 $1 \leqslant r \leqslant n$ 有 $u_r \geqslant 0, v_r \geqslant 0$, 那么

$$\sum_{r=1}^{n} u_r v_r \leqslant \left(\sum_{r=1}^{n} u_r^p \right)^{\frac{1}{p}} \left(\sum_{r=1}^{n} v_r^q \right)^{\frac{1}{q}}$$

其中 $\dfrac{1}{p} + \dfrac{1}{q} = 1$. (这个结果究竟是什么意思? 是怎么想出来的? 它看上去不太像我们所要证明的不等式; 对我们的证明有什么用呢? q 这个数在这里究竟起什么作用?)

这里没有必要考虑 Hölder 不等式是如何证明的问题. 下一步我们写出等式

$$\sum_{r=1}^{n} (x_r + y_r)^p$$
$$= \sum_{r=1}^{n} x_r (x_r + y_r)^{p-1} + \sum_{r=1}^{n} y_r (x_r + y_r)^{p-1}$$

$$(2.2)$$

(这显然是对的 —— 但为什么将它这样分解呢?)

然后对式 (2.2) 右边两部分各自应用 Hölder 不等式:

(i) 设

$$u_r = x_r, v_r = (x_r + y_r)^{p-1}$$

于是得

$$\sum x_r (x_r + y_r)^{p-1}$$

$$\leq \left[\sum x_r^p\right]^{\frac{1}{p}}\left[\sum (x_r + y_r)^{(p-1)q}\right]^{\frac{1}{q}}$$

因 $\dfrac{1}{p} + \dfrac{1}{q} = 1$，故

$$(p-1)q = p$$

所以这个不等式可改写为

$$\sum x_r(x_r + y_r)^{p-1}$$

$$\leq \left[\sum x_r^p\right]^{\frac{1}{p}}\left[\sum (x_r + y_r)^p\right]^{\frac{1}{q}}$$

（ii）对式（2.2）右边第二部分做类似计算得

$$\sum y_r(x_r + y_r)^{p-1}$$

$$\leq \left[\sum y_r^p\right]^{\frac{1}{p}}\left[\sum (x_r + y_r)^p\right]^{\frac{1}{q}}$$

将这两个不等式相加，其左边就是

$$\sum (x_r + y_r)^p$$

把它记为 s. 右边有一个公共因子: $s^{\frac{1}{q}}$. 除以这个公共因子, 左边就得 $s^{1-\frac{1}{q}}$. 因为

$$1 - \frac{1}{q} = \frac{1}{p}$$

所以左边就是 $s^{\frac{1}{p}}$. 将 s 换成原表达式, 则得

$$\left[\sum (x_r + y_r)^p\right]^{\frac{1}{p}} \leq \left(\sum x_r^p\right)^{\frac{1}{p}} + \left(\sum y_r^p\right)^{\frac{1}{p}}$$

这恰好是我们所要证明的.（这究竟是怎么预见的呢?）

概略的证明到此完毕, 这是一种常见的证法. 这种证明是怎么想出来的呢?因为 l_p 空间是 Euclid 空间的推广, 开始的时候以熟悉的 Euclid 空间为背景来看问题是有益的. 即使在 Euclid 空间, 即 l_2 空间, 用代数方法处理起来, 问题也不是那么简单. 我们必须证明

$$\sqrt{\sum x_r^2} + \sqrt{\sum y_r^2} \geq \sqrt{\sum (x_r + y_r)^2}$$

但是有一个很简单的几何证法. 图 2.1 中, 矢量 $\overrightarrow{OA}$, $\overrightarrow{AB}$ 和 $\overrightarrow{OB}$ 分别代表 x, y 和 $x + y$. 我们要证明

$$\| \overrightarrow{OA} \| + \| \overrightarrow{AB} \| \geqslant \| \overrightarrow{OB} \|$$

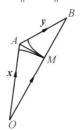

图 2.1

如果画上 $AM \perp \overrightarrow{OB}$, 就有 $\| \overrightarrow{OA} \| \geqslant \| OM \|$ 和 $\| \overrightarrow{AB} \| \geqslant \| MB \|$, 因为直角三角形中直角边不会大于斜边. 由于

$$\| \overrightarrow{OB} \| = \| OM \| + \| MB \|$$

故只要将两个不等式相加就得到所要的结果.

2.3　Banach-Mazur 距离

Banach-Mazur(巴拿赫 – 马祖尔) 距离是 Banach 空间局部理论中的基本概念之一. 由于维数相同的有限维空间是同构的, 为了更准确地研究它们之间的关系, 我们需要某种量的概念. 而 Banach-Mazur 距离正可以表明同构的两个 Banach 空间的单位球与它的单位球像之间的"远近"程度, 也可以表明它们之间某些数值参数之间的数量关系. 这个概念是由 Banach-Mazur 所引进的. 本节我们将对这一概念做一系统的初步介绍.

一般说来计算两个给定的 Banach 空间之间的 Banach-Mazur 距离, 即使近似的估计也是相当困难的. 因此需要找出一个"好的"坐标系(基) 使得计算得以进行. 所有这一切推动了我们去发展一种技巧不仅使距离的研究得以进行, 而且也在 Banach 空间局部理论的其他方面以及算子理想理论中有其广泛应用.

定义 2.1 设 X 和 Y 是 Banach 空间. 令
$$d(X,Y)$$
$$= \inf\{\|T\| \cdot \|T^{-1}\| ; T \text{ 是 } X \to Y \text{ 上的同构}\}$$
$$(2.3)$$
其中 inf 是对 $X \to Y$ 上的一切同构映射而取的.

如果 X 与 Y 不同构, 则令 $d(X,Y) = \infty$. 称 $d(X,Y)$ 为 Banach 空间 X 与 Y 之间的 Banach-Mazur 距离.

应该指出的是系数域的选择在这个定义中是本质的. 因为存在实的 Banach 空间, 所以它可具有两个不复同构的复结构.

对于任意的 Banach 空间 X,Y 和 Z, 显然总有
$$d(X,Y) \leq d(X,Z) \cdot d(Z,Y)$$
而当 X 与 Y 等距同构时, $d(X,Y) = 1$. 这说明 $d(X,Y)$ 不是距离, 只是我们按照传统的说法称它为 "Banach-Mazur 距离"罢了.

注 令
$$d(X,Y)$$
$$= \inf\{\log\|T\| \|T^{-1}\| ; T \text{ 是 } X \to Y \text{ 上的同构}\}$$
其中 inf 取遍 $X \to Y$ 上的同构映射. 如果 $d(X,Y) = 0$, 则称 X 与 Y 几乎等距. 按照 Banach 的说法, 如果 X 与 Y 等距, 那么 X 与 Y 几乎等距. 从下面的内容我们可以看

出其逆不成立.

命题 2.1　存在 Banach 空间 X 和 Y,使得

$$d(X,Y) = 1$$

但 X 与 Y 不等距同构.

证明　在空间 c_0 中引入两个范数

$$\|x\|_i = \sup_j |x(j)| + \left(\sum_{j=1}^{\infty} |2^{-j}x(j+i)|^2\right)^{\frac{1}{2}}$$

$$x = (x(j))_{j=1}^{\infty} \quad (i = 0,1)$$

令

$$X_0 = (c_0, \|\quad\|_0), X_1 = (c_0, \|\quad\|_1)$$

设 $T_n : X_0 \to X_1$ 是定义如下的有界线性算子

$$(x(1), x(2), \cdots)$$

$$\to (x(n), x(1), \cdots, x(n-1), x(n+1), \cdots)$$

$n = 1, 2, \cdots$. 那么 $T_n(n = 1, 2, \cdots)$ 是 $X_0 \to X_1$ 上的同构,且

$$\lim_{n\to\infty} \|T_n\| \|T_n^{-1}\| = 1$$

所以

$$d(X_0, X_1) = 1$$

另外,范数 $\|\quad\|_0$ 是严格凸的(对于某个 $c > 0$,即条件 $\|x+y\|_0 = \|x\|_0 + \|y\|_0$ 蕴涵 $y = cx$). 但 $\|\quad\|_1$ 不是,从而 X_0 不等距同构于 X_1.

对于有限维空间,我们有如下命题:

命题 2.2　如果 X 是有限维空间,且 $d(X,Y) = 1$,那么 X 等距于 Y.

证明　设 $T_n : X \to Y$,使得

$$\|T_n\| \|T_n^{-1}\| \to 1 \quad (n \to \infty)$$

用一个适当的数乘 T_n 使得

$$\|T_n\| = 1 \quad (n = 1, 2, \cdots)$$

因为 $\mathscr{B}(X,Y)$ 和 $\mathscr{B}(Y,X)$ 都是有限维 Banach 空间,通过取子序列,我们可以假定

$$\| T_n - T \| \to 0 \quad (n \to \infty)$$

且

$$\| T_n^{-1} - S \| \to 0 \quad (n \to \infty)$$

对于某个 $T \in \mathscr{B}(X,Y)$ 和某个 $S \in \mathscr{B}(Y,X)$ 成立. 显然 T 是可逆的,且 $T^{-1} = S$. 此外

$$\| T \| = \| S \| = 1$$

所以 T 就是所要求的等距映射.

假设 B_X 和 B_Y 分别是 Banach 空间 X 和 Y 的单位球. 那么

$$d(X,Y) \leqslant r$$

当且仅当存在一个同构映射 $T:X \to Y$ 使得

$$B_Y \subset T(B_X) \subset rB_Y$$

命题 2.3　设 X 是 n 维 Banach 空间,则

$$d(X,l_1^n) \leqslant n \qquad (2.4)$$

证明　设 $\{x_j, x_j^*\}_{j=1}^n$ 是双正交系,使得

$$\| x_j \| = \| x_j^* \| = 1 \quad (j = 1,2,\cdots,n)$$

定义 $T:l_1^n \to E$ 为对于 $(t_1,\cdots,t_n) \in l_1^n$,有

$$T((t_j)_{j=1}^n) = \sum_{j=1}^n t_j x_j \in E, (t_j)_{j=1}^n \in l_1^n$$

那么 T 是 $l_1^n \to E$ 的一个同构映射,且

$$\| T \| = 1, \| T^{-1} \| \leqslant n$$

从而式(2.4)成立.

另一个经典估计式是对于任意 n 维 Banach 空间 X,有

$$d(X,l_2^n) \leqslant \sqrt{n} \qquad (2.5)$$

这个结果由 F. John(F. 约翰)所证明.

对于给定的正整数 n,用 F_n 表示 n 维 Banach 空间

全体所组成的类. 任意两个元素 $X, Y \in F_n$ 是等价的, 当且仅当

$$d(X, Y) = 1$$

这种等价关系在 F_n 中所形成的等价类的全体记作 $\widetilde{F}_n$. 在 $\widetilde{F}_n$ 中引入度量

$$\rho(\quad, \quad) = \log d(\quad, \quad)$$

称 $(\widetilde{F}_n, \rho)$ 为 Minkowski 紧统. 下面我们将证明这种说法的合理性.

定理 2.1　$(\widetilde{F}_n, \rho)$ 是紧的.

证明　假设 Φ_n(系数域) 是 $\mathbf{R}^n$(在复数的情况下, 相应地为 $\mathbf{C}^n$) 上满足下列条件的范数 $|\quad|$ 的全体

$$\frac{1}{n} \| x \|_{l_1}$$

$$\leqslant | x |$$

$$\leqslant \| x \|_{l_1} \quad (x \in \mathbf{R}^n \text{ 或相应地}, x \in \mathbf{C}^n) \quad (2.6)$$

那么对于每个 $X \in F_n$, 存在

$$|\quad|_X \in \Phi$$

使得 X 等距于

$$X_1 = (\mathbf{R}^n, |\quad|_X) \quad (\text{或相应地}, X_1 = (\mathbf{C}^n, |\quad|_X))$$

设

$$B_1 = \{ \| x \|_{l_1} \leqslant 1 \} \subset \mathbf{R}^n \quad (\text{或相应地}, \mathbf{C}^n)$$

是关于 l_1^n – 范数的闭单位球. 令

$$\widetilde{\Phi}_n = \{ f : B_1 \to \mathbf{R} ; f = |\quad| , \text{对于某个} |\quad| \in \Phi_n \}$$

集合 $\widetilde{\Phi}_n$ 是 B_1 上连续函数空间 $C(B_1)$ 的一个子集. 由条件 (2.6), 应用 Arzela-Ascoli(阿尔泽拉 – 阿斯科利) 定理推出 $\widetilde{\Phi}_n$ 是紧的. 因为自然映射 $\widetilde{\Phi}_n \to \widetilde{F}_n$ 是连

续的、映上的,所以 $\widetilde{F}_n$ 是紧的.

定义 2.2 对于一个正整数 n,令

$$\delta_n = \sup\{d(X,Y);X,Y \in \widetilde{F}_n\} \qquad (2.7)$$

称 δ_n 为 $\widetilde{F}_n$ 的直径.

命题 2.4 对于每个正整数 n,$\delta_n \le n$.

证明 由式(2.5)及 Banach-Mazur 距离的次可乘性

$$d(X,Y) \le d(X,l_2^n)d(l_2^n,Y)$$

立即得证.

在计算特殊有限维 Banach 空间类之间的 Banach-Mazur 距离时,我们需要某种正交矩阵. 这里我们简单介绍一下 Walsh(沃尔什) 矩阵.

对于每个非负正整数 k,我们可归纳地证明 $2^k \times 2^k$ Walsh 矩阵 $\boldsymbol{W}_k = (w_{mj}^{(k)})$. 令 $\boldsymbol{W}_0 = (w_{11}^{(0)}) = (1)$,对于 $k \ge 1$,有

$$w_{mj}^{(k)} = \begin{cases} \dfrac{w_{st}^{(k-1)}}{\sqrt{2}}, \text{其中 } 1 \le s,t \le 2^{k-1} \\ \text{及} \begin{cases} \text{或 } m = s \text{ 和 } j = t \\ \text{或 } m = s \text{ 和 } j = 2^{k-1} + t \\ \text{或 } m = 2^{k-1} + s \text{ 和 } j = t \end{cases} \\ -\dfrac{w_{st}^{(k-1)}}{\sqrt{2}}, \text{其中 } 1 \le s,t \le 2^{k-1} \\ \text{及 } m = 2^{k-1} + s \text{ 和 } j = 2^{k-1} + t \end{cases} \qquad (2.8)$$

上式表明

$$\boldsymbol{W}_k = \frac{1}{\sqrt{2}}\left(\begin{array}{c|c} \boldsymbol{W}_{k-1} & \boldsymbol{W}_{k-1} \\ \hline \boldsymbol{W}_{k-1} & \boldsymbol{W}_{k-1} \end{array}\right) \quad (k \ge 1) \qquad (2.9)$$

对于一个正整数 n,令 $\boldsymbol{V}_n = (\rho_{mj}^{(n)})$ 是 $n \times n$ 阶矩阵,其中

$$\rho_{mj}^{(n)} = \frac{1}{\sqrt{n} \exp(\frac{2\pi \mathrm{i} mj}{n})} \quad (m,j = 1,2,\cdots,n)$$

$$(2.10)$$

显然,$\mid w_{mj}^{(k)} \mid = 2^{-\frac{k}{2}}, m,j = 1,2,\cdots,2^k$ 和 $k = 0,1,2,\cdots$ 以及 $\mid \rho_{mj}^{(n)} \mid = n^{-\frac{1}{2}}, m,j = 1,2,\cdots,n$ 和 $n = 1,2,\cdots$.

不难验证 $\boldsymbol{W}_k$ 和 $\boldsymbol{V}_n$ 都是正交矩阵($k = 0,1,2,\cdots$ 和 $n = 1,2,\cdots$).

现在我们讨论空间 l_p^n 和 l_q^n 之间 Banach-Mazur 距离的一个经典估计.

定理 2.2　设 n 是一正整数,$1 \leqslant p \leqslant q \leqslant \infty$.

(1) 如果 $1 \leqslant p \leqslant q \leqslant 2$ 或 $2 \leqslant p \leqslant q \leqslant \infty$,那么

$$d(l_p^n, l_q^n) = n^{\frac{1}{p} - \frac{1}{q}}$$

(2) 如果 $1 \leqslant p < 2 < q \leqslant \infty$,那么

$$Cn^\alpha \leqslant d(l_p^n, l_q^n) \leqslant Cn^\alpha$$

其中 $\alpha = \max\left\{\dfrac{1}{p} - \dfrac{1}{2}, \dfrac{1}{2} - \dfrac{1}{q}\right\}, C > 0$ 且 C 是一个绝对常数. 如果 $n = 2^k (k = 0,1,2,\cdots)$ 或如果数域是复的,那么 $C = 1$.

证明　(1) 因为显然有

$$d(X^*, Y^*) = d(X,Y)$$

所以我们可以假定 $2 \leqslant p \leqslant q \leqslant \infty$. 对于任意 $s,t,2 \leqslant s,t \leqslant \infty$,令 $i_{st}: l_s^n \to l_t^n$ 表示正规恒等算子. 那么

$$d(l_p^n, l_q^n) \leqslant \parallel i_{p,q} \parallel \parallel i_{q,p} \parallel = n^{\frac{1}{p} - \frac{1}{q}}$$

对于下界的估计,首先注意到 $d(l_p^n, l_2^n) = n^{\frac{1}{2} - \frac{1}{p}}$. 为此只要证明 $d(l_q^n, l_2^n) \geqslant n^{\frac{1}{2} - \frac{1}{q}}$ 便可. 设 $\boldsymbol{T} \in \mathscr{B}(l_q^n, l_2^n)$ 是一个

同构映射且 $\|T^{-1}\| = 1$. 设 $\{e_j\}_{j=1}^n$ 是 l_q^n 的单位向量基，且令

$$f_j = Te_j \quad (j = 1, 2, \cdots, n)$$

显然，我们可选取一个符号序列 $\alpha_1 = 1, \alpha_2 = \pm 1, \cdots, \alpha_n = \pm 1$ 使得

$$\begin{cases} (\alpha_1 f_1, \alpha_2 f_2) \geqslant 0 \\ (\alpha_1 f_1 + \alpha_2 f_2, \alpha_3 f_3) \geqslant 0 \\ \quad\quad \vdots \\ (\alpha_1 f_1 + \cdots + \alpha_{n-1} f_{n-1}, \alpha_n f_n) \geqslant 0 \end{cases}$$

因为

$$\| f_i \|_2 \geqslant 1 \quad (i = 1, 2, \cdots, n)$$

则

$$\| \alpha_1 f_1 + \cdots + \alpha_n f_n \| \geqslant \sqrt{n}$$

所以

$$\| T \| \geqslant \frac{\| \alpha_1 f_1 + \cdots + \alpha_n f_n \|}{\| \alpha_1 e_1 + \cdots + \alpha_n e_n \|} \geqslant n^{\frac{1}{2} - \frac{1}{q}}$$

从而

$$d(l_q^n, l_2^n) \geqslant n^{\frac{1}{2} - \frac{1}{q}}$$

运用 Banach-Mazur 距离的次可乘性得到

$$n^{\frac{1}{2} - \frac{1}{q}} \leqslant d(l_2^n, l_q^n) \leqslant d(l_2^n, l_p^n) d(l_p^n, l_q^n) \leqslant n^{\frac{1}{2} - \frac{1}{q}} d(l_p^n, l_q^n)$$

由此得出

$$d(l_p^n, l_q^n) \geqslant n^{\frac{1}{2} - \frac{1}{q}}$$

从而（1）得证.

（2）不失一般性，我们可以假设

$$\frac{1}{2} - \frac{1}{q} \geqslant \frac{1}{p} - \frac{1}{2}$$

否则考虑 q^*, p^* 满足

$$1 \leqslant q^* < 2 < p^* \leqslant \infty$$

为了估计复空间时的上界,令 $\boldsymbol{T}:l_p^n \to l_q^n$ 是对应于矩阵 $\boldsymbol{V}_n$ 的算子,即

$$\boldsymbol{T}\boldsymbol{e}_j = \sum_{m=1}^{n} \rho_{mj}^{(n)} \boldsymbol{e}_m \in l_q^n$$

其中 $\{\boldsymbol{e}_j\}_{j=1}^{n}$ 表示 l_p^n 和 l_q^n 的单位向量基. 对实空间的情况,如果 $n = 2^k (k = 0,1,\cdots)$,令 $\boldsymbol{T}$ 是对应于矩阵 $\boldsymbol{W}_k$ 的算子. 算子 $\boldsymbol{T}$ 的范数将用插值技巧来估计. 因为 $\boldsymbol{T}$ 由一个正交矩阵所定义,所以

$$\| \boldsymbol{T}:l_2^n \to l_2^n \| = 1$$

不难看出,因为

$$\| \boldsymbol{T}\boldsymbol{e}_j \|_{\infty} = n^{-\frac{1}{2}} \quad (j = 1,2,\cdots,n)$$

所以

$$\| \boldsymbol{T}:l_1^n \to l_{\infty}^n \| = n^{-\frac{1}{2}}$$

因为 l_p^n 等距于插值空间

$$l_p^n = [l_2^n, l_1^n]_{\theta}, \theta = \frac{2}{p} - 1$$

并且 $l_{p^*}^n = [l_2^n, l_{\infty}^n]_{\theta}$,得出

$$\| \boldsymbol{T}:l_p^n \to l_{p^*}^n \| \leqslant n^{\frac{1}{p} - \frac{1}{2}}$$

因为 $q \geqslant p^*$,有

$$\| \boldsymbol{T}:l_p^n \to l_q^n \| \leqslant \| \boldsymbol{T}:l_p^n \to l_{p^*}^n \| \leqslant n^{\frac{1}{p} - \frac{1}{2}}$$

$$(2.11)$$

另外

$$\| \boldsymbol{T}^{-1}:l_q^n \to l_p^n \| \leqslant \| i_{q,2} \| \| \boldsymbol{T}^{-1}:l_2^n \to l_2^n \| \| i_{2,p} \|$$
$$\leqslant n^{\frac{1}{2} - \frac{1}{q}} n^{\frac{1}{p} - \frac{1}{2}} \qquad (2.12)$$

由式(2.11)和(2.12)得出

$$d(l_p^n, l_q^n) \leqslant n^{\frac{1}{2} - \frac{1}{q}}$$

当空间是实的,且 $n \neq 2^j (j = 0, 1, \cdots)$ 时的情形,对 $d(l_p^n, l_q^n)$ 上界的估计可用通常的方法求出. 设 $0 < \alpha < \dfrac{1}{2}$,且令 $C > 1$ 是一个常数,使得对于一切 $m, 1 \leqslant m \leqslant 2^k, k = 0, 1, 2, \cdots,$ 有

$$2^{k\alpha+2} + (\sqrt{Cm})^{\frac{\alpha}{2}} \leqslant \sqrt{C}(2^k + m)^{\alpha+2}$$

根据归纳法,假设

$$d(l_p^m, l_q^m) \leqslant Cm^{\frac{\alpha}{2}}$$

对于 $1 \leqslant m \leqslant 2^k$,且令 $n = 2^k + m$,对于某个这样的 m,则 $l_p^n = l_p^{2^k} + l_p^m$ 且存在算子 $T_1 \in \mathscr{B}(l_p^{2^k}, l_q^{2^k})$ 和 $T_2 \in \mathscr{B}(l_p^m, l_q^m)$ 使得

$$\| T_1 \| = \| T_1^{-1} \| = d(l_p^{2^k}, l_q^{2^k})^{\frac{1}{2}} \leqslant 2^{\frac{k\alpha}{2}}$$

和

$$\| T_2 \| = \| T_2^{-1} \| = d(l_p^m, l_q^m)^{\frac{1}{2}} \leqslant (\sqrt{Cm})^{\frac{\alpha}{2}}$$

令 $T = T_1 + T_2$,对于 $x \in l_p^n$ 有

$$\begin{aligned}
\| Tx \|_q &\leqslant \| T_1 x_1 \|_q + \| T_2 x_2 \|_q \\
&\leqslant 2^{\frac{k\alpha}{2}} \| x_1 \|_p + (\sqrt{Cm})^{\frac{\alpha}{2}} \| x_2 \|_p \\
&\leqslant (\sqrt{Cn})^{\frac{\alpha}{2}} \| x \|_p
\end{aligned}$$

所以

$$\| T \| \leqslant (\sqrt{Cn})^{\frac{\alpha}{2}}$$

类似的,因为

$$T^{-1} = T_1^{-1} + T_2^{-1}$$

$$\| T^{-1} \| \leqslant (\sqrt{Cn})^{\frac{\alpha}{2}}$$

所以

$$d(l_p^n, l_q^n) \leqslant \| T \| \| T^{-1} \| \leqslant Cn^\alpha$$

下面我们将提及 F_2 的一些几何性质和一些经典

的计算结果. 这些结果的证明有时虽然很精美,但所涉及的仅仅是初等的平面几何. 因此,我们在这里仅罗列有关结果.

我们用 $X = (\mathbf{R}^2, \|\quad\|_X)$ 表示单位球是正则六边形的空间. 它的范数可由下列公式给出

$$\|\boldsymbol{x}\|_X = \max_{j=0,1,2} |\langle \boldsymbol{x}, \boldsymbol{\varphi}_j \rangle| \quad (\boldsymbol{x} \in \mathbf{R}^2)$$

其中 $\boldsymbol{\varphi}_0 = \left(\dfrac{2}{\sqrt{3}}, 0\right), \boldsymbol{\varphi}_1 = \left(\dfrac{1}{\sqrt{3}}, \dfrac{1}{2}\right), \boldsymbol{\varphi}_2 = \left(-\dfrac{1}{\sqrt{3}}, \dfrac{1}{2}\right)$. 注意,因为在空间 l_∞^2 和 l_1^2 中单位球都是方形,所以空间 l_∞^2 和 l_1^2 是等距的. 下面是 Asplund(阿斯普伦德) 证明的一些定理.

定理 2.3　对于每个 $Y \in F_2, d(Y, l_\infty^2) \leqslant \dfrac{3}{2}$,仅对于 Y 等距于 X 时等号成立.

定理 2.4　对于每个 $Y \in F_2, d(Y, X) \leqslant \dfrac{3}{2}$,仅对于 Y 等距于 l_∞^2 时等号成立.

定理 2.5　若对于某个 $Y \in F_2, d(Y, l_2^n) = \sqrt{2}$,则 Y 等距于 l_∞^2.

但对于高维空间,没有类似的结果. 若 $n \geqslant 3$,则存在 $Y \in F_2, d(Y, l_2^n) = \sqrt{n}$,但它的单位球不是多面体.

Asplund 曾经预言,F_2 的直径等于 $\dfrac{3}{2}$. 这个预言由 Stromquist 证明.

定理 2.6　对于一切 $Y \in F_2$,存在一个 $Y_0 \in F_2$ 使得 $d(Y, Y_0) \leqslant \sqrt{\dfrac{3}{2}}$.

由此推出 $\delta_2 \leqslant \dfrac{3}{2}$,再由 Asplund 的结果得 $\delta_2 =$

$\frac{3}{2}$. 因此,空间 Y_0 可以看作 F_2 的中心. 显然其共轭空间 Y_0^* 也是 F_2 的中心. 因为 Y_0 不是自共轭的,即 $Y_0 \neq Y_0^*$,所以 F_2 的中心不唯一.

接着我们将介绍关于 Minkowski 紧统的直径估计的一个很难但很重要的定理 ——Gluski(格鲁斯基)定理. 这个定理给出了 Minkowski 紧统 $\widetilde{F}_n$ 的直径的下界, $\delta_n \geqslant Cn$,其中 $C > 0$ 是一个绝对常数. 事实上,这个定理断定 l_1^{3n} 的"多数" n 维商空间的距离的下界也满足这个要求. 证明所用的方法是很具有独创性的,它综合了随机的方法及体积比较讨论法等.

定理 2.7(E. D. Gluski,1981) 对于每个正整数 n,存在 n 维 Banach 空间 X 和 Y,使得对于每个 $T \in \mathscr{B}(\mathbf{R}^n,\mathbf{R}^n)$(相应地,$\mathscr{B}(\mathbf{C}^n,\mathbf{C}^n)$ 在复的情况)且 $\det T = 1$ 有 $\parallel T:X \to Y \parallel \geqslant C\sqrt{n}$ 和 $\parallel T:Y \to X \parallel \geqslant C\sqrt{n}$,其中 C 是一个绝对常数.

定理中所出现的关于行列式函数的条件是为了规范 $\mathbf{R}^n$(相应地,$\mathbf{C}^n$)中的单位向量基.

对于定理中的空间 X 和 Y 有 $d(X,Y) \geqslant C^2 n$.

推论 2.1 存在一个常数 $\overline{C} > 0$,使得对于每个正整数 n,$\overline{C}n \leqslant \delta_n$.

为了证明定理 2.7,我们需要做一些准备.

我们先从实空间情形开始. 固定正整数 n,令 $\{e_j\}_{j=1}^n$ 表示 $\mathbf{R}^n$ 的单位向量基,S_{n-1} 表示 l_2^n 的单位球面,λ 表示 S_{n-1} 上的规范 Haar(哈尔)测度. 对于任意的 m,$T_m = (S_{n-1})^m$. 对于每个 $\{f_j\} \in T_m$ 定义一个 Banach 空间 E,它的单位球 $B_E = \mathrm{conv}\{\pm e_j, \pm f_k; j =$

$1,2,\cdots,n$ 及 $k = 1,2,\cdots,m\}$. T_m 中元素用字母 A,B 等表示,并用 E_A, E_B 等表示相应的空间. 我们将证明使得相应的空间 E_A 和 E_B 满足定理2.7结论的点对 $(A,B) \in T_{2n} \times T_{2n}$ 的集合的测度是正的(事实上是大于 $1 - 2^{-n^2+1}$ 的).

注意,由于 E_A 和 E_B 的单位球是 $3n$ 个点的绝对凸壳,所以空间 E_A 和 E_B 都等距于 l_1^{3n} 的商空间. 如果 E_A 的单位球等于 $\mathrm{conv}\{\pm \boldsymbol{e}_j, \pm \boldsymbol{f}_k; j = 1,2,\cdots,n$ 及 $k = 1, 2,\cdots,2n\}$,那么,由

$$Q \boldsymbol{e}_j = \boldsymbol{e}_j \quad (1 \leqslant j \leqslant n)$$
$$Q \boldsymbol{e}_k = \boldsymbol{f}_{k-n} \quad (n < k \leqslant 3n)$$

所定义的算子 $Q: l_1^{3n} \to E_A$ 是一个商映射.

引理2.1　设 $\alpha = \left(\dfrac{\pi}{3\mathrm{e}^3}\right)^{\frac{1}{2}}$. 对于所有的正整数 m,如果 $\boldsymbol{T} \in \mathscr{B}(\mathbf{R}^n, \mathbf{R}^n)$ 有 $\det \boldsymbol{T} = 1$,且若 $B \in T_m$,则

$$\lambda^{(m)}\{A \in T_m; \|\boldsymbol{T}: E_A \to E_B \| \leqslant \rho \frac{n^{\frac{3}{2}}}{\alpha(m + n)}\}$$
$$\leqslant \rho^{nm} \quad (2.13)$$

对于任意的 $\rho(0 < \rho < 1)$ 成立,其中 $\lambda^{(m)}$ 是 $(S_{n-1})^m = T_m$ 上 Haar 测度的乘积.

证明　令 $B = \{\boldsymbol{g}_k\} \in T_m$,并且考虑相应的球

$$\widetilde{B} = \mathrm{conv}\{\pm \boldsymbol{e}_j, \pm \boldsymbol{g}_k; j = 1,2,\cdots,n \ \text{及} \ k = 1,2,\cdots,m\}$$

设 $\boldsymbol{T} \in \mathscr{B}(\mathbf{R}^n, \mathbf{R}^n)$,有 $\det \boldsymbol{T} = 1$. 固定 $\rho, 0 < \rho < 1$. 注意,若对于 $A = \{\boldsymbol{f}_k\} \in T_m$ 有

$$\|\boldsymbol{T}: E_A \to E_B\| \leqslant \rho \frac{n^{\frac{3}{2}}}{\alpha(m + n)},$$

对某个 $\alpha > 0$ 成立,则每个 $\boldsymbol{f}_k$ 必然都在集合

$$\{x \in S_{n-1}; \|Tx\|_{E_B} \leq \rho \frac{n^{\frac{3}{2}}}{\alpha(m+n)}\}$$

之中. 所以

$$\lambda^{(m)}\{A \in T_m; \|T:E_A \to E_B\| \leq \rho \frac{n^{\frac{3}{2}}}{\alpha(m+n)}\}$$

$$\leq (\lambda\{x \in S_{n-1}; \|Tx\|_{E_B} \leq \rho \frac{n^{\frac{3}{2}}}{\alpha(m+n)}\})^m$$

$$(2.14)$$

令

$$\gamma = \frac{\rho n^{\frac{3}{2}}}{\alpha(m+n)}$$

则

$$\lambda\{x \in S_{n-1}; \|Tx\|_{E_B} \leq \rho \frac{n^{\frac{3}{2}}}{\alpha(m+n)}\}$$

$$= \lambda\{x \in S_{n-1}; x \in \gamma T^{-1}(\widetilde{B})\}$$

$$= \lambda(\gamma T^{-1}(\widetilde{B}) \cap S_{n-1}) \qquad (2.15)$$

设 B_2 表示 l_2^n 中的单位球, 令 $W \subset \mathbf{R}^n$ 是一个凸集并使得 $\mathbf{0} \in W$. 设

$$W_1 = \{x \in B_2; \frac{x}{\|x\|_2} \in W\}$$

则 $W_1 \subset W$, 所以

$$\lambda(W \cap S_{n-1}) = \frac{\text{vol } W_1}{\text{vol } B_2} \leq \frac{\text{vol } W}{\text{vol } B_2}$$

其中 vol( ) 表示 $\mathbf{R}^n$ 中通常的 Lebesgue(勒贝格) 测度. 从而有

$$\lambda(\gamma T^{-1}(\widetilde{B}) \cap S_{n-1}) \leq \frac{\text{vol}(\gamma T^{-1}(\widetilde{B}))}{\text{vol } B_2} \quad (2.16)$$

32

为了估计最后一个量,我们知道

$$\mathrm{vol}\, B_2 = \frac{\pi^{\frac{n}{2}}}{\Gamma\!\left(\dfrac{n}{2}+1\right)}$$

另外,因为 $\det \boldsymbol{T} = 1$,所以

$$\mathrm{vol}(\gamma \boldsymbol{T}^{-1}(\widetilde{B})) = \gamma^n \mathrm{vol}\, \widetilde{B}$$

显然

$$\mathrm{vol}\, \widetilde{B} \leqslant \sum \mathrm{vol}(\sigma(\boldsymbol{x}_1, \boldsymbol{x}_2, \cdots, \boldsymbol{x}_n))$$

其中求和是对于 n 个不相同的元素 $\{\boldsymbol{x}_j\} \subset \{\pm \boldsymbol{e}_j,$ $\pm \boldsymbol{g}_k; i = 1, 2, \cdots, n$ 及 $k = 1, 2, \cdots, m\}$ 取遍一切选择 而求的,$\sigma(\boldsymbol{x}_1, \boldsymbol{x}_2, \cdots, \boldsymbol{x}_n)$ 表示单纯形 $\mathrm{conv}\{\boldsymbol{0}, \boldsymbol{x}_1, \boldsymbol{x}_2, \cdots, \boldsymbol{x}_n\}$. 每个这样的单纯形的体积等于

$$\mathrm{vol}(\mathrm{conv}\{\boldsymbol{0}, \boldsymbol{e}_1, \boldsymbol{e}_2, \cdots, \boldsymbol{e}_n\})\det[(\boldsymbol{x}_1, \boldsymbol{x}_2, \cdots, \boldsymbol{x}_n)]$$

其中 $[(\boldsymbol{x}_1, \boldsymbol{x}_2, \cdots, \boldsymbol{x}_n)]$ 是矩阵

$$\begin{pmatrix} x_1(1) & x_1(2) & \cdots & x_1(n) \\ \vdots & \vdots & & \vdots \\ x_n(1) & x_n(2) & \cdots & x_n(n) \end{pmatrix}$$

因为 $\boldsymbol{x}_j \in S_{n-1}, j = 1, 2, \cdots, m$,由 Hadamard(阿达玛) 不等式得出

$$\det[(\boldsymbol{x}_1, \boldsymbol{x}_2, \cdots, \boldsymbol{x}_n)] \leqslant \prod_{j=1}^{n}\left(\sum_{k=1}^{n} |x_j(k)|^2\right)^{\frac{1}{2}} \leqslant 1$$

所以

$$\mathrm{vol}\, \widetilde{B} \leqslant \sum \mathrm{vol}(\sigma(\boldsymbol{x}_1, \boldsymbol{x}_2, \cdots, \boldsymbol{x}_n))$$

$$\leqslant \binom{2(m+n)}{n}\mathrm{vol}(\mathrm{conv}\{\boldsymbol{0}, \boldsymbol{e}_1, \boldsymbol{e}_2, \cdots, \boldsymbol{e}_n\})$$

$$\leqslant \binom{2(m+n)}{n}\frac{1}{n!}$$

$$\leqslant \left(2\mathrm{e}^2\, \frac{m+n}{n^2} \right)^n \tag{2.17}$$

最后一个估计来自 Stirling(斯特林) 公式. 把(2.17) 和(2.16) 两式联合并再用一次 Stirling 公式,得到

$$\lambda (\gamma \boldsymbol{T}^{-1}(\widetilde{B}) \cap S_{n-1}) \leqslant \gamma^n\, \frac{\mathrm{vol}\, \widetilde{B}}{\mathrm{vol}\, B_2}$$

$$\leqslant \sqrt{\frac{3\mathrm{e}^3}{\pi}}\, \frac{\gamma (m+n)^n}{n^3 \varepsilon}$$

$$= \rho^n$$

因这个不等式与式(2.14) 和式(2.15) 一起便得式 (2.13).

在下一个引理中我们将在某个算子集合中产生一个 ε - 网. 因为我们的目的在于证明使得对于每个 $\boldsymbol{T}$, $\det \boldsymbol{T} = 1$ 满足 $\| \boldsymbol{T}:E_A \to E_B \| \geqslant C \sqrt{n}$ 的空间 E_A 和 E_B 的存在性,所以我们不必事先担心满足这一估计的这些算子的存在性. 因为如果我们考虑包括一切单位向量 $\{ \boldsymbol{e}_j \}$ 的每一个球,如果 $B \in T_m$,那么对于某个 j,满足条件 $\| \boldsymbol{T}\boldsymbol{e}_j \|_{E_B} > \sqrt{n}$ 的任何一个算子 $\boldsymbol{T}$ 都可以满足我们的要求, 即对于一切 $A \in T_m$, $\| \boldsymbol{T}:E_A \to E_B \| > \sqrt{n}$.

引理2.2　存在一个常数 $a > 1$,使得如果 $B \in T_m$ 和

$$M_B = \{ \boldsymbol{T} \in \mathscr{B}(\mathbf{R}^n, \mathbf{R}^n) ; \det \boldsymbol{T} = 1 \text{ 和}$$

$$\| \boldsymbol{T}\boldsymbol{e}_j \|_{E_B} \leqslant \sqrt{n}, j = 1, 2, \cdots, n \}$$

那么对于一切 $\varepsilon > 0$,在 $\mathscr{B}(l_2^n, l_2^n)$ 中关于算子范数拓扑有一个 ε - 网,譬如说,$N_B^\varepsilon \subset M_B$,满足

$$N_B^\varepsilon \leqslant \left(a\, \frac{m+n}{n\varepsilon} \right)^{n^2} \tag{2.18}$$

证明　固定 $B \in T_m$ 且设 $\widetilde{B}$ 是由 B 决定的凸体. 按通常的方式把 $\mathscr{B}(\mathbf{R}^n, \mathbf{R}^n)$ 等同于 $(\mathbf{R}^n)^n : T \to (Te_j) \in (\mathbf{R})^n$, 其中 $T \in \mathscr{B}(\mathbf{R}^n, \mathbf{R}^n)$. 特别地, 把 M_B 等同于 $(\mathbf{R}^n)^n$ 的一个子集 $\overline{M}_B$, 其中 $\overline{M}_B$ 为

$$\overline{M}_B = \{ \xi = \{x_j\} \in (\mathbf{R}^n)^n ; \det[(x_1, x_2, \cdots, x_n)] = 1$$
$$\text{和 } x_j \in \sqrt{n}\widetilde{B}, j = 1, 2, \cdots, n\}$$

令 $\| \quad \|_\infty$ 表示由 $\mathscr{B}(l_2^n, l_2^n)$ 上算子范数所导出的 $(\mathbf{R}^n)^n$ 上的范数, 用 $U_\infty \subset (\mathbf{R}^n)^n$ 表示相应的单位球. 现在我们用标准的体积比较法来进行讨论. 设 $\varepsilon > 0$, 又设 $\overline{N}_B^\varepsilon$ 是 $\overline{M}_B$ 中不相同元素关于范数 $\| \quad \|_\infty$ 是 ε - 分离极大元素集. 这个集合形成一个 ε - 网, 并且球 $\xi + \dfrac{\varepsilon}{2} U_\infty (\xi \in \overline{N}_B^\varepsilon)$ 是两两不相交的, 且包含在 $\left(1 + \dfrac{\varepsilon}{2}\right)\overline{M}_B$ 中. (后面这一事实来自包含关系 $U_\infty \subset \overline{M}_B$, 而这来自不等式 $\| Te_j \|_{E_B} \leqslant \sqrt{n} \| Te_j \|_{l_2^n} \leqslant \| T : l_2^n \to l_2^n \|$.) 当然相应的子集 N_B^ε 也形成 M_B 中的一个 ε - 网. 如果 $K = N_B^\varepsilon$, 那么

$$K\left(\frac{\varepsilon}{2}\right)^{n^2} \text{vol } U_\infty = \text{vol} \bigcup_{T \in \overline{N}_B^\varepsilon} \left(\xi + \frac{\varepsilon}{2} U_\infty\right)$$
$$\leqslant \text{vol}\left(\left(1 + \frac{\varepsilon}{2}\right)\overline{M}_B\right)$$
$$\leqslant \left(1 + \frac{\varepsilon}{2}\right)^{n^2} \text{vol } \overline{M}_B$$

(此处 $\text{vol}(\quad)$ 表示 $(\mathbf{R}^n)^n = \mathbf{R}^{n^2}$ 上的 Lebesgue 测度). 由此得出不等式

$$K \leqslant \left(\frac{2}{\varepsilon} \left(1 + \frac{\varepsilon}{2} \right) \right)^{n^2} \frac{\mathrm{vol}\ \overline{M}_B}{\mathrm{vol}\ U_\infty} \qquad (2.19)$$

我们还需要估计 $\mathrm{vol}\ \overline{M}_B$ 的上界和 $\mathrm{vol}\ U_\infty$ 的下界. 对于上界的估计是不难的. 注意到

$$\overline{M}_B \subset \{ \{ \boldsymbol{x}_j \} \in (\mathbf{R}^n)^n ; \boldsymbol{x}_j \in \sqrt{n}\widetilde{B}, j = 1, 2, \cdots, n \}$$
$$= (\sqrt{n}\widetilde{B})^n \subset (\mathbf{R}^n)^n$$

由式(2.17)得出

$$\mathrm{vol}\ \overline{M}_B \leqslant (\mathrm{vol}(\sqrt{n}\widetilde{B}))^n \leqslant \left(2\mathrm{e}^2\ \frac{m+n}{n^{\frac{3}{2}}} \right)^{n^2}$$

$$(2.20)$$

对于 $\mathrm{vol}\ U_\infty$ 的下界的估计,由于具有其独立的兴趣,故作为一个单独的引理给出如下:

引理 2.3　设 $\| \ \|_\infty$ 和 $\| \ \|_2$ 表示分别由 $\mathscr{B}(l_2^n, l_2^n)$ 上的算子范数和 Hilbert-Schmidt(希尔伯特 – 施米特) 范数在 $(\mathbf{R}^n)^n = \mathbf{R}^{n^2}$ 上所导出的范数. 令 U_∞ 和 U_2 是关于这些范数的单位球. 则

$$\frac{\mathrm{vol}\ U_\infty}{\mathrm{vol}\ U_2} \geqslant (Cn)^{\frac{n^2}{2}} \qquad (2.21)$$

其中 $C > 0$ 是一个绝对常数.

引理 2.3 的证明要涉及一些其他知识,故从略.

如果引理 2.3 成立,那么我们就可以立即完成引理 2.2 的证明. 事实上, 联合式(2.19)(2.20) 和 (2.21) 得出

$$N_B^\varepsilon = K \leqslant \frac{\left(\frac{2}{\varepsilon} \left(1 + \frac{\varepsilon}{2} \right) \right)^{n^2} \left(2\mathrm{e}^2\ \frac{m+n}{n^{\frac{3}{2}}} \right)^{n^2}}{\left((Cn)^{\frac{n^2}{2}} \frac{\pi^{\frac{n^2}{2}}}{\Gamma\left(\frac{n^2}{2} + 1 \right)} \right)}$$

$$\leqslant \left(a \, \frac{m+n}{\varepsilon n} \right)^{n^2}$$

其中 $a < \infty$ 是一个绝对常数. 这就证明了式(2.18).

引理 2.4　设 $\{g_{i,j}\}$ $(i,j=1,2,\cdots,n)$ 是一个概率空间 (Ω,μ) 上的一个独立标准 Gauss(高斯) 随机变数序列. 则

$$\left(\int_{\Omega} \| g_{i,j}(\omega) \|_{\infty}^{2} \, \mathrm{d}\mu(\omega) \right)^{\frac{1}{2}} \leqslant C' \sqrt{n} \quad (2.22)$$

其中 C' 是一个绝对常数, $\| g_{i,j}(\omega) \|_{\infty}$ 表示 $n \times n$ 阶矩阵 $(g_{i,j}(\omega))$ 在 $\mathscr{B}(l_2^n, l_2^n)$ 中的算子范数.

证明略.

定理 2.7 的证明　令 $m = 2n$, 设 $\alpha > 0$ 和 $a > 1$ 分别是引理 2.1 和引理 2.2 中的常数. 固定 $\rho < \dfrac{1}{18\alpha a}$ 和 $\varepsilon > 0$ 使得 $\dfrac{\rho}{3\alpha\varepsilon} > 1$ 和 $\dfrac{1}{2} > \dfrac{3a\rho^2}{\varepsilon}$ (容易验证对于一切 $\varepsilon > 0$, 有 $\dfrac{\rho}{3\alpha\varepsilon} > 2\,\dfrac{3a\rho^2}{\varepsilon}$). 固定 $B \in T_{2n}$ 和考虑集合

$$B' = \left\{ A \in T_{2n} ; \| \boldsymbol{T} : E_A \to E_B \| < \left(\frac{\rho}{3\alpha} - \varepsilon \right) \sqrt{n} \right.$$

$$\left. \text{对于某个 } \boldsymbol{T} \in \mathscr{B}(\mathbf{R}^n, \mathbf{R}^n), \text{且 } \det \boldsymbol{T} = 1 \right\}$$

我们想证明

$$\lambda^{(2n)}(B') \leqslant \left(\frac{3a\rho^2}{\varepsilon} \right)^{n^2} < \left(\frac{1}{2} \right)^{n^2} \quad (2.23)$$

设 $N_B^{\varepsilon} = \{T_k\}$ 是引理 2.2 中所构造的 ε - 网. 设 $A \in B'$, 令 $\boldsymbol{T} \in \mathscr{B}(\mathbf{R}^n, \mathbf{R}^n)$ 满足

$$\det \boldsymbol{T} = 1$$

和

$$\| \boldsymbol{T} : E_A \to E_B \| \leqslant \left(\frac{\rho}{3\alpha} - \varepsilon \right) \sqrt{n}$$

37

特别地,因为

$$\frac{\rho}{3\alpha} - \varepsilon < \frac{\rho}{3\alpha} < 9\alpha a\rho < 1$$

所以 $T \in N_B^\varepsilon$. 令 $T_k \in N_B^\varepsilon$,使得

$$\| (T - T_k) : l_2^n \to l_2^n \| \leqslant \varepsilon$$

因为

$$\| S : E_A \to E_B \| \leqslant \sqrt{n} \| S : l_2^n \to l_2^n \|$$

对于每个 $S \in \mathscr{B}(\mathbf{R}^n, \mathbf{R}^n)$ 成立,根据三角不等式有

$$\| T_k : E_A \to E_B \| \leqslant \| T : E_A \to E_B \| +$$
$$\| (T - T_k) : E_A \to E_B \|$$
$$\leqslant \frac{\rho}{3\alpha} \sqrt{n}$$

这表明

$$B' \subset \bigcup_{k=1}^{K} \{A \in T_{2n} ; \| T_k : E_A \to E_B \| < \frac{\rho}{3\alpha} \sqrt{n}\}$$

因此由引理 2.1 和引理 2.2 得出

$$\lambda^{2n}(B') \leqslant \sum_{k=1}^{K} \lambda^{(2n)} \{A \in T_{2n} ; \| T_k : E_A \to E_B \| < \frac{\rho}{3\alpha} \sqrt{n}\}$$

$$\leqslant \left(\frac{3a}{\varepsilon}\right)^{n^2} \rho^{2n^2} = \left(\frac{3a\rho^2}{\varepsilon}\right)^{n^2} < \left(\frac{1}{2}\right)^{n^2}$$

现在考虑 $T_{2n} \times T_{2n}$ 中定义如下的子集 G

$$G = \{(A,B) \in T_{2n} \times T_{2n} ;$$

$$\| T : E_A \to E_B \| \leqslant \left(\frac{\rho}{3\alpha} - \varepsilon\right)\sqrt{n}$$

$$或 \| T : E_B \to E_A \| < \left(\frac{\rho}{3\alpha} - \varepsilon\right)\sqrt{n}$$

对于某个 $T \in \mathscr{B}(\mathbf{R}^n, \mathbf{R}^n)$,且 $\det T = 1\}$

根据 Fubini(富比尼)定理和式(2.23)推出

$$(\lambda^{(2n)} \times \lambda^{(2n)})(G) < 2\left(\frac{1}{2}\right)^{n^2} \leqslant 1$$

38

所以余集 $T_{2n} \times T_{2n} \backslash G$ 是非空的. 由 G 的定义推出, 如果 $(A, B) \in T_{2n} \times T_{2n} \backslash G$, 那么对于每个算子 $\boldsymbol{T}$

$$\| \boldsymbol{T} : E_A \to E_B \| \geqslant \left(\frac{\rho}{3\alpha} - \varepsilon \right) \sqrt{n}$$

$$\| \boldsymbol{T} : E_B \to E_A \| \geqslant \left(\frac{\rho}{3\alpha} - \varepsilon \right) \sqrt{n}$$

且 $\det \boldsymbol{T} = 1$. 取 $C = \frac{\rho}{3\alpha} - \varepsilon > 0$, 这就完全证明了定理 2.7 在实空间的情况.

在复空间的情况, 多数引理的证明只需做一些明显的改动. 我们应该把 $\mathbf{C}^n$ 等同于 $\mathbf{R}^{2n}$, 把 l_2^n 中单位球面等同于 S_{2n-1}. 空间 E 和 F 应有形式

$$\mathrm{conv}\{\varepsilon \boldsymbol{e}_j, \eta \boldsymbol{f}_k ; j = 1, 2, \cdots, n \text{ 和 } k = 1, 2, \cdots, m$$

$$\text{且 } \varepsilon, \eta \in \mathbf{C}, |\varepsilon| = |\eta| = 1\}$$

这里省去了具体细节.

注意, 如果 n 充分大, 那么 $T_{2n} \times T_{2n} \backslash G$ 的测度充分接近 1.

Gluski 的技巧产生了具有各种极端性质的一系列有限维 Banach 空间的例子. Gluski 的随机方法打开了构造"病态"有限维空间的新的可能性. 在 Gluski 之后, Szarek(沙瑞克)给出了经典"有限维基问题"的一个否定答案. Bourgain(布尔盖恩)把有限维"病态"空间粘在一起构造了一个实 Banach 空间具有两个复结构, 但这两个复空间互相不同构. 之后, Szarek 在 1986 年又构造了一个不具有复结构的超自反 Banach 空间. Szarek 在 1986 年还构造了一个具有 b. a. p. 但不具有基的 Banach 空间, 用这种方式 Szarek 构造了开始于 P. Enflo(P. (恩夫洛))反例, 这是在 1973 年提出的一系列有关 b. a. p. 的例子.

Banach 空间中的自守函数与 Minkowski 函数

第 3 章

由于对微观客体的深入研究,需要将古典分析数学推广为泛函分析的内容,以适应量子场论的讨论,此外,许多常微分方程,偏微分方程,积分方程都可以归结为 Banach 空间中的形式简单而较易处理的微分方程,因而吸引了不少数学工作者从事这一方面的研究.这些文献中研究了带有界算子的线性、非线性方程以及带无界算子的线性、非线性方程.有的结果是非常本质的,但也有大量工作是着眼于进行平行的推理和非本质的.

我们这里提出的古典分析数学泛函化的原则是在一定的条件下将古典分析的结果直接转化为泛函的结果.作为所述原则的应用,我们主要将本书涉及的自守函数与 Minkowski 函数以及微分、积分方程的一些结果泛函化.由此可见,很多线性方程的结果可以用转化原则直接得到相同或类似的结果.这样一来,广义函数亦可视为泛函化的例子.

3.1　古典分析数学泛函化

一、基本概念

以 $\mathscr{K}$ 表示实(或复)数域,$\mathscr{X}$ 表示某些元素的集合. 记 $x,y,z,\cdots \in \mathscr{X}$,$\alpha,\beta,\gamma,\cdots \in \mathscr{K}$.

$\mathscr{X}$ 称为线性空间,简记作 $\mathscr{L}$ – 空间,如果:

1. $\mathscr{X}$ 是一个加法群,即 $\mathscr{X}$ 内定义了一种运算叫作加法,使 $x,y \in \mathscr{X}$ 有 $x + y \in \mathscr{X}$,而且满足:

(1) 交换律,$x + y = y + x$;

(2) 结合律,$(x + y) + z = x + (y + z)$;

(3) 零元 θ,$\theta + x = x$;

(4) 逆元 $-x$,$x + (-x) = \theta$.

2. 定义了数乘 $\alpha x \in \mathscr{X}$,而且满足:

(5) 结合律,$\alpha(\beta x) = (\alpha\beta)x$;

(6) 幺元 I,$Ix = x$;

(7) 分配律,$(\alpha + \beta)x = \alpha x + \beta x$,$\alpha(x + y) = \alpha x + \alpha y$.

$\mathscr{X}$ 称为距离空间,简称 $\mathscr{D}$ – 空间,是指对 $\mathscr{X}$ 中任何两个元素定义了距离 $d(x,y)$,而且满足:

1. 非负性,$d(x,y) \geqslant 0$,等号成立等价于 $x = y$;

2. 三角不等式,$d(x,z) \leqslant d(x,y) + d(y,z)$.

由条件 1,2 容易推知,距离尚具:

3. 对称性,$d(x,y) = d(y,x)$.

$\mathscr{X}$ 称为线性赋范空间,简称 $\mathscr{B}_*$ – 空间,是指对任一元素 x 赋予一范数 $\|x\|$ 与之对应,并取 $\|x - y\| \equiv d(x,y)$ 作距离而成的 $\mathscr{D}$ – 空间,范数满足条件:

1. $\|x\| \geqslant 0$,等号成立等价于 $x = \theta$;

2. $\|x + y\| \leqslant \|x\| + \|y\|$;

3. $\|\alpha x\| = |\alpha| \|x\|$.

$\mathscr{B}_*$ – 空间 $\mathscr{X}$ 中,按上述距离形成的确定意义下,如果 Cauchy(柯西) 序列有极限,则空间称为是完备的. 完备的 $\mathscr{B}_*$ – 空间称为 Banach 空间,简称 $\mathscr{B}$ – 空间. 空间称为实或复的,是指 $\mathscr{K}$ 为实或复的数域.

$\mathscr{X}$ 称为内积空间,简称 $\mathscr{H}_*$ – 空间,是指对任一对元素 $x, y \in \mathscr{X}$,有内积 $(x, y) \in \mathscr{K}$ 与之对应,并取 $\|x\| \equiv (x, x)^{\frac{1}{2}}$ 作范数而成的 $\mathscr{B}_*$ – 空间,内积满足条件:

1. $(\alpha x, y) = \alpha(x, y)$;

2. $(x, y) = \overline{(y, x)}$;

3. $(x + y, z) = (x, z) + (y, z)$;

4. $(x, x) \geqslant 0$,等号成立等价于 $x = \theta$.

如果 $\mathscr{H}_*$ – 空间是完备和可分的,那么称为 Hilbert 空间,简称 $\mathscr{H}$ – 空间. 所谓 $\mathscr{X}$ 是可分的,即在 $\mathscr{X}$ 中存在处处稠密的可列子集.

$\mathscr{X}$ 称为代数空间,简称 $\mathscr{A}$ – 空间,是指 $\mathscr{X}$ 中定义了加法、乘法和数乘三种运算,而且:

1. 对 $x, y \in \mathscr{X}$,有 $xy \in \mathscr{X}$,服从结合律,$(xy)z = x(yz)$;

2. 乘法与加法服从分配律,$x(y + z) = xy + xz$, $(y + z)x = yx + zx$;

3. 数乘服从交换律,$\alpha x \beta y = \alpha\beta xy$.

有时添加幺元,乘法具有交换性;有时亦用 $xy - yx \equiv [x, y] \in \mathscr{K}$ 来强调不可交换性,…… 凡此均在代数空间的定义下附加说明.

在进行古典分析数学泛函化的时候,常常会遇到

42

许多处理乘积运算的问题,这类非线性问题在没有定义乘法的 $\mathscr{B}$ – 空间是无能为力的,因而引入 $\mathscr{B}$ – 代数.

如果 $\mathscr{X}$ 既是 $\mathscr{A}$ – 空间又是 $\mathscr{B}$ – 空间,而且

$$\| xy \| \leqslant \| x \| \| y \| \qquad (3.1)$$

则称为 Banach 代数,简称 $\mathscr{B}^*$ – 代数;当乘法可交换时,称为赋范环,简称 $\mathscr{B}$ – 代数.

$\mathscr{B}$ – 代数 $\mathscr{X}$ 中的集合 I 称为理想子环是指:

1. $I \neq \mathscr{X}$;

2. 当 $x, y \in I$ 时,$\alpha x + \beta y \in I$;

3. $x \in \mathscr{X}, y \in I$ 时,$xy \in I$.

满足上述条件 1,2 的子集称为空间 $\mathscr{X}$ 的线性子集,简称子空间.

设 $\mathscr{X}$ 与 $\mathscr{X}_2$ 为两个 $\mathscr{B}_*$ – 空间,$\mathscr{X}_1$ 为 $\mathscr{X}$ 的线性子集,从 $\mathscr{X}_1$ 到 $\mathscr{X}_2$ 内的映象 T,或 $T(\mathscr{X}_1 \to \mathscr{X}_2)$,称为算子.$\mathscr{X}_1$ 称为 T 的定义域,记作 $D(T)$,象集 $N(T) \equiv \{ y \mid y = T(x), x \in D(T) \}$ 称为 T 的值域.如果在 $D(T)$ 中 $x_n \to x_0$ 时,在 $N(T)$ 中有 $T(x_n) \to T(x_0)$,那么 T 称为连续算子;如果

$$T(x + y) \leqslant T(x) + T(y) \qquad (3.2)$$

那么 T 称为次加法算子,等号成立时称为加法算子;如果

$$T(\alpha x) = \alpha T(x) \qquad (3.3)$$

那么 T 称为齐性算子,$\alpha \geqslant 0$ 时称为正齐性算子;齐性加法算子称为线性算子;如果对每一 $x \in D(T)$ 均有

$$\| T(x) \| \leqslant M \| x \| \qquad (3.4)$$

M 为一常数,那么 T 称为有界算子.

线性算子的连续性与有界性是等价的.

从 $\mathscr{L}$ – 空间(或其子空间)$\mathscr{X}_1$ 到另一 $\mathscr{L}$ – 空间 $\mathscr{X}_2$

的有界线性算子的全体构成一 $\mathscr{L}$ – 空间 $[\mathscr{X}_1 \rightarrow \mathscr{X}_2]$，
如果规定算子的加法与数乘如下

$$\begin{cases}(T_1 + T_2)x = T_1(x) + T_2(x) \\ (\alpha T)x = \alpha T(x)\end{cases} \quad (3.5)$$

再定义有界线性算子的范数 $\parallel T \parallel$

$$\parallel T \parallel \equiv \sup_{|x|=1} \parallel T(x) \parallel \quad (3.6)$$

容易证明：如果 $\mathscr{X}_2$ 是 $\mathscr{B}$ – 空间，那么 $[\mathscr{X}_1 \rightarrow \mathscr{X}_2]$ 也是 $\mathscr{B}$ – 空间；如果 $\mathscr{X}_1 = \mathscr{X}_2 = \mathscr{X}$，那么 $[\mathscr{X} \rightarrow \mathscr{X}]$ 是 $\mathscr{X}$ 上的 $\mathscr{B}$ – 代数，简记作 $[\mathscr{X}]$ – 空间.

当 $\mathscr{X}_2 \equiv \mathscr{K}$ 时，T 称为泛函，对于泛函有相应于上述算子的定义与讨论，我们就不再一一复述了.

$\mathscr{B}_*$ – 空间 $\mathscr{X}$ 上的有界线性泛函用 $x^*(x), x \in \mathscr{X}$ 表示，当 $\mathscr{X}$ 为 $\mathscr{B}$ – 代数时，如果 $x_1, x_2 \in \mathscr{X}$，泛函 x^* 满足条件

$$x^*(x_1 x_2) = x^*(x_1) \cdot x^*(x_2) \quad (3.7)$$

那么 x^* 称为乘法泛函. $\mathscr{B}$ – 空间 $\mathscr{X}$ 上有界线性泛函的全体构成空间 $[\mathscr{X} \rightarrow \mathscr{K}]$，记作 $\mathscr{X}^*$，其范数按式 (3.6) 来定义，称为 $\mathscr{X}$ 的共轭空间. $\mathscr{X}^*$ 是 $\mathscr{B}$ – 空间.

作为 Hahn(哈恩)-Banach 定理的推论，有：

引理 3.1 $\mathscr{B}$ – 空间 $\mathscr{X}$ 中的两个元素 x, y，等式
$$x^*(x) = x^*(y)$$
对一切 $x^* \in \mathscr{X}^*$ 均成立的充要条件是 $x = y$.

引理 3.2 在上述记号下
$$\parallel x \parallel = \sup_{\parallel x^* \parallel = 1} |x^*(x)| \quad (3.8)$$

Hahn-Banach 定理对延拓性的 $\mathscr{B}$ – 空间上的有界线性算子也是成立的，以后我们要用到引理 3.1 的相应推广.

44

泛函具乘法性的充要条件是：

引理 3.3　　$\mathscr{B}$ – 代数 $\mathscr{X}$ 上的非零有界线性泛函 x^* 是乘法泛函的充要条件是存在极大理想子环 M，使

$$M = \{x \mid x^*(x) = 0\} \qquad (3.9)$$

而且

$$x^*(x) = x(M) \qquad (3.10)$$

不是其他理想子环的具子集的理想子环称为极大理想子环. 根据这一引理，我们可以把 $\mathscr{B}$ – 代数中的极大理想子环及与它相应的乘法线性泛函等同起来.

下面用到的 $\mathscr{B}$ – 代数均假定满足引理 3.3 的要求；对算子要利用引理 3.1 时，假定 $\mathscr{B}$ – 空间是具延拓性的.

注意，上面我们省略了对范数 $\| * \|$ 的区别，其实需视元素所属空间而异，但在一般情况下不会产生混淆；在相反的情况下，我们将在 $\| * \|$ 的周围予以注明. 同样，对于数 0 与零元素 θ，数 1 与幺元 I 均作上述理解与处理.

设 $T \in [\mathscr{X}_1 \to \mathscr{X}_2]$，令

$$x_1^*(x_1) = x_2^*(T(x_1)) \qquad (3.11)$$

其中 $x_1^* \in \mathscr{X}_1^*$，$x_2^* \in \mathscr{X}_2^*$，$x_1 \in \mathscr{X}_1$，则算子 $T^* \in [\mathscr{X}_2^* \to \mathscr{X}_1^*]$，使

$$x_1^* = T^*(x_2^*) \qquad (3.12)$$

称为 T 的共轭算子.

我们知道 $\mathscr{H}$ – 空间 $\mathscr{X}$ 与其共轭空间 $\mathscr{X}^*$ 是等距的，即所谓自共轭（自反）空间，所以 $\mathscr{X}$ 上的有界算子 T 的共轭算子 T^* 也可看作 $\mathscr{X}$ 上的有界算子. 如果 $T = T^*$，那么 T 称为自共轭算子. 对于自共轭算子有

$$(T(x), y) = (x, T(y)) \qquad (3.13)$$

其中 $x, y \in \mathscr{X}$. 由此常称自共轭算子为对称算子或 Hermite(埃尔米特) 算子.

最后介绍收敛概念.

设 $\mathscr{X}_1$ 与 $\mathscr{X}_2$ 为两个 $\mathscr{B}$ - 空间, $\mathscr{X}_1$ 中的点列 $\{x_n^1\}$, $n = 1, 2, \cdots$, 如果对每一个 $T \in [\mathscr{X}_1 \to \mathscr{X}_2]$ 存在 $x_0^1 \in \mathscr{X}_1$, 使

$$\| T(x_n^1 - x_0^1) \| \to 0 \qquad (3.14)$$

则称点列 $\{x_n^1\}$ 为 $\mathscr{X}_2$ - 收敛于点 x_0^1. 特别是: $\mathscr{X}_1$ - 收敛, 此时 $\mathscr{X}_1 \equiv \mathscr{X}_2$, 称为点列强收敛; $\mathscr{K}$ - 收敛, 此时 $\mathscr{K} \equiv \mathscr{X}_2$, 称为点列弱收敛.

对于共轭空间 $\mathscr{X}_1^*$ 中的泛函序列 $\{x_n^*\}$, $n = 1$, $2, \cdots$, 如果对每一个 $T \in [\mathscr{X}_1^* \to \mathscr{X}_2^*]$ 存在泛函 $x_0^* \in \mathscr{X}_1^*$, 使

$$\| T(x_n^* - x_0^*) \| \to 0 \qquad (3.15)$$

那么称泛函序列 $\{x_n^*\}$ 为 $\mathscr{X}_2^*$ - 收敛于泛函 x_0^*. 特别是, $\mathscr{X}_1^{**}$ - 收敛, 此时 $\mathscr{X}_1^* \equiv \mathscr{X}_2$, 称为泛函强收敛; $\mathscr{X}_1^*$ - 收敛, 此时 $\mathscr{X}_1 \equiv \mathscr{X}_2$, 称为泛函弱收敛.

$\mathscr{D}$ - 空间 $\mathscr{X}$ 中的集合 M 称为列紧的, 指的是 M 中任一无穷子集都有一个收敛的子序列. 因此, 在 $\mathscr{B}$ - 空间 $\mathscr{X}_1$ 中可以定义 $\mathscr{X}_2$ - 完备性, 以及集合 M 的 $\mathscr{X}_2$ - 列紧性, 分别以强、弱两种意义为其特例.

从 $\mathscr{L}$ - 空间 $\mathscr{X}_1$ 到 $\mathscr{L}$ - 空间 $\mathscr{X}_2$ 的线性算子 T 称为全连续算子是指 T 将 $\mathscr{X}_1$ 中的每一有界集映射为 $\mathscr{X}_2$ 中的强列紧集, 全连续算子把弱收敛点列映射为强收敛点列.

二、转化原则

量子场论中的场量, 在固定的坐标系中的每一分

量都是以算子为值的函数. 这种取值在抽象空间的函数称为抽象函数. 取值于 $\mathscr{H}$ – 空间的抽象函数称为 $\mathscr{H}$ – 函数;取值于 $\mathscr{B}$ – 空间的抽象函数称为 $\mathscr{B}$ – 函数;余仿此.

量子场论中的场量或为张量,或为旋量,或为同位旋量,或为它们的混合量. 这些量在特定的时空坐标系中的分量为 $\mathscr{H}$ – 函数. $\mathscr{H}$ – 函数是 $\mathscr{B}$ – 函数的特例,因而就需要有相应的 $\mathscr{B}$ – 张量,$\mathscr{B}$ – 旋量,$\mathscr{B}$ – 同位旋量以及三者的混合量理论. 这些量满足场的方程式,因而就需要求方程式的 $\mathscr{B}$ – 函数解. 由此可见,古典数学在 $\mathscr{B}$ – 空间的推广是必要的.

古典分析数学泛函化即把古典数学直接转化为抽象函数的方法.

一般说来,转化工作可以分两步进行:

（1）将实（复）的一（多）个变量的,实（复）的一（多）个函数的古典数学系统转化为实（复）的一（多）个变量的 $\mathscr{B}$ – 函数泛函分析学系统.

（2）将实（复）的一（多）个变量的,一（多）个 $\mathscr{B}$ – 函数泛函分析学系统转化为一（多）个 $\mathscr{B}$ – 变量的 $\mathscr{B}$ – 函数泛函分析学系统.

这两个步骤也可以倒过来施行,这样就可以把古典数学转化为 $\mathscr{B}$ – 变量的,$\mathscr{B}$ – 函数的泛函分析学内容,在应用中常常只需要进行上述第一个步骤就已达到目的.

在泛函分析书中,强、弱两种拓扑意义下的名词一般保留弱字而省去强字,本章重点是处理弱泛函化的问题,因而保留强字而省去弱字. 除非是有意强调弱意义以便引起注意时,才保留弱字.

对于上述第一步、第二步可做类似的处理,我们给出下面需要注意的内容:

(3)古典分析泛函化可以循强弱两种意义下来进行,分别由强或弱假定和定义得出强或弱命题.自然强命题成立,则弱意义下的同一命题也成立;一般情况下,反之则不然;但在某些情况下它们是等价的.

(4)有时对空间加上列紧性条件会给问题带来很多方便.但是,单位球强列紧的 $\mathscr{B}$ – 空间是有限维的;单位球弱列紧的 $\mathscr{B}$ – 空间,$\mathscr{B}^*$ – 空间与 $\mathscr{B}$ – 空间是同构等距的.

(5)弱泛函化的问题处理可以这样进行:设(M)为关于若干实(复)变量$\{z_i\}$的实(复)的一(多)个函数$\{f_j\}$的古典数学系统,其中所做的定义、推理及结论都是线性齐次的(注意:还容许有不属于$\{f_j\}$的函数不受线性条件的限制). 现在需要将这一古典数学系统(M)转化为泛函分析学系统 $\mathscr{B}$ – (M),即仅将$\{f_j\}$转化为相应的 $\mathscr{B}$ – 函数成立的弱泛函分析学系统.

设$\{f_j\} \subset \mathscr{X}, \mathscr{X}$是一个 $\mathscr{B}$ – 空间,如果对每一个 $x^* \in \mathscr{X}^*$ 都使$\{x^*(f_j)\}$满足(M)的公理,定义与假设,则$\{f_j\}$规定为满足 $\mathscr{B}$ – (M)的相应公理,定义与假设. 由(M)中一切论断被$\{x^*(f_j)\}$所满足,若这些论断对于$\{x^*(f_j)\}$都是线性齐次的,则论断中的等式对每一 $x^* \in \mathscr{X}^*$ 无不一一成立. 从等式两端将 x^* 提出,按照引理3.1可以把 x^* 消去而得到关于$\{f_j\}$的结论. 原来论断中对$\{x^*(f_j)\}$的描述性语言,现在转化为对$\{f_j\}$的描述. 这样就完成了(M)向 $\mathscr{B}$ – (M)的弱泛函化.

注意,$\mathscr{B}$ – 空间中没有大小,正负,绝对值的观念,因而古典分析中的这些观念不能作为线性性质而存在

48

于上述的 (M) 之中直接应用转化原则.

显然,上面的弱泛函化方法对 $\mathscr{X}_2'$ - 泛函化也是适合的,它们没有什么本质的区别.

此外,我们还得对抽象函数的分析性质进行必要的讨论. 我们借 $\mathscr{X}_2$ - 收敛的概念(3. 14) 来统一给出强、弱两种拓扑意义下的定义. 下面几个引理在 $\mathscr{X}_2$ - 泛函化中起着十分重要的作用.

引理 3.4　设 $\mathscr{X}_1$ 与 $\mathscr{X}_2$ 是两个 $\mathscr{B}$ - 空间,如果 $\mathscr{X}_1'$ 是 $\mathscr{X}_2'$ - 完备的,那么点列 $\{f_n\} \subset \mathscr{X}_1'$ 是 $\mathscr{X}_2'$ - 收敛的与 $\{T(f_n)\}$ 对每一个 $T \in [\mathscr{X}_1 \to \mathscr{X}_2]$ 按范数收敛是等价的.

这一引理是不证自明的. 当 $\mathscr{X}_2 = \mathscr{X}_1$ 时,引理只是说明 $\mathscr{X}_1'$ 是强完备的. 但在一般情况下,要由 $\{T(f_n)\}$ 的极限 $F(T)$ 确定 $f \in \mathscr{X}_1'$,使 $T(f) = F(T)$ 是有问题的. 为此,对弱收敛的情况,即 $\mathscr{K}$ - 收敛的情况给出两个 $\mathscr{X}_1'$ 为 $\mathscr{K}$ - 完备的充分条件,相应地,改成 $\mathscr{X}_2'$ - 收敛当然也一样成立:

1. 假定 $\mathscr{X}_1'$ 中的单位球是强列紧的,这时 $\mathscr{X}_2'$ - 收敛与强收敛是等价的. 对于引理 3. 4 可以由共鸣定理知道:强收敛点列 $\{f_n\}$ 是强有界的. 因此,由 $\{f_n\}$ 可以选出强收敛于 $f \in \mathscr{X}_1'$ 的子点列 $\{f_{n_i}\}$,使

$$\|f_{n_i} - f\| \to 0 \qquad (3.16)$$

对于每一个 $x^* \in \mathscr{X}_1^*$,有

$$|x^*(f_{n_i}) - x^*(f)| \leqslant \|x^*\| \|f_{n_i} - f\|$$

$$\qquad (3.17)$$

所以

$$x^*(f_{n_i}) \to x^*(f) \qquad (3.18)$$

注意 $\{x^*(f_n)\}$ 为收敛点列,所以

$$x^*(f_n) \rightarrow x^*(f)$$

也就是说

$$x^*(f) = F(x^*) \tag{3.19}$$

其中 $F(x^*)$ 即对 $\mathscr{L}_2$ - 收敛而言的 $F(T)$,对每一个 $x^* \in \mathscr{L}_1^*$ 成立,f 唯一确定.

去掉强列紧假定,在实际转化中常可由强拓扑而得弱结果,即此时弱极限依然存在. 关于这点,下面还会详细谈到.

2. 假定 $\mathscr{B}$ - 空间 $\mathscr{L}_1$ 中的单位球是弱列紧的,这时弱完备性是显然的. 但是,我们还是采用另外一种观点来进行讨论. 我们知道,$\mathscr{L}_1$ 中的元素 x 可以看成是 $\mathscr{L}_1^*$ 上的泛函 x^{**}. 因此,点列 $\{x_n\} \subset \mathscr{L}_1$ 弱收敛等价于泛函 $\{x_n^{**}\} \subset \mathscr{L}_1^{**}$ 弱收敛,而且 $\|x^{**}\| = \|x\|$. 所以同构等距不计时可以不分 x 与 x^{**},故有嵌入关系 $\mathscr{L}_1 \subset \mathscr{L}_1^{**}$. 但在 $\mathscr{L}_1$ 中单位球弱列紧的假定下,空间是自反的,即 $\mathscr{L}_1 = \mathscr{L}_1^{**}$.

这样一来,$\{x^*(f_n)\}$ 收敛等价于 $\{f_n^{**}(= f_n)\}$ 弱收敛,即对某一 $x^* \in \mathscr{L}_1^*$ 有 Cauchy 点列 $\{f_n^{**}(x^*)\}$,将 $f^{**}(x^*)$ 视作 $\mathscr{B}$ - 空间 $\mathscr{L}_1^*$ 到 $\mathscr{K}$ 的有界线性算子,由 Banach - Steinhaus(斯坦豪斯)定理知:$\|f_n^{**}\|$ 有界,若记

$$f_n^{**}(x^*) \rightarrow f^{**}(x^*) \tag{3.20}$$

则

$$f^{**} \in [\mathscr{L}_1^* \rightarrow \mathscr{K}] \equiv \mathscr{L}_1^{**} = \mathscr{L}_1 \tag{3.21}$$

令 $f^{**}(x^*) \equiv f(x^*) \equiv x^*(f)$,即得

$$x^*(f_n) \rightarrow x^*(f) = F(x^*) \tag{3.22}$$

对每一 $x^* \in \mathscr{L}_1^*$ 成立. 除同构等距外,f 是唯一确

定的.

在进行泛函化时,我们总要求满足这里所说的条件,引理 3.5 ~ 3.8 亦然.

容易证明,可分的 $\mathscr{B}$ – 空间 $\mathscr{X}$ 的共轭空间 $\mathscr{X}^{*}$ 中任意有界集一定是弱列紧的. 例如:$L_p,L_q;l_p,l_q(1/p + 1/q = 1)$ 都是可分的,自反的,无限维空间.

根据引理 3.4,$\mathscr{B}$ – 函数的连续性,导数和积分等概念都可以根据极限的意义平行于古典分析而建立,亦可由上述引理直接得到转化,两者是相同的,$\mathscr{X}_2$ – 收敛是介于 $\mathscr{X}_1$ – 收敛与 $\mathscr{K}$ – 收敛之间的,因而顺次有包含关系;易知:点列 $\mathscr{K}$ – 收敛且 $\mathscr{X}_2$ – 列紧与 $\mathscr{X}_2$ – 收敛等价.

下面的所有引理都很容易证明.

引理 3.5　$f(z)$ 在点 z_0 处 $\mathscr{X}_2$ – 连续,等价于对每一 $T \in [\mathscr{X}_1 \to \mathscr{X}_2]$,$\lim\limits_{z \to z_0} T(f(z))$ 存在.

由此应有

$$\lim_{z \to z_0} T(f(z)) = T(\lim_{z \to z_0} f(z)) \qquad (3.23)$$

引理 3.6　$f(z)$ 在点 z_0 的各阶 $\mathscr{X}_2$ – 偏微商存在,等价于对每一 $T \in [\mathscr{X}_1 \to \mathscr{X}_2]$,$T(f(z))$ 在 z_0 的各阶偏微商存在.

由此应有

$$T\left(\frac{\partial f(z)}{\partial z_i}\right) = \frac{\partial}{\partial z_i} T(f(z)) \qquad (3.24)$$

$$(i = 1,2,\cdots,n)$$

引理 3.7　$f(z)$ 在 E 上的 $\mathscr{X}_2$ – Lebesgue 积分

$$T\left(\int_E f(z)\,\mathrm{d}z\right)$$

存在,等价于对每一 $T \in [\mathscr{X}_1 \to \mathscr{X}_2]$,$T(f(z))$ 的

Orlicz 空间

Lebesgue 积分

$$\int_E T(f(z))\,\mathrm{d}z$$

存在,由此应有

$$T\left(\int_E f(z)\,\mathrm{d}z\right) = \int_E T(f(z))\,\mathrm{d}z \qquad (3.25)$$

当 $\mathscr{X}_1,\mathscr{X}_2$ 为复 $\mathscr{B}$ - 空间,E 为复数平面上某一区域时,我们介绍:

引理 3.8 $f(z)$ 是 E 中的 $\mathscr{B}$ - 解析函数与对每一点 $z \in E$ 及每一个 $T \in [\mathscr{X}_1 \to \mathscr{X}_2]$,$\delta$ 表示一个复数

$$\lim_{\delta \to 0} \frac{T(f(z+\delta)) - T(f(z))}{\delta} \qquad (3.26)$$

存在等价. 这里的极限是按 $\mathscr{X}_2$ - 收敛取的.

式(3.26)是 $f(z)$ 在点 z 处的 $\mathscr{X}_2$ - 微商,因而也是弱微商,从而 $x^*(f(z))$,$x^* \in \mathscr{X}_1^*$ 是古典的复值解析函数. 由此,古典解析函数的许多性质,诸如 Liouville(刘维尔)定理,Cauchy 定理,Taylor(泰勒)展开,Laurent(劳伦特)展开等均可直接推到 $\mathscr{B}$ - 解析函数中来.

下面我们转向弱泛函化的叙述,首先,n 复变 $\mathscr{B}$ - 解析函数的定义以及它的各种基本性质,例如 Cauchy 公式,Taylor 展开,解析开拓等均可由 n 复变解析函数中直接转化而得. 例如

$$f(z) = \frac{1}{(2\pi\mathrm{i})^n}\int_{\Gamma_n^+}\cdots\int_{\Gamma_1^+}\frac{f(\zeta)\,\mathrm{d}\zeta_1\cdots\mathrm{d}\zeta_n}{(\zeta_1 - z_1)\cdots(\zeta_n - z_n)}$$

$$(3.27)$$

等价于对每一 $x^* \in \mathscr{X}_1^*$

$$x^*(f(z)) = \frac{1}{(2\pi i)^n} \int_{\Gamma_n^+} \cdots \int_{\Gamma_1^+} \frac{x^*(f(\zeta))\,\mathrm{d}\zeta_1 \cdots \mathrm{d}\zeta_n}{(\zeta_1 - z_1)\cdots(\zeta_n - z_n)}$$

$$(3.28)$$

$\mathscr{B}$ – 多复变解析函数的 Taylor 展开

$$f(z) = \sum a_{m_1 \cdots m_n}(z_1 - z_{01})^{m_1} \cdots (z_n - z_{0n})^{m_n}$$

$$(3.29)$$

等价于对每一 $x^* \in \mathscr{X}_1^*$

$$x^*(f(z)) = \sum x^*(a_{m_1 \cdots m_n})(z_1 - z_{01})^{m_1} \cdots (z_n - z_{0n})^{m_n}$$

$$(3.30)$$

后面几节是弱泛函化的进一步的例子.

3.2　$\mathscr{B}$ – 自守函数

设 $f(z)$ 是定义在复平面上某区域 D 内并在 $\mathscr{B}$ – 空间 $\mathscr{X}$ 取值的 $\mathscr{B}$ – 函数. 我们已经知道, 所谓函数 $f(z)$ 是 $\mathscr{B}$ – 解析函数是指对于每一 $x^* \in \mathscr{X}^*$, 复函数 $x^*(f(z))$ 是 D 内的解析函数, $\mathscr{B}$ – 半纯函数的定义仿此.

定义 3.1　设 $\mathscr{G}$ 为以 Σ 为不变域的函数群, $f(z)$ 为 Σ 内的单值 $\mathscr{B}$ – 半纯函数, 当变换 $T \in \mathscr{G}, z \in \Sigma$ 时, 如果对每一个 $x^* \in \mathscr{X}^*$

$$x^*(f(T(z))) = x^*(f(z)) \qquad (3.31)$$

那么 $f(z)$ 称为取值于 $\mathscr{B}$ – 空间 $\mathscr{X}$ 的关于群 $\mathscr{G}$ 的 $\mathscr{B}$ – 自守函数.

简单地说, 如果对每一个 $x^* \in \mathscr{X}^*$, 复函数 $x^*(f(z))$ 是关于群 $\mathscr{G}$ 的自守函数, 那么 $\mathscr{B}$ – 函数 $f(z)$ 是关于群 $\mathscr{G}$ 的 $\mathscr{B}$ – 自守函数.

将 Poincaré(庞加莱) – Theta 级数转化为 $\mathscr{B}$ – Poincaré – Theta 级数,它是关于群 $\mathscr{G}$ 的 $\mathscr{B}$ – 准自守函数.

注意,不是所有的自守函数的性质都可以直接转化. 事实上,有些部分是非线性的,例如,要明确 $\mathscr{B}$ – 准自守函数与 $\mathscr{B}$ – 自守函数的关系会遇到一定的困难.

设准自守函数

$$\begin{cases} x^*(\theta_m^1(z)) = \Sigma(C_i z + d_i)^{-2m} x^*(H^1(z_i)) \\ x^*(\theta_m^2(z)) = \Sigma(C_i z + d_i)^{-2m} x^*(H^2(z_i)) \end{cases} \quad (3.32)$$

对每一个 $x^* \in \mathscr{X}^*$

$$x^*(\phi_m(z)) = \frac{x^*(\theta_m^1(z))}{x^*(\theta_m^2(z))} \quad (3.33)$$

是关于群 $\mathscr{G}$ 的自守函数. 注意,式(3.33) 左端所用的记号现在还完全是形式的.

我们看到,这里的推理过程不是线性的,所以不能直接进行转化. 克服这一困难的方法有很多,这里只介绍其中的两种:

(1) 设 $\mathscr{X}$ 为弱列紧的 $\mathscr{B}$ – 代数,仿照引理3.4的推理,我们知道 $\mathscr{X}$ 是自反的,因此泛函方程(3.33) 等价于对每一个 $x^* \in \mathscr{X}^*$,有 $\psi_m \in \mathscr{X}^{**}(=\mathscr{X})$,使

$$\phi_m(x^*) = \frac{\theta_m^1(x^*)}{\theta_m^2(x^*)} = \psi_m(x^*) \quad (3.34)$$

而且

$$\|\phi_m\| = \|\psi_m\|$$

同构等距不计,得到

$$\phi_m = \psi_m \quad (3.35)$$

作为 $\mathscr{B}$ – 自守函数是存在的.

(2) 设 $\mathscr{X}$ 为弱列紧的满足引理3.3要求的 $\mathscr{B}$ – 代

数. 此时 x^* 为乘法泛函, 不言而喻, 方程 (3.33) 中的 $\phi_m \in \mathscr{X}$ 作为 $\mathscr{B}$ - 自守函数是存在的.

定理 3.1　在上述条件下, 设 $\mathscr{G}$ 为以 Σ 为不变域, R 为基域的函数群, $R_0 \equiv R \cup \Sigma$, 则在 Σ 内存在无限多个关于 $\mathscr{G}$ 的 $\mathscr{B}$ - 准自守函数及 $\mathscr{B}$ - 自守函数.

3.3　$\mathscr{B}$ - Minkowski 函数

显然, 只要给出定义就够了, 复述所有的结果是不必要的.

定义 3.2　函数 $\chi(x,\alpha)$ 称为 $\mathscr{B}$ - Minkowski 函数, 如果它是定义在实轴上, 取值于 $\mathscr{B}$ - 空间 $\mathscr{X}$ 的 $\mathscr{B}$ - 函数, 而且对每一个 $x^* \in \mathscr{X}^*$, 满足下列条件:

1. $x^*(\chi(x,\alpha))$ 为连续函数, $\alpha \in [0,1]$;

2. 对于相邻分数 $p/q > p'/q'\ (pq' - qp' = 1, q, q' > 0)$ 有

$$x^*\left(\chi\left(\frac{p+p'}{q+q'},\alpha\right)\right) = \alpha x^*\left(\chi\left(\frac{p'}{q'},\alpha\right)\right) +$$
$$(1-\alpha)x^*\left(\chi\left(\frac{p}{q},\alpha\right)\right)$$

3. $x^*\left(\chi\left(\frac{0}{1},\alpha\right)\right) = 1, x^*\left(\chi\left(\frac{1}{0},\alpha\right)\right) = 0.$

简单地说, 若 $x^*(\chi(x,\alpha))$ 是 Minkowski 函数, 则 $\chi(x,\alpha)$ 称为 $\mathscr{B}$ - Minkowski 函数.

其他定理的转化也是很容易的.

3.4　$\mathscr{B}$ - 微分方程

在总结了 1956 年以前这方面的主要结果, 并列举

了大量的重要工作以后,我们看到,许多作者从不同的观点研究了形如

$$\frac{\mathrm{d}x}{\mathrm{d}t} = f(t,x) \qquad (3.36)$$

的 $\mathscr{B}$ – 微分方程. 这里 $x(t)$ 是实变量的未知 $\mathscr{B}$ – 函数,一般说来,$f(t,x)$ 是作用在 x 所属的 $\mathscr{B}$ – 空间 $\mathscr{X}$ 上的某一非线性算子,如果再给定初始条件

$$x(t_0) = x_0 \qquad (3.37)$$

那么构成方程(3.36)的 Cauchy 问题,微商通常在强意义下理解.

若 $\mathscr{X}$ 取为 n 维空间,$f(t,x)$ 理解为有界连续算子,则方程(3.36)变为通常的常微分方程组

$$\frac{\mathrm{d}x_i}{\mathrm{d}t} = f_i(t, x_1, \cdots, x_n) \quad (i = 1, 2, \cdots, n)$$

将 $\mathscr{X}$ 取为各种数列空间,对 $f(t,x)$ 作适当限制,则方程(3.36)可视为无穷常微分方程组. 注意 n 维空间是强列紧的,强、弱收敛是等价的.

许多微分、积分方程,各种类型的微分方程的边值问题,力学和物理学中许多数学物理问题可以归结为更为复杂的方程(3.36)来讨论. 在这种复杂的情况下,由于空间缺乏局部的列紧性和算子可能出现的无界性,困难往往是很大的,就不再是简单的转化能够解决的了.

我们主要介绍其中转化原则起作用的一些问题,内容的选择也是相当随意的,并且尽量指出去掉列紧性条件后,怎样由强拓扑来得到弱结果,作为引理 3.4 的例证.

1. 存在唯一性定理 考虑列紧 $\mathscr{B}$ – 空间 $\mathscr{X}$ 中的

56

常微分方程的 Cauchy 问题

$$\frac{dy}{dz} = \boldsymbol{A}(z)y \qquad (3.38)$$

$$y\mid_{z=z_0} = y_0 \qquad (3.39)$$

式中 $y \equiv \{y_i\}$ 是 $\mathscr{B}$ - 列矩阵函数,$\boldsymbol{A}(z) \equiv [a_{ij}(z)]$ 是解析矩阵函数,即矩阵元 $a_{ij}(z)(i,j = 1,2,\cdots,n)$ 为 z_0 的某一邻域 $V(z_0)$ 中的解析函数,$V(z_0) \subset D,D$ 是复数平面上的区域.

求 Cauchy 问题 (3.38) 和 (3.39) 的 $\mathscr{B}$ - 函数解 $y_i(z)$,等价于对每一个 $x^* \in \mathscr{X}^*$ 求 Cauchy 问题

$$\frac{dx^*(y)}{dz} = \boldsymbol{A}(z)x^*(y) \qquad (3.40)$$

$$x^*(y)\mid_{z=z_0} = x^*(y_0) \qquad (3.41)$$

的解.

由微分方程理论知道,方程 (3.40) 和 (3.41) 的唯一解为解析列矩阵 $\{x^*(y_i)\}$

$$x^*(y_i) = x^*(y_{i0}) + \sum_{m=1}^{\infty} x^*(a_m^i)(z - z_0)^m$$

$$(3.42)$$

利用引理 3.1,方程 (3.38) 和 (3.39) 的 $\mathscr{B}$ - 函数解为 $y \equiv \{y_i\}$

$$y_i = y_{i0} + \sum_{m=1}^{\infty} a_m^i(z - z_0)^m \quad (i = 1,2,\cdots,n)$$

$$(3.43)$$

这是一个 $\mathscr{B}$ - 解析函数,解 (3.42) 可以用待定系数法确定,也可用逐次逼近法得到.

去掉列紧性假定后,命题仍然成立.

因此,我们有:

定理3.2 $\mathscr{B}$ - 微分方程组的 Cauchy 问题(3.38)和(3.39)的 $\mathscr{B}$ - 解析函数解(3.43)存在且唯一.

对具乘法泛函(引理3.3)的延拓性 $\mathscr{B}$ - 空间 $\mathscr{X}$, 当方程(3.38)中的 $A(z)$ 为 $\mathscr{B}$ - 解析矩阵时, 定理3.2 还是成立的. 但当 $\mathscr{X}$ 不具列紧性时, $A(z)$ 须为 $\mathscr{B}$ - 强解析矩阵, 即用强拓扑假定, 这样一来, 解(3.43)是强解, 当然也是弱解.

2. 一般积分　　讨论非齐次 $\mathscr{B}$ - 微分方程组

$$\frac{\mathrm{d}y}{\mathrm{d}z} = A(z)y + B(z) \qquad (3.44)$$

式中 $y \equiv \{y_i\}$ 是 $\mathscr{B}$ - 列矩阵函数, $A(z) \equiv [a_{ij}(z)]$ 是区间 $[a,b]$ 上的连续函数矩阵, $B(z) \equiv \{b_i(z)\}$ 是 $\mathscr{B}$ - 列连续矩阵函数, $i,j = 1,2,\cdots,n$, 取值均在 $\mathscr{B}$ - 空间 $\mathscr{X}$.

方程(3.44)的一般积分等价于, 对每一个 $x^* \in \mathscr{X}^*$, 方程

$$\frac{\mathrm{d}x^*(y)}{\mathrm{d}z} = A(z)x^*(y) + x^*(B(z)) \quad (3.45)$$

的一般积分.

我们知道: 方程(3.45)的一般积分等于相应的齐次方程的一般积分, n 个线性无关解

$$\check{y}_i \equiv \{\check{y}_{ij}\} \quad (i,j = 1,2,\cdots,n)$$

的任意线性组合, 与方程(3.45)的任一特解(特积分)

$$x^*(\hat{y})$$

之和, 亦即

$$x^*(y) = x^*(C)\check{y} + x^*(\hat{y}) \qquad (3.46)$$

其中 $\check{y} \equiv [\check{y}_{ij}]$, $x^*(C) \equiv (x^* C_i)$ 是常数行矩阵.

利用转化原则, 得方程(3.44)的 $\mathscr{B}$ - 一般积分为

$$y = C\check{y} + \hat{y} \qquad (3.47)$$

总结上文, 得到:

定理 3.3　非齐次线性 $\mathcal{B}$ – 常微分方程组的一般积分等于相应的齐次 $\mathcal{B}$ – 常微分方程组的一般积分与非齐次方程的任一个特积分之和.

去掉空间 $\mathcal{X}$ 的列紧性假定,设 $B(z)$ 为 $\mathcal{B}$ – 强连续函数,命题依然成立.

同理,对具乘法泛函的延拓性 $\mathcal{B}$ – 空间 $\mathcal{X}$,方程 (3.44)中的 $A(z)$ 可为 $\mathcal{B}$ – 连续矩阵,此时定理 3.3 还是成立的,但当 $\mathcal{X}$ 不具列紧性时,$A(z)$ 须为 $\mathcal{B}$ – 强连续矩阵,$B(z)$ 须为 $\mathcal{B}$ – 强连续函数.这样一来,结果不但是弱解,而且还是强解.

3. 逐次逼近法　为简单起见,我们还是讨论相应于方程(3.44)的齐次方程,易知方程的解在初始条件 (3.39)的制约下等价于对每一个 $x^* \in \mathcal{X}^*$,积分方程

$$x^*(y) = x^*(y_0) + \int_{z_0}^z A(z) x^*(y) \mathrm{d}z \quad (3.48)$$

的解.

对于方程(3.48),我们知道存在逼近序列

$$x^*(y_0), x^*(y_1), \cdots, x^*(y_n), \cdots \quad (3.49)$$

其中

$$x^*(y_n) = x^*(y_0) + \int_{z_0}^z A(z) x^*(y_{n-1}) \mathrm{d}z \quad (n = 1, 2, \cdots)$$
$$(3.50)$$

利用空间 $\mathcal{X}$ 的列紧性假定(或相应的其他假定),由古典的结果立即得到近似解序列 $\{y_n\}$ 的弱极限 y 存在,而且式(3.48)对每一个 $x^* \in \mathcal{X}^*$ 成立.由转化原则,立刻得到方程(3.44)在初始条件(3.39)制约下的 $\mathcal{B}$ – 函数近似解序列 $\{y_n\}$ 的弱极限

$$y = y_0 + \int_{z_0}^z A(z) y \mathrm{d}z \quad (3.51)$$

解的连续性、逼近误差均可由古典问题的结论直接转化过来.

去掉列紧性假定后,逼近序列(3.49)的极限是否存在需要证明. 此时我们记

$$|A(z)| \leqslant M, \|y_0\| = N$$

经过简单的计算可得如下的估计

$$\|y_n - y_{n-1}\| \leqslant NM^n \frac{|z - z_0|^n}{n!} \qquad (3.52)$$

所以

$$\|S_n(z)\| \leqslant MN|z - z_0| + M^2 N \frac{|z - z_0|^2}{2!} + \cdots +$$

$$M^n N \frac{|z - z_0|^n}{n!}$$

$$= N\exp(M|z - z_0|) \qquad (3.53)$$

其中

$$S_n(z) \equiv y_0 + (y_1 - y_0) + \cdots + (y_n - y_{n-1}) = y_n$$
$$(3.54)$$

因此,y_n 的极限 y 存在而且是强解,由于

$$|x^*(y_n)| = |x^*(S_n(z))| \leqslant \|x^*\| \|S_n(z)\|$$
$$(3.55)$$

所以也是弱解.

4. Fuchs(富克斯)定理　　现在我们简单地介绍 Fuchs 定理的转化.

定理 3.4　　设 $A(z) \equiv [a_{ij}(z)]$ 是 n 阶解析方阵, $a_{ij}(z)$ 为点 a 的邻域 $V(a)$ 中的解析函数. 令 $A(a) \equiv A_*$, 而 $\lambda I - A_*$ 的单因子为 $(\lambda - \lambda_i)^{e_i}$, $\sum\limits_{i=1}^{k} e_i = n$, 适当选择 λ_i, 使一切 $\lambda_{j+1} - \lambda_j (j = 1, 2, \cdots, k - 1)$ 不为正整

数,则线性 $\mathscr{B}$ - 微分方程组

$$(z - a)\,\frac{\mathrm{d}y}{\mathrm{d}z} = A(z)y \qquad (3.56)$$

在 $z = a$ 的附近必有一组 $\mathscr{B}$ - 正规解

$$y_i = (z - a)^{\lambda_i}\varphi_i(z) \quad (i = 1,2,\cdots,n)\,(3.57)$$

式中 $\varphi_i(z)$ 为 $z = a$ 附近的 $\mathscr{B}$ - 解析函数,而 $\varphi_i(a)$ 不同时为 $\theta(\in \mathscr{X})$.

证明　由古典 Fuchs 定理知道: 对于每一个 $x^* \in \mathscr{X}^*$,在上述假定下,方程组

$$(z - a)\,\frac{\mathrm{d}x^*(y)}{\mathrm{d}z} = A(z)x^*(y) \qquad (3.58)$$

必有一组正规解

$$x^*(y_i) = (z - a)^{\lambda_i}x^*(\varphi_i(z))$$

即

$$x^*(y_i) = (z - a)^{\lambda_i}\sum_{n=0}^{\infty} x^*(a_n^i)(z - a)^n \quad (i = 1,2,\cdots,n)$$

$$(3.59)$$

式中 $x^*(a_0^i)$ 不全为 0.

由转化原则,$\mathscr{B}$ - 正规解

$$y_i = (z - a)^{\lambda_i}\sum_{n=0}^{\infty} a_n^i(z - a)^n = (z - a)^{\lambda_i}\varphi_i(z)$$

存在.

证毕.

对高阶方程利用同样的方法,我们有:

定理3.5　n 阶线性 $\mathscr{B}$ - 微分方程在 $z = a$ 附近有 $\mathscr{B}$ - 正规解的充要条件是方程可以写成

$$y^{(n)} + \frac{f_1(z)}{z - a}y^{(n-1)} + \cdots + \frac{f_n(z)}{(z - a)^n}y = 0 \qquad (3.60)$$

的形式,其中 $f_i(z)(i = 1,2,\cdots,n)$ 都是 $z = a$ 附近的解

析函数,但 $f_i(a)$ 可能为 θ.

去掉列紧性限制,由强定义可得强结果.

3.5 $\mathscr{B}$ - 积分方程

我们也不打算全面介绍 $\mathscr{B}$ - 积分方程的所有结果,只是选几个定理进行转化.

1. 存在定理　例如,我们有:

定理 3.6　如果核 $K(s,t)$ 是定义在矩形 $Q:a \leqslant s$, $t \leqslant b$ 中的已知连续函数, $|K(s,t)| \leqslant M, M$ 为一个正数, $f(s)$ 是取值 $\mathscr{B}$ - 空间 $\mathscr{X}$ 的 $\mathscr{B}$ - 连续函数,当

$$|\lambda| < \frac{1}{M(b-a)} \tag{3.61}$$

时, $\mathscr{B}$ - 积分方程

$$\varphi(s) = f(s) + \lambda \int_a^b K(s,t)\varphi(t)\,\mathrm{d}t \tag{3.62}$$

的 $\mathscr{B}$ - 函数解存在.

证明　方程(3.62)的 $\mathscr{B}$ - 函数解 $\varphi(s)$ 存在等价于积分方程

$$x^*(\varphi(s)) = x^*(f(s)) + \lambda \int_a^b K(s,t)x^*(\varphi(t))\,\mathrm{d}t$$

$$\tag{3.63}$$

对每一个 $x^* \in \mathscr{X}^*$ 的解 $x^*(\varphi(s))$ 存在.

我们知道,方程(3.63)的解可由逐次逼近法得到,逼近所得的解为

$$x^*(\varphi(s)) = x^*(\varphi_0(s)) + \lambda x^*(\varphi_1(s)) + \cdots +$$
$$\lambda^n x^*(\varphi_n(s)) + \cdots \tag{3.64}$$

其中

$$\begin{cases} x^*(\varphi_0(s)) \equiv x^*(f(s)) \\ x^*(\varphi_n(s)) \equiv \int_a^b K(s,t) x^*(\varphi_{n-1}(t)) \mathrm{d}t \quad (n = 1,2,\cdots) \end{cases}$$

$$(3.65)$$

由转化原则知道,当条件(3.61)成立时,方程 (3.62)的 $\mathscr{B}$ – 函数解为

$$\varphi(s) = \varphi_0(s) + \lambda \varphi_1(s) + \cdots + \lambda^n \varphi_n(s) + \cdots$$

$$(3.66)$$

其中

$$\begin{cases} \varphi_0(s) \equiv f(s) \\ \varphi_n(s) \equiv \int_a^b K(s,t) \varphi_{n-1}(t) \mathrm{d}t \quad (n = 1,2,\cdots) \end{cases}$$

$$(3.67)$$

证毕.

当去掉对 $\mathscr{B}$ 的列紧性假定时,我们用强拓扑,即假定 $f(s)$ 是 $\mathscr{B}$ – 强连续函数来代替,则命题仍然正确.

需要证明的是解(3.64)的右端收敛于 $\mathscr{B}$ 中的弱极限 $\varphi(s)$. 为此,令

$$S_n(s) = \varphi_0(s) + \lambda \int_a^b K(s,t) \varphi_0(t) \mathrm{d}t + \cdots +$$
$$\lambda^n \int_a^b K(s,t) \varphi_{n-1}(t) \mathrm{d}t \qquad (3.68)$$

则

$$S_n(s) = f(s) + \lambda \int_a^b K(s,t) f(t) \mathrm{d}t + \cdots + \lambda^n \int_a^b K(s,t_1) \cdot$$
$$\int_a^b \cdots \int_a^b K(t_{n-1},t_n) f(t_n) \mathrm{d}t_1 \cdots \mathrm{d}t_n$$

设 $\| f(s) \| \leqslant N, N$ 为一个正数,于是

$$\| \varphi_n(s) \| \leqslant \int_a^b | K(s,t) | \ \| f(t) \| \mathrm{d}t \leqslant N[M(b-a)]^n$$

63

所以

$$\| S_n(s) \| \leqslant N + NM | \lambda | (b-a) + \cdots +$$
$$N[M | \lambda | (b-a)]^n \qquad (3.69)$$

将条件(3.61)代入式(3.69),得到级数(3.68)绝对一致收敛,即 $S_n(s)$ 是强收敛点列. 由 $\mathscr{X}$ 的完备性,$S_n(s)$ 的强极限 $\varphi(s) \in \mathscr{X}$. 由此推得解(3.64)存在,故 $\mathscr{B}$ — 函数解(3.66)存在. 这样得到的解是强解,当然也是弱解.

2. 对称核 所谓对称核是指方程(3.69)中的 $K(s,t)$ 对变量 s 和 t 具有对称性

$$K(s,t) = K(t,s) \qquad (3.70)$$

这一小节中,我们要求 $\mathscr{X}$ 是具乘法泛函的延拓性 $\mathscr{B}$ — 代数.

与上一小节一样,对称核积分方程(3.62)的有关性质立即可以转化得来. 例如,我们有:

定理 3.7 对称核积分方程的一切特征值均是实数;连续不为 0 的对称核积分方程必至少有一个特征值;对称核积分方程的所有 $\mathscr{B}$ — 特征函数构成一个 $\mathscr{B}$ — 就范直交系;等等.

定理 3.7 的证明和有关定义的详细叙述留给读者.

定理 3.7 是对数值连续对称核而言的. 当对称核为 $\mathscr{B}$ — 连续函数时,我们有特征展开有关的定理.

定理 3.8 设 $K(s,t)$ 是 $\mathscr{B}$ — 连续对称核,相应于全部特征值 $\{\lambda_i\}$ 的 $\mathscr{B}$ — 特征函数为 $\{\varphi_i(s)\}$,于是级数

$$K(s,t) = \sum_{i=1}^{\infty} \frac{\varphi_i(s)\varphi_i(t)}{\lambda_i} \qquad (3.71)$$

理解为 $\mathscr{X}$ 中的弱收敛.

　　对于非列紧空间,可由强拓扑得弱结果. 特别是对于非线性方程(3.36) 以及相应于方程(3.63) 的非线性情况,在古典结果中用 Lipschitz(李普希茨) 条件的地方改用弱 Lipschitz 条件,则因推理仍是线性的,依然可以直接泛函化.

第二编

Orlicz 空间基本理论

Orlicz 空间理论基础

第 4 章

世界著名数学家 G. Choquet 曾指出：

数学中的基本结构可以和那种成批制造产品的机器相比，这种机器只能制造一种产品，但是短时间内就能制造出许多件，并且每一件都造得相当完美. 当今年轻的数学家应该首先在学习大型数学机器上多花时间，这就是学习基本结构，而从中受益. 他们得到的定理不再是一仅与单一数学问题有关，而是关于一大类函数的或空间的，并且它的证明方法也是十分漂亮的、简单的和经济有效的.

前面已经对 Orlicz 空间做过简单的介绍，下面将就 Orlicz 空间理论基本概念和可能会用到的一些结论做一下阐述.

定义4.1 假定函数 $\varphi:[0,\infty)\to[0,\infty)$ 是一个连续增加的函数且满足 $\varphi(0)=0$，则称这样的函数 φ 为 Orlicz 函数. 进一步，若 Orlicz 函数 φ 又是一个（下）

凸函数,则称 φ 为 Young(杨) 函数. 对于 Young 函数 φ,可以定义一个与 φ 互补的 Young 函数,不妨记为 $\bar{\varphi}$ 且 $\bar{\varphi}(Y)$ $= \sup\{xy - \varphi(x):x \geqslant 0(\forall y \geqslant 0)\}$. 显然对一对互补的 Young 函数 $\varphi(x)$ 和 $\bar{\varphi}(y)$,有下面的 Young 不等式成立

$$xy \leqslant \varphi(x) + \bar{\varphi}(y) \quad (\forall x \geqslant 0, y \geqslant 0) \quad (4.1)$$

此不等式等号成立的充要条件是 $y = \varphi(x)$ 或 $x = \bar{\varphi}(y)$.

对定义在 $[0,\infty)$ 上的 Young 函数 φ,根据其凸性,由此得到下面的一些性质:

(1) $\varphi(a) + \varphi(b) \leqslant \varphi(a + b)$, $\varphi^{-1}(a + b) \leqslant \varphi^{-1}(a) + \varphi^{-1}(b)(a,b \geqslant 0)$,其中 φ^{-1} 为 φ 的逆(反)函数;

(2) $a < \varphi(a)\varphi^{-1}(a) \leqslant 2a(a > 0)$;

(3) $\varphi(\alpha t) \leqslant \alpha\varphi(t)(0 \leqslant \alpha \leqslant 1)$, $\varphi(\beta t) \geqslant \beta\varphi(t)(\beta \geqslant 1)$.

N- 函数是一种非常特殊的 Young 函数,它的定义如下.

定义 4.2 如果 φ 是一个定义在 $[0,\infty)$ 上的 Young 函数且满足:

(1) $\varphi(x) = 0 \Leftrightarrow x = 0$;

(2) $\lim\limits_{x \to 0} \dfrac{\varphi(x)}{x} = 0$, $\lim\limits_{x \to \infty} \dfrac{\varphi(x)}{x} = \infty$.

则称 φ 为 N- 函数.

下面来介绍 Orlicz 空间与 Orlicz 范数的定义.

定义 4.3 假定 Θ 为定义在 $\mathbf{R}^n$ 上的一个有界 μ 可测集, φ 为定义在 $[0,\infty)$ 上的一个 Orlicz 函数. 如果对定义在 Θ 上的任意可测函数 f,都存在一个正数 $\lambda = \lambda(f)$ 使得 $\int_{\Theta} \varphi\left(\dfrac{|f|}{\lambda}\right) \mathrm{d}\mu < \infty$ 成立,这样的函数 f 的全体构成一个与测度 μ、可测集 Θ 以及 Orlicz 函数 φ 有关

的 Orlicz 空间,此 Orlicz 空间记为 $L^{\varphi}(\Theta,\mu)$. 另外,对任意的 $f \in L^{\varphi}(\Theta,\mu)$, 可以定义 f 的一个非线性 Luxemburg 泛函,不妨记为 $\|f\|_{\varphi(\Theta,\mu)}$ 且

$$\|f\|_{\varphi(\Theta,\mu)} = \inf\left\{\lambda > 0 : \int_{\Theta}\varphi\left(\frac{|f|}{\lambda}\right)\mathrm{d}\mu \leqslant 1\right\}$$

$$(4.2)$$

如果 φ 为 Young 函数且把所有几乎处处相等的函数视为同一个函数,则 $\|\cdot\|_{\varphi(\Theta,\mu)}$ 实际上定义了 $L^{\varphi}(\Theta,\mu)$ 上的一个范数,把它称为 Luxemburg 范数(或者 Orlicz 范数).

注　从 Orlicz 空间和 Orlicz 范数的定义可知,只要测度、可测集和 Young 函数不一样,其相应的定义也就不一样. 实际中,经常会看到测度取平均测度和 Lebesgue 测度的情形. 对测度 μ 取平均测度,即 $\int_{\Theta}\mathrm{d}\mu = \frac{1}{\mu(\Theta)}\int_{\Theta}\mathrm{d}\mu$,则称相应的 Orlicz 空间和 Orlicz 范数为 μ 平均测度 Orlicz 空间和 μ 平均测度 Orlicz 范数,并相应记作 $Ł^{\varphi}(\Theta,\mu)$ 和 $\Vert\cdot\Vert_{\varphi(\Theta,\mu)}$. 类似地,若测度 μ 取 Lebesgue 测度,即 $\mathrm{d}\mu = \mathrm{d}x$,则称它们分别为 Lebesgue 测度 Orlicz 空间和 Lebesgue 测度 Orlicz 范数,并相应记作 $L^{\varphi}(\Theta)$ 和 $\|\cdot\|_{\varphi(\Theta)}$. 而对于测度 μ 取 Lebesgue 平均测度,则相应称呼和记号不言自明.

对于 Young 函数 φ,如果还满足其他一些条件,那么相应的 φ 具有其他一些性质. 本章中,我们比较感兴趣的是具有倍权条件的几类 Young 函数,例如 $\varphi(t) = t^{p}$,$G(p,q,C)$ – 类 Young 函数以及 φ_{p} – 类 Young 函数. 后两种 Young 函数的定义本章不做介绍. 由于倍权条件的 Young 函数具有一些极好的性质,因此先来给出倍权的定义.

定义4.4 假定函数 f 为一个定义在 $[0,\infty)$ 上的函数,如果存在一个仅与函数 f 有关的常数 K,使得对任意的 $x \geq 0$,都有 $f(2x) \leq Kf(x)$ 成立,则称函数 f 满足倍权条件或者满足 Δ_2 - 条件,并记为 $f \in \Delta_2$.

前面虽然提到 Orlicz 空间和 Orlicz 范数的定义与测度有关系,但 Orlicz 空间里的一些重要性质和结论与测度的选择没有关系. 换句话说,当 μ 取不同测度时,它们具有一些相似的结论. 为了介绍这些结论,用测度 μ 所定义的 Orlicz 空间和 Orlicz 范数来逐一进行阐明.

命题4.1 假定 Θ 为定义在 $\mathbf{R}^n$ 上的一个有界 μ 可测集以及 φ 是一个定义在 $[0,\infty)$ 上的 Young 函数,则 μ 测度的 Orlicz 空间 $L^\varphi(\Theta,\mu)$ 为一个赋范线性空间并且对任意的 $f \in L^\varphi(\Theta,\mu)$,都有

$$\|f\|_{\varphi(\Theta,\mu)} \leq 1 \Leftrightarrow \int_\Theta \varphi(|f|)\mathrm{d}\mu \leq 1 \qquad (4.3)$$

成立. 若 $0 \neq f$,则有

$$\int_\Theta \varphi\left(\frac{|f|}{\|f\|_{\varphi(\Theta,\mu)}}\right)\mathrm{d}\mu \leq 1 \qquad (4.4)$$

进一步,若 $\varphi \in \Delta_2$,则有

$$\int_\Theta \varphi\left(\frac{|f|}{\|f\|_{\varphi(\Theta,\mu)}}\right)\mathrm{d}\mu = 1 \qquad (4.5)$$

定理4.1 假定 Θ 为定义在 $\mathbf{R}^n$ 上的一个有界 μ 可测集,并且函数 φ 和 ψ 分别为定义在 $[0,\infty)$ 上的两个 Young 函数,若对任意的 $x \geq 0$,存在一个常数 $C \geq 1$ 使得 $\frac{1}{C}\varphi(x) \leq \psi(x) \leq C\varphi(x)$,则对所有 $f \in L^\varphi(\Theta,\mu)$,有 $f \in L^\psi(\Theta,\mu)$ 且

$$\frac{1}{C}\|f\|_{\varphi(\Theta,\mu)} \leqslant \|f\|_{\psi(\Theta,\mu)} \leqslant C\|f\|_{\varphi(\Theta,\mu)}$$

$$(4.6)$$

证明　只要证明当 $\psi(x) \leqslant C\varphi(x)$ 时，有 $\|f\|_{\psi(\Theta,\mu)} \leqslant C\|f\|_{\varphi(\Theta,\mu)}$，则要证的结论自然成立. 由定义在 Θ 上的 μ 测度 Orlicz 范数的定义以及 Young 函数的凸性，有

$$\int_{\Theta}\psi\Big(\frac{|f(x)|}{C\|f\|_{\varphi(\Theta,\mu)}}\Big)\mathrm{d}\mu \leqslant \int_{\Theta}C\varphi\Big(\frac{|f(x)|}{C\|f\|_{\varphi(\Theta,\mu)}}\Big)\mathrm{d}\mu$$

$$\leqslant \int_{\Theta}\varphi\Big(\frac{|f(x)|}{C\|f\|_{\varphi(\Theta,\mu)}}\Big)\mathrm{d}\mu \leqslant 1$$

即

$$\|f\|_{\psi(\Theta,\mu)} \leqslant C\|f\|_{\varphi(\Theta,\mu)} \qquad (4.7)$$

命题4.2　假定 Θ 为定义在 $\mathbf{R}^n$ 上的一个有界 μ 可测集，并且函数 φ,ψ 和 ϕ 为定义在 $[0,\infty)$ 上的三个 Young 函数，并且满足 $\varphi^{-1}(t)\psi^{-1}(t) \leqslant \phi^{-1}(t)$，则对任意 $f \in L^{\varphi}(\Theta,\mu)$ 和 $g \in L^{\psi}(\Theta,\mu)$，有 $fg \in L^{\phi}(\Theta,\mu)$ 且

$$\|fg\|_{\phi(\Theta,\mu)} \leqslant 2\|f\|_{\varphi(\Theta,\mu)}\|g\|_{\psi(\Theta,\mu)} \qquad (4.8)$$

命题4.3　假定 Θ 为定义在 $\mathbf{R}^n$ 上的一个有界 μ 可测集，并且函数 φ 和 $\overline{\varphi}$ 为定义在 $[0,\infty)$ 上的一对互补的 Young 函数，则对任意的 $f \in L^{\varphi}(\Theta,\mu),g \in L^{\overline{\varphi}}(\Theta,\mu)$，都有

$$\int_{\Theta}|fg|\,\mathrm{d}\mu \leqslant 2\|f\|_{\varphi(\Theta,\mu)}\|g\|_{\overline{\varphi}(\Theta,\mu)} \qquad (4.9)$$

引理4.1　假定 f 为定义在 $[0,\infty)$ 上的一个函数且 $f \in \Delta_2$，则对任意的 $a \geqslant 1$，存在两个常数 $C_1 = K$，$C_2 = \log_2 K$，对所有的 $t \geqslant 0$ 都有

$$f(at) \leqslant C_1 a^{C_2}f(t) \qquad (4.10)$$

其中 K 为只与函数 f 有关的倍权常量.

对于定义在 $[0,\infty)$ 上的倍权的 Young 函数 $\varphi(t)$，能得到 $\varphi(2t)$ 与 $\varphi(t)$ 是一致可比较的. 借助引理 4.1，还能得到 $\varphi(at)$ 与 $\varphi(t)$（a 为任意正常数）也是一致可比较的，即有下面的定理成立.

定理 4.2 若 Young 函数 φ 满足倍权条件，则存在仅与倍权常数 K 及参数 a 有关的常数 C_1, C_2，使得对任意的 $a > 0$, $t \geqslant 0$，都有

$$C_1\varphi(t) \leqslant \varphi(at) \leqslant C_2\varphi(t) \qquad (4.11)$$

特殊类的凸函数

世界著名数学家 I. Adler 曾指出：

现代数学的一个特征是它试图尽可能的一般化. 现代数学并不取代经典数学. 前者推广后者、补充后者、统一后者；并且我们无法在全部数学知识中划一条界线，说这部分是传统数学，那部分是现代数学. 数学概念的成长是连续的，新得到的数学扎根于旧的之中.

对于 Orlicz 空间的基础理论，有时为了研究问题的需要，常常会有自己独特的定义方式和方法. 例如在一些经典文献中，定义的 Young 函数和 N- 函数的定义域都是在实数域 $\mathbf{R}$ 上；而在另一些经典文献中，则因为经典的 Young 函数和 N- 函数都是偶函数，常常把 Young 函数和 N- 函数定义在 $[0, +\infty)$ 上.

在数学史上有两位叫作 Young 的数学家. 一位早一点的是 Young, William Henry(1863—1942).

75

Young, William Henry, 英国人, 出生于伦敦, 曾在剑桥大学工作, 研究工作涉及实变函数论、集论和积分概念的发展等. 文献中有 Young 形式的 Lebesgue 积分概念.

另一位是他的儿子 Young, Lorens Chisholm.

Young, Lorens Chisholm(生于 1915), 美国人, 出生于德国的哥廷根, 1939 年至 1949 年曾主持南非开普敦大学数学系的工作, 后去美国, 1949 年起任威斯康星大学教授, 1962 年至 1964 年还任系主任, 1968 年起任名誉教授. 在数学方面, 他起初从事函数论的研究, 继而涉及变分法. 他提出的广义曲线和曲面的概念, 对解决数学问题(无论是古典的, 还是现代的) 都给予了新的启示.

从时间上看, 本书中的 Young 函数应该是老 Young 提出的. 显然他们父子俩都研究过函数论.

5.1　N - 函数

1. 凸函数

实变量 u 的实值函数 $M(u)$ 称为凸的, 假如对于 u_1 和 u_2 的一切值满足不等式

$$M\left(\frac{u_1 + u_2}{2}\right) \leqslant \frac{M(u_1) + M(u_2)}{2} \qquad (5.1)$$

我们仅对连续的凸函数有兴趣, 条件(5.1) 表明联结函数 $M(u)$ 的图形上任何两点的弦的中点恒位于图形的对应点之上.

从几何上(图 5.1) 易见所有的弦均位于函数的图形之上, 即对于一切 $\alpha (0 \leqslant \alpha \leqslant 1)$, 不等式

$$M[\alpha u_1 + (1 - \alpha)u_2]$$
$$\leqslant \alpha M(u_1) + (1 - \alpha)M(u_2) \qquad (5.2)$$

恒成立. 这个不等式称为 Jensen(琴生) 不等式. 我们还可以用解析的方法来证明该不等式. 事实上,假设不等式(5.2)不是对于[0,1]上的一切 α 均能满足,那么连续函数

$$f(\alpha) = M[\alpha u_1 + (1 - \alpha)u_2] - \alpha M(u_1) - (1 - \alpha)M(u_2)$$

在[0,1]上的最大值 M_0 为正. 我们把使得 $f(\alpha)$ 具有值 M_0 的自变量的最小值记为 α_0. 又假定 $\delta > 0$ 是这样的数,它使得区间[$\alpha_0 - \delta, \alpha_0 + \delta$] 包含在[0,1]内,于是对点

$$u_1^* = (\alpha_0 - \delta)u_1 + (1 - \alpha_0 + \delta)u_2$$
$$u_2^* = (\alpha_0 + \delta)u_1 + (1 - \alpha_0 - \delta)u_2$$

应用不等式(5.1)并且转到函数 $f(\alpha)$ 即得

$$f(\alpha_0) \leqslant \frac{f(\alpha_0 - \delta) + f(\alpha_0 + \delta)}{2} < M_0$$

于是发生矛盾,因而不等式(5.2)获证.

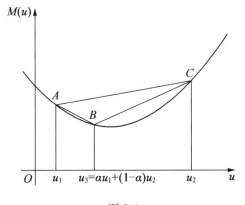

图 5.1

77

如果 $u_1 \neq u_2$，那么不等式(5.2)中的等号成立，或者只有当 $\alpha = 0$ 和 $\alpha = 1$ 时，或者对于一切 $\alpha \in [0,1]$. 事实上，假设对某个 $\alpha_0 \in (0,1)$，式(5.2)中的等号成立，即 $f(\alpha_0) = 0$. 今证在此情况下对于一切 $\alpha \in [0,1]$ 有 $f(\alpha) = 0$. 容易看出，连续函数 $f(\alpha)$ 是凸的，因此它同样也满足 Jensen 不等式. 假设对于某个 $\alpha_1 \in (0,1)$ 有 $f(\alpha_1) < 0$（根据已经证明的结论，$f(\alpha)$ 不能为正）. 为了确定起见，假定 $\alpha_1 < \alpha_0$. 因为 $\alpha_0 = \dfrac{1 - \alpha_0}{1 - \alpha_1}\alpha_1 + \dfrac{\alpha_0 - \alpha_1}{1 - \alpha_1}$，所以根据 Jensen 不等式得

$$f(\alpha_0) \leqslant \frac{1 - \alpha_0}{1 - \alpha_1}f(\alpha_1) + \frac{\alpha_0 - \alpha_1}{1 - \alpha_1}f(1) = \frac{1 - \alpha_0}{1 - \alpha_1}f(\alpha_1) < 0$$

这与 $f(\alpha_0) = 0$ 矛盾.

不等式(5.1)还可以再推广成如下的形式：对任何 $u_1, u_2, \cdots, u_n$，有

$$M\left(\frac{u_1 + u_2 + \cdots + u_n}{n}\right)$$

$$\leqslant \frac{1}{n}\left[M(u_1) + M(u_2) + \cdots + M(u_n)\right] \qquad (5.3)$$

对形如 2^k 的一切 n，只要连续应用不等式(5.1)就能证明不等式(5.3)，较复杂的是任意 n 的情形. 假设 m 是这样的数，它使得 $n + m = 2^k$，则

$$M\left(\frac{u_1 + u_2 + \cdots + u_n + mu^*}{n + m}\right)$$

$$\leqslant \frac{1}{n + m}\left[M(u_1) + M(u_2) + \cdots + M(u_n) + mM(u^*)\right]$$

令 $u^* = \dfrac{u_1 + u_2 + \cdots + u_n}{n}$，即得不等式(5.3).

78

设 $u_1 \leqslant u_3 \leqslant u_2$，则

$$u_3 = \frac{u_2 - u_3}{u_2 - u_1}u_1 + \frac{u_3 - u_1}{u_2 - u_1}u_2$$

于是由不等式(5.2)，可得

$$M(u_3) \leqslant \frac{u_2 - u_3}{u_2 - u_1}M(u_1) + \frac{u_3 - u_1}{u_2 - u_1}M(u_2)$$

故得

$$\frac{M(u_3) - M(u_1)}{u_3 - u_1} \leqslant \frac{M(u_2) - M(u_1)}{u_2 - u_1} \leqslant \frac{M(u_2) - M(u_3)}{u_2 - u_3}$$

$$(5.4)$$

所得到的不等式(参看图 5.1)表明弦 AB 的角系数小于弦 AC 的角系数，而它又小于弦 BC 的角系数.

2. 凸函数的积分表达式

引理 5.1　　连续凸函数 $M(u)$ 在每一点都有右导数 $p_+(u)$ 和左导数 $p_-(u)$，并且

$$p_-(u) \leqslant p_+(u) \qquad (5.5)$$

证明　　由不等式(5.4)，当 $0 < h_1 < h_2$ 时

$$\frac{M(u) - M(u - h_2)}{h_2} \leqslant \frac{M(u) - M(u - h_1)}{h_1}$$

$$\leqslant \frac{M(u + h_1) - M(u)}{h_1} \leqslant \frac{M(u + h_2) - M(u)}{h_2}$$

$$(5.6)$$

从这些不等式即可推出关系式

$$\frac{M(u) - M(u - h)}{h}$$

是非减的，因而当 $h \to +0$ 时有极限 $p_-(u)$.类似地，关系式 $\frac{M(u + h) - M(u)}{h}$ 是非增的，因而当 $h \to +0$ 时有极限 $p_+(u)$. 至于不等式(5.5)，同样能由不等式

(5.6) 推出.

引理 5.2 连续凸函数 $M(u)$ 的右导数 $p_+(u)$ 是非减的右连续函数.

证明 假设 $u_1 < u_2$,则当正数 h 充分小时

$$u_1 + h < u_2 - h$$

于是由不等式(5.4),得

$$\frac{M(u_1 + h) - M(u_1)}{h} \leqslant \frac{M(u_2) - M(u_2 - h)}{h}$$

$$(5.7)$$

取极限并利用不等式(5.5)即得

$$p_+(u_1) \leqslant p_+(u_2) \qquad (5.8)$$

这样,函数 $p_+(u)$ 的单调性就证明了.

在证明引理 5.1 时曾经指出,对于一切 $h > 0$,有

$$p_+(u) \leqslant \frac{M(u + h) - M(u)}{h}$$

固定 h 并且取当 $u \to u_0 + 0$ 时的极限,由函数 $M(u)$ 的连续性即得

$$\lim_{u \to u_0 + 0} p_+(u) \leqslant \frac{M(u_0 + h) - M(u_0)}{h} \quad (5.9)$$

由函数 $p_+(u)$ 的单调性,知不等式左端的极限是存在的. 再在式(5.9)中取当 $h \to +0$ 时的极限,得到

$$\lim_{u \to u_0 + 0} p_+(u) \leqslant p_+(u_0)$$

另外,当 $u \geqslant u_0$ 时 $p_+(u) \geqslant p_+(u_0)$,由此

$$\lim_{u \to u_0 + 0} p_+(u) \geqslant p_+(u_0)$$

因而

$$\lim_{u \to u_0 + 0} p_+(u) = p_+(u_0)$$

上述等式表明了函数 $p_+(u)$ 的右连续性.

引理证毕.

注　完全类似地可以证明 $p_-(u)$ 是非减的左连续函数.

引理 5.3　凸函数 $M(u)$ 在任何有限区间内绝对连续且满足 Lipschitz 条件.

证明　考察任一区间 $[a,b]$. 假设 $a < u_1 < u_2 < b$. 由不等式(5.4) 得

$$\frac{M(u_1) - M(a)}{u_1 - a} \leqslant \frac{M(u_2) - M(u_1)}{u_2 - u_1} \leqslant \frac{M(b) - M(u_2)}{b - u_2}$$

从上述不等式即可推出

$$p_+(a) \leqslant \frac{M(u_2) - M(u_1)}{u_2 - u_1} \leqslant p_-(b)$$

亦即对于区间 $[a,b]$ 内的一切 u_1, u_2, 量 $\left| \dfrac{M(u_2) - M(u_1)}{u_2 - u_1} \right|$ 是有界的.

引理证毕.

定理 5.1　任何满足条件 $M(a) = 0$ 的凸函数 $M(u)$ 可表示为

$$M(u) = \int_a^u p(t)\,\mathrm{d}t \tag{5.10}$$

其中 $p(t)$ 是非减的右连续函数.

证明　首先注意函数 $M(u)$ 几乎处处有导数. 事实上, 由于式(5.7)和(5.5), 当 $u_2 > u_1$ 时

$$p_-(u_2) \geqslant p_+(u_1) \geqslant p_-(u_1) \tag{5.11}$$

因为函数 $p_-(u)$ 是单调的, 所以它几乎处处连续. 假设 u_1 是函数 $p_-(u)$ 的连续点, 在式(5.11)中取当 $u_2 \to u_1$ 时的极限, 即得

$$p_-(u_1) \geqslant p_+(u_1) \geqslant p_-(u_1)$$

于是

$$p_-(u_1) = p_+(u_1)$$

因而几乎处处有

$$M'(u) = p(u) = p_+(u)$$

由引理 5.3, 函数 $M(u)$ 绝对连续. 因此它就是自身的导数的不定积分.

定理证毕.

3. N- 函数的定义

函数 $M(u)$ 称为 N- 函数, 如果它能够表示为

$$M(u) = \int_0^{|u|} p(t)\mathrm{d}t \qquad (5.12)$$

其中 $p(t)$ 当 $t > 0$ 时为正, 又当 $t \geqslant 0$ 时是右连续的非减函数, 并且还满足条件

$$p(0) = 0, p(\infty) = \lim_{t \to \infty} p(t) = \infty \qquad (5.13)$$

简言之, 上述条件表明, 函数 $p(t)$ 必须具有形如图 5.2 的图形, 而 N- 函数的值就是相应的曲线梯形的面积.

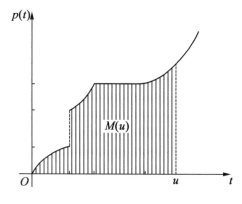

图 5.2

譬如函数

$$M_1(u) = \frac{|u|^\alpha}{\alpha}(\alpha > 1), M_2(u) = e^{u^2} - 1$$

就是 N- 函数的例子. 对于其中的第一个,$p_1(t) = M_1'(t) = t^{\alpha-1}$,而对于第二个,$p_2(t) = M_2'(t) = 2te^{t^2}$.

4. N- 函数的性质

由表达式(5.12)可推出每一个 N- 函数是连续的偶函数,它在零点的值为零并且当自变量的值为正时还是增加的.

N- 函数是凸的,事实上,若 $0 \leqslant u_1 < u_2$,则由 $p(t)$ 的单调性

$$M\left(\frac{u_1 + u_2}{2}\right) = \int_0^{\frac{u_1+u_2}{2}} p(t)\,dt \leqslant \int_0^{u_1} p(t)\,dt +$$

$$\frac{1}{2}\Big[\int_{u_1}^{\frac{u_1+u_2}{2}} p(t)\,dt + \int_{\frac{u_1+u_2}{2}}^{u_2} p(t)\,dt\Big]$$

$$= \frac{1}{2}\Big[\int_0^{u_1} p(t)\,dt + \int_0^{u_2} p(t)\,dt\Big]$$

$$= \frac{1}{2}[M(u_1) + M(u_2)]$$

在 u_1, u_2 任意的情况下

$$M\left(\frac{u_1 + u_2}{2}\right) = M\left(\frac{|u_1 + u_2|}{2}\right)$$

$$\leqslant M\left(\frac{|u_1| + |u_2|}{2}\right)$$

$$\leqslant \frac{1}{2}[M(u_1) + M(u_2)]$$

在式(5.2)中假设 $u_2 = 0$,可得

$$M(\alpha u_1) \leqslant \alpha M(u_1) \quad (0 \leqslant \alpha \leqslant 1) \quad (5.14)$$

条件(5.13)的第一个等式表明

$$\lim_{u \to 0} \frac{M(u)}{u} = 0 \qquad (5.15)$$

从条件 (5.13) 的第二个条件又可推出

$$\lim_{u \to \infty} \frac{M(u)}{u} = \infty \qquad (5.16)$$

因为当 $u > 0$ 时

$$\frac{M(u)}{u} = \frac{1}{u} \int_0^u p(t) \, \mathrm{d}t \geqslant \frac{1}{u} \int_{\frac{u}{2}}^u p(t) \, \mathrm{d}t \geqslant \frac{1}{2} p\left(\frac{u}{2}\right)$$

我们指出,对 N- 函数而言,不等式 (5.14) 中仅当 $\alpha = 0, 1$ 或 $u_1 = 0$ 时等号成立. 事实上,假设 $u_1 \neq 0$ 并且对于某个 $\alpha \in (0,1)$,式 (5.14) 中的等号成立,则式 (5.14) 中对于一切 $\alpha \in [0,1]$ 等号成立,于是对于一切 $\alpha \in [0,1]$,有

$$\frac{M(\alpha u_1)}{\alpha u_1} = \frac{M(u_1)}{u_1}$$

在此等式中取当 $\alpha \to 0$ 时的极限,得到

$$\lim_{\alpha \to 0} \frac{M(\alpha u_1)}{\alpha u_1} = \frac{M(u_1)}{u_1}$$

这与条件 (5.15) 矛盾.

由此可见

$$M(\alpha u) < \alpha M(u) \quad (0 < \alpha < 1, u \neq 0) \qquad (5.17)$$

由上述不等式可推出函数 $\dfrac{M(u)}{u}$ 当 u 为正值时是严格增加的

$$\frac{M(u')}{u'} < \frac{M(u)}{u} \quad (0 < u' < u) \qquad (5.18)$$

为了证明这个断言,只需在式 (5.17) 中令 $\alpha = \dfrac{u'}{u}$.

我们所得到的性质已经完全足以描述 N- 函数的图

形了(图 5.3). 性质(5.15) 表明横轴与 N- 函数的图形在原点相切. 而性质(5.18) 和(5.16) 给出联结原点与 N- 函数图形上的动点的弦的角系数的变化特征. N- 函数的图形可能包含间断点和直线段,间断点对应于函数 $p(t)$ 的间断点,而直线段对应于函数 $p(t)$ 的常数区间.

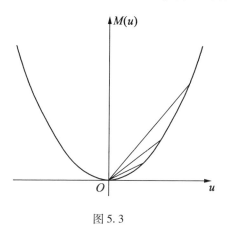

图 5.3

当自变量为非负值时,N- 函数 $M(u)$ 的反函数记为 $M^{-1}(v)(0 \leqslant v < +\infty)$,这个函数是凹的,因为由不等式(5.2) 知,当 $v_1,v_2 \geqslant 0$ 时

$$M^{-1}[\alpha v_1 + (1-\alpha)v_2] \geqslant \alpha M^{-1}(v_1) + (1-\alpha)M^{-1}(v_2)$$

从 N-函数 $M(u)$ 的右导数 $p(u)$ 的单调性可推出不等式

$$
\begin{aligned}
M(u) + M(v) &= \int_0^{|u|} p(t)\mathrm{d}t + \int_0^{|v|} p(t)\mathrm{d}t \\
&\leqslant \int_0^{|u|} p(t)\mathrm{d}t + \int_{|u|}^{|u|+|v|} p(t)\mathrm{d}t \\
&= \int_0^{|u|+|v|} p(t)\mathrm{d}t = M(|u|+|v|) \quad (5.19)
\end{aligned}
$$

85

假设 $a = M(u), b = M(v)$ 是任意非负的数,则由不等式(5.19)又得到

$$M^{-1}(a+b) \leqslant M^{-1}(a) + M^{-1}(b) \qquad (5.20)$$

5. N-函数的第二种定义

使用以下的定义有时是很方便的. 连续凸函数 $M(u)$ 称为 N-函数,假如它是偶函数并且满足条件(5.15)和(5.16). 今证这个定义与前面的定义等价. 显然我们只需证从 N-函数的第二个定义可以推出把它表示为(5.12)形式的可能性.

由式(5.15)知 $M(0) = 0$,因此由函数 $M(u)$ 的偶函数性和定理5.1,能把它表示为

$$M(u) = \int_0^{|u|} p(t)\,\mathrm{d}t$$

的形式,其中 $p(u)$ 是当 $u > 0$ 时非减的右连续函数(函数 $M(u)$ 的右导数). 因为当 $u > 0$ 时

$$p(u) \geqslant \frac{M(u)}{u}$$

所以当 $u > 0$ 时 $p(u) > 0$,并且由式(5.16)可知

$$\lim_{u \to \infty} p(u) = \infty$$

另外,当 $u > 0$ 时

$$M(2u) = \int_0^{2u} p(t)\,\mathrm{d}t > \int_u^{2u} p(t)\,\mathrm{d}t > up(u)$$

因而

$$p(u) < \frac{M(2u)}{u}$$

由此由式(5.15)知

$$p(0) = \lim_{u \to 0} p(u) = 0$$

6. N-函数的复合函数

两个 N-函数 $M_1(u)$ 和 $M_2(u)$ 的复合函数

$M(u) = M_2[M_1(u)]$ 仍然是 N-函数. 事实上, 函数 $M(u)$ 有右导数 (当 $u > 0$ 时)

$$p(u) = p_2[M_1(u)]p_1(u)$$

其中 $p_1(u)$, $p_2(u)$ 是 N-函数 $M_1(u)$ 和 $M_2(u)$ 的右导数. 函数 $p(u)$ 右连续、非减且满足条件 (5.13), 因为函数 $p_1(u)$ 和 $p_2(u)$ 满足这些条件.

其逆亦真: 任何 N-函数 $M(u)$ 都是两个 N-函数的复合函数 $M(u) = M_2[M_1(u)]$.

若 $M_1(u)$ 为一给定的 N-函数, 则函数 $M_2(u)$ 由等式

$$M_2(u) = M[M_1^{-1}(|u|)] \qquad (5.21)$$

唯一确定, 其中 $M_1^{-1}(v)$ 是 $M_1(u)$ 的反函数.

这样一来, 为了将 $M(u)$ 表成复合函数的形式, 必须找出这样的 N-函数 $M_1(u)$, 使 $M_2(u) = M[M_1^{-1}(|u|)]$ 也是 N-函数.

因为当 $u > 0$ 时

$$p_2(u) = \frac{p[M_1^{-1}(u)]}{p_1[M_1^{-1}(u)]}$$

所以欲使 $M_2(u)$ 是 N-函数, 必须且只需函数 $\dfrac{p(u)}{p_1(u)}$ 非减、右连续并且满足条件 (5.13), 因为连续函数 $M_1^{-1}(v)$ 单调且与 v 一起趋近于零和无穷.

这样, 如果我们找到了非减、右连续并且满足条件 (5.13) 的函数 $p_1(u)$, 使 $\dfrac{p(u)}{p_1(u)}$ 同样是非减、右连续并且满足条件 (5.13) 的函数, 那么函数

$$M_1(u) = \int_0^{|u|} p_1(t)\,\mathrm{d}t$$

和由等式 (5.21) 所定义的 $M_2(u)$ 都是 N-函数, 并且

等式 $M(u) = M_2[M_1(u)]$ 成立.

作为函数 $p_1(u)$ 特别可以取

$$p_1(u) = [p(u)]^{\varepsilon_0} \quad (0 < \varepsilon_0 < 1)$$

让我们再指出, 如果 N- 函数 $M(u)$ 是两个 N- 函数 $M_1(u)$ 和 $M_2(u)$ 的复合函数, 则对每一个 $k > 0$ 相应的有常数 $u_0 \geqslant 0$, 使当 $u \geqslant u_0$ 时

$$M(u) > M_2(ku)$$

5.2 余 N- 函数

1. 定义

假设 $p(t)$ 当 $t > 0$ 时为正, 当 $t \geqslant 0$ 时是右连续的非减函数并且满足条件 (5.13). $q(s) (s \geqslant 0)$ 是由等式

$$q(s) = \sup_{p(t) \leqslant s} t \qquad (5.22)$$

所定义的函数.

不难看出, 函数 $q(s)$ 具有与函数 $p(t)$ 同样的性质: 当 $s > 0$ 时为正, 当 $s \geqslant 0$ 时是右连续的非减函数并且满足条件

$$q(0) = 0, \lim_{s \to \infty} q(s) = \infty \qquad (5.23)$$

直接从函数 $q(s)$ 的定义可推出不等式

$$q[p(t)] \geqslant t, p[q(s)] \geqslant s \qquad (5.24)$$

并且当 $\varepsilon > 0$ 时

$$q[p(t) - \varepsilon] \leqslant t, p[q(s) - \varepsilon] \leqslant s \qquad (5.25)$$

若函数 $p(t)$ 连续而且单调增加, 则函数 $q(s)$ 是函数 $p(t)$ 的通常反函数. 在一般情况下, 函数 $q(s)$ 称为 $p(t)$ 的右反函数. 函数 $p(t)$ 同样也是 $q(s)$ 的右反函数. 描绘在图 5.4 上的函数 $q(s)$ 就是描绘在图 5.2 上的

函数 $p(t)$ 的右反函数.

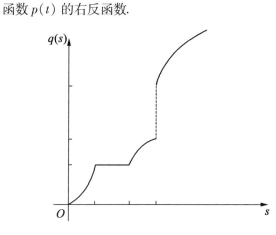

图 5.4

函数

$$M(u) = \int_0^{|u|} p(t)\,\mathrm{d}t,\quad N(v) = \int_0^{|v|} q(s)\,\mathrm{d}s$$

称为互余的 N- 函数.

假设 $\varPhi(u)$ 和 $\varPsi(v)$ 是互余的 N- 函数,在许多场合需要我们研究 N- 函数 $\varPhi_1(u) = a\varPhi(bu)\,(a,b > 0)$. 显然它的余 N- 函数 $\varPsi_1(v)$ 由下列等式确定

$$\varPsi_1(v) = a\varPsi\left(\frac{v}{ab}\right) \qquad (5.26)$$

事实上,函数 $\varPhi_1(u)$ 的右导数 $p_1(t)$ 等于 $abp(bt)$,其中 $p(t)$ 是 N- 函数 $\varPhi(u)$ 的右导数,因此

$$q_1(s) = \frac{1}{b}q\left(\frac{s}{ab}\right)$$

从而

$$\varPsi_1(v) = \int_0^{|v|} q_1(s)\,\mathrm{d}s = \frac{1}{b}\int_0^{|v|} q\left(\frac{s}{ab}\right)\mathrm{d}s = a\int_0^{\frac{|v|}{ab}} q(s)\,\mathrm{d}s$$

故得式(5.26).

2. Young 不等式

我们运用通常推导 Hölder 不等式的思考方法,在图 5.5 上面积 T 和 S 分别表示 N- 函数 $M(u)$ 和 $N(v)$ 的值. 从几何上显然有

$$uv \leqslant T + S = M(u) + N(v)$$

由于函数 $M(u)$ 和 $N(v)$ 均为偶函数,所以上述不等式对于一切 u,v 都成立,它称为 Young 不等式,由此可见

$$uv \leqslant M(u) + N(v) \qquad (5.27)$$

同样从图 5.5 可以看出不等式(5.27)变成等式,假如对于已给的 $u,v = p(|u|)\operatorname{sign} u$ 和对于已给的 v,$u = q(|v|)\operatorname{sign} v$,这样一来

$$|u| p(|u|) = M(u) + N[p(|u|)] \qquad (5.28)$$

和

$$|v| q(|v|) = M[q(|v|)] + N(v) \quad (5.29)$$

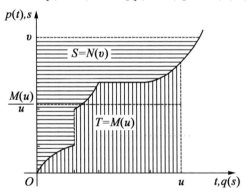

图 5.5

从式(5.27)可推出

$$N(v) \geqslant uv - M(u)$$

又由式(5.29),该不等式当 $u = q(|v|)\operatorname{sign} v$ 时变成

90

等式,因此

$$N(v) = \max_{u \geqslant 0}[u|v| - M(u)] \qquad (5.30)$$

公式 (5.30) 也可以作为 $M(u)$ 的余 N- 函数的定义.

从 Young 不等式得知

$$M^{-1}(v)N^{-1}(v) \leqslant 2v \quad (v > 0)$$

另外,从图 5.5 又可看出 $N\left[\dfrac{M(u)}{u}\right] < M(u)$,于是当 $M(u) = v$ 时就得到

$$v < M^{-1}(v)N^{-1}(v)$$

这样一来,对于一切 $v > 0$,有

$$v < M^{-1}(v)N^{-1}(v) \leqslant 2v \qquad (5.31)$$

3. 例

我们已经指出函数 $M_1(u) = \dfrac{|u|^\alpha}{\alpha} (\alpha > 1)$ 是 N- 函数,今求其余 N- 函数. 显然当 $t > 0$ 时

$$p_1(t) = M_1'(t) = t^{\alpha-1}$$

因此

$$q_1(s) = s^{\beta-1} \quad (s \geqslant 0)$$

其中 $\dfrac{1}{\alpha} + \dfrac{1}{\beta} = 1$,于是

$$N_1(v) = \int_0^{|v|} q_1(s)\mathrm{d}s = \frac{|v|^\beta}{\beta}$$

作为第二个例子,我们来计算 N- 函数 $M_2(u) = e^{|u|} - |u| - 1$ 的余 N- 函数. 对于这个函数

$$p_2(t) = M_2'(t) = e^t - 1 \quad (t \geqslant 0)$$

因此

$$q_2(s) = \ln(s + 1) \quad (s \geqslant 0)$$

于是

$$N_2(v) = \int_0^{|v|} q_2(s)\mathrm{d}s = (1+|v|)\ln(1+|v|) -|v|$$

$$(5.32)$$

注 在很多情况下是不能求出余 N- 函数的明显公式的. 例如,若 $M(u) = \mathrm{e}^{u^2} - 1$,则 $p(t) = 2t\mathrm{e}^{t^2}$,但不能把 $q(s)$ 表示成明显的形式.

4. 余函数的不等式

定理 5.2 设 N- 函数 $M_1(u)$ 和 $M_2(u)$ 当 $u \geqslant u_0$ 时满足不等式

$$M_1(u) \leqslant M_2(u)$$

则对余 N- 函数 $N_1(v)$ 和 $N_2(v)$,不等式

$$N_2(v) \leqslant N_1(v)$$

当 $v \geqslant v_0 = p_2(u_0)$ 时成立.

证明 假设 $p_2(u)$ 是 N- 函数 $M_2(u)$ 的右导数,由函数 $q_2(v)$ 的单调性,当 $v \geqslant v_0 = p_2(u_0)$ 时有不等式 $q_2(v) \geqslant u_0$,由式(5.29) 得

$$q_2(v) \cdot v = M_2[q_2(v)] + N_2(v)$$

又由 Young 不等式知

$$q_2(v) \cdot v \leqslant M_1[q_2(v)] + N_1(v)$$

有

$$M_2[q_2(v)] + N_2(v) \leqslant M_1[q_2(v)] + N_1(v)$$

再因当 $v \geqslant v_0$ 时 $M_2[q_2(v)] \geqslant M_1[q_2(v)]$,故

$$N_2(v) \leqslant N_1(v)$$

定理证毕.

5.3　N- 函数的比较

1. 定义

我们知道当 $u \to \infty$ 时 N- 函数的值的增加速度很快, 这在以后的研究中起着重要的作用. 为了方便起见, 引入以下记号. 我们记

$$M_1(u) \prec M_2(u) \tag{5.33}$$

假如能够找到正常数 u_0 和 k 使得

$$M_1(u) \leqslant M_2(ku) \quad (u \geqslant u_0) \tag{5.34}$$

N- 函数 $M_1(u)$ 和 $M_2(u)$ 称为可比较的, 假如关系式 $M_1(u) \prec M_2(u)$ 或 $M_2(u) \prec M_1(u)$ 成立.

不难看出, 从 $M_1(u) \prec M_2(u)$ 和 $M_2(u) \prec M_3(u)$ 可推出 $M_1(u) \prec M_3(u)$. 若在元素的集合中引入 (5.33) 型的关系式并且满足上述所指出的性质, 则称此集合为半序集合, 这样一来, N- 函数关于符号"$\prec$" 构成半序集合.

假设 $\alpha_1 < \alpha_2$, 那么函数 $M_1(u) = |u|^{\alpha_1}, M_2(u) = |u|^{\alpha_2} (\alpha_1, \alpha_2 > 1)$ 就是满足关系式 (5.33) 的 N- 函数的最简单的例子.

现在我们研究 N- 函数 $M(u) = |u|^{\alpha}(|\ln|u|| + 1)$ $(\alpha > 1)$. 显然, 对于任何 $\varepsilon > 0$, $|u|^{\alpha} \prec M(u) \prec |u|^{\alpha + \varepsilon}$.

2. 等价的 N- 函数

若 $M_1(u) \prec M_2(u)$ 和 $M_2(u) \prec M_1(u)$ 同时成立, 则称 N- 函数 $M_1(u)$ 和 $M_2(u)$ 是等价的, 记为 $M_1(u) \sim M_2(u)$.

显然, 每一个 N- 函数等价于它自己. 若两个 N- 函

数等价于第三个 N- 函数,则它们彼此等价. 由此可知, 所有 N- 函数的集合可以分解成彼此等价的函数类.

从定义可以推出, N- 函数 $M_1(u)$ 和 $M_2(u)$ 等价的充要条件为存在正常数 k_1, k_2 和 u_0, 使得

$$M_1(k_1 u) \leqslant M_2(u) \leqslant M_1(k_2 u) \quad (u \geqslant u_0)$$

$$(5.35)$$

特别地, 从此不等式可以得出, 对于任意的 $k > 0$, N- 函数 $M(u)$ 等价于 N- 函数 $M(ku)$, 显然, 满足条件

$$\lim_{u \to \infty} \frac{M(u)}{M_1(u)} = a > 0 \quad (5.36)$$

的 N- 函数 $M(u)$ 和 $M_1(u)$ 也是等价的.

定理 5.3   假设 $M_1(u) < M_2(u)$, 则其余 N- 函数有关系式

$$N_2(v) < N_1(v)$$

证明   根据已知条件, 可以找到这样的 $k, u_0 > 0$, 使得

$$M_1(u) \leqslant M_2(ku) \quad (u \geqslant u_0) \quad (5.37)$$

令 $M(u) = M_2(ku)$, 则由式 (5.26) 可知 $M(u)$ 的余 N- 函数 $N(v)$ 等于 $N_2\left(\dfrac{v}{k}\right)$.

于是不等式 (5.37) 可以写成

$$M_1(u) \leqslant M(u) \quad (u \geqslant u_0)$$

从而由定理 5.2, 能够找到这样的 $v_0 > 0$, 使得

$$N(v) \leqslant N_1(v) \quad (v \geqslant v_0)$$

故有

$$N_2(v) \leqslant N_1(kv) \quad \left(v \geqslant \dfrac{v_0}{k}\right)$$

定理证毕.

从上述定理可直接得到:

94

定理 5. 4　若 N- 函数 $M_1(u)$ 和 $M_2(u)$ 等价,则它们的余 N- 函数 $N_1(v)$ 和 $N_2(v)$ 也等价.

定理 5. 4 表明,彼此等价的 N- 函数类的余 N- 函数也是等价的 N- 函数类.

3. N- 函数的主要部分

凸函数 $Q(u)$ 称为 N- 函数 $M(u)$ 的主要部分(гл. ч.),假如对自变量较大的值 $Q(u) = M(u)$.

定理 5. 5　若凸函数 $Q(u)$ 满足条件

$$\lim_{u \to \infty} \frac{Q(u)}{u} = \infty \qquad (5.38)$$

则 $Q(u)$ 是某个 N- 函数的主要部分.

证明　从条件(5. 38)可推出 $\lim_{u \to \infty} Q(u) = \infty$. 假定凸函数 $Q(u)$ 当 $u \geqslant u_0$ 时是正的,由定理 5. 1,函数 $Q(u)$ 可以表示为

$$Q(u) = \int_{u_0}^{u} p(t)\mathrm{d}t + Q(u_0)$$

其中 $p(u)$ 是非减的右连续函数,此函数满足条件 $\lim_{u \to \infty} p(u) = \infty$,因为从函数 $p(u)$ 的有界性,即从 $p(u) \leqslant b$,可推出

$$Q(u) \leqslant b(u - u_0) + Q(u_0)$$

这与式(5. 38)矛盾. 不失一般性,可以认为 $P(u)$ 当 $u \geqslant u_0$ 时是正的.

因为 $P(u)$ 无限增加,所以可以指出,这样的 $u_1 \geqslant u_0 + 1$,使得

$$p(u_1) \geqslant p(u_0 + 1) + Q(u_0)$$

于是

$$\begin{aligned}
Q(u_1) &= \int_{u_0}^{u_0+1} p(t)\mathrm{d}t + \int_{u_0+1}^{u_1} p(t)\mathrm{d}t + Q(u_0)\\
&\leqslant p(u_0 + 1) + Q(u_0) + p(u_1)(u_1 - u_0 - 1)
\end{aligned}$$

$$\leqslant p(u_1)(u_1 - u_0)$$

因而

$$\alpha = \frac{u_1 p(u_1)}{Q(u_1)} > 1$$

定义函数 $M(u)$,借助于等式

$$M(u) = \begin{cases} \dfrac{Q(u_1)}{u_1^\alpha} \mid u \mid^\alpha,\text{当}\mid u \mid \leqslant u_1 \text{ 时} \\[2mm] Q(u),\text{当}\mid u \mid \geqslant u_1 \text{ 时} \end{cases}$$

则 $M(u)$ 是 N- 函数,因为它的右导数

$$M'_+(u) = \begin{cases} \dfrac{\alpha Q(u_1)}{u_1^\alpha} u^{\alpha-1},\text{当} 0 \leqslant u \leqslant u_1 \text{ 时} \\[2mm] p(u),\text{当} u \geqslant u_1 \text{ 时} \end{cases}$$

当 $u > 0$ 时是正的,当 $u \geqslant 0$ 时是右连续的非减函数并且满足条件(5.13).

定理证毕.

4. 关于等价性的一种判别法

数轴上的集合 F 称为完全测度集合,如果不属于 F 的点的集合的测度等于零.

今考察两个 N- 函数

$$M_1(u) = \int_0^{\mid u \mid} p_1(t)\mathrm{d}t, M_2(u) = \int_0^{\mid u \mid} p_2(t)\mathrm{d}t$$

$$(5.39)$$

引理5.4   假设存在常数 $k, u_0 > 0$ 和完全测度集合 F,使

$$p_1(u) \leqslant p_2(ku) \quad (u \geqslant u_0, u \in F)$$

则 N- 函数

$$M_1(u) = \int_0^{\mid u \mid} p_1(t)\mathrm{d}t \text{ 和 } M_2(u) = \int_0^{\mid u \mid} p_2(t)\mathrm{d}t$$

满足关系式 $M_1(u) < M_2(u)$.

证明　从 u_0 到 u 积分在引理的条件中所给出的不等式,得到

$$M_1(u) - M_1(u_0) \leqslant \frac{1}{k}\big[M_2(ku) - M_2(ku_0)\big]$$

$$< \frac{1}{k}M_2(ku) \quad (u \geqslant u_0)$$

不失一般性,可以认为 $k > 1$. 由于 $M_1(u)$ 无限增加,于是可以找到这样的 $u_1 \geqslant u_0$,使当 $u \geqslant u_1$ 时

$$M_1(u) - M_1(u_0) \geqslant \frac{1}{k}M_1(u)$$

因此当 $u \geqslant u_1$ 时

$$M_1(u) \leqslant M_2(ku)$$

引理证毕.

如果对于较大的 u 满足不等式 $p_1[\alpha q_2(\beta u)] < u$,那么从引理 5.4 可推出 $M_1(u) < M_2(u)$.

引理 5.5　假设

$$\lim_{\substack{u \to \infty \\ u \in F}}\frac{p_1(u)}{p_2(u)} = b > 0 \qquad (5.40)$$

其中 F 是完全测度集合,则 $M_1(u) \sim M_2(u)$.

证明　由式(5.40)可选出这样的 $u_0 > 0$,使当 $u \geqslant u_0, u \in F$ 时

$$p_1(u) \leqslant 2b p_2(u)$$

从 u_0 到 u 积分最后的不等式,得到

$$M_1(u) - M_1(u_0) \leqslant 2b\big[M_2(u) - M_2(u_0)\big] \quad (u \geqslant u_0)$$

由此及 $\lim_{u \to \infty} M_2(u) = \infty$ 可推出,对于较大的 u 值

$$M_1(u) \leqslant (2b + 1)M_2(u)$$

由上述不等式和式(5.17)又可推出,对于较大的 u 值

$$M_1(u) \leqslant M_2\big[(2b + 1)u\big]$$

即
$$M_1(u) < M_2(u)$$
类似地可以证明 $M_2(u) < M_1(u)$

引理证毕.

在引理 5.5 的条件中,起作用的只是在自变量的值较大时函数 $p_1(u)$ 和 $p_2(u)$ 的值. 此处以及另外一些考虑 N-函数 $M(u)$ 的右导数 $p(u)$ 的情况中,重要的只是当自变量 u 的值较大时函数 $p(u)$ 的公式. 出于这个原因,我们采用下面的定义:函数 $\varphi(u)$ 称为函数 $p(u)$ 的主要部分,如果当自变量的值较大时它们相同.

定理 5.6 假设给定了 N-函数(5.39)和它们的余 N-函数
$$N_1(v) = \int_0^{|v|} q_1(s)\,ds, \quad N_2(v) = \int_0^{|v|} q_2(s)\,ds$$
又设存在完全测度集合 F_1,使
$$\lim_{\substack{v \to \infty \\ v \in F_1}} \frac{p_1[q_2(v)]}{v} = b > 0 \qquad (5.41)$$
则 $M_1(u) \sim M_2(u)$.

证明 引入符号 $q_2(v) = u$. 由式(5.24)得
$$p_2[q_2(v)] = p_2(u) \geqslant v \qquad (5.42)$$
又由式(5.25),对于任意的 $\varepsilon > 0$,有
$$p_2(u - \varepsilon) \leqslant v \qquad (5.43)$$

用 F 表示函数 $p_1(u)$ 和 $p_2(u)$ 的连续点所构成的 F_1 的子集,因为任何单调函数的间断点不多于可数个,因此 F 仍然是完全测度集合.

从式(5.42)可推出
$$\frac{p_1(u)}{p_2(u)} \leqslant \frac{p_1(u)}{v} = \frac{p_1[q_2(v)]}{v}$$

由此和式(5.41) 可推出

$$\varlimsup_{\substack{u \to \infty \\ u \in F_1}} \frac{p_1(u)}{p_2(u)} \leqslant b \qquad (5.44)$$

由式(5.43) 得知,对于一切 $u \in F$,有

$$\frac{p_1(u)}{p_2(u)} = \lim_{\varepsilon \to 0} \frac{p_1(u)}{p_2(u-\varepsilon)} \geqslant \frac{p_1(u)}{v} = \frac{p_1[q_2(v)]}{v}$$

由此和式(5.41) 可推出

$$\varliminf_{\substack{u \to \infty \\ u \in F}} \frac{p_1(u)}{p_2(u)} \geqslant b \qquad (5.45)$$

从不等式(5.44) 和(5.45) 可推出

$$\lim_{\substack{u \to \infty \\ u \in F}} \frac{p_1(u)}{p_2(u)} = b$$

从最后的等式和引理 5.5 即得 $M_1(u) \sim M_2(u)$. 定理证毕.

5. 各种不同的类的存在

由于引入了等价 N- 函数类,于是就产生了存在 "多少" 不同的类的问题. 显然,例如 N- 函数 $|u|^\alpha$ 对于不同的 $\alpha > 1$ 属于不同的类. N- 函数 $M(u) = (1 + |u|)\ln(1 + |u|) - |u|$ 满足关系式 $M(u) < |u|^\alpha (\alpha > 1)$,然而它不等价于任何一个 N- 函数 $|u|^\alpha$. 又满足关系式 $|u|^\alpha < M_1(u)$ 的 N- 函数 $M_1(u) = e^{|u|} - |u| - 1$,它也不等价于任何一个 N- 函数 $|u|^\alpha$.

今假设

$$M_n(u) = \int_0^{|u|} p_n(t)\mathrm{d}t \quad (n = 1, 2, \cdots) \qquad (5.46)$$

是任意的一个 N-函数列. 我们来做出这样的 N-函数 $M(u)$ 和 $\Phi(u)$,使

$$M_n(u) < M(u) \quad (n = 1, 2, \cdots) \qquad (5.47)$$

和

$$\Phi(u) < M_n(u) \quad (n = 1, 2, \cdots) \quad (5.48)$$

假设当 $n-1 \leqslant t < n$ 时 $p(t) = p_1(t) + p_2(t) + \cdots + p_n(t)$，则函数 $p(t)$ 右连续、单调增加并且满足条件 (5.13)。由引理 5.4，N- 函数

$$M(u) = \int_0^{|u|} p(t) \, \mathrm{d}t$$

满足关系式 (5.47)。

根据已有的证明又可以构造出 N- 函数 $\Psi(v)$，满足关系式

$$N_n(v) < \Psi(v)$$

其中 $N_n(v)$ 是 N- 函数 (5.46) 的余 N- 函数。再由定理 5.4，N- 函数 $\Psi(v)$ 的余 N- 函数 $\Phi(u)$ 就满足条件 (5.48)。

假设 $M(u)$ 是某个 N- 函数，则函数 $M_1(u) = \mathrm{e}^{M(u)} - 1$ 也是 N- 函数。显然，$M(u) < M_1(u)$。容易看出，当 $M(u)$ 不比幂函数增加得快时，$M_1(u)$ 不等价于 $M(u)$，而且对于很多其他的 N- 函数，这些函数也不互相等价。然而确实存在 N- 函数 $M(u)$，使 $\mathrm{e}^{M(u)} - 1 \sim M(u)$（请读者自己给出实例）。

不难对任何 N- 函数 $M(u)$ 做出与它不等价的 N- 函数 $Q(u)$ 和 $R(u)$，使

$$Q(u) < M(u) < R(u)$$

为此，由等式

$$r(u) = np(nu)，当 n-1 \leqslant u < n 时 \quad (n = 1, 2, \cdots)$$

确定了函数 $R(u)$ 的右导数 $r(u)$，又函数 $Q(u)$ 可以确定为满足条件

$$N(v) < \Psi(v)，而 \Psi(v) 不等价于 N(v)$$

的 N- 函数 $\Psi(v)$ 的余 N- 函数,其中 $N(v)$ 是函数 $M(u)$ 的余 N- 函数.

容易看出,所做出的函数 $Q(u)$ 和 $R(u)$ 具有下列性质:对每一个 $n = 1,2,\cdots$,相应的有 u_n^*,使当 $u > u_n^*$ 时

$$Q(u) < M\left(\frac{u}{n}\right) < M(nu) < R(u) \quad (5.49)$$

在本节的最后,我们来证明对每一个 N- 函数 $M(u)$ 相应的有这样的 N- 函数 $\Phi(u)$,使关系式 $M(u) < \Phi(u)$ 和 $\Phi(u) < M(u)$ 均不成立. 为此,我们首先做出满足关系式 (5.49) 的 N- 函数 $Q(u)$ 与 $R(u)$,不失普遍性,可以认为

$$Q(u) < R(u) \quad (u \geqslant u_0)$$

其中 u_0 是某个正数. 我们画出所要做出的函数 $\Phi(u)$ 的图像($y = \Phi(u)$,$y = R(u)$,$y = Q(u)$ 的图像,如图 5.6).

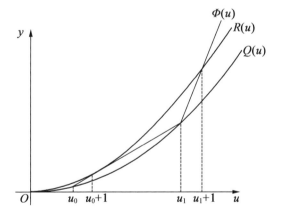

图 5.6

首先假定当 $0 \leqslant u \leqslant u_0$ 时 $\Phi(u) = Q(u)$. 其次,

过点 $(u_0, Q(u_0))$ 和 $(u_0 + 1, R(u_0 + 1))$ 引直线,由于这条直线还与函数 $Q(u)$ 的图像交于另一点,记这点的横坐标为 u_1,再过点 $(u_1, Q(u_1))$ 和 $(u_1 + 1, R(u_1 + 1))$ 引新直线,它又与函数 $Q(u)$ 的图像相交,交点的横坐标记为 u_2. 继续这个过程,就得到联结点 $(u_0, Q(u_0)), (u_1, Q(u_1)), (u_2, Q(u_2))$ 等的折线,这条折线就是当 $u \geqslant u_0$ 时 N-函数 $\Phi(u)$ 的图像.

根据 $\Phi(u)$ 的做法知它具有以下的性质

$$\Phi(u_n) = Q(u_n) \quad (n = 1, 2, \cdots) \quad (5.50)$$

和

$$\Phi(u_n + 1) = R(u_n + 1) \quad (n = 1, 2, \cdots)$$

$$(5.51)$$

假设 $\Phi(u) < M(u)$,那么能找到 k 和 $u^* > 0$,使

$$\Phi(u) \leqslant M(ku) \quad (u \geqslant u^*) \quad (5.52)$$

由式 (5.49) 又能找到 $u_n > u^*$,使

$$M[k(u_n + 1)] < R(u_n + 1)$$

再由式 (5.51) 得

$$M[k(u_n + 1)] < \Phi(u_n + 1)$$

这与式 (5.52) 矛盾.

类似地可以证明,关系式 $M(u) < \Phi(u)$ 不成立.

我们让读者自己证明:对于任意的 N-函数列 $M_n(u)(n = 1, 2, \cdots)$ 存在 N-函数 $\Phi(u)$ 与 $\Psi(u)$,使 $\Phi(u) < M_n(u) < \Psi(u)$,并且 $\Phi(u)$ 与 $\Psi(u)$ 不等价于函数 $M_n(u)$ 中的任何一个.

5.4　Δ_2-条件

1.定义

我们称 N-函数 $M(u)$ 对较大的 u 值满足 Δ_2-条件,如果存在常数 $k > 0, u_0 \geqslant 0$,使

$$M(2u) \leqslant kM(u) \quad (u \geqslant u_0) \qquad (5.53)$$

容易看出,总有 $k > 2$,因为由式(5.17)知当 $u \neq 0$ 时

$$M(2u) > 2M(u)$$

Δ_2-条件等价于对较大的 u 值满足不等式

$$M(lu) \leqslant k(l)M(u) \qquad (5.54)$$

其中 l 可以是任何大于 1 的数.

事实上,假设 $2^n \geqslant l$,则从式(5.53)当 $u \geqslant u_0$ 时得到

$$M(lu) \leqslant M(2^n u) \leqslant k^n M(u) = k(l)M(u)$$

反之,若 $2 \leqslant l^n$,则从式(5.54)得到

$$M(2u) \leqslant M(l^n u) \leqslant k^n(l)M(u)$$

N-函数 $M(u) = a \mid u \mid^\alpha (\alpha > 1)$ 可以作为对于一切 u 值均满足 Δ_2-条件的函数的最简单例子,因为

$$M(2u) = a2^\alpha \mid u \mid^\alpha = 2^\alpha M(u)$$

显然,对于较大的 u 值满足 Δ_2-条件,如果

$$\varlimsup_{u \to \infty} \frac{M(2u)}{M(u)} < \infty \qquad (5.55)$$

同样不难看出,对于一切 u 值满足 Δ_2-条件,即对一切 $u \geqslant 0$ 满足不等式(5.53),等价于条件(5.55)和条件

$$\varlimsup_{u \to 0} \frac{M(2u)}{M(u)} < \infty \qquad (5.56)$$

若 $M(u)$ 满足 Δ_2-条件,则任何等价于 $M(u)$ 的 N-

函数也满足此条件. 事实上, 假设 $M_1(u) \sim M(u)$, 这就表明能找到数 $\alpha < \beta$ 与 $u_1 \geqslant 0$, 使

$$M(\alpha u) \leqslant M_1(u) \leqslant M(\beta u) \quad (u \geqslant u_1)$$

因而, 当 $u \geqslant \max\{u_0, u_1\}$ 时

$$M_1(2u) \leqslant M(2\beta u) \leqslant k\left(\frac{2\beta}{\alpha}\right)M(\alpha u) \leqslant k\left(\frac{2\beta}{\alpha}\right)M_1(u)$$

注 在每一个满足 Δ_2- 条件的等价 N- 函数类中, 有对于一切 u 值满足不等式 (5.53) 的 N- 函数. 事实上, 假设 $M(u)$ 当 $u \geqslant u_0$ 时满足不等式 (5.53), 如同证明定理 5.5 时一样, 用等式

$$M_1(u) = \begin{cases} \dfrac{M(u_0)}{u_0^\alpha} |u|^\alpha, & \text{当 } |u| \leqslant u_0 \text{ 时} \\ M(u), & \text{当 } |u| \geqslant u_0 \text{ 时} \end{cases}$$

$$(5.57)$$

确定 N- 函数 $M_1(u)$, 其中 $\alpha = \dfrac{u_0 p(u_0)}{M(u_0)} > 1$, 那么对于一切 u 值

$$M_1(2u) \leqslant \max\{2^\alpha, k\} M_1(u)$$

2. Δ_2- 条件的判别法

定理 5.7 欲 N- 函数 $M(u)$ 满足 Δ_2- 条件, 必须且只需存在常数 α 与 $u_0 > 0$, 使当 $u \geqslant u_0$ 时

$$\frac{up(u)}{M(u)} < \alpha \qquad (5.58)$$

其中 $p(u)$ 是 N- 函数 $M(u)$ 的右导数.

证明 因为总有 $up(u) > M(u)$, 那么 $\alpha > 1$, 假定 $u \geqslant u_0$, 则由式 (5.58) 得到

$$\int_u^{2u} \frac{p(t)}{M(t)}\mathrm{d}t < \alpha \int_u^{2u} \frac{\mathrm{d}t}{t} = \alpha \ln 2$$

即有 $M(2u) < 2^\alpha M(u)$. 这样一来, 条件 (5.58) 的充

104

分性就证明了.

今假设当 $u \geqslant u_0$ 时
$$M(2u) \leqslant kM(u)$$

那么
$$kM(u) \geqslant M(2u) = \int_0^{2u} p(t)\,\mathrm{d}t > \int_u^{2u} p(t)\,\mathrm{d}t > up(u)$$

即当 $u \geqslant u_0$ 时满足不等式(5.58).

定理证毕.

由上述证明可见,$M(u)$ 对于一切 $u > 0$ 满足 Δ_2-条件,如果它对于一切 $u > 0$ 满足不等式(5.58).

定理5.7使我们能简单地证明,满足 Δ_2-条件的 N-函数 $M(u)$ 不比幂函数增加得快,事实上,当其满足 Δ_2-条件时,从式(5.58)就得到
$$\int_{u_0}^u \frac{p(t)}{M(t)}\,\mathrm{d}t < \alpha\int_{u_0}^u \frac{\mathrm{d}t}{t}$$

即当 $u \geqslant u_0$ 时
$$M(u) < \frac{M(u_0)}{u_0^{\alpha}}u^{\alpha} \qquad (5.59)$$

不难验证,N-函数满足 Δ_2-条件,如果它的右导数 $p(u)$ 满足不等式
$$p(2u) \leqslant lp(u) \quad (u \geqslant u_0) \qquad (5.60)$$

其中 $l > 1, u_0 \geqslant 0$.

特别地,$p(u)$ 满足不等式(5.60),若函数 $p(u)$ 对于大的自变量的值是凹的,即对于较大的 u_1 和 u_2 有
$$p\left(\frac{u_1 + u_2}{2}\right) \geqslant \frac{p(u_1) + p(u_2)}{2}$$

3. 对余 N-函数的 Δ_2-条件

我们有兴趣的是下面的问题:直接从给定的 N-函数 $N(v)$ 指出它的余 N-函数 $M(u)$ 是否满足 Δ_2-条件?

定理 5.8　欲使 N- 函数 $N(v)$ 的余函数 $M(u)$ 满足 Δ_2- 条件,必须且只需存在常数 $l > 1$ 和 $v_0 \geqslant 0$,使

$$N(v) \leqslant \frac{1}{2l}N(lv) \quad (v \geqslant v_0) \qquad (5.61)$$

证明　假设条件(5.61)满足,令 $N_1(v) = \frac{1}{2l}N(lv)$. 由等式(5.26),$N_1(v)$ 的余 N- 函数 $M_1(u)$ 被等式 $M_1(u) = \frac{1}{2l}M(2u)$ 确定,又不等式(5.61)可写成

$$N(v) \leqslant N_1(v)$$

于是由定理 5.2 得出,当自变量的值较大时

$$M_1(u) \leqslant M(u)$$

也就是

$$M(2u) \leqslant 2lM(u)$$

可类似地证明从式(5.53)推出式(5.61).

定理证毕.

若对于一切 $v > 0, N(v)$ 满足式(5.61),则对一切 $u, M(u)$ 满足 Δ_2- 条件.

在前一段中曾经指出,N- 函数满足 Δ_2- 条件,如果它的导数当自变量的值较大时是凹的,显然,函数是凹的,如果它的反函数是凸的,这样一来,N- 函数满足 Δ_2- 条件,如果它的余 N- 函数有凸的导数.

为了证明下一定理,我们需要下面的辅助引理.

引理 5.6　假设函数 $p(u)$ 和 $q(v)$ 连续,则欲满足不等式(5.58),必须且只需对于较大的 v 值有不等式

$$\frac{vq(v)}{N(v)} > \frac{\alpha}{\alpha - 1} \qquad (5.62)$$

证明　例如,我们证明从式(5.58)可推出式(5.62). 由于式(5.28)

$$M(u) = up(u) - N[p(u)]$$

因此从式(5.58)得出

$$\frac{up(u)}{up(u) - N[p(u)]} < \alpha \quad (u \geqslant u_0)$$

于是

$$\frac{up(u)}{N[p(u)]} > \frac{\alpha}{\alpha - 1} \quad (u \geqslant u_0) \qquad (5.63)$$

在此不等式中令 $u = q(v)$(因为函数 $p(u)$ 和 $q(v)$ 连续,故有 $p(u) = v$)即得式(5.62). 类似地可以证明从式(5.62)能够推出式(5.58).

引理证毕.

由上面所证明的引理和定理 5.7 即可得出定理 5.9.

定理 5.9   假设 N-函数 $N(v)$ 当 v 的值较大时有单调增加的连续导数,则其余 N-函数 $M(u)$ 满足 Δ_2-条件当且仅当对于较大的 v 值有不等式

$$\frac{vq(v)}{N(v)} > \alpha_1 \qquad (5.64)$$

其中 $\alpha_1 > 1$.

要证此定理只需指出,从函数 $q(v)$ 的单调性即可得出函数 $p(u)$ 的连续性.

与定理 5.7 的情况一样,N-函数 $M(u)$ 对一切 u 满足 Δ_2-条件,如果对一切 $u > 0$ 不等式(6.62)满足.

4. 例

我们已经指出,N-函数 $M(u) = a|u|^{\alpha}(\alpha > 1)$ 对于一切 u 值满足 Δ_2-条件.

作为例子我们来研究 N-函数

$$M(u) = |u|^{\alpha}(\ln|u| + 1) \qquad (5.65)$$

对于此函数,当 $u > 1$ 时

$$\frac{up(u)}{M(u)} = \frac{\alpha + \alpha\ln u + 1}{\ln u + 1}$$

于是

$$\lim_{u \to \infty}\frac{up(u)}{M(u)} = \alpha$$

因此由定理 5.7 便知 N- 函数(5.65)对于较大的 u 值满足 Δ_2- 条件. 直接计算可得

$$\lim_{u \to \infty}\frac{M(2u)}{M(u)} = \lim_{u \to 0}\frac{M(2u)}{M(u)} = 2^{\alpha}$$

即满足条件(5.55)和(5.56),这表明 N- 函数(5.65)对于一切 u 值满足 Δ_2- 条件.

我们让读者自己证明,N- 函数(5.65)的余 N- 函数也满足 Δ_2- 条件.

N- 函数

$$N(v) = e^{|v|} - |v| - 1 \qquad (5.66)$$

不满足 Δ_2- 条件,因为它比任何幂函数都增加得快. 函数 $N(v)$ 的导数等于 $e^v - 1 (v \geqslant 0)$,它是凸的,于是从前文的附注得出,$N(v)$ 的余函数 $M(u)$ 满足 Δ_2- 条件. 不难看出,函数 $N(v)$ 满足条件(5.61),也可以直接验证,N- 函数(5.66)的余函数 $M(u)$ 满足 Δ_2- 条件,因为我们已经知道它的明显表达式(见式(5.32))

$$M(u) = (1 + |u|)\ln(1 + |u|) - |u|$$

此时不难看出,对于一切的 $u,M(u)$ 满足 Δ_2- 条件.

现在再来研究 N- 函数

$$N(v) = e^{v^2} - 1 \qquad (5.67)$$

我们已知其余函数 $M(u)$ 不能找到明显的表达式. 然而不难指出,对于自变量的一切值,$M(u)$ 都满足 Δ_2- 条件,为此可利用定理 5.8.

我们首先注意,函数 $\varphi(t) = e^{4t} - 4e^t + 3$ 当 $t > 0$

时是单调增加的,因为 $\varphi'(t) = 4e^t(e^{3t} - 1) > 0$. 因此, 当 $v > 0$ 时

$$\frac{e^{4v^2} - 1}{4} > e^{v^2} - 1$$

上述不等式是对于函数(5.67)当 $l = 2$ 时的条件 (5.61).

在研究上述例子时可能产生这样的猜测,两个互余 N- 函数中至少有一个满足 Δ_2- 条件. 此外,还可能产生这样的猜测,每一个比幂函数增加得慢的 N- 函数一定满足 Δ_2- 条件. 我们引用例子来说明这些猜测都是错误的.

做出 N- 函数 $M(u)$,它的导数 $p(t)$ 由等式

$$p(t) = \begin{cases} t, \text{如果 } t \in [0,1) \\ k!, \text{如果 } t \in [(k-1)!, k!) \end{cases} \quad (k = 2,3,\cdots)$$

确定.

为了证明 N- 函数 $M(u) = \int_0^{|u|} p(t)\,\mathrm{d}t$ 不满足 Δ_2- 条件,我们只需证存在数列 $u_n \to \infty$,使

$$M(2u_n) > nM(u_n) \quad (n = 1,2,\cdots) \quad (5.68)$$

假设

$$u_n = n! \quad (n = 1,2,\cdots)$$

则

$$M(2u_n) > \int_{n!}^{2n!} p(t)\,\mathrm{d}t > (n+1)! \cdot n!$$

而

$$nM(u_n) = n\int_0^{n!} p(t)\,\mathrm{d}t < n \cdot n! \cdot n!$$

于是得到式(5.68).

显然,函数 $q(s)$ 由等式

$$q(s) = \begin{cases} s, \text{如果} s \in [0,1) \\ (k-1)!, \text{如果} s \in [(k-1)!,k!](k=2,3,\cdots) \end{cases}$$

确定.

我们指出 N-函数 $N(v) = \int_0^{|v|} q(s)\mathrm{d}s$ 也不满足 Δ_2-条件. 为此,考察数列 $v_n = n!(n=1,2,\cdots)$,此时

$$N(2v_n) > \int_{n!}^{2n!} q(s)\mathrm{d}s > n! \cdot n!$$

而

$$nN(v_n) = n\int_0^{n!} q(s)\mathrm{d}s < n \cdot n!(n-1)! = n! \cdot n!$$

即 $N(2v_n) > nN(v_n)(n=1,2,\cdots)$,此函数不比 $\dfrac{v^2}{2}$ 增加得快,因为 $q(s) \le s(s \ge 0)$.

5.5 Δ'-条件

1. 定义

我们称 N-函数 $M(u)$ 满足 Δ'-条件,如果存在正常数 c 和 u_0,使

$$M(uv) \le cM(u)M(v) \quad (u,v \ge u_0) \quad (5.69)$$

引理5.7 若 N-函数 $M(u)$ 满足 Δ'-条件,则它满足 Δ_2-条件.

证明 假设 $k = cM(u_0+2)$,即当 $u \ge u_0+2$ 时

$$M(2u) \le M[(u_0+2)u] \le cM(u_0+2)M(u) = kM(u)$$

引理证毕.

假设 N-函数 $M(u)$ 满足 Δ'-条件,而 N-函数 $M_1(u)$ 等价于 $M(u)$. 我们指出,此时 $M_1(u)$ 也满足 Δ'-条件,即 Δ'-条件是彼此等价的 N-函数类的特性.

因为 $M(u) \sim M_1(u)$,所以存在正常数 k_1, k_2 和 u_1,使

$$M(k_1 u) \leqslant M_1(u) \leqslant M(k_2 u) \quad (u \geqslant u_1)$$

$$(5.70)$$

为方便起见,我们认为,$k_1 < 1, u_0, u_1, k_2 > 1$.

由引理 5.7,可以找到 $k_3 > 0$ 和 $u_2 \geqslant 0$,使

$$M\left(\frac{\sqrt{k_2}}{k_1}u\right) \leqslant k_3 M(u) \quad (u \geqslant u_2) \quad (5.71)$$

因而,当 $u, v \geqslant \max\left\{u_0, u_1, \dfrac{u_2}{k_1}\right\}$ 时

$$M_1(uv) \leqslant M(k_2 uv) < cM(\sqrt{k_2}u)M(\sqrt{k_2}v)$$
$$\leqslant ck_3^2 M(k_1 u)M(k_1 v) \leqslant ck_3^2 M_1(u)M_1(v)$$

我们还不知道在每一个满足 Δ'-条件的等价 N-函数类中,是否存在对于一切 u, v 都满足该条件的函数.

必须指出,满足 Δ'-条件的 N-函数类与满足 Δ_2-条件的 N-函数类有本质上的不同. 例如,考察函数 $M(u) = \dfrac{u^2}{\ln(e + |u|)}$. 它是 N-函数,因为它的导数 $p(u) = \dfrac{2u(u + e)\ln(u + e) - u^2}{(u + e)\ln^2(u + e)} (u \geqslant 0)$ 满足条件 (5.13) 并且单调增加. 显然仅需证明最后的结论,它可从下列事实推出

$$p'(u) = \frac{2}{(u + e)^2 \ln^3(u + e)}\Big[(u + e)^2 \ln^2(u + e) -$$
$$2u(u + e)\ln(u + e) + u^2 + \frac{u^2 \ln(u + e)}{2}\Big]$$
$$> \frac{2}{(u + e)^2 \ln^3(u + e)}\big[(u + e)\ln(u + e) - u\big]^2$$
$$\geqslant 0 \quad (u > 0)$$

N-函数 $M(u)$ 满足 Δ_2-条件,因为

$$\lim_{u \to \infty} \frac{M(2u)}{M(u)} = 4$$

此函数不满足 Δ'- 条件,因为

$$\lim_{u \to \infty} \frac{M(u^2)}{M^2(u)} = \infty$$

2. 满足 Δ'- 条件的充分判别法

定理 5.10 假设存在数 $u_0 > 1$,使得对于每一确定的 $u \geqslant u_0$,函数

$$h(t) = \frac{p(ut)}{p(t)}$$

当 $t \geqslant u_0$ 时是非增的,则 N- 函数

$$M(u) = \int_0^{|u|} p(t)\,\mathrm{d}t$$

满足 Δ'- 条件.

证明 假设 $u, v \geqslant u_0$,于是由定理的条件

$$\frac{p(ut)}{p(t)} \leqslant \frac{p(uu_0)}{p(u_0)} \quad (t \geqslant u_0)$$

利用上述不等式于表达式

$$\begin{aligned}
M(uv) &= \int_0^{uv} p(t)\,\mathrm{d}t = u\int_0^v p(ut)\,\mathrm{d}t \\
&= u\int_0^{u_0} p(ut)\,\mathrm{d}t + u\int_{u_0}^v p(ut)\,\mathrm{d}t
\end{aligned}$$

中,得到

$$\begin{aligned}
M(uv) &\leqslant uu_0 p(uu_0) + u\frac{p(uu_0)}{p(u_0)}\int_0^v p(t)\,\mathrm{d}t \\
&= uu_0 p(uu_0)\left[1 + \frac{M(v)}{u_0 p(u_0)}\right]
\end{aligned}$$

又因为

$$uu_0 p(uu_0) < \frac{1}{u_0 - 1}\int_{uu_0}^{uu_0^2} p(t)\,\mathrm{d}t$$

$$\leqslant \frac{1}{u_0 - 1} \int_0^{uu_0^2} p(t)\,\mathrm{d}t = \frac{M(uu_0^2)}{u_0 - 1}$$

所以

$$M(uv) \leqslant \frac{M(uu_0^2)}{u_0 - 1} \Big[1 + \frac{M(v)}{u_0 p(u_0)} \Big] \qquad (5.72)$$

从最后的不等式得出, N- 函数 $M(u)$ 满足 Δ_2- 条件. 事实上, 从式(5.72) 于 $u = u_0$ 时可推出

$$M(u_0 v) \leqslant \frac{2M(u_0^3)}{(u_0 - 1)u_0 p(u_0)} M(v) \qquad (v \geqslant v_0)$$

其中 v_0 是使 $M(v_0) > u_0 p(u_0)$ 的数.

由 Δ_2- 条件可找到数 $k > 0$, 使当 $u \geqslant v_0$ 时

$$M(uu_0^2) \leqslant kM(u)$$

这意味着从式(5.72) 得出

$$M(uv) \leqslant \frac{2k}{(u_0 - 1)u_0 p(u_0)} M(u)M(v) \qquad (u,v \geqslant v_0)$$

定理证毕.

现在假定对于较大的 t 值函数 $p(t)$ 可微.

引理 5.8　函数

$$h(t) = \frac{p(ut)}{p(t)}$$

对于确定的 $u \geqslant u_0 > 1$ 当 $t \geqslant u_0$ 时非增, 如果函数

$$g(t) = \frac{tp'(t)}{p(t)}$$

当 $t \geqslant u_0$ 时非增.

证明　函数 $h(t)$ 当 $t \geqslant u_0$ 时非增的充要条件为它的导数

$$h'(t) = \frac{up'(ut)p(t) - p'(t)p(ut)}{p^2(t)}$$

当 $t \geqslant u_0$ 时是非正的, 即

$$\frac{up'(ut)}{p(ut)} \leqslant \frac{p'(t)}{p(t)}$$

而最后的不等式可从引理的条件直接得出.

引理证毕.

从这个引理和定理 5. 10 得到:

定理 5. 11　假设对于较大的 t 值函数 $p(t)$ 可微, 并且函数

$$g(t) = \frac{tp'(t)}{p(t)} \tag{5.73}$$

非增, 则 N- 函数

$$M(u) = \int_0^{|u|} p(t)\,\mathrm{d}t$$

满足 Δ'- 条件.

3. 余函数的 Δ'- 条件

定理 5. 12　假设 N- 函数 $M(u)$ 的导数 $p(u)$ 当 $u \geqslant u_0 > 1$ 时可微, 并且函数

$$g(t) = \frac{tp'(t)}{p(t)}$$

当 $t \geqslant u_0$ 时非减, 则 N- 函数 $M(u)$ 的余 N- 函数

$$N(v) = \int_0^{|v|} q(s)\,\mathrm{d}s$$

满足 Δ'- 条件.

证明　因为函数 $g(t)$ 非减, 所以对充分大的 t, 它取正值, 这意味着, 对自变量较大的值 $p'(t) > 0.$ 于是得出函数 $p(t)$ 的反函数 $q(s)$ 的可微性.

由引理 5. 8, 为了证明此定理, 只要能找到 $s_0 > 1$, 使当 $s \geqslant s_0$ 时函数

$$g_1(s) = \frac{sq'(s)}{q(s)}$$

非增.

第 5 章　　特殊类的凸函数

假定 $s = p(t)$, 则当 $t > t_0 = \max\{u_0, q(1)\}, s > s_0 = p(t_0) > 1$ 时有

$$q'(s) = \frac{1}{p'(t)}$$

$$g_1(s) = \frac{sq'(s)}{q(s)} = \frac{p(t)}{tp'(t)} = \frac{1}{g(t)}$$

又因为函数 $g(t)$ 非减, 所以函数 $g_1(s)$ 非增.

定理证毕.

在下一节里, 我们将分出满足 Δ'- 条件的 N- 函数类.

4. 例

如果

$$M_1(u) = \frac{|u|^{\alpha}}{\alpha} \quad (\alpha > 1)$$

那么显然对于一切 u, v 有

$$M_1(uv) = \alpha M_1(u) M_1(v)$$

即 $M(u)$ 满足 Δ'- 条件.

N- 函数

$$M_2(u) = |u|^{\alpha}(|\ln|u|| + 1) \quad (\alpha > 1)$$

给出对一切 u, v 满足 Δ'- 条件的 N- 函数的第二个例子.

事实上

$$\begin{aligned}
M_2(uv) &= |uv|^{\alpha}(|\ln|uv|| + 1) \\
&\leqslant |u|^{\alpha}|v|^{\alpha}(|\ln|u|| + |\ln|v|| + 1) \\
&\leqslant |u|^{\alpha}(|\ln|u|| + 1) \cdot |v|^{\alpha}(|\ln|v|| + 1) \\
&= M_2(u) M_2(v)
\end{aligned}$$

现在考察 N- 函数

$$M_3(u) = (1 + |u|)\ln(1 + |u|) - |u|$$

函数

115

$$Q(u) = u\ln u$$

对于较大的 u 值是凸的,并且满足条件(5.38),由定理 5.5,函数 $Q(u)$ 是某个 N- 函数 $\Phi(u)$ 的主部:гл. ч. $\Phi(u) = Q(u)$.

又由定理5.11,函数 $\Phi(u)$ 满足 Δ'- 条件,因为

$$g(t) = \frac{\ln t + 1}{\ln t} = 1 + \frac{1}{\ln t}$$

N- 函数 $\Phi(u)$ 和 $M_3(u)$ 满足条件(5.36),因而是等价的,这意味着,N- 函数 $M_3(u)$ 满足 Δ'- 条件.

看来 N- 函数 $M_3(u)$ 不是对一切的 u,v 都满足 Δ'- 条件. 事实上,如果存在常数 c,使对一切 u,v 均有

$$M(uv) \leqslant cM(u)M(v)$$

那么函数

$$f(u,v) = \frac{M(u)M(v)}{M(uv)}$$

$$= \frac{[(1+|u|)\ln(1+|u|)-|u|][(1+|v|)\ln(1+|v|)-|v|]}{(1+|uv|)\ln(1+|uv|)-|uv|}$$

的值以正数 $\frac{1}{c}$ 为下界. 但若假定 $u = n, v = \frac{1}{\sqrt{n}}$,则容易验证

$$\lim_{n \to \infty} f\left(n, \frac{1}{\sqrt{n}}\right) = 0$$

作为最后一个例子,我们指出,利用定理 5.12 能够验证 N- 函数

$$M(u) = (1 +|u|)^{\sqrt{\ln(1+|u|)}} - 1$$

的余 N- 函数 $N(v)$ 满足 Δ'- 条件,对于 $M(u)$ 函数

$$g(t) = \frac{tp'(t)}{p(t)} = \left[\frac{3}{2}\sqrt{\ln(1+t)} - 1 + \frac{1}{2\ln(1+t)}\right]\frac{1}{1+t}$$

当 t 值较大时单调增加,因为它的导数

$$g'(t) = \frac{t}{(1+t)^2}\left[\frac{3}{2\sqrt{\ln(1+t)}} - \frac{1}{2\ln^2(1+t)}\right] +$$

$$\frac{1}{(1+t)^2}\left[\frac{3}{2}\sqrt{\ln(1+t)} - 1 + \frac{1}{2\ln(1+t)}\right]$$

是正的.

5.6　较幂函数增加得快的 N- 函数

1. Δ_3- 条件

我们称 N- 函数 $M(u)$ 满足 Δ_3- 条件,如果它等价于 N- 函数 $|u|M(u)$.因为当 $u>1$ 时总有 $|u|M(u) > M(u)$,所以 Δ_3- 条件意味着,当 u 值大于某 u_0 时

$$|u|M(u) < M(ku) \tag{5.74}$$

其中 k 是某一常数.

若 N- 函数 $M(u)$ 满足 Δ_3- 条件,则容易看出,等价于 $M(u)$ 的一切 N- 函数均满足此条件.

具有主部 $e^u, e^{u^2}, u^{\ln u}$ 等的 N- 函数 $M(u)$,可以作为满足 Δ_3- 条件的 N- 函数的例子,因为它们显然满足条件(5.74).

在所有引用的例子中,N- 函数 $M(u)$ 比任何幂函数增加得快.这并不是偶然的,因为每一个满足 Δ_3- 条件的 N- 函数 $M(u)$,都比任何幂函数 u^n 增加得快. 事实上,由式(5.74),当 $u \geq u_0 k^n$ 时

$$M(u) > \frac{u}{k}M\left(\frac{u}{k}\right) > \frac{u^2}{k^3}M\left(\frac{u}{k^2}\right) > \cdots$$

$$> \frac{u^n}{k^{\frac{n(n+1)}{2}}}M\left(\frac{u}{k^n}\right) > \frac{M(u_0)}{k^{\frac{n(n+1)}{2}}}u^n$$

然而并非一切比任何幂函数增加得快的 N- 函数

都满足 Δ_3- 条件,例如,对于 гл. ч. $M(u) = u^{\sqrt{\ln u}}$ 的 N-函数 $M(u)$ 就不满足此条件,因为它对于任何 $k > 0$ 有

$$\lim_{u \to \infty} \frac{M(ku)}{\mid u \mid M(u)} = 0$$

2. 余函数的估计式

定理 5.13　假设 N- 函数 $M(u)$ 满足 Δ_3- 条件,则其余 N- 函数 $N(v)$ 对于较大的 v 值满足不等式

$$k_1 v M^{-1}(k_1 v) \leqslant N(v) \leqslant k_2 v M^{-1}(k_2 v) \quad (5.75)$$

其中 $M^{-1}(v)$ 是函数 $M(u)$ 的反函数,$k_1 \leqslant k_2$ 是常数.

证明　我们首先指出,N- 函数

$$M_1(u) = \int_0^{\mid u \mid} M(t)\,\mathrm{d}t$$

等价于 N- 函数 $M(u)$. 事实上,根据定理的条件,当 u 较大时

$$M_1(u) = \int_0^u M(t)\,\mathrm{d}t < u M(u) \leqslant M(ku)$$

其中 k 是常数,另外,当 $u > 1$ 时

$$M_1(2u) = \int_0^{2u} M(t)\,\mathrm{d}t > \int_u^{2u} M(t)\,\mathrm{d}t > u M(u) > M(u)$$

可见 $M_1(u) \sim M(u)$.

因此 $M_1(u)$ 的余函数 $N_1(v)$ 等价于 $N(v)$. 显然我们可以直接写出

$$N_1(v) = \int_0^{\mid v \mid} M^{-1}(t)\,\mathrm{d}t \quad (5.76)$$

于是得到

$$N_1(v) < \mid v \mid M^{-1}(\mid v \mid)$$

和

$$N_1(v) = \int_0^{\mid v \mid} M^{-1}(t)\,\mathrm{d}t > \int_{\frac{\mid v \mid}{2}}^{\mid v \mid} M^{-1}(t)\,\mathrm{d}t$$

$$> \frac{|v|}{2} M^{-1} \left(\frac{|v|}{2} \right)$$

从最后的不等式和 $N_1(v) \sim N(v)$ 即可推出式 (5.75).

定理证毕.

注   当 v 充分大时,不等式(5.75)的左端对于任何函数 $M(u)$(没有关于 Δ_3-条件的假设)和任何常数 $k_1 < 1$ 都是正确的,事实上,从 Young 不等式得出,当 v 较大时

$$k_1 v M^{-1}(k_1 v) \leqslant k_1 N(v) + k_1^2 v < N(v)$$

3. 等价余 N-函数的构造

我们已经指出,仅在个别的情况下余 N-函数才可能有明显的表达式. 然而对于应用来说,在很多情况下并不需要知道余 N-函数的精确公式,而只要知道任何与它等价的 N-函数的公式就够了,现在来说明对于某些 N-函数类,我们能够给出等价余 N-函数的公式,而其中的一类就可以借助 Δ_3-条件加以表示.

从定理 5.13 直接得出:

定理 5.14   假设 N-函数 $M(u)$ 满足 Δ_3-条件,又假设函数 $Q(v) = |v| M^{-1}(|v|)$ 是某 N-函数 $\Psi(v)$ 的主部,则 $\Psi(v) \sim N(v)$.

为了使函数 $Q(v)$ 是某 N-函数的主部,显然只需当 $v \to \infty$ 时函数 $Q'(v)$ 单调增加地趋向于无穷,因为当 $v > 0$ 时

$$Q'(v) = M^{-1}(v) + \frac{v}{p[M^{-1}(v)]}$$

所以

$$\lim_{v \to \infty} Q'(v) = \infty$$

易见欲使 $Q'(u)$ 单调增加,又只需 $Q''(v)$ 对于较大的 v 值是非负的. 而最后的条件满足,如果对于较大的 u 值

$$2p^2(u) - M(u)p'(u) \geqslant 0 \qquad (5.77)$$

例如,гл. ч. $M_1(u) = e^u$,гл. ч. $M_2(u) = e^{u^2}$,гл. ч. $M_3(u) = u^{\ln u}$ 的 N- 函数 $M_1(u)$,$M_2(u)$,$M_3(u)$ 就满足这个不等式. 因此它们的余 N- 函数相应的等价于 N- 函数 $\Psi_1(v)$,$\Psi_2(v)$,$\Psi_3(v)$ 而

гл. ч. $\Psi_1(v) = v\ln v$,гл. ч. $\Psi_2(v) = v\sqrt{\ln v}$

$$\Psi_3(v) = v^{1+\frac{1}{\sqrt{\ln v}}} \text{ 的主部} \qquad (5.78)$$

前面我们曾经指出,满足 Δ_3- 条件的 N- 函数 $M(u)$ 比任何幂函数 $|u|^\alpha (\alpha > 1)$ 都增加得快,这表明

$$M(u) > \frac{u^\alpha}{\alpha} \quad (u \geqslant u_0)$$

其中 u_0 是某个非负数. 因而对于余函数,从定理 5.2 可推出

$$N(v) < \frac{v^\beta}{\beta} \quad \left(\frac{1}{\alpha} + \frac{1}{\beta} = 1\right)$$

这样一来,满足 Δ_3- 条件的 N- 函数的余 N- 函数比任何幂函数 $v^\beta (\beta > 1)$ 都增加得慢. 例如式(5.78)的函数就是如此.

在考察比任何幂函数增加得慢的 N- 函数时,自然产生这样的猜测:它是某个满足 Δ_3- 条件的 N- 函数的余函数. 这个猜测在许多情况下能够实现. 例如,考虑 N- 函数 $N(v)$,对于它 гл. ч. $N(v) = v(\ln v)^2$,若将它写成

$$N(v) = vQ^{-1}(v) \text{ 的主部}$$

则 $Q(u) = e^{\sqrt{u}}$,显然 $Q(u)$ 是某个满足 Δ_3- 条件的 N- 函数 $M_1(u)$ 的主部. 由定理 5.14,$N(v)$ 等价于 $N_1(v)$.

前面例子所进行的讨论,包含了做出相当广泛的一类比任何幂函数增加得慢的 N- 函数的等价余 N- 函数的普遍方法. 假设已给 N- 函数 $N(v)$,把它写成 $N(v) = |v| Q^{-1}(|v|)$. 若判明函数 $Q(u)$ 是满足 Δ_3- 条件的 N- 函数 $M_1(u)$ 的主部,则从定理5.14可知 $M_1(u) \prec M(u)$,其中 $M(u)$ 是 $N(v)$ 的余 N- 函数.

我们还可能从另外的途径做出比任何幂函数 $v^\beta(\beta > 1)$ 增加得慢的 N- 函数的等价余 N- 函数. 假设 $q(v) = N'(v)$,并且有函数 гл. ч. $q^{-1}(u) = M_1(u)$,其中 $M_1(u)$ 是满足 Δ_3- 条件的 N- 函数,于是从定理5.13的证明过程中可知

$$M_1(u) \sim M_2(u) = \int_0^{|u|} M_1(t)\,\mathrm{d}t$$

这就意味着与 $M_1(u)$ 及 $M_2(u)$ 相应的余 N- 函数 $N_1(v)$ 及 $N_2(v)$ 等价,并且

$$N_2(v) = \int_0^{|v|} M_1^{-1}(s)\,\mathrm{d}s$$

因为当 v 的值很大时 $M_1^{-1}(v) = q(v)$,所以 $N_2(v) \sim N(v)$,因而 $M_2(u) \sim M(u)$,于是 N- 函数 $M_1(u)$ 即为所求的等价于 $M(u)$ 的函数.

4. 余函数的复合函数

假设 $M(u)$ 和 $Q(u)$ 都是 N- 函数.

N- 函数 $M(u)$ 和 $M[Q(u)]$ 任何时候也不会等价,因为对于任何 $k > 0$ 有

$$\lim_{u \to \infty} \frac{M[Q(u)]}{M(ku)} = \infty$$

而这一点又可从下列事实推出:由于对于充分大的 u 有

$$Q(u) > nku,\ M(nku) > nM(ku)$$

其中 n 是任何已给定的数,所以

$$\frac{M[Q(u)]}{M(ku)} > \frac{M(nku)}{M(ku)} > n$$

然而,N- 函数 $M(u)$ 和 $Q[M(u)]$ 在某种情况下还是可能等价的. 在此情况下,如果 $M_1(u) \sim M(u)$ 和 $Q_1(u) \sim Q(u)$,那么函数 $M_1(u)$ 和 $Q_1[M_1(u)]$ 等价当且仅当 N- 函数 $M(u)$ 和 $Q[M(u)]$ 等价.

我们再做一个明显的附注:如果 $M(u) \sim Q[M(u)]$,那么 $M(u) \sim Q[Q[\cdots Q[M(u)]]]$.

定理 5.15 欲 N- 函数 $M(u)$ 满足 Δ_3- 条件,必须且只需满足关系式

$$N[M(u)] \sim M(u)$$

其中 $N(v)$ 是 $M(u)$ 的余函数.

证明 假设 $M(u)$ 满足 Δ_3- 条件. 今证 $N_1[M(u)] \sim M(u)$,其中 $N_1(v)$ 是由等式 (5.76) 所定义的 N- 函数. 因为 $N_1(v) \sim N(v)$,所以定理条件的必要性就证明了.

根据函数 $N_1(v)$ 的定义

$$N_1(v) \leqslant |v| M^{-1}(|v|)$$

于是对于较大的 u 值

$$N_1[M(u)] \leqslant M(u)u \leqslant M(ku)$$

这是因为 $|u| M(u) \sim M(u)$.

另外,对于任意 N- 函数 $N_1(v)$,当自变量的值较大时

$$N_1[M(u)] > M(u)$$

这样一来,$N_1[M(u)] \sim M(u)$.

现在来证明定理条件的充分性. 设 $N[M(u)] \sim M(u)$,即对自变量较大的值有 $N[M(u)] \leqslant M(k_1 u)$.

又因为由 Jensen 不等式,当自变量的值较大时
$$vM^{-1}(v) \leqslant N(v) + v < 2N(v)$$
因此对较大的 u 值
$$uM(u) \leqslant 2N[M(u)] \leqslant 2M(k_1 u) < M(2k_1 u)$$
这样一来, N- 函数 $M(u)$ 满足 Δ_3- 条件.

定理证毕.

假设 $M(u)$ 与 $Q(u)$ 是两个 N- 函数,其中的第一个满足 Δ_3- 条件. 今证复合函数 $M[Q(u)]$ 与 $Q[M(u)]$ 仍然满足 Δ_3- 条件. 此结论的正确性可以从当自变量的值较大时
$$uM[Q(u)] \leqslant Q(u)M[Q(u)] \leqslant M[kQ(u)] \leqslant M[Q(ku)]$$
和
$$uQ[M(u)] \leqslant Q[uM(u)] \leqslant Q[M(ku)]$$
这一串明显的不等式得出.

5. Δ^2- 条件

在许多情况中, $M(u)$ 和 $Q[M(u)]$ 等价仅当 $Q(u)$ 真正比函数 $M(u)$ 的余函数 $N(v)$ 增加得快,今后我们有兴趣的是 $Q(v) = v^2$ 的情形.

我们称 N- 函数 $M(u)$ 满足 Δ^2- 条件,如果
$$M(u) \sim M^2(u)$$
即如果存在这样的 $k > 1$,使对一切充分大的 u 有
$$M^2(u) \leqslant M(ku) \tag{5.79}$$

容易看出, N- 函数 $M(u)$ 满足 Δ^2- 条件,如果对于某个 $\alpha > 1, M(u) \sim M^\alpha(u)$. 反之,如果 N- 函数 $M(u)$ 满足 Δ^2- 条件,那么对于任何 $\alpha > 1, M(u) \sim M^\alpha(u)$.

可以直接验证,如果 $M(u)$ 的任何一个等价 N- 函数满足 Δ^2- 条件,那么 N- 函数 $M(u)$ 满足 Δ^2- 条件.

主部为 e^u, e^{u^2} 等的 N- 函数可以作为满足 Δ^2- 条件

的函数的例子.

如果 N- 函数 $M(u)$ 满足 Δ^2- 条件,那么它满足 Δ_3- 条件. 事实上,从 Δ^2- 条件得出,存在 $k > 1$,使对较大的 u 值有 $M(ku) \geqslant M^2(u)$. 又因当 u 值较大时 $M(u) > u$,故 $M(ku) > uM(u)$,即满足不等式(5.74),这就表明 N- 函数 $M(u)$ 满足 Δ_3- 条件.

然而,满足 Δ_3- 条件的 N- 函数类比满足 Δ^2- 条件的 N- 函数类更为广泛,例如,主部为 $u^{\ln u}$ 的 N- 函数 $M(u)$ 满足 Δ_3- 条件,而不满足 Δ^2- 条件,因为对于任何 $k > 0$ 有

$$\lim_{u \to \infty} \frac{u^{2\ln u}}{(ku)^{\ln ku}} = \infty$$

我们曾经在前面指出,每一个满足 Δ_2- 条件的 N- 函数比某个幂函数增加得慢,这个事实不仅仅对于 N- 函数正确. 事实上,假设 $f(u)$ 是任意非负的非减函数并且当 $u \geqslant u_0$ 时满足不等式

$$f(2u) \leqslant kf(u)$$

那么从 $2^n u_0 < u \leqslant 2^{n+1} u_0$ 可推出 $k^n < \left(\dfrac{u}{u_0}\right)^{\ln 2k}$ 和

$$f(u) \leqslant k^{n+1} f(u_0) \leqslant kf(u_0) \left(\frac{u}{u_0}\right)^{\ln 2k}$$

今考察当 $u \geqslant u_0$ 时满足不等式

$$2f(u) < f(ku) \tag{5.80}$$

的非减函数 $f(u)$,显然 $k > 1$. 假设 $k^n u_0 < u \leqslant k^{n+1} u_0$,那么 $2^n \geqslant \left(\dfrac{u}{ku_0}\right)^{\ln k^2}$ 并且

$$f(u) > f(k^n u_0) > 2^n f(u_0) \geqslant f(u_0) \left(\frac{u}{ku_0}\right)^{\ln k^2}$$

这样一来,从式(5.80)得出,当 u 的值较大时

$$f(u) > u^\alpha \qquad (5.81)$$

其中 $\alpha < \ln k^2$.

引理 5.9　假设正的非减函数 $p(u)$ 当自变量的值较大时大于 1,并且满足不等式

$$p^2(u) < p(ku) \qquad (5.82)$$

则存在这样的 $\alpha > 0$,使当 u 的值较大时

$$p(u) > e^{u^\alpha}$$

证明　由引理的条件得知,函数 $f(u) = \ln p(u)$ 满足不等式(5.80).因此它满足不等式(5.81),即

$$\ln p(u) > u^\alpha$$

引理证毕.

由此引理可推出,每一个满足 Δ^2- 条件的 N- 函数,当自变量的值较大时要比某个函数 e^{u^α} 增加得快.

定理 5.16　假设 N- 函数 $M(u)$ 的右导数 $p(u)$ 当 $u \geqslant u_0$ 时满足条件(5.82),则 $M(u)$ 满足 Δ^2- 条件.

证明　由引理 5.9,可以认为当 $u \geqslant u_0$ 时 $2u < p(ku)$.因此当 $u \geqslant u_0$ 时

$$2up^2(u) < 2up(ku) < p^2(ku) < p(k^2u)$$

于是由不等式 $M(u) < up(u)$ 可推出,当 $u > u_0$ 时

$$M^2(u) = 2\int_0^u M(t)p(t)\,\mathrm{d}t$$

$$\leqslant M^2(u_0) + 2\int_{u_0}^u tp^2(t)\,\mathrm{d}t$$

$$< M^2(u_0) + \int_0^u p(k^2t)\,\mathrm{d}t$$

$$< M^2(u_0) + M(k^2u)$$

又当 u 的值较大时 $M^2(u_0) < M(k^2u)$,因此由上述不等式得到

$$M^2(u) < 2M(k^2u) < M(2k^2u)$$

定理证毕.

我们已经指出,满足 Δ^2- 条件的 N- 函数比某个形如 $e^{u^{\alpha}}(\alpha > 0)$ 的函数增加得快,反之并不成立. 请读者自己举出这样的 N- 函数的例子, 它比某个函数 $e^{u^{\alpha}}(\alpha > 0)$ 增加得快,然而既不满足 Δ^2- 条件,也不满足 Δ_3- 条件.

下列结论给出 N- 函数 $M(u)$ 满足 Δ^2- 条件的简明判别法.

假设能找到这样的 $\alpha > 0$,使函数

$$\varphi(u) = \frac{\ln M'(u)}{u^{\alpha}} \qquad (5.83)$$

当 u 的值大于某个 u_0 时是非减的,则 N- 函数 $M(u)$ 满足 Δ^2- 条件.

事实上,假设 $u \geqslant u_0$,则

$$M^2(u) = e^{2\ln M(n)} = e^{2u^{\alpha}\frac{\ln M(u)}{u^{\alpha}}} \leqslant e^{2u^{\alpha}\frac{\ln M(2^{\frac{1}{\alpha}}u)}{2u^{\alpha}}} = M(2^{\frac{1}{\alpha}}u)$$

此外,又因为对于充分大的 u 值有

$$M(u) < M^2(u)$$

所以

$$M(u) \sim M^2(u)$$

这就是我们所要证明的结论.

我们已经指出,N- 函数 $M(u)$ 与 $Q(u)$ 的复合函数 $M[Q(u)]$ 与 $Q[M(u)]$ 满足 Δ_3- 条件,如果 N- 函数 $M(u)$ 满足此条件. 今假设 $M(u)$ 满足 Δ^2- 条件,此时 $M[Q(u)]$ 仍然满足 Δ^2- 条件,这是因为对于较大的 u 值有

$$M^2[Q(u)] < M[kQ(u)] < M[Q(ku)]$$

让我们来说明,这时 N- 函数 $Q[M(u)]$ 可能不满

126

足 Δ^2- 条件,并且更进一步对于无论什么样的 N- 函数 $M(u)$ 总可做出这样的 N- 函数 $Q(u)$,使 $Q[M(u)]$ 不满足 Δ^2- 条件.

假设

$$0 < v_0 < M(v_0) < v_1 < M(v_1)$$
$$< \cdots < v_n < M(v_n) < \cdots$$

定义 N- 函数 $Q(u)$,当 $0 < u < M(v_0)$ 时它等于 u^2,而在每一个区间 $M(v_{n-1}) \leqslant u \leqslant M(v_n)$ 上定义它为线性函数 $Q(v_{n-1}) + k_n[u - M(v_{n-1})]$. 选择角系数 k_n 使其恒增,以使 $Q(u)$ 是凸函数,并且更进一步可以要求这些角系数增加的速度达到这种程度,使对于一切 n 都能满足不等式

$$\{Q(v_{n-1}) + k_n[v_n - M(v_{n-1})]\}^2$$
$$> Q(v_{n-1}) + k_n[M(v_n) - M(v_{n-1})]$$

此时 N- 函数 $Q(u)$ 满足不等式

$$Q^2(v_n) > Q[M(v_n)] \quad (n = 1, 2, \cdots)$$

假设 $v_n = M(u_n)$. 不失一般性,我们可以认为 $M(u_n) > nu_n$,那么从所得到的不等式可推出

$$Q^2[M(u_n)] > Q\{M[M(u_n)]\} > Q[M(nu_n)]$$

这表明复合函数 $Q[M(u)]$ 不满足 Δ^2- 条件.

6. 余函数的性质

定理 5.17　假设 N- 函数 $N(v)$ 满足 Δ_3- 条件,则 $M(u)$ 的余 N- 函数 $N(v)$ 满足 Δ_2- 条件.

证明　假设 k_1 和 k_2 是式(5.80)所确定的常数,则因 $M^{-1}(v)$ 是凹函数,又 $\dfrac{2k_2}{k_1} > 1$,故

$$M^{-1}\left(\frac{2k_2}{k_1}v\right) < \frac{2k_2}{k_1}M^{-1}(v)$$

因而由式(5.80),对于较大的 v 值有

$$N(2v) \leqslant 2k_2 v M^{-1}(2k_2 v)$$

$$< 2k_2 v \cdot \frac{2k_2}{k_1} M^{-1}(k_1 v)$$

$$\leqslant \left(\frac{2k_2}{k_1}\right)^2 N(v)$$

于是得到定理的结论.

定理 5.18 假设 N- 函数 $M(u)$ 满足 Δ^2- 条件,则它的余 N- 函数 $N(v)$ 满足 Δ'- 条件.

证明 因为 $M(u)$ 满足 Δ^2- 条件,所以可以找到这样的常数 t_0, k,使当 $t \geqslant t_0$ 时

$$M(kt) \geqslant M^2(t)$$

不失一般性,可以认为 $t_0 > 1$.

假设 $t \geqslant s \geqslant t_0$,那么

$$M(kts) > M(kt) > M^2(t) \geqslant M(t)M(s)$$

在最后的不等式中,令 $t = M^{-1}(u), s = M^{-1}(v)$,则当 $u, v \geqslant M(t_0)$ 时我们得到

$$M^{-1}(uv) \leqslant kM^{-1}(u)M^{-1}(v)$$

由于在最后的不等式中对称地含有 u 和 v,因此它对一切的 $u, v \geqslant M(t_0)$ 都正确.

因为 N- 函数 $M(u)$ 满足 Δ^2- 条件,所以它也满足 Δ_3- 条件. 由式(5.80)能找到这样的 $u_0 \geqslant M(t_0) + 1$,使当 $u \geqslant u_0$(或 $v \geqslant u_0$)时

$$k_1 u M^{-1}(k_1 u) \leqslant N(u) \leqslant k_2 u M^{-1}(k_2 u)$$

其中 k_1 和 k_2 是某个常数. 因而,当 $u, v \geqslant u_0$ 时

$$N(uv) \leqslant k_2 uv M^{-1}(k_2 uv)$$

$$= (\sqrt{k_2} u)(\sqrt{k_2} v) M^{-1}(\sqrt{k_2} u \sqrt{k_2} v)$$

故得

$$N(uv) \leqslant k\sqrt{k_2}\,uM^{-1}(\sqrt{k_2}\,u)\,\sqrt{k_2}\,vM^{-1}(\sqrt{k_2}\,v)$$

最后有

$$N(uv) \leqslant kN\left(\frac{\sqrt{k_2}}{k_1}u\right)N\left(\frac{\sqrt{k_2}}{k_1}v\right)$$

于是由上述定理, N- 函数 $N(v)$ 满足 Δ_2- 条件. 因此, 从最后的不等式可推出, 对于较大的 u,v 值有

$$N(uv) \leqslant cN(u)N(v)$$

其中 c 是某个常数.

定理证毕.

定理 5.19　假设 N- 函数 $M(u)$ 满足 Δ_3- 条件, 则其余 N- 函数 $N(v)$ 满足 Δ'- 条件的充要条件为对于较大的 u 和 v 值有不等式

$$M(uv) \geqslant M(\alpha u)M(\beta v) \tag{5.84}$$

其中 α, β 是某个数.

证明　假设满足条件 (5.84), 则对于较大的 u,v 值, 不等式

$$M^{-1}(uv) \leqslant \frac{M^{-1}(u)M^{-1}(v)}{\alpha\beta}$$

成立. 由此不等式和定理 5.13 得到

$$N(uv) \leqslant k_2 uvM^{-1}(k_2 uv)$$

$$\leqslant \frac{k_2 uv}{\alpha\beta}M^{-1}(k_2 u)M^{-1}(v)$$

$$\leqslant \frac{1}{\alpha\beta}N\left(\frac{k_2}{k_1}u\right)N\left(\frac{1}{k_1}v\right)$$

同时, 由定理 5.17 知 $N(v)$ 满足 Δ_2- 条件, 故

$$N(uv) \leqslant cN(u)N(v)$$

条件 (5.84) 的充分性证毕.

假设 $N(v)$ 满足 Δ'- 条件, 由此及定理 5.13 表明,

当 u, v 的值较大时

$$uvM^{-1}(uv) \leqslant kuM^{-1}(u)vM^{-1}(v)$$

因而得出,当自变量的值较大时

$$M(kuv) \geqslant M(u)M(v)$$

定理证毕.

由此定理及定理 5.18 可推出,满足 Δ^2- 条件的 N- 函数一定满足不等式(5.84). 此时还可以得到更强的结论:如果 $M(u)$ 满足 Δ^2- 条件,那么可以找到这样的 $u_0 > 0$,使当 $u, v \geqslant u_0$ 时

$$M(uv) \geqslant M(u)M(v) \qquad (5.85)$$

应该取这样的数作为 u_0,使当 $u \geqslant u_0$ 时 $M^2(u) \leqslant M(u_0 u)$. 于是当 $u \geqslant v \geqslant u_0$ 时

$$M(u)M(v) \leqslant M^2(u) \leqslant M(u_0 u) \leqslant M(uv)$$

条件(5.84) 通常容易检验. 例如,考察 N- 函数 $M(u)$, гл. ч. $M(u) = u^{\ln u}$. 它满足 Δ_3- 条件. 又条件 (5.84) 意味着,对于较大的 u, v 值有

$$e^{(\ln u + \ln v)^2} > e^{\ln^2 u} e^{\ln^2 v}$$

7. 余函数的 Δ^2- 条件的判别法

在许多情况中,需要研究这样的 N- 函数,它没有明显的表达式,只是给出其余函数 $N(v)$ 的公式. 自然发生下面的问题(该问题在以前研究另外的 N- 函数类时已经解决过):如何由函数 $N(v)$ 来确定其余函数 $M(u)$ 是否满足 Δ^2- 条件?

我们首先建立关于任意 N- 函数的一个引理.

假设 $\Phi(u)$ 是 N- 函数,由式(5.18) 可知,函数 $\dfrac{\Phi(u)}{u}$ 在 $u > 0$ 时是单调增加的,并且有 $\lim\limits_{u \to 0} \dfrac{\Phi(u)}{u} = 0$ 和 $\lim\limits_{u \to \infty} \dfrac{\Phi(u)}{u} = \infty$. 因此函数

$$\Phi_1(u) = \int_0^{|u|} \frac{\Phi(t)}{t}\mathrm{d}t$$

是 N- 函数.

引理 5.10　$\Phi_1(u) \sim \Phi(u)$.

证明　显然 $\Phi_1(u) \leqslant \Phi(u)$；另外，当 $u > 0$ 时

$$\Phi_1(u) = \int_0^u \frac{\Phi(t)}{t}\mathrm{d}t > \int_{\frac{u}{2}}^u \frac{\Phi(t)}{t}\mathrm{d}t > \Phi\left(\frac{u}{2}\right)$$

引理证毕.

定理 5.20　N- 函数 $M(u)$ 满足 Δ^2- 条件的充要条件为其余 N- 函数 $N(v)$ 当自变量的值较大时满足不等式

$$\frac{N(v)}{v} < k \frac{N(\sqrt{v})}{\sqrt{v}} \tag{5.86}$$

其中 k 是某个数.

必要性　注意，满足 Δ^2- 条件意味着，对于较大的 u 值

$$M^2(u) < M(k_1 u)$$

由此得知，对于较大的自变量的值

$$M^{-1}(v) \leqslant k_1 M^{-1}(\sqrt{v}) \tag{5.87}$$

其中 $M^{-1}(v)$ 是 $M(u)$ 的反函数.

因为函数 $M(u)$ 满足 Δ_3- 条件，所以由定理 5.13，对于很大的自变量的值

$$vM^{-1}(v) < N(k_2 v) \tag{5.88}$$

和

$$N(v) \leqslant k_3 v M^{-1}(k_3 v) \tag{5.89}$$

由式（5.89）与式（5.87）可知

$$\frac{N(v)}{v} < k_3 M^{-1}(k_3 v) < k_1 k_3 M^{-1}(\sqrt{k_3 v})$$

又由式(5.88)得

$$\frac{N(v)}{v} < \frac{k_1 k_3}{\sqrt{k_3 v}} N(k_2 \sqrt{k_3 v}) \qquad (5.90)$$

由定理 5.17,函数 $N(v)$ 满足 Δ_2-条件,即对于较大的自变量的值

$$N(k_2 \sqrt{k_3} \sqrt{v}) < k_4 N(\sqrt{v})$$

因此,从式(5.90)即可推出式(5.86),其中 $k = k_1 k_4 \sqrt{k_3}$.

充分性   考察函数 $r(v) = \frac{N(v)}{v}$. 由引理 5.10,N-函数

$$N_1(v) = \int_0^{|v|} r(t) \, dt$$

等价于函数 $N(v)$,直接计算可得 $N_1(v)$ 的余 N-函数

$$M_1(u) = \int_0^{|u|} r^{-1}(t) \, dt$$

其中 $r^{-1}(t)$ 是单调增函数 $r(t)$ 的反函数,又 N-函数 $M_1(u)$ 等价于 N-函数 $M(u)$.

由式(5.86),对于较大的自变量的值

$$[r^{-1}(u)]^2 < r^{-1}(ku)$$

由此不等式和定理 5.16 得知,N-函数 $M_1(u)$ 满足 Δ^2-条件,这就表明 $M(u)$ 也满足这个条件.

定理证毕.

注   在条件(5.86)中总有 $k > 1$,因为对于任意 N-函数 $N(v)$,当 $v > 1$ 时

$$\frac{N(v)}{v} > \frac{N(\sqrt{v})}{\sqrt{v}}$$

所有余函数满足 Δ^2-条件的 N-函数构成比任何函数 $|v|^\alpha (\alpha > 1)$ 都增加得慢的 N-函数类的子集,并且

更进一步从引理 5.9、定理 5.2 及定理 5.13 可推出,这样的 N- 函数对于自变量较大的值满足不等式

$$N(v) < v\ln^\beta v \quad (\beta > 0)$$

8. 再论 N- 函数的复合函数

在这一段里,我们要建立满足 Δ_3- 条件的 N- 函数 $M_1(u)$ 与 $M_2(u)$ 的余 N- 函数 $N_1(v)$ 与 $N_2(v)$ 的复合函数 $N_1[N_2(v)]$ 的几个性质.

首先证明一个对于任意 N- 函数都正确的结论.

引理 5.11　　假设 $\Phi_1(v)$ 及 $\Phi_2(v)$ 是两个 N- 函数,则函数

$$\Phi(v) = \frac{\Phi_1(v)\Phi_2(v)}{|v|}$$

也是 N- 函数.

证明　　因为函数 $\Phi(v)$ 是非负的偶函数,并且显然满足条件

$$\lim_{v \to 0} \frac{\Phi(v)}{v} = 0, \lim_{v \to \infty} \frac{\Phi(v)}{v} = \infty$$

所以由 N- 函数的第二种定义,只要证明 $\Phi(v)$ 是凸函数,即

$$\Phi\left(\frac{v_1 + v_2}{2}\right) \leqslant \frac{1}{2}[\Phi(v_1) + \Phi(v_2)] \quad (5.91)$$

由式 (5.91),函数 $\dfrac{\Phi_1(v)}{v}$ 及 $\dfrac{\Phi_2(v)}{v}$ 对于正的 v 单调增加,因此函数 $\Phi(v)$ 单调增加. 因而只需对于正的 v_1 及 v_2 来证明不等式 (5.91).

显然

$$\left[\frac{\Phi_1(v_1)}{v_1} - \frac{\Phi_1(v_2)}{v_2}\right]\left[\frac{\Phi_2(v_1)}{v_1} - \frac{\Phi_2(v_2)}{v_2}\right] \geqslant 0$$

因为两个因子具有相同的符号,所以得

$$\frac{\left[\Phi_1(v_1) + \Phi_1(v_2)\right]\left[\Phi_2(v_1) + \Phi_2(v_2)\right]}{v_1 + v_2}$$

$$\leqslant \frac{\Phi_1(v_1)\Phi_2(v_1)}{v_1} + \frac{\Phi_1(v_2)\Phi_2(v_2)}{v_2}$$

又由 $\Phi_1(v)$ 及 $\Phi_2(v)$ 是凸函数,故得

$$\Phi\left(\frac{v_1 + v_2}{2}\right) = \frac{2}{v_1 + v_2}\Phi_1\left(\frac{v_1 + v_2}{2}\right)\Phi_2\left(\frac{v_1 + v_2}{2}\right)$$

$$\leqslant \frac{1}{2(v_1 + v_2)}\left[\Phi_1(v_1) + \Phi_1(v_2)\right]\left[\Phi_2(v_1) + \Phi_2(v_2)\right]$$

$$\leqslant \frac{1}{2}\left[\frac{\Phi_1(v_1)\Phi_2(v_1)}{v_1} + \frac{\Phi_1(v_2)\Phi_2(v_2)}{v_2}\right]$$

从而推出不等式(5.91).

引理证毕.

定理 5.21   假设 N- 函数 $M_1(u)$ 及 $M_2(u)$ 满足 Δ_3- 条件,并且 $M_1(u) < M_2(u)$,则

$$N_1[N_2(v)] \sim \Phi(v) = \frac{N_1(v)N_2(v)}{|v|}$$

证明   我们首先指出,关系式 $\dfrac{N_1(v)N_2(v)}{|v|} <$ $N_1[N_2(v)]$ 对于任意 N- 函数 $N_1(v)$ 及 $N_2(v)$ 都正确. 事实上,由不等式(5.16) 可得

$$\frac{N_1(v)}{v} < \frac{N_1[N_2(v)]}{N_2(v)}$$

当 $N_2(v) > v$ 时成立,由此得出,对 v 的这些值

$$\frac{N_1(v)N_2(v)}{v} < N_1[N_2(v)]$$

现在我们来证明,在定理的条件下 $N_1[N_2(v)] <$ $\dfrac{N_1(v)N_2(v)}{|v|}$.

关系式 $M_1(u) < M_2(u)$ 表明, 当自变量的值较大时

$$M_1(u) \leqslant M_2(k_1 u)$$

其中 k_1 是某个数, 可以认为它是大于 1 的. 因此对于自变量较大的值

$$M_2^{-1}(v) \leqslant k_1 M_1^{-1}(v)$$

于是

$$v M_2^{-1}(v) \leqslant k_1 M_1^{-1}(v) M_1 [M_1^{-1}(v)]$$

N- 函数 $M_1(u)$ 满足 Δ_3- 条件, 因此有这样的 $k_2 > 1$, 使当自变量的值较大时

$$u M_1(u) \leqslant M_1(k_2 u)$$

于是从上面的不等式得出, 对于自变量较大的值

$$v M_2^{-1}(v) \leqslant k_1 M_1 [k_2 M_1^{-1}(v)] \leqslant M_1 [k_1 k_2 M_1^{-1}(v)]$$

$$(5.92)$$

因而

$$M_1^{-1} [v M_2^{-1}(v)] \leqslant k_1 k_2 M_1^{-1}(v)$$

和

$$v M_2^{-1}(v) M_1^{-1} [v M_2^{-1}(v)] \leqslant k_1 k_2 \frac{v M_1^{-1}(v) v M_2^{-1}(v)}{v}$$

$$(5.93)$$

由定理 5.13, 有这样的常数 $k_3 < 1$ 及 $k_4 > 1$, 使当自变量的值较大时

$$N_1(k_3 v) \leqslant v M_1^{-1}(v) \leqslant N_1(k_4 v)$$

$$N_2(k_3 v) \leqslant v M_2^{-1}(v) \leqslant N_2(k_4 v)$$

从这些不等式和式 (5.93) 可推出, 对于较大的自变量的值

$$N_1 [k_3 N_2(k_3 v)] \leqslant k_1 k_2 \frac{N_1(k_4 v) N_2(k_4 v)}{v} = k_1 k_2 k_4 \Phi(k_4 v)$$

于是

$$N_1[N_2(k_3^2 v)] \leqslant \Phi(k_1 k_2 k_4^2 v)$$

这样一来，$N_1[N_2(v)] < \Phi(v)$.

定理证毕.

定理 5.22 假设 $M_1(u)$ 满足 Δ^2- 条件，而 $M_2(u)$ 满足 Δ_3- 条件，则定理 5.21 的结论

$$N_1[N_2(v)] \sim \Phi(v) = \frac{N_1(v) N_2(v)}{|v|}$$

成立.

证明 因为对于较大的自变量的值 $M_2(u) > u$，所以对于较大的 v 值有

$$v M_2^{-1}(v) < v^2 = M_1^2[M_1^{-1}(v)]$$

N- 函数 $M_1(u)$ 满足 Δ^2- 条件，这表明存在 $k_1 > 1$，使当自变量的值较大时 $M_1^2(u) \leqslant M_1(k_1 u)$. 因此对于较大的 v 值

$$v M_2^{-1}(v) \leqslant M_1[k_1 M_1^{-1}(v)]$$

此不等式与不等式 (5.92) 相同，如同证明前一定理时一样，由它即可推出 $N_1[N_2(v)] < \Phi(v)$. 又上面已经指出，关系式 $\Phi(v) < N_1[N_2(v)]$ 总是正确的.

定理证毕.

由此定理可得定理 5.23.

定理 5.23 假设 N- 函数 $M_1(u)$ 和 $M_2(u)$ 满足 Δ^2- 条件，则

$$N_1[N_2(v)] \sim N_2[N_1(v)] \sim \Phi(v) = \frac{N_1(v) N_2(v)}{|v|}$$

我们还不知道，定理 5.23 是否只需满足较弱的 Δ_3- 条件就够了.

作为例子，我们来研究这样的 N- 函数 $N_1(v)$ 及

136

$N_2(v)$

гл. ч. $N_1(v) = v\ln v$，гл. ч. $N_2(v) = ve^{\sqrt{\ln v}}$

函数 $M_1(u)$ 满足 Δ^2- 条件，而函数 $M_2(u)$ 满足 Δ_3- 条件，但不满足 Δ^2- 条件. 此时 $M_2(u) < M_1(u)$，因为 $N_1(v) < N_2(v)$. 由定理 5.21 得

$$N_2[N_1(v)] \sim \frac{N_1(v)N_2(v)}{|v|}$$

而由定理 5.22 得

$$N_1[N_2(v)] \sim \frac{N_1(v)N_2(v)}{|v|}$$

这样一来，在此例子中定理 5.23 的条件虽然不满足，但它的结论却是正确的.

下面的结论自然地补充了定理 5.23.

定理 5.24　假设 N- 函数 $M_1(u)$ 及 $M_2(u)$ 满足 Δ^2- 条件，则 N- 函数 $N_1[N_2(v)]$ 及 $N_2[N_1(v)]$ 的余 N- 函数也满足 Δ^2- 条件.

证明　由于定理 5.23，只需考察 N- 函数

$$\Phi(v) = \frac{N_1(v)N_2(v)}{|v|}$$

的余 N- 函数 $\Psi(u)$.

由定理 5.20，对于自变量较大的值有

$$\frac{N_1(v)}{v} < k_1 \frac{N_1(\sqrt{v})}{\sqrt{v}}$$

$$\frac{N_2(v)}{v} < k_2 \frac{N_2(\sqrt{v})}{\sqrt{v}}$$

因此

$$\frac{\varPhi(v)}{v} = \frac{N_1(v)}{v} \cdot \frac{N_2(v)}{v}$$

$$< k_1 k_2 \frac{N_1(\sqrt{v}) N_2(\sqrt{v})}{\sqrt{v} \sqrt{v}}$$

$$= k_1 k_2 \frac{\varPhi(\sqrt{v})}{\sqrt{v}}$$

于是再由定理 5.20 即可推出 $\varPsi(u)$ 满足 Δ^2- 条件.

定理证毕.

5.7 关于一类 N- 函数

1. 问题的提出

在前一节中,我们已经给出某 N- 函数的等价余 N- 函数的公式.当时我们仅能研究这样的 N - 函数,或者增加速度快于任意幂函数,或者增加速度慢于任何形如 $u^{1+\varepsilon}(\varepsilon > 0)$ 的幂函数,这样的 N- 函数并不能包括如下的函数

$$M(u) = \frac{u^{\alpha}}{\alpha}(\ln u)^{\gamma_1}(\ln \ln u)^{\gamma_2} \cdots (\ln \ln \cdots \ln u)^{\gamma_n}$$

$$(5.94)$$

其中 $\alpha > 1, \gamma_1, \gamma_2, \cdots, \gamma_n$ 是任意数.

本节研究特殊类的 N- 函数,它包含主部形如式 (5.94) 的函数,并且要给出该类函数的等价余 N- 函数的有效表达式.

为了叙述得简单起见,我们假定本节中所考虑的一切 N- 函数对自变量较大的值有通常的(而非右的)导数.

138

2. 类 $\mathfrak{M}$

下面以 $\kappa_R(u)$ 表示函数

$$\kappa_R(u) = \frac{ur(u)}{R(u)} \qquad (5.95)$$

其中 $R(u)$ 是某一可微函数,而 $r(u)$ 是它的导数,显然,函数 $\kappa_R(u)$ 定义在这样的 u 值上,它使得 $r(u)$ 存在并且 $R(u) \neq 0$.

函数 $\kappa_R(u)$ 有下列明显的简单性质

$$\kappa_{R_1 \cdot R_2}(u) = \kappa_{R_1}(u) + \kappa_{R_2}(u) \qquad (5.96)$$

$$\kappa_{R_1[R_2]}(u) = \kappa_{R_1}[R_2(u)] \cdot \kappa_{R_2}(u) \qquad (5.97)$$

这两个公式对这样的 u 值成立,它使得表达式的右端有意义.

注　对任何可微的 N- 函数 $M(u)$ 有

$$\kappa_M(u) > 1 \qquad (5.98)$$

事实上,因为 $p(u) = M'(u)$ 渐升,所以

$$up(u) > M(u) = \int_0^{|u|} p(t)\,\mathrm{d}t$$

因而推出式(5.98).

用 $\mathfrak{M}$ 表示这样的函数 $R(u)$ 的类,它使得 $\kappa_R(u)$ 对一切较大的 u 有定义,并且

$$\lim_{u \to \infty} \kappa_R(u) = 0 \qquad (5.99)$$

由式(5.96)可知,类 $\mathfrak{M}$ 包含每一对函数 $R_1(u)$ 和 $R_2(u)$ 的同时,也包含它们的乘积 $R_1(u)R_2(u)$,从同一性质(5.96)可推出

$$\kappa_{\frac{1}{R}}(u) = -\kappa_R(u)$$

因而又可推出类 $\mathfrak{M}$ 包含每一个函数 $R(u)$ 的同时,也包含函数 $\dfrac{1}{R(u)}$.

Orlicz 空间

由式(5.97)可知,复合函数 $R_1[R_2(u)]$ 属于 $\mathfrak{M}$,假如 $R_2(u) \in \mathfrak{M}, \lim_{u\to\infty} R_2(u) = \infty, \overline{\lim}_{u\to\infty} \kappa_{R_1}(u) < \infty.$

从所叙述的类 $\mathfrak{M}$ 的性质可推出函数

$$(\ln u)^{\gamma_1}, (\ln\ln u)^{\gamma_2}, \cdots, (\ln\ln\cdots\ln u)^{\gamma_n}$$

(γ_i 是任意数)属于该类.

给定 $\varepsilon > 0$,则对函数 $R(u) \in \mathfrak{M}$ 可找到这样的 u_0 使得

$$\left|\frac{ur(u)}{R(u)}\right| < \varepsilon \quad (u \geqslant u_0)$$

因而

$$\frac{r(u)}{R(u)} < \frac{\varepsilon}{u} \quad (u \geqslant u_0)$$

从 u_0 到 u 积分上述不等式,得到

$$\ln\left|\frac{R(u)}{R(u_0)}\right| < \varepsilon\ln\frac{u}{u_0}$$

从而

$$|R(u)| < |R(u_0)|\left(\frac{u}{u_0}\right)^\varepsilon \quad (u \geqslant u_0)$$

$$(5.100)$$

从式(5.100)又可推出对今后有用的关系式

$$\lim_{u\to\infty}\frac{u}{|R(u)|} = \infty \quad (5.101)$$

引理5.12 设函数 $R(u) \in \mathfrak{M}$ 对较大的值 u 是正的,则对任意 $\varepsilon > 0$,函数 $u^\varepsilon R(u)$ 渐升至无穷.

证明 我们只需证函数 $h(u) = u^{\frac{\varepsilon}{2}}R(u)$ 对较大的 u 值有正的导数. 这从式(5.99)可推出,因为

$$h'(u) = \frac{\varepsilon}{2}u^{\frac{\varepsilon}{2}-1}R(u) + u^{\frac{\varepsilon}{2}}r(u)$$

140

$$= u^{\frac{\varepsilon}{2}-1} R(u) \left[\frac{\varepsilon}{2} + \kappa_R(u) \right]$$

引理证毕.

引理 5.13　设 $R(u)$ 是 $\mathfrak{M}$ 中这样的函数,它使得

$$\frac{u^\alpha}{\alpha} R(u), \frac{v^\beta}{\beta R^{\beta-1}(v)} \quad \left(\alpha, \beta > 1, \frac{1}{\alpha} + \frac{1}{\beta} = 1 \right)$$

分别是 N- 函数 $M(u)$ 和 $N_1(v)$ 的主部,又设满足条件

$$\lim_{v \to \infty} \frac{R\left[\dfrac{v^{\beta-1}}{R^{\beta-1}(v)} \right]}{R(v)} = b > 0 \qquad (5.102)$$

则 N- 函数 $N_1(v)$ 等价于 N- 函数 $M(u)$ 的余 N- 函数 $N(v)$.

证明　考虑函数

$$p_2(u) = u^{\alpha-1} R(u), q_3(v) = \left[\frac{v}{R(v)} \right]^{\beta-1}$$

由引理 5.12,这些函数对较大的值 u, v 渐升于无穷. 所以其中的每一个均可看成某一 N- 函数 $M_2(u)$ 和 $N_3(v)$ 导数的主部.

直接计算可知,对较大的 u 值有

$$\frac{p(u)}{p_2(u)} = 1 + \frac{1}{\alpha} \kappa_R(u), \frac{q_1(v)}{q_3(v)} = 1 - \frac{\beta-1}{\beta} \kappa_R(u)$$

其中 $p(u) = M'(u), q_1(v) = N'_1(v)$. 从上述不等式和式(5.99) 可推出

$$\lim_{u \to \infty} \frac{p(u)}{p_2(u)} = \lim_{v \to \infty} \frac{q_1(v)}{q_3(v)} = 1$$

于是由引理 5.5 得

$$M(u) \sim M_2(u), N_1(v) \sim N_3(v) \qquad (5.103)$$

因为

$$p_2[q_3(v)] = \frac{vR\left\{\left[\dfrac{v}{R(v)}\right]^{\beta-1}\right\}}{R(v)}$$

所以由式(5.99) 得

$$\lim_{v \to \infty} \frac{p_2[q_3(v)]}{v} = b > 0$$

因此从定理5.6 和定理5.4 可推出

$$M_2(u) \sim M_3(u), N_2(v) \sim N_3(v) \quad (5.104)$$

其中 $M_3(u)$ 和 $N_2(v)$ 分别是 $N_3(v)$ 和 $M_2(u)$ 的余 N-函数.

从(5.103) 和(5.104) 两式可推出 $M(u) \sim M_3(u)$,换言之,$N(v) \sim N_3(v)$. 再由式(5.103) 可得

$$N(v) \sim N_1(v)$$

引理证毕.

3. 类 $\mathfrak{N}$

用 $\mathfrak{N}$ 表示这样的函数 $f(u)$ 的类,它对自变量较大的值连续、非负并且满足条件

$$\lim_{u \to \infty} \frac{f[u + \delta(u)]}{f(u)} = \mathrm{const} > 0 \quad (5.105)$$

其中

$$\lim_{u \to \infty} \frac{\delta(u)}{u} = d > -1 \quad (5.106)$$

函数 $|u|^{\gamma}$ 对任何 γ, $\ln|u|$ 等均可作为类 $\mathfrak{N}$ 中的函数的例子,对于其中的第一个

$$\lim_{u \to \infty} \frac{f[u + \delta(u)]}{f(u)} = \lim_{u \to \infty} \left[1 + \frac{\delta(u)}{u}\right]^{\gamma} = (1 + d)^{\gamma} > 0$$

对于第二个

$$\lim_{u \to \infty} \frac{f[u + \delta(u)]}{f(u)} = \lim_{u \to \infty} \left\{1 + \frac{\ln\left[1 + \dfrac{\delta(u)}{u}\right]}{\ln u}\right\} = 1$$

与每一个函数 $f(u)$ 包含在类 $\mathfrak{N}$ 中的同时它也包含函数 $\dfrac{1}{f(u)}$，与每一对函数 $f_1(u)$ 和 $f_2(u)$ 包含在类 $\mathfrak{N}$ 中的同时它也包含乘积 $f_1(u)f_2(u)$；假如 $\lim\limits_{u\to\infty} f_2(u) = \infty$，那么与函数 $f_1(u)$ 和 $f_2(u)$ 包含在类 $\mathfrak{N}$ 中的同时它也包含复合函数 $f_1[f_2(u)]$.

我们只需证最后的结论，设函数 $\delta(u)$ 满足条件 (5.106) 和

$$\lim_{u\to\infty}\frac{f_2[u+\delta(u)]}{f_2(u)} = \gamma > 0$$

则由等式

$$\delta_1[f_2(u)] = f_2[u+\delta(u)] - f_2(u)$$

所定义的函数 $\delta_1(v)$ 满足条件

$$\lim_{v\to\infty}\frac{\delta_1(v)}{v} = \lim_{u\to\infty}\frac{\delta_1[f_2(u)]}{f_2(u)} = \gamma - 1 > -1$$

因而

$$\begin{aligned}\lim_{u\to\infty}\frac{f_1\{f_2[u+\delta(u)]\}}{f_1[f_2(u)]} &= \lim_{u\to\infty}\frac{f_1\{f_2(u)+\delta_1[f_2(u)]\}}{f_1[f_2(u)]}\\ &= \lim_{v\to\infty}\frac{f_1[v+\delta_1(v)]}{f_1(v)}\\ &= \text{const} > 0\end{aligned}$$

换言之，$f_1[f_2(u)] \in \mathfrak{N}$.

从所叙述的类 $\mathfrak{N}$ 的性质可推出函数

$$f(u) = u^{\gamma_1}(\ln u)^{\gamma_2}(\ln\ln u)^{\gamma_3}\cdots(\ln\ln\cdots\ln u)^{\gamma_n} \tag{5.107}$$

的主部属于该类，在上述公式中 γ_i 是任意数.

引理 5.14　类 $\mathfrak{N}$ 中对较大的 u 值单调的函数 $f(u)$ 具有性质

$$\lim_{u\to\infty}\frac{\ln f(u)}{u} = 0 \tag{5.108}$$

证明 首先让我们来研究函数 $f(u)$ 渐升的情形. 由条件(5.105), 假如在此条件中令 $\delta(u) = u$, 可推出当 u 大于某一 $u_0 > 0$ 时

$$f(2u) \leqslant kf(u)$$

其中 k 是某一正数. 设 $2^n u_0 < u \leqslant 2^{n+1} u_0$, 则

$$f(u) \leqslant f(2^{n+1} u_0) \leqslant k^{n+1} f(u_0)$$

$$\leqslant kf(u_0) 2^{n \ln 2^k} \leqslant kf(u_0) \left(\frac{u}{u_0} \right)^{\ln 2^k}$$

从而

$$\ln f(u) \leqslant \ln \left[kf(u_0) u_0^{-\ln 2^k} \right] + \ln 2^k \cdot \ln u$$

因而推出式(5.108).

今设函数 $f(u)$ 下降, 则函数 $f_1(u) = \dfrac{1}{f(u)}$ 渐升且仍属于类 $\mathfrak{N}$, 从对渐升函数已证的结论可推出

$$\lim_{u \to \infty} \frac{\ln f(u)}{u} = -\lim_{u \to \infty} \frac{\ln f_1(u)}{u} = 0$$

引理证毕.

注 我们不难验证函数(5.107)对较大的 u 值单调.

引理 5.15 设函数 $R(u) \in \mathfrak{M}$ 且可表示成 $R(u) = f(\ln u)$, 其中 $f(u) \in \mathfrak{N}$ 单调, 则对 $\alpha > 1$ 有

$$\lim_{v \to \infty} \frac{R\left\{ \left[\dfrac{v}{R(v)} \right]^{\alpha-1} \right\}}{R(v)} = \text{const} > 0$$

证明 设 $\delta(u) = (\alpha - 2)u - (\alpha - 1)\ln f(u)$, 则由前面的引理

$$\lim_{u \to \infty} \frac{\delta(u)}{u} = \alpha - 2 > -1$$

又因

$$\frac{R\left\{ \left[\dfrac{v}{R(v)} \right]^{\alpha-1} \right\}}{R(v)} = \frac{f\left[(\alpha-1)\ln v - (\alpha-1)\ln R(v) \right]}{f(\ln v)}$$

$$= \frac{f[\ln v + \delta(\ln v)]}{f(\ln v)}$$

故

$$\lim_{v \to \infty} \frac{R\left\{\left[\dfrac{v}{R(v)}\right]^{\alpha - 1}\right\}}{R(v)} = \lim_{u \to \infty} \frac{f[u + \delta(u)]}{f(u)} = \mathrm{const} > 0$$

引理证毕.

4. 余函数定理

定理5.25　设函数 $R(u) \in \mathfrak{M}$ 且可表示成 $R(u) = f(\ln u)$，其中 $f(u) \in \mathfrak{N}$ 单调，又设有 $N\text{-}$ 函数 $M(u)$ 使得

$$\text{гл. ч. } M(u) = \frac{u^{\alpha}}{\alpha} R(u) \quad (\alpha > 1)$$

最后设函数 $\dfrac{v^{\beta}}{\beta} R^{1 - \beta}(v) \left(\dfrac{1}{\alpha} + \dfrac{1}{\beta} = 1\right)$ 是某一 $N\text{-}$ 函数 $N_1(v)$ 的主部,则

$$N(v) \sim N_1(v) \quad\quad (5.109)$$

证明　从引理5.15可推出条件(5.102)满足,再从引理5.13即可推出(5.109).

定理证毕.

让我们回过来研究本节开头所提出的 $N\text{-}$ 函数

$$M(u) = \frac{u^{\alpha}}{\alpha} (\ln u)^{\gamma_1} (\ln \ln u)^{\gamma_2} \cdots (\ln \ln \cdots \ln u)^{\gamma_n}$$

$$(\alpha > 1, \gamma_i \text{ 是任意数})$$

该函数可表示成

$$M(u) = \frac{u^{\alpha}}{\alpha} f(\ln u)$$

其中 $f(u)$ 由公式(5.107)所确定. 由此可见,函数 $M(u)$ 满足定理5.25的条件. 令

$$N_1(v) = \frac{v^{\beta}}{\beta} \left[(\ln v)^{-\gamma_1} (\ln \ln v)^{-\gamma_2} \cdots (\ln \ln \cdots \ln v)^{-\gamma_n} \right]^{\beta - 1}$$

$$\left(\frac{1}{\alpha} + \frac{1}{\beta} = 1\right) \qquad (5.110)$$

从定理 5.25 可推出：

定理 5.26　主部为(5.110) 的 N- 函数 $N_1(v)$ 等价于主部为(5.94) 的 N- 函数 $M(u)$ 的余 N- 函数.

146

第三编

Orlicz 空间的性质

Orlicz 空间的 p 凸性[①]

世界著名数学家 N. A. Court 曾指出:

数学之不断累积的特性真令人吃惊. 在数学中从来没有什么东西会失效, 也没有什么会过时. 数学的这种积累过程, 这种不断的扩大与完善是其特性中最宝贵之点. 因为它已经清晰地、明显地给了人类以过程的概念. 其方式是任何其他事物不能比拟的, 更不必说超越了.

1970 年 Kottman[②] 引进一个新的几何性质 ——P 凸. Banach 空间 X 称为 P 凸是指存在自然数 $n, n \geqslant 3$ 和 $\varepsilon > 0$ 满足

$$\sup_{x_1, \cdots, x_n \in s(x)} \inf_{j \neq k} \| x_j - x_k \| < 2 - \varepsilon$$

[①] 摘编自《数学季刊》,1992 年 3 月第 1 期.
[②] KOTTMAN C A. Packing and reflexivity in Banach spaces[J]. Trans. Amer. Math. Soc. ,1970(150) :565 - 574.

证明了 P 凸蕴涵自反,一致凸或一致光滑都蕴涵 P 凸,两个 P 凸指数不同的空间是非接近等距的,此外,P 凸与 Sastry,Naidu[1] 引进的 O 凸,Amir,Franchett[2] 引进的 Q 凸以及熟知的超自反之间有如下蕴涵关系:P 凸 $\Rightarrow O$ 凸 $\Rightarrow Q$ 凸 $\Rightarrow$ 超自反 $\Rightarrow$ 自反.

一般地说,这些蕴涵关系均为非逆,但叶以宁等[3] 证明了赋 Luxemburg 范数的 Orlicz 空间的 P 凸等价于自反.哈尔滨科学技术大学(现哈尔滨理工大学)的王廷辅教授在 1992 年证明了 Orlicz 范数也是如此. 这就为自反 Orlicz 空间找到一个新的、具有鲜明直观意义的刻画.

本章所用符号的意义与文献《Orlicz 空间及其应用》[4] 相同. 以下只讨论序列情形,至于函数情形可以类似地证明.

定理 6.1 Orlicz 序列空间 l_M 具有 P 凸性的充分必要条件是自反.

证明 只须证充分性.

因 $M \in \Delta_2 \cap \nabla_2$,由文献《Orlicz 序列空间的装球

---

① SASTRY K P R, NAIDU S V R. Convexity conditions in normed linear spaces[J]. J. Reine Angew. Math, 1973(297):35 – 52.

② AMIR D, PRANCHETT C . The radius ratio and convexity properties in normed linear spaces[J]. Trans. Amer. Math. Soc, 1994(242):275 – 291.

③ YE YINING, HE MIAOHONG, PLUCIENNIK R. P-convexity of Orlicz spaces[J]. Prace Mat. , 1991(31): No.1.

④ 吴从炘,王廷辅.Orlicz 空间及其应用[M].黑龙江科学技术出版社,1983.

常数》[①] 的式(18) 可知

$$1 < K' = \inf_{\|x\| = 1} K_x \leqslant \sup_{\|x\| = 1} K_x = K'' < \infty$$

这里 $\|x\| = \dfrac{1}{K_x}(1 + \zeta_M(K_x x))$.

首先证明, 存在 $\varepsilon, 0 < \varepsilon < 1$, 使对任何的 u, v, $w \in [-M^{-1}(1), M^{-1}(1)], k, h, t \in [k', k'']$ 恒有

$$\frac{k + h}{kh}M\left(\frac{kh}{k + h}\frac{u - v}{1 - \varepsilon}\right) + \frac{h + t}{ht}M\left(\frac{ht}{h + t}\frac{v - w}{1 - \varepsilon}\right) +$$

$$\frac{t + k}{tk}M\left(\frac{tk}{t + k}\frac{w - u}{1 - \varepsilon}\right)$$

$$\leqslant 2\left(\frac{M(ku)}{k} + \frac{M(hv)}{h} + \frac{M(tw)}{t}\right) \qquad (6.1)$$

因 $M \in \nabla_2$, 存在 $\eta, 0 < \eta < 1$, 使对任何满足 $0 \leqslant u \leqslant k''M^{-1}(1)$ 的 u 有

$$M(u) = M\left(\frac{k' + k''}{k''}\frac{k''}{k' + k''}u\right)$$

$$\geqslant \frac{1}{1 - \eta}\frac{k' + k''}{k''}M\left(\frac{k''}{k' + k''}u\right)$$

从而对任何 $k, h \in [k', k''], 0 \leqslant u \leqslant M^{-1}(1)$ 有

$$\frac{M\left(\dfrac{h}{k + h}ku\right)}{\dfrac{h}{k + h}} \leqslant \frac{M\left(\dfrac{k''}{k' + k''}ku\right)}{\dfrac{k''}{k' + k''}} \leqslant (1 - \eta)M(ku)$$

$$(6.2)$$

因 $M \in \Delta_2$, 存在 $C > 0$ 满足

$$M(2u) \leqslant CM(u), M(k''u) \leqslant CM(u)$$

$$(0 \leqslant u \leqslant k''M^{-1}(1)) \qquad (6.3)$$

---

① 王廷辅, Orlicz 序列空间的装球常数 [J]. 数学年刊, 1987(8A):508 − 513.

又存在 $\overline{C}$ 满足

$$M(u) = M\left(\frac{C}{\eta}\frac{\eta}{C}u\right) \leqslant \overline{C}M\left(\frac{\eta}{C}u\right) \quad (0 \leqslant u \leqslant M^{-1}(1))$$

$$(6.4)$$

当 $|v| = 0$ 时,自然有

$$M(u + v) \leqslant \left(1 + C\left|\frac{v}{u}\right|\right)M(u) \qquad (6.5)$$

而当 $0 < |v| \leqslant |u| \leqslant M^{-1}(1)$ 时,由 $M(u)$ 的凸性及式(6.3),有

$$M(u + v) = M\left(\frac{\left(\left|\frac{u}{v}\right| - 1\right)u + \left(u + \left|\frac{u}{v}\right|v\right)}{\left|\frac{u}{v}\right|}\right)$$

$$\leqslant \frac{\left|\frac{u}{v}\right| - 1}{\left|\frac{u}{v}\right|}M(u) + \frac{1}{\left|\frac{u}{v}\right|}M\left(u + \left|\frac{u}{v}\right|v\right)$$

$$\leqslant M(u) + \left|\frac{v}{u}\right|M(2u)$$

$$\leqslant \left(1 + C\left|\frac{v}{u}\right|\right)M(u)$$

即式(6.5)也成立. 现在取

$$\varepsilon = \min\left\{\frac{1}{2}, \frac{\eta^2}{12C^2\overline{C}}\right\} \qquad (6.6)$$

来证明式(6.1).

无碍于一般性,设 $0 \leqslant |w| \leqslant |v| \leqslant |u| \leqslant M^{-1}(1)$. 由(6.5),(6.3)两式,有

$$\Delta = \frac{k+h}{kh}M\left(\frac{kh}{k+h}\frac{u-v}{1-\varepsilon}\right) + \frac{h+t}{ht}M\left(\frac{ht}{h+t}\frac{v-w}{1-\varepsilon}\right) + \frac{t+k}{tk}M\left(\frac{tk}{t+k}\frac{w-u}{1-\varepsilon}\right)$$

152

$$\leqslant \frac{k+h}{kh}\left(1 + \frac{C\varepsilon}{1-\varepsilon}\right)M\left(\frac{kh}{k+h}(u-v)\right) +$$

$$\frac{h+t}{ht}\left(1 + \frac{C\varepsilon}{1-\varepsilon}\right)M\left(\frac{ht}{h+t}(v-w)\right) +$$

$$\frac{t+k}{tk}\left(1 + \frac{C\varepsilon}{1-\varepsilon}\right)M\left(\frac{tk}{t+k}(w-w)\right)$$

$$\leqslant \frac{k+h}{kh}M\left(\frac{kh}{k+h}(u-v)\right) + \frac{h+t}{ht}M\left(\frac{ht}{h+t}(v-w)\right) +$$

$$\frac{t+k}{tk}M\left(\frac{tk}{t+k}(w-u)\right) + 3\frac{2}{k'}\frac{C\varepsilon}{1-\varepsilon}M\left(\frac{k''}{2}2u\right)$$

$$\leqslant \frac{k+h}{kh}M\left(\frac{kh}{k+h}(u-v)\right) + \frac{h+t}{ht}M\left(\frac{ht}{h+t}(v-w)\right) +$$

$$\frac{t+k}{tk}M\left(\frac{tk}{t+k}(w-u)\right) + \frac{6C^2\varepsilon}{1-\varepsilon}\frac{M(u)}{k'}$$

$$\leqslant \frac{k+h}{kh}M\left(\frac{kh}{k+h}(u-v)\right) + \frac{h+t}{ht}M\left(\frac{ht}{h+t}(v-w)\right) +$$

$$\frac{t+k}{tk}M\left(\frac{tk}{t+k}(w-u)\right) + 12C^2\varepsilon M(u) \qquad (6.7)$$

注意到 $uv \geqslant 0, vw \geqslant 0$ 和 $wu \geqslant 0$ 三者之中至少有一个成立,分如下三种情况讨论.

（Ⅰ）$uw \geqslant 0$（或 $uv \geqslant 0$）. 由式(6.2)

$$\frac{t+k}{tk}M\left(\frac{tk}{t+k}(w-u)\right) \leqslant \frac{t+k}{tk}M\left(\frac{tk}{t+k}u\right)$$

$$\leqslant \frac{t+k}{tk}(1-\eta)\frac{t}{t+k}M(ku)$$

$$= (1-\eta)\frac{M(ku)}{k}$$

$$\leqslant \frac{M(ku)}{k} - \eta M(u)$$

由式(6.7),$M(u)$ 的凸性和 ε 的取法(6.6)

$$\Delta \leqslant \frac{M(ku)}{k} + \frac{M(kv)}{h} + \frac{M(kv)}{h} + \frac{M(tw)}{t} +$$

$$\frac{M(ku)}{k} - \eta M(u) + 12C^2 \varepsilon M(u)$$

$$\leqslant 2\left(\frac{M(ku)}{k} + \frac{M(hv)}{h} + \frac{M(tw)}{t}\right) +$$

$$(12C^2 \varepsilon - \eta)M(u)$$

$$\leqslant 2\left(\frac{M(ku)}{k} + \frac{M(hv)}{h} + \frac{M(tw)}{t}\right)$$

即式(6.1)成立.

(Ⅱ) $vw \geqslant 0$,而且 $\left|\dfrac{v}{u}\right| > \dfrac{\eta}{C}$. 由(6.2),(6.4) 两式

$$\frac{h+t}{ht}M\left(\frac{ht}{h+t}(v-w)\right) \leqslant \frac{h+t}{ht}M\left(\frac{ht}{h+t}v\right)$$

$$\leqslant (1-\eta)\frac{M(hv)}{h}$$

$$\leqslant \frac{M(hv)}{h} - \eta M(v)$$

$$\leqslant \frac{M(hv)}{h} - \eta M\left(\frac{\eta}{C}u\right)$$

$$\leqslant \frac{M(hv)}{h} - \frac{\eta}{CM(u)}$$

由(6.7),(6.6) 两式

$$\Delta \leqslant \frac{M(ku)}{k} + \frac{M(hv)}{h} + \frac{M(hv)}{h} - \frac{\eta}{C}M(u) +$$

$$\frac{M(tw)}{t} + \frac{M(ku)}{k} + 12C^2 \varepsilon M(u)$$

$$= 2\left(\frac{M(ku)}{k} + \frac{M(hv)}{h} + \frac{M(tw)}{t}\right) +$$

$$\left(12C^2 \varepsilon - \frac{\eta}{C}\right)M(u)$$

154

$$\leqslant 2\left(\frac{M(ku)}{k} + \frac{M(hv)}{h} + \frac{M(tw)}{t}\right)$$

即式（6.1）也成立.

（Ⅲ）$vw \geqslant 0$ 且 $\left|\dfrac{r}{u}\right| \leqslant \dfrac{n}{C}$，由（6.5），（6.2）两式

$$\frac{k+h}{kh}M\left(\frac{kh}{k+h}(u-v)\right) \leqslant \frac{k+h}{kh}\left(1 + C \cdot \frac{\eta}{C}\right)M\left(\frac{kh}{k+h}u\right)$$

$$\leqslant \frac{k+h}{kh}(1+\eta)(1-\eta)\frac{h}{k+h}M(ku)$$

$$= (1 - \eta^2)\frac{M(ku)}{k}$$

$$\leqslant \frac{M(ku)}{k} - \eta^2 M(u)$$

再由（6.7），（6.6）两式

$$\Delta \leqslant \frac{M(ku)}{k} - \eta^2 M(u) + \frac{M(hv)}{h} + \frac{M(tw)}{t} +$$

$$\frac{M(tw)}{t} + \frac{M(ku)}{k} + 12C^2 \varepsilon M(u)$$

$$\leqslant 2\left(\frac{M(ku)}{k} + \frac{M(hv)}{h} + \frac{M(tw)}{t}\right) +$$

$$(12C^2\varepsilon - \eta^2)M(u)$$

$$\leqslant 2\left(\frac{M(ku)}{k} + \frac{M(hv)}{h} + \frac{M(tw)}{t}\right)$$

这就证明了式（6.1）.

现在证明

$$\sup_{x,y,z \in S(l_M)} \min\{\|x-y\|, \|y-z\|, \|z-x\|\} \leqslant 2(1-\varepsilon)$$

如不然，有 $x, y, z \in S(l_M)$，使 $\min\{\|x-y\|, \|y - z\|, \|z-x\|\} > 2(1-\varepsilon)$. 取 k, h, t 满足 $1 = \|x\| = \dfrac{1}{k}(1 + \zeta_M(kx))$，$1 = \|y\| = \dfrac{1}{h}(1 + \zeta_M(hy))$ 和 $1 =$

$\|z\| = \dfrac{1}{t}(1 + \zeta_M(tz))$. 由式(6.1) 导致如下矛盾

$$6 < \left\|\frac{x-y}{1-\varepsilon}\right\| + \left\|\frac{y-z}{1-\varepsilon}\right\| + \left\|\frac{z-x}{1-\varepsilon}\right\|$$

$$\leqslant \frac{k+h}{kh}\left(1 + \zeta_M\left(\frac{kh}{k+h}\frac{x-y}{1-\varepsilon}\right)\right) +$$

$$\frac{h+t}{ht}\left(1 + \zeta_M\left(\frac{ht}{h+t}\frac{y-z}{1-\varepsilon}\right)\right) +$$

$$\frac{t+k}{tk}\left(1 + \zeta_M\left(\frac{tk}{t+k}\frac{z-x}{1-\varepsilon}\right)\right)$$

$$\leqslant 2\left(\frac{1}{k} + \frac{1}{h} + \frac{1}{t} + \right.$$

$$\sum_{i=1}^{\infty}\left(\frac{M(kx(i))}{k} + \frac{M(hy(i))}{k} + \frac{M(tx(i))}{t}\right)\right)$$

$$= 2\left(\frac{1}{k}(1 + \zeta_M(kx)) + \frac{1}{h}(1 + \zeta_M(hy)) + \right.$$

$$\left. \frac{1}{t}(1 + \zeta_M(tz))\right)$$

$$= 2(\|x\| + \|y\| + \|z\|)$$

$$= 6$$

推论 1　赋 Orlicz 范数的 Orlicz 序列空间有

P 凸 $\Leftrightarrow O$ 凸 $\Leftrightarrow Q$ 凸 $\Leftrightarrow$ 超自反 $\Leftrightarrow$ 自反

由文献 *Packing and reflexivity in Banach spaces*[1] 的定理 4.2 得到自反性的另一几何刻画：

推论 2　l_M 自反的充分必要条件是存在 ε, $0 < \varepsilon < 1$, 使 $B(l_M)/(1-\varepsilon)B(l_M)$ 中不含两两互补的三个凸集 (集 A 与 B 互补是指 $A \cup B$ 中有一对对应点).

---

① KOTTMAN C A. Packing and reflexivity in Banach spaces[J]. Trans. Amer. Math. Soc. ,1970(150) :565 – 574.

关于 Orlicz 空间的 H 性质的注记[①]

哈尔滨理工大学的王廷辅、崔云安两位教授在 1998 年给出了 Orlicz 函数空间具有 H 性质的充分必要条件.

本章以 X 表示一个 Banach 空间，$S(X)$ 表示 X 的单位球面，X^* 表示 X 的对偶空间. 以 L^0 表示定义在无原子的有限测度空间 (G, Σ, μ) 上的可测函数全体.

定义 7.1 称 Banach 空间 X 为 Köthe 空间是指 $X \subset L^0$ 且具有如下性质：若 $|x(t)| \leqslant |y(t)| (t \in G \text{ a.e.})$ 且 $y \in X$，则 $x \in X$ 且 $\|x\| \leqslant \|y\|$.

定义 7.2 $x \in X$ 称为具有绝对连续范数是指 $\lim_{n \to \infty} \|x\chi_{G_n}\| = 0$，其中 $G_n = \{t \in G : |x(t)| \geqslant n\}$.

记 $X_0 = \{x \in X : x \text{ 具有绝对连续范数}\}$.

定义 7.3 Banach 空间 X 称为具有 H 性质（又称 Kadec – Klee 性质）是指对于任意的 $x, x_n \in X$，$\lim_{n \to \infty} \|x_n\| = \|x\| = 1$ 和 $x_n \xrightarrow{w} x$ 蕴涵 $\|x_n - x\| \to 0$.

---

① 摘编自《数学物理学报》,1998,18(2):217 – 220.

第

7

章

H 性质是 Banach 空间几何学中至关重要的概念, 它在逼近论、控制论、概率论和优化理论中有众多应用.

定义 7.4 称 Köthe 空间 X 具有 Fatou 性质是指 $x_n, x_0 \in X$ 和 $|x_n(t)| \uparrow |x_0(t)| (t \in G$ a.e.$)$ 蕴涵

$$\lim_{n \to \infty} \| x_n \| = \| x_0 \|$$

定义 7.5 映射 $\Phi: R \to [0, \infty)$ 称为 N-函数是指:

(1) $\Phi(u) \geq 0$, $\Phi(u) = 0$ 当且仅当 $u = 0$.

(2) $\Phi(-u) = \Phi(u)$, $\Phi(\lambda u + (1 - \lambda) v) \leq \lambda \Phi(u) + (1 - \lambda) \Phi(v)$ 当 $\lambda \in [0, 1]$ 时.

(3) $\lim\limits_{u \to 0} \dfrac{\Phi(u)}{u} = 0$ 和 $\lim\limits_{u \to \infty} \dfrac{\Phi(u)}{u} = \infty$.

以 $p(t)$ 表示 Φ 的右导数, 以 $\Psi(v)$ 表示 $\Phi(u)$ 的余 N 函数, 即

$$\Psi(v) = \sup\{u|v| - \Phi(u) : u \geq 0\}$$

Orlicz 函数空间是指集合

$$L_\Phi(G) = \left\{ x \in L^0 : \exists c > 0, I_\Phi(cx) = \int_G \Phi(cx(t)) \, d\mu < \infty \right\}$$

或其子集合

$$E_\Phi(G) = \left\{ x \in L^0 : \forall c > 0, I_\Phi(cx) = \int_G \Phi(cx(t)) \, d\mu < \infty \right\}$$

赋予 Luxemburg 范数

$$\| x \|_\Phi = \inf\left\{ k > 0 : I_\Phi\left(\frac{x}{k} \right) \leq 1 \right\}$$

或 Orlicz 范数

$$\| x \|_\Phi^0 = \inf_{k>0}\left\{ \frac{1}{k}(1 + I_\Phi(kx)) \right\}$$

所成的 Banach 空间.

为简单起见, 记 $L_\Phi(G) = (L_\Phi(G), \| \ \|_\Phi)$,

$$L_\Phi^0(G) = (L_\Phi(G), \| \quad \|_\Phi^0).$$

定义 7.6　称 N 函数 Φ 满足 Δ_2 - 条件 (简记为 $\Phi \in \Delta_2$). 如果存在常数 $k > 2$ 和 $u_0 > 0$ 满足

$$\Phi(2u) \leqslant k\Phi(u) \quad 当 |u| \geqslant u_0 \text{ 时}$$

定义 7.7　称 Orlicz 函数 Φ 是严格凸的,如果对于任意的 $u, v \in \mathbf{R}$ 且 $u \neq v$ 有

$$\Phi\left(\frac{u+v}{2}\right) < \frac{1}{2}(\Phi(u) + \Phi(v))$$

有关 Orlicz 空间的其他知识,请参考文献《Orlicz 空间的 H 性质》[①], *Convex Functions and Orlicz Spaces*[②] 和 *Theory of Orlicz Spaces*[③].

1987 年,陈述涛、王玉文首先给出了 Orlicz 空间具有 H 性质的充分必要条件,但是该文限定 Orlicz 函数空间 $L_\Phi(G)$ 和 $L_\Phi^0(G)$ 中的 G 为 n 维空间的有界闭集. 在证明中用到了 n 维空间的有界闭集的紧性和 G 上连续函数族在可积函数族中的稠性等结果. 故其证明不便推广到一般测度空间. 本章将用新的证明方法讨论一般 Orlicz 函数空间 $L_\Phi(G)$ 和 $L_\Phi^0(G)$ 中的 H 性质,证明了与文献《Orlicz 空间中的 H 性质》中相应定理一致的结果;同时证明过程也比较简单.

引理 7.1　假设 Köthe 空间 X 具有 Fatou 性质,则 X 具有 H 性质蕴涵每一个 $x \in X$ 都具有绝对连续范

---

①　陈述涛,王玉文. Orlicz 空间的 H 性质[J]. 数学年刊,1987, 8A:61 – 67.

②　KRASNOSELSKII M A, RUTICKII YA B. Convex Functions and Orlicz Spaces[M]. Groningen: P Noordhoof, Ltd, 1961.

③　RAO M M, REN Z D. Theory of Orlicz Spaces[M]. New York: Marcel Dekker Inc, 1991.

数.

证明　如不然,存在 $x \in S(X)$ 和 $\varepsilon_0 > 0$ 满足

$$\| x \chi_{G_n} \| \geqslant \varepsilon_0 \quad (n = 1, 2, \cdots)$$

其中 $G_n = \{ t \in G : |x(t)| \geqslant n \}$.

因为 X 具有 Fatou 性质,存在自然数列 $n_1 < n_2 < \cdots$ 满足

$$\| x \chi_{T_i} \| \geqslant \frac{\varepsilon_0}{2} \quad (i = 1, 2, \cdots)$$

其中 $T_i = \{ t \in G : n_{i-1} \leqslant |x(t)| < n_i \}, n_0 = 0$.

记 $x_i = x \chi_{G \setminus T_i} (i = 1, 2, \cdots)$. 则:

(1) $\| x \chi_{G \setminus G_{n_{i-1}}} \| \leqslant \| x_i \| \leqslant \| x \|$,故 $\lim\limits_{i \to \infty} \| x_i \| = 1$.

(2) $x_i \xrightarrow{\ w\ } x$. 事实上,对于任意的 $f \in X^*$,f 可唯一地分解为

$$f = y + g$$

其中 $g(x) = 0$ 对于任意的 $x \in X_0$, $\langle x, y \rangle = \int_G x(t) y(t) \mathrm{d}\mu < \infty$ 对任意的 $x \in X$ 成立.

因为 $x - x_i = x \chi_{T_i} \in X_0$,所以 $g(x - x_i) = 0$. 注意到 $\langle x, y \rangle = \sum\limits_{i=1}^{\infty} \langle x \chi_{T_i}, y \rangle < \infty$,我们得到

$$\langle x_i - x, y \rangle = \langle x \chi_{T_i}, y \rangle \to 0 \quad (i \to \infty)$$

(3) $\| x_i - x \| \geqslant \frac{\varepsilon_0}{2}$. 这表明 X 不具有(H)性质.

引理 7.2　若 $\{ x_n \} \subset L_\Phi$ 满足 $|x_n| \leqslant M$ 对某个 $M > 0$ 成立,则 $\{ x_n \}$ 是弱序列紧集.

利用 Ando 的结果①,此引理容易证明.

定理 7.1　Orlicz 空间具有(H)性质的充分必要条件是:

(1) $\Phi \in \Delta_2$;

(2) Φ 是严格凸的.

证明　定理条件的充分性的证明与文献《Orlicz 空间的 H 性质》的相应部分相同,只需证明条件的必要性.

因为 Orlicz 空间具有 Fatou 性质,又 Orlicz 空间的每一个元素具有绝对连续范数的充分必要条件是 $\Phi \in \Delta_2$,故条件(1)成立.

下面证明条件(2)的必要性.

(1) 关于 $L_\Phi(G)$.

若(2)不成立,则存在一个区间 $[a,b]$ 使得 Φ 在其上是一个线性函数. 取 G 的一个正测度子集 E 满足

$$\Phi\left(\frac{a+b}{2}\right)\mu(E) \leqslant 1$$

再取 $c \geqslant 0$ 满足

$$\Phi\left(\frac{a+b}{2}\right)\mu E + \Phi(c)\mu(G\backslash E) = 1$$

取 E 的两个子集 E_1^1 和 E_2^1 满足

$$\mu E_1^1 = \mu E_2^1, E_1^1 \cap E_2^1 = \varnothing, E_1^1 \cup E_2^1 = E$$

再取 E_1^1 的两个子集 E_1^2 和 E_2^2 满足

$$\mu E_1^2 = \mu E_2^2, E_1^2 \cap E_2^2 = \varnothing, E_1^2 \cup E_2^2 = E_1^1$$

再取 E_2^1 的两个子集 E_3^2 和 E_4^2 满足

---

① KANTOROVIC L V, AKILOV G P. Functional Analysis [M]. Moscow:[s. n.], 1977.

$$\mu E_3^2 = \mu E_4^2, E_3^2 \cap E_4^2 = \varnothing, E_3^2 \cup E_4^2 = E_2^1$$

$$\cdots$$

一般地,取 E_k^{n-1} 的两个子集 E_{2k-1}^n 和 E_{2k}^n 满足

$$\mu E_{2k-1}^n = \mu E_{2k}^n, E_{2k-1}^n \cap E_{2k}^n = \varnothing, E_{2k-1}^n \cup E_{2k}^n = E_k^{n-1}$$

$$(n = 1, 2, \cdots; k = 1, 2, \cdots, 2^{n-1})$$

置 $x_n(t) = a\chi_{\bigcup_{k=1}^{2^{n-1}} E_{2k-1}^n} + b\chi_{\bigcup_{k=1}^{2^{n-1}} E_{2k}^n} + c\chi_{G \setminus E}$ $(n = 1, 2, \cdots)$

则

$$I_\Phi(x_n) = (\Phi(a) + \Phi(b))\frac{\mu E}{2} + \Phi(c)\mu(G \setminus E) = 1$$

$$(n = 1, 2, \cdots)$$

于是,我们有 $\|x_n\|_\Phi = 1, n = 1, 2, \cdots$.

由引理 7.2,$\{x_n\}$ 是弱紧序列. 不妨设(必要时取子列)$x_n \xrightarrow{w} x$. 下面证明 $\|x\|_\Phi = 1$.

令 $y(t) = p(a)\chi_E + p(c)\chi_{G \setminus E}$. 则:

(i) $y \in E_\Psi$;

(ii) $\|y\|_\Psi^0 = \|y\|_\Psi^0 \|x_n\|_\Phi \geqslant \langle x_n, y \rangle$

$$= ap(a)\frac{\mu E}{2} + bp(a)\frac{\mu E}{2} + cp(c)\mu(G \setminus E)$$

$$= (\Phi(a) + \Phi(b))\frac{\mu E}{2} + \Phi(c)\mu(G \setminus E) +$$

$$\Psi(p(a))\mu E + \Psi(p(c))\mu(G \setminus E)$$

$$= 1 + I_\Psi(y)$$

$$\geqslant \|y\|_\Psi^0$$

可见 $\langle x_n, y \rangle = \|y\|_\Psi^0 (n = 1, 2, \cdots)$. 由 $x_n \xrightarrow{w} x$ 立刻得到 $\langle x, y \rangle = \|y\|_\Psi^0$. 故 $\|x\|_\Phi = 1$.

因为 $\|x_n - x_m\|_\Phi = \dfrac{b-a}{\Phi^{-1}\left(\dfrac{2}{\mu E}\right)}$ 对任意 $n \neq m$ 成立,

所以 x_n 不依范数收敛于 x. 此与 H 性质相悖.

（Ⅱ）关于 $L_\Phi^0(G)$ 的情形.

若（2）不成立，则存在一个区间 $[a,b]$ 使得 Φ 在其上是一个线性函数. 取 G 的一个正测度子集 E 满足

$$\Psi(p(a))\mu(E)\leqslant 1$$

再取 $c\geqslant 0$ 和 $F\subset G\backslash E$ 满足

$$\Psi(p(a))\mu E+\Psi(p(c))\mu F=1$$

将 E 累次分割同上，并置

$$w_n(t)=a\chi\bigcup_{k=1}^{2^{n-1}}E_{2k-1}^n+b\chi\bigcup_{k=1}^{2^{n-1}}E_{2k}^n+\chi_F\quad(n=1,2,\cdots)$$

显然有 $\|w_n\|_\Phi^0=k(n=1,2,\cdots)$. 置 $x_n(t)=\dfrac{w_n(t)}{k}$，则 $\|x_n\|_\Phi^0=1(n=1,2,\cdots)$.

由引理 7.2，我们可以认为 $x_n\xrightarrow{w}x$.

令 $y(t)=p(a)\chi_E+p(c)\chi_F$，则 $y\in E_\Psi(G)$ 且 $\|y\|_\Psi=1$. 从而

$$\begin{aligned}1\geqslant\langle x_n,y\rangle&=\frac{1}{k}\langle w_n,y\rangle=\frac{1}{k}(I_\Phi(w_n)+I_\Psi(y))\\&=\frac{1}{k}(1+I_\Phi(kx_n))\\&\geqslant\|x_n\|_\Phi^0\\&=1\end{aligned}$$

于是得 $x\in S(L_\Phi^0(G))$.

因为 $\|x_n-x_m\|_\Phi^0=(b-a)\dfrac{\mu(E)}{2}\Psi^{-1}\left(\dfrac{2}{\mu E}\right)$ 对任意的 $n\neq m$ 成立，所以 x_n 不依范数收敛于 x. 此与 H 性质相悖.

Orlicz 空间的 Neumann-Jordan 常数[①]

哈尔滨理工大学数学系的王廷辅、王丽杰和苏州大学数学系的任重道这三位教授于 2000 年证明了 Banach 空间 X 的 Neumann-Jordan 常数 $C_{NJ}(X) < 2$ 当且仅当 X 的(James 定义下)非方常数 $J(X) < 2$. 并利用任重道教授关于 Orlicz 空间的非方常数的估计,求出了一类自反 Orlicz 空间 Neumann-Jordan 常数的精确值.

8.1 Neumann-Jordan 常数

基于 Jordan 和 Von Neumann[②] 的著名工作,1937 年 Clarkson[③] 给出:

定义 8.1 Banach 空间 X 的 Neumann-Jordan 常数 $C_{NJ}(X)$ 定义为满足如下条件的最小常数 C

---

① 摘编自《系统科学与数学》,20(3),(2000,7),302 − 306.

② JORDAN P, VON NEUMANN J. On inner products in linear metric spaces[J]. Ann. of Math.,1935, 36:719 − 723.

③ CLARKSON J A. The Von Neumann-Jordan constant for the Lebesgue space[J]. Ann. of Math., 1937, 38:114 − 115.

$$\frac{1}{C} \leqslant \frac{\parallel x + y \parallel^2 + \parallel x - y \parallel^2}{2(\parallel x \parallel^2 + \parallel y \parallel^2)} \leqslant C \quad (8.1)$$

这里 $x,y \in X$, $\parallel x \parallel + \parallel y \parallel \neq 0$.

显然,$1 \leqslant C_{NJ}(X) \leqslant 2$,$C_{NJ}(X) = 1$,当且仅当 X 为 Hilbert 空间. Clarkson 算出

$$C_{NJ}(L^P[0,1]) = \max\{2^{\frac{2}{p}-1}, 2^{1-\frac{2}{p}}\} \quad (1 < p < \infty)$$
$$(8.2)$$

在 James[①] 的基础上,Cao 和 Lan[②] 引进几何常数

$$J(X) = \sup\{\min\{\parallel x + y \parallel, \parallel x - y \parallel\} : x,y \in S(X)\}$$
$$(8.3)$$

这里 $S(X)$ 为 Banach 空间 X 的单位球面,$J(X)$ 称为 X 的 James 意义下的非方常数,称 X 为一致非方的,指 $J(X) < 2$,James 证明了一致非方空间是自反的.

本节主要结果:

定理 8.1　设 X 为 Banach 空间,则 $J(X) < 2$,当且仅当 $C_{NJ}(X) < 2$.

证明　必要性.设 $J(X) < 2$.这时存在 $\delta \in (0,1)$,使

$$\sup\{\min\{\parallel z + y \parallel, \parallel z - y \parallel\} : y,z \in S(X)\} \leqslant 2 - \delta$$
$$(8.4)$$

由定义 8.1 可知

$$C_{NJ}(X) = \sup\left\{\frac{\parallel x + y \parallel^2 + \parallel x - y \parallel^2}{2(\parallel x \parallel^2 + \parallel y \parallel^2)} : x,y \in X,\right.$$

①　JAMES R C J. Uniformly nonsquare Banach space[J]. Ann. of Math., 1964,80:542 - 550.

②　GAO J, LAN K S. On the geometry of sphere in normed linear spaces[J]. Austral. Math. Soc. (A), 1990,48:101 - 112.

$$\|x\| + \|y\| \neq 0\Big\}$$

$$= \sup\Big\{\frac{\|x+y\|^2 + \|x-y\|^2}{2(\|x\|^2+1)} : x,y \in X,$$

$$\|x\| \leqslant \|y\| = 1\Big\} \tag{8.5}$$

当 $1 = \|y\| \geqslant \|x\| > 1 - \dfrac{\delta}{4}$ 时,由式(8.4)可知 $\left\|\dfrac{x}{\|x\|} + y\right\| \leqslant 2 - \delta$,或者 $\left\|\dfrac{x}{\|x\|} - y\right\| \leqslant 2 - \delta$. 不妨设 $\left\|\dfrac{x}{\|x\|} + y\right\| \leqslant 2 - \delta$,于是

$$\begin{aligned}
\|x+y\| &= \left\|\frac{x}{\|x\|} + y - \Big(\frac{1}{\|x\|} - 1\Big)x\right\| \\
&\leqslant \left\|\frac{x}{\|x\|} + y\right\| + \Big(\frac{1}{\|x\|} - 1\Big)\|x\| \\
&\leqslant (2 - \delta) + (1 - \|x\|) \\
&< 2 - \delta + \frac{\delta}{4} \\
&< 2 - \frac{2}{3}\delta
\end{aligned}$$

$$\begin{aligned}
\frac{\|x+y\|^2 + \|x-y\|^2}{2(\|x\|^2+1)} &< \frac{\Big(2 - \frac{2}{3}\delta\Big)^2 + 4}{2\Big(\big(1 - \frac{\delta}{4}\big)^2 + 1\Big)} \\
&= 2\,\frac{1 + \Big(1 - \frac{\delta}{3}\Big)^2}{1 + \Big(1 - \frac{\delta}{4}\Big)}
\end{aligned}$$

$$\tag{8.6}$$

当 $0 \leqslant \|x\| \leqslant 1 - \dfrac{\delta}{4} < \|y\| = 1$ 时,有

$$\frac{\|x+y\|^2+\|x-y\|^2}{2(\|x\|^2+1)} \leqslant \frac{2(\|x\|+\|y\|)^2}{2(\|x\|^2+1)}$$

$$= \frac{(\|x\|+1)^2}{\|x\|^2+1}$$

$$= 2 - \frac{(1-\|x\|)^2}{\|x\|^2+1}$$

$$< 2 - \frac{1}{2}(1-\|x\|)^2$$

$$\leqslant 2 - \frac{1}{2}\left(\frac{\delta}{4}\right)^2$$

$$= 2\left(1 - \frac{\delta^2}{64}\right) \qquad (8.7)$$

由式(8.5),式(8.6)和式(8.7)得到

$$C_{NJ}(X) \leqslant 2\max\left\{\frac{1+\left(1-\frac{\delta^2}{3}\right)^2}{1+\left(1-\frac{\delta}{4}\right)^2}, 1-\frac{\delta^2}{64}\right\} < 2$$

充分性. 对于任何 Banach 空间 X,有

$$J(X) \leqslant \sqrt{2C_{NJ}(X)} \qquad (8.8)$$

事实上,当 $x,y \in S(X)$ 时,$2[\min\{\|x+y\|,\|x-y\|\}]^2 \leqslant \|x+y\|^2+\|x-y\|^2 \leqslant 2C_{NJ}(X)(\|x\|^2+\|y\|^2) = 4C_{NJ}(X)$,这就证明了式(8.8). 因此,当 $C_{NJ}(X) < 2$ 时,由式(8.8)可知 $J(X) < 2$,定理证毕.

James 已指出一致凸空间是一致非方的,由定理 8.1 得到:

推论 8.1[①]　若 X 是一致凸空间,则 $C_{NJ}(X) < 2$.

---

① KATO M , TAKAHASHI Y. On the Von Neumann-Jordan constant for Banach spaces[J]. Proc. Amer. Math. Soc. , 1997,125:1055 - 1062.

Banach 空间 X 称为上自反的, 其(等价)定义是 X 可赋等价的一致凸范数[①]. 设 X 为 Banach 空间, 我们用 $\tilde{C}_{NJ}(X)$ $(\tilde{J}(X))$ 表示 X 上所有等价范数的 Neumann-Jordan 常数(James 意义下的非方常数)的下确界. 由定理 8.1 和推论 8.1 得到

推论 8.2 设 X 为 Banach 空间, 则以下三者等价:

(i) X 是上自反空间;

(ii) $\tilde{C}_{NJ}(X) < 2$;

(iii) $\tilde{J}(X) < 2$.

上述推论(i)与(ii)的等价性已由文 *On the Von Neumann-Jordan constant for Banach spaces*(脚注①)指出.

设 φ 为 N- 函数, 在 $[0,1]$ 上生成的 Orlicz 空间记为 $L^{(\varphi)}$, 这里范数是 Luxemburg 范数 $\|x\|_{(\varphi)} = \inf\left\{c > 0 : \rho_\varphi\left(\dfrac{x}{c}\right) \leqslant 1\right\}$, 其中 $\rho_\varphi\left(\dfrac{x}{c}\right) = \displaystyle\int_0^1 \varphi\left[\dfrac{x(t)}{c}\right]\mathrm{d}t$. 本章略去 Orlicz 范数的讨论. 由定理 8.1 和文 *Geometry of Orlicz spaces*[②] 得到:

推论 8.3 $L^{(\varphi)}$ 自反当且仅当 $C_{NJ}(L^{(\varphi)}) < 2$.

---

① ENFLO P. Banach spaces which can be given an equivalent uniformly convex norm[J]. Israel J. Math. , 1972,13:281 – 288.

② CHEN S T. Geometry of Orlicz spaces[J]. Dissertations Math. , 1996,356:1 – 204.

8.2　一类自反 Orlicz 空间的 Neumann-Jordan 常数

由文 *Nonsquare Constants of Orlicz spaces, Stochastic Processes and Functional Analysis*[①] 关于 $J(L^{(\varphi)})$ 的下界估计和不等式 (8.8) 得到:

引理 8.1　设 $L^{(\varphi)}$ 为 N-函数 φ 在 $[0,1]$ 上生成的 Orlicz 空间, 赋 Luxemburg 范数, 则

$$\max\left\{\frac{1}{2(\alpha_\varphi)^2}, 2(\beta_\varphi)^2\right\} \leqslant C_{NJ}(L^{(\varphi)}) \qquad (8.9)$$

这里

$$\alpha_\varphi = \liminf_{u\to\infty}\frac{\varphi^{-1}(u)}{\varphi^{-1}(2u)}, \beta_\varphi = \liminf_{u\to\infty}\frac{\varphi^{-1}(u)}{\varphi^{-1}(2u)} \qquad (8.10)$$

引理 8.2　设 φ 为 N-函数, $\varphi_0(u) = u^2, 0 < s \leqslant 1, \varphi_s$ 的反函数为

$$\varphi_s^{-1}(u) = \left[\varphi^{-1}(u)\right]^{1-s}\left[\varphi_0^{-1}(u)\right]^s \qquad (u \geqslant 0) \qquad (8.11)$$

又设 $L^{(\varphi_s)}$ 是 N-函数 φ_s 在 $[0,1]$ 上生成的 Orlicz 空间, 赋 Luxemburg 范数, 则

$$C_{NJ}(L^{(\varphi_s)}) \leqslant 2^{1-s} \qquad (8.12)$$

证明　由文 *Nonsquare Constants of Orlicz spaces, Stochastic Processes and Functional Analysis* 知对任何

---

① REN Z D. Nonsquare Constants of Orlicz spaces. Stochastic Processes and Functional Analysis[J]. Edited by J. A. Goldstein, N. E. Gretsky and J. J. Uhl, Jr. , Marcel Dekker, Lecture Notes in Pure and Applied Mathematics, 1997,186:179 – 197.

$x, y \in L^{(\varphi_s)}$,有 Clarkson 型不等式

$$(\|x+y\|_{(\varphi_s)}^{\frac{2}{s}} + \|x-y\|_{(\varphi_s)}^{\frac{2}{s}})^{\frac{s}{2}}$$

$$\leqslant 2^{\frac{s}{2}}(\|x\|_{(\varphi_s)}^{\frac{2}{2-s}} + \|y\|_{(\varphi_s)}^{\frac{2}{2-s}})^{\frac{2-s}{2}} \qquad (8.13)$$

设 $a, b \geqslant 0, \dfrac{1}{p} + \dfrac{1}{p'} = 1$. 由 Hölder 不等式得到

$$a + b \leqslant 2^{\frac{1}{p}}(a^{p'} + b^{p'})^{\frac{1}{p'}} \qquad (8.14)$$

因 $s + (1-s) = 1$,由(8.13)和(8.14)两式得到

$$\|x+y\|_{(\varphi_s)}^{2} + \|x-y\|_{(\varphi_s)}^{2}$$

$$\leqslant 2^{1-s}[(\|x+y\|_{(\varphi_s)}^{2})^{\frac{1}{s}} + (\|x-y\|_{(\varphi_s)}^{2})^{\frac{1}{s}}]^{s}$$

$$\leqslant 2[\|x\|_{(\varphi_s)}^{\frac{2}{2-s}} + \|y\|_{(\varphi_s)}^{\frac{2}{2-s}}]^{2-s} \qquad (8.15)$$

在式(8.14)中令 $p = \dfrac{2-s}{1-s}, p' = 2-s$,我们有

$$\|x\|_{(\varphi_s)}^{\frac{2}{2-s}} + \|y\|_{(\varphi_s)}^{\frac{2}{2-s}}$$

$$\leqslant 2^{\frac{1-s}{2-s}}[(\|x\|_{(\varphi_s)}^{\frac{2}{2-s}})^{2-s} + (\|y\|_{(\varphi_s)}^{\frac{2}{2-s}})^{2-s}]^{\frac{1}{2-s}}$$

$$= 2^{\frac{1-s}{2-s}}(\|x\|_{(\varphi_s)}^{2} + \|y\|_{(\varphi_s)}^{2})^{\frac{1}{2-s}} \qquad (8.16)$$

由式(8.15)和(8.16)可知当 $(x,y) \neq (0,0)$ 时,有

$$\frac{\|x+y\|_{(\varphi_s)}^{2} + \|x-y\|_{(\varphi_s)}^{2}}{2(\|x\|_{(\varphi_s)}^{2} + \|y\|_{(\varphi_s)}^{2})} \leqslant 2^{1-s}.$$ 由此得到式(8.12). 引理证毕.

例 8.1 由引理 8.1 和引理 8.2 可证 Clarkson 的式 (8.2). 令 $M_p(u) = |u|^p$,则 $M_p^{-1}(u) = |u|^{\frac{1}{p}}(u \geqslant 0)$. 由式 (8.10) 确定的 $\alpha_{M_p} = \beta_{M_p} = 2^{-\frac{1}{p}}$. 又因 $L^p = L^{(M_p)}$,由式(8.9) 得到

$$\max\{2^{\frac{2}{p}-1}, 2^{1-\frac{2}{p}}\} \leqslant C_{NJ}(L^p) \qquad (8.17)$$

再证

$$C_{NJ}(L^P) \leqslant \max\{2^{\frac{2}{p}-1}, 2^{1-\frac{2}{p}}\} \qquad (8.18)$$

若 $1 < p \leqslant 2$，取 $1 < a < p \leqslant 2$，令 $\varphi(u) = |u|^a$，$\varphi_0(u) = u^2$ 以及 $s = \dfrac{2(p-a)}{p(2-a)}$，则 $0 < s \leqslant 1$，且 $\varphi_s^{-1}(u) = u^{\frac{1-s}{a}+\frac{s}{2}} = u^{\frac{1}{p}}, u \geqslant 0$，于是 $\varphi_s(u) = |u|^p, L^p = L^{(\varphi_s)}$. 因 $\lim\limits_{a \to 1}(1-s) = \dfrac{2}{p} - 1$，由式(8.12)得到

$$C_{NJ}(L^p) \leqslant 2^{\frac{2}{p}-1} \quad (1 < p \leqslant 2) \qquad (8.19)$$

若 $2 \leqslant p < \infty$，取 $2 \leqslant p < b < \infty$，令 $\varphi(u) = |u|^b$，$s = \dfrac{2(b-p)}{p(b-2)}$. 同样有 $0 < s \leqslant 1$ 和 $\varphi_s^{-1}(u) = u^{\frac{1-s}{b}+\frac{s}{2}} = u^{\frac{1}{p}}$，因 $\lim\limits_{b \to 1}(1-s) = 1 - \dfrac{2}{p}$，由式(8.12)得到

$$C_{NJ}(L^p) \leqslant 2^{1-\frac{2}{p}} \quad (2 \leqslant p < \infty) \qquad (8.20)$$

最后，由式(8.19)和(8.20)得到式(8.18).

我们用 $\varphi \in \Delta_2(\infty)$ 表示 N- 函数 φ 对较大的 u 满足 Δ_2 - 条件：存在 $u_0 > 0$ 和 $k > 2$，使当 $u \geqslant u_0$ 时 $\varphi(2u) \leqslant k\varphi(u)$. $\varphi \in \nabla_2(\infty)$ 表示 φ 的余 N- 函数 $\Psi \in \Delta_2(\infty)$[①].

本节主要结果如下：

定理 8.2　设 φ 为 N- 函数，φ_s 由它的反函数 (8.11) 确定. 若 $\varphi \notin \Delta_2(\infty) \cap \nabla_2(\infty)$，则

$$C_{NJ}(L^{(\varphi_s)}) = 2^{1-s} \qquad (8.21)$$

证明　由引理 8.1 和引理 8.2 可知

---

① 吴从炘，王廷辅. 奥尔里奇空间及其应用[M]. 哈尔滨：黑龙江科学技术出版社，1983.

$$\max\left\{\frac{1}{2(\alpha_{\varphi_s})^2},2(\beta_{\varphi_s})^2\right\}\leqslant C_{NJ}(L^{(\varphi_s)})\leqslant 2^{1-s}$$

$$(8.22)$$

这里

$$\begin{cases}\alpha_{\varphi_s}=\liminf_{u\to\infty}\dfrac{\varphi_s^{-1}(u)}{\varphi_s^{-1}(2u)}=(\alpha_\varphi)^{1-s}\left(\dfrac{1}{2}\right)^{\frac{s}{2}}\\[2mm]\beta_{\varphi_s}=(\beta_\varphi)^{1-s}\left(\dfrac{1}{2}\right)^{\frac{s}{2}}\end{cases}\quad(8.23)$$

若 $\varphi\notin\Delta_2(\infty)\cap\nabla_2(\infty)$，则 $\beta_\varphi=1$（当 $\varphi\notin\Delta_2(\infty)$ 时）或者 $\alpha_\varphi=\dfrac{1}{2}$（当 $\varphi\notin\nabla_2(\infty)$ 时）[①]. 注意对于任何 N- 函数 φ，均有 $\dfrac{1}{2}\leqslant\alpha_\varphi\leqslant\beta_\varphi\leqslant 1$，当 $\beta_\varphi=1$ 时，由式（8.23）可知 $\alpha_{\varphi_s}\geqslant 2^{-1+\frac{s}{2}},\beta_{\varphi_s}=2^{-\frac{s}{2}}$. 于是

$$\max\left\{\frac{1}{2(\alpha_{\varphi_s})^2},2(\beta_{\varphi_s})^2\right\}=2^{1-s}\quad(8.24)$$

当 $\alpha_\varphi=\dfrac{1}{2}$ 时，由式（8.23）可知式（8.24）仍然成立. 最后，由式（8.22）和（8.24）获证式（8.21）. 定理证毕.

例8.2 设 $1<r<\infty$，$M(u)$ 的反函数为 $M^{-1}(u)=[\ln(1+u)]^{\frac{1}{2r}}u^{\frac{1}{r}},u\geqslant 0$，则

$$C_{NJ}(L^{(M)})=\sqrt{2}\quad(8.25)$$

事实上，令 $\varphi(u)=\mathrm{e}^{|u|^r}-1$，则 $\varphi(u)$ 为 N- 函数，$\varphi^{-1}(u)=[\ln(1+u)]^{\frac{1}{r}}$. 由 $\beta_\varphi=\lim\limits_{u\to\infty}\dfrac{\varphi^{-1}(u)}{\varphi^{-1}(2u)}=1$ 可

① RAO M M and Ren Z D. Theory of Orlicz spaces[M]. [s.l.]: Marcal Dekker, 1991.

知 $\varphi \notin \Delta_2(\infty)$. 由式(8.11)可知 $\varphi_s^{-1}(u) = \left[\ln(1 + u)\right]^{\frac{1-s}{r}} u^{\frac{s}{2}}$. 从而 $M(u) = \varphi_s(u)|_{s=\frac{1}{2}}$. 式(8.25)由式(8.21)获证.

关于 Orlicz 序列空间 $l^{(\varphi_s)}$，有类似于定理 8.2 的结果(证明从略)：

定理 8.3　设 φ 为 N- 函数，φ_s 由它的反函数式(8.11)确定，$0 < s \leqslant 11$. 若 $\varphi \notin \Delta_2(0) \cap \nabla_2(0)$，则 $C_{NJ}(l^{(\varphi_s)}) = 2^{1-s}$.

Orlicz 空间与微分形式不等式

2013 年 6 月,哈尔滨工业大学的戴志敏博士在其导师邢宇明教授的指导下完成了题为《Orlicz 空间理论在微分形式不等式中的应用》的博士学位论文. 他在其论文中指出:

9.1 背 景

微分形式作为函数的一种推广,被广泛应用在许多领域,例如物理学、广义相对论、弹性理论、拟保形分析、电磁场理论以及微分几何. 由于它可以被用来描述不同系统的偏微分方程和表示流形上的不同的几何结构,因而微分形式成为许多研究领域中的有用工具. 微分形式 $\mathscr{A}$-调和方程是许多经典调和方程的推广,如 p-调和方程和 Laplace 方程等. 微分形式,尤其是满足 $\mathscr{A}$-调和方程的微分形式具有许多特殊的性质,正日益引起学者们极大的关注并获得许多有益的结果. 这些结果对于研究微分形式的理论和不同版本的 $\mathscr{A}$-调和方程解的定性和定量的性质具有非常

第 9 章

174

重要的作用. 许多情形下研究偏微分方程和偏微分方程系统常常要涉及积分或者积分估计. 微分形式中的算子和以及算子的复合经常被用来表达这些解. 因此, 对微分形式中所涉及的算子和算子复合的相关估计对研究偏微分方程和偏微分方程系统解的性质起着至关重要的作用.

自 W. Orlicz 于 1932 年提出 Orlicz 空间以来, 经过几十年来的发展, Orlicz 空间理论现已成为泛函分析中一个重要的分支学科. 由于 Orlicz 空间是比熟知的 L^p-空间更为广泛、深入、细致的一类函数空间, 现在这门学科已经在偏微分方程、概率论、复变函数论和逼近论等许多领域得到了许多成功的应用, 而把 Orlicz 空间理论应用在作用在微分形式上的算子的积分和范数不等式的研究却有待进一步的深化. 由于已经对一些微分形式中的基本算子的 L^p-范数不等式做了深入细致的研究. 他一方面将继续致力于研究定义在微分形式空间中的新算子及新算子与基本算子复合的相关 L^p-范数不等式, 另一方面将研究微分形式中一些基本算子以及新近定义的位势算子 P 所组成的一些复合算子与特殊的 Young 函数有关的一些积分和范数不等式. 另外, 他还研究了新定义的且其核函数满足 S_α-条件的分次积分算子 F_α 在满足特殊的 Orlicz 条件 (即 $L^{\alpha,\varphi}$-Hörmander 条件) 下的一些相关的积分和范数不等式.

9.2　微分形式基础知识

由于毕卉在其博士论文中, 已经就微分形式的概念分别从代数与几何的角度给予了充分的说明,本章将主要就微分形式的产生、表示与基本运算性质、微分形式中的算子和空间、微分形式中的方程和方程的解、微分形式中常用的不等式进行一些简单且必要的介绍.

关于微分形式的由来,有很多学者对此进行了深刻的描述. M. Carmo 首先在三维空间中利用切空间、对偶空间以及反对称线性映射的知识定义了三维空间中的微分形式表达式,随后又把它进一步推广到了 n 维空间.下面,来简单回顾一下 n 维空间中微分形式的产生过程.

令 p 为 n 维欧氏空间 $\mathbf{R}^n$ 中的一点,对所有的点 $q \in \mathbf{R}^n$,向量集 $\{q - p\}$ 称为 $\mathbf{R}^n$ 在点 p 处的切空间,用 $\mathbf{R}_p^n$ 来表示. $\mathbf{R}_0^n$ 中的标准正交基 $e_1 = (1,0,0,\cdots)$,$e_2 = (0,1,0,\cdots)$,$\cdots$,$e_n = (0,0,\cdots,1)$ 与它关于点 p 的平移变换 $(e_1)_p$,$(e_2)_p$,$\cdots$,$(e_n)_p$ 等价. 令 $\Lambda^l (\mathbf{R}_p^n)^*$ 为所有 l-阶反对称线性映射 $F : \underbrace{\mathbf{R}_p^n \times \cdots \times \mathbf{R}_p^n} \to \mathbf{R}$ 的集合. 注意:这里的反对称性指的是 F 的符号随对换任意两个连续变量而改变符号. 和通常的运算一样,$\Lambda^l (\mathbf{R}_p^n)^*$ 为一个向量空间. 对给定的 $f_1,\cdots,f_l \in (\mathbf{R}_p^n)^*$,可以通过令 $(f_1 \wedge f_2 \wedge \cdots \wedge f_l)(v_1,v_2,\cdots,v_k) = \det (f_i(v_j))$,$i,j = 1,\cdots,l$ 来获得 $\Lambda^l (\mathbf{R}_p^n)^*$ 中的一个元素 $f_1 \wedge f_2 \wedge \cdots \wedge f_l$ 的值. 由行列式的性质,不难得出 $f_1 \wedge f_2 \wedge \cdots \wedge f_l$ 是 l-线性反对称的. 特别的,$(\mathrm{d}x_{i_1})_p \wedge (\mathrm{d}x_{i_2})_p \wedge \cdots \wedge (\mathrm{d}x_{i_l})_p \in \Lambda^l (\mathbf{R}_p^n)^*$,$i_1,i_2,\cdots,i_l = 1,\cdots,n$. 因此,定义这种元素为 $(\mathrm{d}x_{i_1} \wedge \mathrm{d}x_{i_2} \wedge \cdots \wedge \mathrm{d}x_{i_l})_p$. 定义在 $\mathbf{R}^n$ 上的一个 l-形式为对每个 $p \in \mathbf{R}^n$ 的一个映射 $\hbar$,其像为 $\hbar(p) \in$

$\Lambda^l(\mathbf{R}_p^n)^*$. M. Carmo 证明了 $\{(\mathrm{d}x_{i_1} \wedge \mathrm{d}x_{i_2} \wedge \cdots \wedge \mathrm{d}x_{i_l})_p,$
$i_1 < i_2 < \cdots < i_l, i_l \in \{1, \cdots, n\}\}$ 为 $\Lambda^l(\mathbf{R}_p^n)^*$ 中的一组
基. 为了使表达式更为简单, 常常取点 p 为 $\mathbf{R}^n$ 空间中
的原点 o. 从而, $\hbar$ 可以表示为

$$\hbar(o) = \sum_{i_1 < \cdots < i_l} \hbar_{i_1 \cdots i_l}(o)(\mathrm{d}x_{i_1} \wedge \mathrm{d}x_{i_2} \wedge \cdots \wedge \mathrm{d}x_{i_l})$$

$$i_j \in \{1, \cdots, n\} \qquad (9.1)$$

这里 $\hbar_{i_1 \cdots i_l}(o)$ 为定义在 $\mathbf{R}^n$ 中的实函数. 若 $\hbar_{i_1 \cdots i_l}(o)$ 为
可微的函数, 则称 $\hbar$ 为一个可微的 l-形式. 为了记号简
单, 用 I 表示 l-元组 $(i_1, \cdots, i_l)$, $i_1 < \cdots < i_l, i_j \in \{1, \cdots,$
$n\}$, 因此可以简单记 $\hbar$ 为 $\hbar = \sum_I \hbar_I \mathrm{d}x_I$, 其中 $\hbar_I$ 为定
义在 $\mathbf{R}^n$ 中的实函数. 这里, 约定一个微分 0-形式为一
个可微函数, $f:\mathbf{R}^n \to \mathbf{R}$. 定义在域 $\Theta \subset \mathbf{R}^n$ 上的一个微分
l-形式为取值于 $\Lambda^l(\mathbf{R}^n)$ 中定义在 Θ 上的一个 Schwartz
分布. Grassman 代数 $\Lambda = \Lambda(\mathbf{R}^n) = \oplus_{l=0}^n \Lambda^l(\mathbf{R}^n)$ 为一个关
于外积的分次代数. 不难看出空间 Λ 是一组基为 $\{1,$
$\mathrm{d}x_1, \mathrm{d}x_2, \cdots, \mathrm{d}x_n, \mathrm{d}x_1 \wedge \mathrm{d}x_2, \cdots, \mathrm{d}x_{n-1} \wedge \mathrm{d}x_n, \cdots, \mathrm{d}x_1 \wedge$
$\mathrm{d}x_2 \wedge \cdots \wedge \mathrm{d}x_n\}$ 的 2^n-维向量空间.

　　前面提到微分形式在物理学中有很多应用, 下面
将给出微分形式两个具体应用例子.

　　例 9.1　在 $\mathbf{R}^3$ 中的原点 $o = (0,0,0)$ 处放置一个
质量为 m 的质点, 它将对放置于坐标点 $\boldsymbol{r} = (x,y,z)$ 上
的任意具有单位质量的质点产生一个力

$$\boldsymbol{F} = \frac{-m\boldsymbol{r}}{r^3} \qquad (9.2)$$

其中 $r = |\boldsymbol{r}| = \sqrt{x^2 + y^2 + z^2}$. 这个力的集合 $\{\boldsymbol{F}\}$ 构成了
$\mathbf{R}^3 \setminus \{o\}$ 中的一个向量场. 这个万有引力流对应的一个
2-形式为

$$u = -m\frac{x\mathrm{d}y \wedge \mathrm{d}z + y\mathrm{d}z \wedge \mathrm{d}x + z\mathrm{d}x \wedge \mathrm{d}y}{r^3} \quad (9.3)$$

很容易验证, u 满足 $\mathrm{d}u = 0$(除原点 o 以外), 其中 d 为后文将要提到的外微分算子.

例 9.2 在相对论中, 需要处理电场 $E = E_1 i + E_2 j + E_3 k$ 和磁场 $B = B_1 i + B_2 j + B_3 k$ 来作为时空统一场的一部分. 数学上, 可以把时间 t 当作时空场中的第四个坐标. 假定 x, y, z, t 为 $\mathbf{R}^4$ 中的坐标, 那么 1-形式由四个基本的 1-形式 $\mathrm{d}x, \mathrm{d}y, \mathrm{d}z, \mathrm{d}t$ 线性组合而成, 2-形式由六个基本的 2-形式 $\mathrm{d}x \wedge \mathrm{d}y = -\mathrm{d}y \wedge \mathrm{d}x, \mathrm{d}x \wedge \mathrm{d}z = -\mathrm{d}z \wedge \mathrm{d}x, \cdots, \mathrm{d}z \wedge \mathrm{d}t = -\mathrm{d}t \wedge \mathrm{d}z$ 线性组合而成. 而 3-形式为 $\mathrm{d}x \wedge \mathrm{d}y \wedge \mathrm{d}z = -\mathrm{d}y \wedge \mathrm{d}x \wedge \mathrm{d}z = -\mathrm{d}x \wedge \mathrm{d}z \wedge \mathrm{d}y = \mathrm{d}y \wedge \mathrm{d}z \wedge \mathrm{d}x, \cdots, \mathrm{d}y \wedge \mathrm{d}z \wedge \mathrm{d}t = -\mathrm{d}z \wedge \mathrm{d}y \wedge \mathrm{d}t = \cdots$ 线性组合而成. 根据此规则, 电磁场可以用一个 2-形式

$$\begin{aligned}F = &B_3 \mathrm{d}x \wedge \mathrm{d}y + B_1 \mathrm{d}y \wedge \mathrm{d}z + B_2 \mathrm{d}z \wedge \mathrm{d}x + \\ &E_1 \mathrm{d}x \wedge \mathrm{d}t + E_2 \mathrm{d}y \wedge \mathrm{d}t + E_3 \mathrm{d}z \wedge \mathrm{d}t \quad (9.4)\end{aligned}$$

来表示并且通过计算有

$$\begin{aligned}\mathrm{d}F = &\left(\frac{\partial B_3}{\partial x}\mathrm{d}x + \frac{\partial B_3}{\partial y}\mathrm{d}y + \frac{\partial B_3}{\partial z}\mathrm{d}z + \frac{\partial B_3}{\partial t}\mathrm{d}t\right) \wedge \mathrm{d}x \wedge \mathrm{d}y + \cdots + \\ &\left(\frac{\partial E_3}{\partial x}\mathrm{d}x + \frac{\partial E_3}{\partial y}\mathrm{d}y + \frac{\partial E_3}{\partial z}\mathrm{d}z + \frac{\partial E_3}{\partial t}\mathrm{d}t\right) \wedge \mathrm{d}z \wedge \mathrm{d}t \\ = &\left(\frac{\partial B_1}{\partial x} + \frac{\partial B_2}{\partial y} + \frac{\partial B_3}{\partial z}\right)\mathrm{d}x \wedge \mathrm{d}y \wedge \mathrm{d}z + \\ &\left(\frac{\partial E_2}{\partial x} - \frac{\partial E_1}{\partial y} + \frac{\partial B_3}{\partial t}\right)\mathrm{d}x \wedge \mathrm{d}y \wedge \mathrm{d}t + \\ &\left(\frac{\partial E_3}{\partial x} - \frac{\partial E_1}{\partial z} - \frac{\partial B_2}{\partial t}\right)\mathrm{d}x \wedge \mathrm{d}z \wedge \mathrm{d}t + \\ &\left(\frac{\partial E_3}{\partial y} - \frac{\partial E_2}{\partial z} + \frac{\partial B_1}{\partial t}\right)\mathrm{d}y \wedge \mathrm{d}z \wedge \mathrm{d}t \quad (9.5)\end{aligned}$$

由经典的 Maxwell(麦克斯韦)方程

$$\nabla \cdot B = 0, \ \nabla \times E = -\frac{\partial B}{\partial t} \qquad (9.6)$$

有

$$F = 0 \qquad (9.7)$$

其中 ∇ 和 $\nabla \times$ 分别为普通的梯度算子和旋度算子,d 为外微分算子.

微分形式中定义了一些基本的运算,分别为微分形式的求和、外积、内积运算. 下面来逐一介绍这些基本的运算.

定义 9.1　令 α, β 为定义在 $\mathbf{R}^n$ 上的两个 l-形式: $\alpha = \sum_I \alpha_I \mathrm{d}x_I, \beta = \sum_I \beta_I \mathrm{d}x_I$,定义求和运算: $\alpha + \beta = \sum_I (\alpha_I + \beta_I) \mathrm{d}x_I$.

定义 9.2　令 α, β 分别为定义在 $\mathbf{R}^n$ 上的 l_1, l_2-形式,即 $\alpha = \sum_I \alpha_I \mathrm{d}x_I, I = (i_1, \cdots, i_{l_1}), i_1 < \cdots < i_{l_1}$; $\beta = \sum_J \beta_J \mathrm{d}x_J, J = (j_1, \cdots, j_{l_2}), j_1 < \cdots < j_{l_2}$,定义它们的外积为 $\alpha \wedge \beta = \sum_{IJ} \alpha_I \beta_J \mathrm{d}x_I \wedge \mathrm{d}x_J$,不难看出它是一个 $l_1 + l_2$-形式.

根据微分形式的求和与外积运算的定义,可以验证微分形式中的运算具有下面的性质.

命题 9.1　令 α, β, γ 分别为定义在 $\mathbf{R}^n$ 中的 l_1-形式, l_2-形式, l_3-形式,则有:

(1) $(\alpha \wedge \beta) \wedge \gamma = \alpha \wedge (\beta \wedge \gamma)$;

(2) $(\alpha \wedge \beta) = (-1)^{l_1 l_2} (\beta \wedge \alpha)$;

(3) 当 $l_2 = l_3$ 时, $\alpha \wedge (\beta + \gamma) = \alpha \wedge \beta + \alpha \wedge \gamma$.

定义 9.3　对定义在 $\mathbf{R}^n$ 中取值于 Λ 中的任意两

个形式 $\hbar_1 = \sum \hbar_{1I} dx_I$ 和 $\hbar_2 = \sum \hbar_{2I} dx_I$，$\Lambda$ 中的内积定义为 $\langle \hbar_1, \hbar_2 \rangle = \sum \hbar_{1I} \hbar_{2I}$. 进一步，可以定义 Λ 中任意元素 $\hbar = \sum \hbar_I dx_I$ 的模为 $|\hbar_1| = \sqrt{\sum \hbar_1^2}$. 这里的求和是关于所有的 l – 元组 $I = (i_1, i_2, \cdots, i_l)$ 和所有的整数 $l = 0, 1, \cdots, n$.

前面已经介绍了微分形式的表示以及基本运算性质，不难发现定义在 $\mathbf{R}^n$ 上的一个微分形式取模以后就是一个 n 元函数. 这一节将着重介绍微分形式中常用的一些空间以及作用在微分形式上的一些基本算子，例如，Hodge 星算子 ★、外微分算子 d、Hodge 上微分算子 d★、同伦算子 T、Green 算子 G 以及投影算子 H.

先来看一下 ★ 算子的定义. 对于 Hodge 星算子 ★ 有两种等价的定义，这里只介绍一种较为常用简单的定义.

定义 9.4 假设 $\hbar = \hbar_{i_1 i_2 \cdots i_l}(x_1, x_2, \cdots, x_n) dx_{i_1} \wedge dx_{i_2} \wedge \cdots \wedge dx_{i_l} = \hbar_I dx_I$，$i_1 < i_2 < \cdots < i_l$ 为定义在 $\mathbf{R}^n$ 上的一个微分形式，则定义 Hodge 星算子 ★ 为

$$\star \hbar = \star \hbar_{i_1 i_2 \cdots i_l} dx_{i_1} \wedge dx_{i_2} \wedge \cdots \wedge dx_{i_l}$$
$$= (-1)^{\sum (I)} \hbar_I dx_J$$

这里 $I = (i_1, i_2, \cdots, i_l)$，$J = \{1, 2, \cdots, n\} - I$，并且

$$\sum (I) = \frac{l(l+1)}{2} + \sum_{j=1}^{l} i_j.$$

从 Hodge 星算子 ★ 的定义，不难发现它具有下述性质：

（1）对 $0 \leqslant l \leqslant n$，★ 映 l-形式到 $n - l$-形式，从而 Hodge 星算子 ★ 和算子 $\star\star(-1)^{l(n-l)}$ 分别定义了一个在 Λ 上从 Λ^l 到 Λ^{n-l} 和从 Λ^l 到自身的等距同构映射；

180

（2）$\star 1 = \mathrm{d}x_1 \wedge \mathrm{d}x_2 \wedge \cdots \wedge \mathrm{d}x_n$ 并且对任意的 α，$\beta \in \Lambda$，有 $\alpha \wedge \star \beta = \beta \wedge \star \alpha = \langle \alpha, \beta \rangle (\star 1)$. 对任意的 $\alpha \in \Lambda$ 的模，可以表示为 $|\alpha| = \sqrt{\langle \alpha, \alpha \rangle} = \sqrt{\star(\alpha \wedge \star \alpha)}$.

前面定义过可微的 l-形式，定义在 Θ 上的全体可微 l-形式构成的空间用 $D'(\Theta, \Lambda^l)$ 来表示，而无穷可微（光滑）的 l-形式构成的空间则用 $C^{\infty}(\Theta, \Lambda^l)$ 来表示. 利用可微空间，便可以来定义外微分算子 d.

定义 9.5　令 Θ 为定义在 $\mathbf{R}^n$ 上的一个有界域且 $\hbar = \sum_I \hbar_{i_1 i_2 \cdots i_l}(x_1, x_2, \cdots, x_n) \mathrm{d}x_{i_1} \wedge \mathrm{d}x_{i_2} \wedge \cdots \wedge \mathrm{d}x_{i_l} = \sum_I \hbar_I \mathrm{d}x_I, I = (i_1, \cdots, i_l), i_1 < i_2 < \cdots < i_l$，为定义在域 Θ 上的一个可微的 l-形式，则可以定义外微分算子 $\mathrm{d}: D'(\Theta, \Lambda^l) \to D'(\Theta, \Lambda^{l+1})$ 为

$$\mathrm{d}\hbar(x) = \sum_I \mathrm{d}\hbar_I \wedge \mathrm{d}x_I$$

$$= \sum_{k=1}^{n} \sum_{1 \leq i_1 < \cdots i_l \leq n} \frac{\partial \hbar_{i_1 i_2 \cdots i_l}(x)}{\partial x_k} \mathrm{d}x_k \wedge \mathrm{d}x_{i_1} \wedge$$

$$\mathrm{d}x_{i_2} \wedge \cdots \wedge \mathrm{d}x_{i_l} \tag{9.8}$$

其中 $l = 0, 1, \cdots, n-1$.

注 9.1　如果一个可微的 l-形式 $\hbar \in D'(\Theta, \Lambda^l)$ 在 Θ 中满足 $\mathrm{d}\hbar = 0$，那么称它为一个闭形式. 而如果对任意 l-形式 $\hbar$，都存在一个可微的 $l-1$-形式 $\hbar_1 \in D'(\Theta, \Lambda^{l-1})$ 使得 $\hbar = \mathrm{d}\hbar_1$，那么称 $\hbar$ 为一个恰当形式.

不难证明微分形式在外微分算子 d 的作用下，具有下述性质：

（1）假定 $\hbar_1, \hbar_2$ 为定义在域 $\Theta \subset \mathbf{R}^n$ 上的两个可微的 l-形式，则有 $\mathrm{d}(\hbar_1 + \hbar_2) = \mathrm{d}\hbar_1 + \mathrm{d}\hbar_2$；

（2）假定 $\hbar_1$，$\hbar_2$ 分别为定义在域 $\Theta \subset \mathbf{R}^n$ 上可微的 l_1，l_2-形式，则有 $\mathrm{d}(\hbar_1 \wedge \hbar_2) = \mathrm{d}\hbar_1 \wedge \hbar_2 + (-1)^{l_1} \hbar_1 \wedge \mathrm{d}\hbar_2$；

（3）对定义在域 $\Theta \subset \mathbf{R}^n$ 上的任意两次可微的 l-形式 $\hbar$，都有 $\mathrm{d}(\mathrm{d}\hbar) = \mathrm{d}^2\hbar = 0$.

对于 $\hbar \in D'(\Theta,\Lambda^l)$，向量值微分形式 $\nabla\hbar = \left(\dfrac{\partial\hbar}{\partial x_1},\cdots,\dfrac{\partial\hbar}{\partial x_n}\right)$，其中

$$\frac{\partial\hbar}{\partial x_k} = \sum_{1 \leqslant i_1 < \cdots < i_l \leqslant n} \frac{\partial \hbar_{i_1 i_2 \cdots i_l}(x)}{\partial x_k} \mathrm{d}x_k \wedge \mathrm{d}x_{i_1} \wedge$$
$$\mathrm{d}x_{i_2} \wedge \cdots \wedge \mathrm{d}x_{i_l}, k = 1,\cdots,n$$

下面，来介绍与 L^p-可积系数有关的微分形式类.

$L^1_{loc}(\Theta,\Lambda^l)$：$l$-形式或正则分布的空间，它的系数为局部可积的.

$L^p(\Theta,\Lambda^l)$：所有系数在 $L^p(\Theta)$ 中的微分 l-形式所组成的空间，$1 \leqslant p \leqslant \infty$. 它的范数定义为：$\|\hbar\|_{p,\Theta} = \left(\int_\Theta |\hbar(x)|^p \mathrm{d}x\right)^{1/p}$，$\|\hbar\|_{\infty,\Theta} = \mathrm{ess} \sup_{x \in \Theta} |\hbar(x)|$.

$L^p_1(\Theta,\Lambda^l)$：l-形式 $\hbar:\Theta \to \Lambda^l(\mathbf{R}^n)$ 所组成的空间，且 $\nabla\hbar$ 的系数为空间 $L^p(\Theta,\Lambda^l)$ 的正则分布，$1 \leqslant p \leqslant \infty$. $\|\hbar\|_{L^p_1(\Theta)} = \|\nabla\hbar\|_{p,\Theta}$ 为 $L^p_1(\Theta,\Lambda^l)$ 中的一个半范.

$W^{1,p}(\Theta,\Lambda^l)$：$l$-形式的 Sobolev 空间，它等价于 $L^p(\Theta,\Lambda^l) \cap L^p_1(\Theta,\Lambda^l)$，对一个有界域 $\Theta \subset \mathbf{R}^n$，定义其范数为 $\|\hbar\|_{W^{1,p}(\Theta,\Lambda^l)} = (\mathrm{diam}(\Theta))^{-1} \|\hbar\|_{p,\Theta} + \|\nabla\hbar\|_{p,\Theta}$，其中 $\mathrm{diam}(\Theta)$ 表示域 Θ 的直径，后面相同的记号表示类似的定义.

利用 Hodge 星算子 ★ 以及外微分算子 d，可以定

义一个与 d 对应的 Hodge 上微分算子 $d^\star$.

定义 9.6　令 Θ 为定义在 $\mathbf{R}^n$ 上的一个有界域且
$$\hbar = \sum_I \hbar_{i_1 i_2 \cdots i_l}(x_1, x_2, \cdots, x_n) \mathrm{d}x_{i_1} \wedge \mathrm{d}x_{i_2} \wedge \cdots \wedge \mathrm{d}x_{i_l} =$$
$\sum_I \hbar_I \mathrm{d}x_I, I = (i_1, \cdots, i_l), i_1 < i_2 < \cdots < i_l$ 为定义在域 Θ 上的一个可微的 l- 形式,则可以定义 Hodge 上微分算子
$$\mathrm{d}^\star = (-1)^{nl+1} \star \mathrm{d} \star : D'(\Theta, \Lambda^{l+1}) \to D'(\Theta, \Lambda^l)$$
其中 $l = 0, 1, \cdots, n - 1$.

注 9.2　若一个可微的 $l + 1$- 形式 $\hbar \in D'(\Theta, \Lambda^{l+1})$ 在 Θ 中满足 $\mathrm{d} \star \hbar = 0$,则称 $\hbar$ 为一个上闭形式. 同外微分算子 d 类似,Hodge 上微分算子 $\mathrm{d}^\star$ 在适当的条件下,对定义在域 $\Theta \subset \mathbf{R}^n$ 上的 l- 形式 $\hbar$,都有 $\mathrm{d} \star (\mathrm{d} \star \hbar) = 0$.

下面同伦算子 T 的定义是由 T. Iwaniec 和 A. Lutoborski 给出的.

定义 9.7　设 O 为定义在 $\mathbf{R}^n$ 上的一个有界凸区域. 对每个 $y \in O$,对应一个线性算子 $K_y: C^\infty(O, \Lambda^l) \to C^\infty(O, \Lambda^{l-1})$ 为
$$(K_y \hbar)(x; \eta_1, \cdots, \eta_{l-1})$$
$$= \int_0^1 t^{l-1} \hbar(tx + y - ty; x - y, \eta_1, \cdots, \eta_{l-1}) \mathrm{d}t$$
并且对任意的 $y \in O$,存在一个分解 $\hbar = \mathrm{d}(K_y \hbar) + K_y(\mathrm{d}\hbar)$. 从而同伦算子 $T: C^\infty(O, \Lambda^l) \to C^\infty(O, \Lambda^{l-1})$ 可定义为
$$T\hbar = \int_O f(y) K_y \hbar \mathrm{d}y \tag{9.9}$$
其中 $f \in C_0^\infty(O)$ 且满足 $\int_O f(y) \mathrm{d}y = 1$ 并进而得到:对

任意光滑的微分形式 $\hbar$ 都存在一个与外微分算子 d 和同伦算子 T 有关的分解等式

$$\hbar = \mathrm{d}(T\hbar) + T(\mathrm{d}\hbar) \qquad (9.10)$$

注 9.3 H. Cartan 首先给出了 $K_y(y=0)$ 算子的定义. 之后, T. Iwaniec 和 A. Lutoborski 在模仿了 H. Cartan 证明 Poincaré 定理的过程后, 给出了上面关于同伦算子 T 在 $y \neq 0$ 时的定义.

对于同伦算子 T, 有下列性质:

命题 9.2 对任意的微分形式 $\hbar \in L_{loc}^{s}(O, \Lambda^{l})$, $l = 1, 2 \cdots, n$, $1 < s < \infty$, 有下面两个范数不等式成立

$$\| \nabla (T\hbar) \|_{s,O} \leqslant C \mid O \mid \ \| \hbar \|_{s,O}$$

$$\| T\hbar \|_{s,O} \leqslant C \mid O \mid \operatorname{diam}(O) \| \hbar \|_{s,O} \qquad (9.11)$$

这里 O 为定义在 $\mathbf{R}^n$ 上的球或方体, $\mid O \mid$ 表示 O 在 $\mathbf{R}^n$ 空间中的 Lebesgue 测度体积.

为了得到微分形式中类似的 Poincaré-Sobolev 不等式, 可以定义 l- 形式 $\hbar_O \in D'(O, \Lambda^l)$ 为

$$\hbar_O = \begin{cases} \mid O \mid^{-1} \int_O \hbar(y)\mathrm{d}y, & l = 0 \\ \mathrm{d}T(\hbar), & l = 1, 2, \cdots, n \end{cases} \qquad (9.12)$$

这里 $\hbar \in L^p(O, \Lambda^l)$, $1 \leqslant p \leqslant \infty$. 根据 $\hbar_O$ 的定义, 他们建立了如下微分形式中的 Poincaré-Sobolev 不等式.

定理 9.1 设 $\hbar \in D'(O, \Lambda^l)$, $\mathrm{d}\hbar \in L^p(O, \Lambda^{l+1})$, 则 $\hbar - \hbar_O \in L^{\frac{np}{n-p}}(O, \Lambda^l)$, 且

$$\| \hbar - \hbar_O \|_{\frac{np}{n-p},O} \leqslant C(p,n) \| \mathrm{d}\hbar \|_{p,O} \qquad (9.13)$$

其中 O 为 $\mathbf{R}^n$ 中的方体或球, $l = 0, 1, \cdots, n$, $1 < p < n$.

注 9.4 不难证明此种定义下的 $\hbar_O$ 为一个闭形式, 且当 $l > 0$ 时, $\hbar_O$ 还为一个恰当形式. 进一步, 有 $\hbar \in L^p(O, \Lambda^l)$, $1 \leqslant p \leqslant \infty$, $l = 0, 1, \cdots, n$ 为一个闭形

式当且仅当 $\hbar = \hbar_0$. 随后,他们又把 $\hbar_0$ 的定义条件由原来的 $\hbar \in L^p(O, \Lambda^l)$ 扩展到只要 $d\hbar \in L^1_{loc}(O, \Lambda^{l+1})$ 成立,这时只要定义 $\hbar_0 = \hbar - T(d\hbar)$,Poincaré 不等式仍然成立. 进一步,若有 $\hbar \in L^p_{loc}(O, \Lambda^l)$,$p \geq 1$ 时,则此种 $\hbar_0$ 的定义与先前的定义是完全吻合的.

前面介绍的几类算子作用的微分形式定义在 n 维欧氏空间 $\mathbf{R}^n$ 上,$\mathbf{R}^n$ 是一种具体的 Riemann 流形的例子. 接下来将介绍的 Green 算子 G 以及投影算子 H 作用的微分形式都是定义在 Riemann 流形上的. 这里的 Riemann 流形是紧的、可定向的、C^∞ 光滑的并且是没有边界的.

下面来逐一介绍这几种算子. 令 Ω 表示一个 Riemann 流形,$\Lambda^l\Omega$ 表示一个纤维丛的 l- 次外幂以及 $C^\infty(\Lambda^l\Omega)$ 表示定义在 Ω 上的光滑的 l- 形式空间. 令 $L^p(\Lambda^l\Omega)$ 表示所有定义在 Ω 上且满足 $\int_\Omega |\hbar|^p dx$ 全体可测的 l- 形式所组成的空间. 对给定局部可积的 l- 形式 $\hbar$(记为 $\hbar \in L^1_{loc}(\Lambda^l\Omega)$),如果对每个坐标系统,$\hbar$ 的坐标函数的拉回映射具有通常意义下的广义梯度,称 $\hbar$ 具有广义梯度. 令 $W(\Lambda^l\Omega) \equiv \{\hbar \in L^1_{loc}(\Lambda^l\Omega) : \hbar$ 具有广义梯度$\}$. 对于流形,这里有 $L^1_{loc} = L^1$. 定义在 Ω 上的微分形式组成的 $(1, p)$-Sobolev 空间可以表示为:$W^{1,p}(\Lambda^l\Omega) \equiv \{\hbar \in W(\Lambda^l\Omega) \cap L^p(\Lambda^l\Omega) : d\hbar \in L^p(\Lambda^{l+1}\Omega)$,并且 $d^\star\hbar \in L^p(\Lambda^{l-1}\Omega)\}$. 定义调和的 l- 场为 $H(\Lambda^l\Omega) \equiv \{\hbar \in W(\Lambda^l\Omega) : d\hbar = d^\star\hbar = 0, \hbar \in L^p(\Lambda^l\Omega)$ 对某个 $1 < p < \infty\}$. H 在 L^1 中的正交补,可以表示为 $H^\perp \equiv \{\hbar \in L^1 : (\hbar, h) = 0$ 对所有的 $h \in H\}$.

关于调和的 l – 场,有下列性质:

185

命题 9.3 （1）$H(\Lambda^l\Omega) \subset C^\infty(\Lambda^l\Omega)$；

（2）对任意的 $\hbar \in L^1(\Lambda^l\Omega)$，都存在唯一的 $H(\hbar) \in H$，使对所有的 $h \in H$，都有 $(\hbar - H(\hbar), h) = 0$.

根据调和的 l- 场的性质，可以定义一个有界线性的投影算子 H 为

$$H:L^p(\Lambda^l\Omega) \to H(\Lambda^l\Omega) \qquad (9.14)$$

进而 Green 算子 G 定义为

$$G:C^\infty(\Lambda^l\Omega) \to H^\perp \cap C^\infty(\Lambda^l\Omega) \qquad (9.15)$$

其中 $G(\hbar)$ 为空间 $H^\perp \cap C^\infty(\Lambda^l\Omega)$ 中唯一的元素，且满足 Poisson 方程 $\Delta G(\hbar) = \hbar - H(\hbar)$，这里 $\Delta = dd^\star + d^\star d$ 为 Laplace-Beltrami 算子. 该 Possion 方程实际上是 Hodge 分解定理的一部分. 对于作用在光滑的微分形式 $\hbar$ 上的运算，任意可与 Laplace – Beltrami 算子 Δ 交换的算子也一定可以与 Green 算子 G 交换. 然而对于 Green 算子 G，需要把它的定义推广到更一般的 L^p-空间. 它可分成两种情形，即 $2 \leqslant p < \infty$ 和 $1 < p < 2$ 分别来定义.

目前，在微分形式中应用比较广泛的一类方程是 A- 调和方程. A- 调和方程理论的发展与拟保形映射理论和拟正则映射理论紧密相关. 最近人们建立起一系列关于不同类型的 A- 调和方程的解，应用在拟保形映射和拟正则映射理论的结果.

关于微分形式的非齐次 A- 调和方程具有如下形式

$$d^\star A(x, d\hbar) = B(x, d\hbar) \qquad (9.16)$$

其中算子 $A:\Theta \times \Lambda^l(\mathbf{R}^n) \to \Lambda^l(\mathbf{R}^n)$ 及算子 $B:\Theta \times \Lambda^l(\mathbf{R}^n) \to \Lambda^{l-1}(\mathbf{R}^n)$ 对几乎所有的 $x \in \Theta \subset \mathbf{R}^n$ 和所有的 $\eta \in \Lambda^l(\mathbf{R}^n)$ 满足

$$|A(x, \eta)| \leqslant a |\eta|^{p-1}$$

$$\langle A(x,\eta),\eta\rangle \geqslant \mid \eta\mid^{p}$$
$$\mid B(x,\eta)\mid \leqslant b\mid \eta\mid^{p-1}$$

这里 a,b 均为大于 0 的常数,并且 $1 < p < \infty$ 是与方程有关的确定指数. 若 $\hbar \in W_{loc}^{1,p}(\Theta,\Lambda^{l-1})$,且满足对所有具有紧支集的 $\upsilon \in W_{loc}^{1,p}(\Theta,\Lambda^{l-1})$ 满足

$$\int_{\Theta} \langle A(x,\mathrm{d}\hbar),\mathrm{d}\varphi\rangle + \langle B(x,\mathrm{d}\hbar),\upsilon\rangle = 0$$

则称 $\hbar$ 为方程的(弱)解. 对于方程(9.16)的解,也把它叫作非齐次的 A- 调和张量. 关于方程(9.16),有许多变形. 例如当 $B(x,\eta) = 0$ 时,方程(9.16)就变成齐次的 A- 调和方程

$$\mathrm{d}^{\star}A(x,\mathrm{d}\hbar) = 0 \qquad\qquad (9.17)$$

而方程(9.17)的解称为齐次 A- 调和张量. 与方程(9.17)有关的共轭的 A- 调和方程的一般形式为

$$A(x,\mathrm{d}\hbar) = \mathrm{d}^{\star}v \qquad\qquad (9.18)$$

显然满足方程(9.18)的解 $\hbar$ 也是方程(9.17)的解. 反之,则不一定成立. 对方程(9.17)和(9.18)加一个闭形式到 $\hbar$ 和在方程(9.18)中加一个上闭形式 c 到 v,方程(9.17)、(9.18)等号两边仍然成立. 而当对 A 取特殊的算子,就获得一些重要的 A- 调和方程. 例如,令 $A(x,\eta) = \eta\mid \eta\mid^{p-2}$,则方程(9.17)退化为 p- 调和方程

$$\mathrm{d}^{\star}(\mathrm{d}\hbar\mid \mathrm{d}\hbar\mid^{p-2}) = 0 \qquad\qquad (9.19)$$

p- 调和方程(9.19)的解称为 p- 调和张量. 而当 $\hbar$ 为一个函数时,则方程(9.19)变成 p- 调和方程

$$\mathrm{div}(\nabla\hbar\mid \nabla\hbar\mid^{p-2}) = 0 \qquad\qquad (9.20)$$

若更进一步,$p = 2$,则得到 Laplace 方程

$$\mathrm{div}(\nabla\hbar) = \nabla\hbar = 0 \qquad\qquad (9.21)$$

满足 Laplace 方程(9.21)的解,称为调和函数.

前面已经简单介绍了有关非齐次 A- 调和方程 (9.16) 以及该方程的各种变形,现在来讨论该方程 (9.16) 各种可能的特解. 由算子 $A(x,d\hbar)$ 与 $B(x,d\hbar)$ 的不同取值条件,可以分成如下三种情形讨论:

(1) $A(x,d\hbar) = B(x,d\hbar) = 0$,这时只要 $d\hbar = 0$ 时,根据方程(9.16)的条件,显然为该方程的解. 对定义在域 $\Theta \subset \mathbf{R}^n$ 可微的 l- 形式来说,当 n 和 l 分别取不同的值,将得到不同的闭形式 $\hbar$. 下面,只考虑几种特殊的情形,其他情形可类似考虑.

当 $n = 1, l = 0$,即 $\hbar$ 为一元函数且其导数为零时,显然 $\hbar = C$ 成立,这里 C 为任意常数.

当 $n = 2, l = 1$,即 $\hbar$ 为 2- 元 1- 形式时,不妨设为 $\hbar = Pdx + Qdy$,要使 $d\hbar(x,y) = P_y dy \wedge dx + Q_x dx \wedge dy = (Q_x - P_y)dx \wedge dy = 0$,只需要 $Q_x = P_y$ 即可. 由此,还能发现平面上的第一类曲线积分如果用微分形式 $\oint \hbar = \iint d\hbar$(这里没有考虑方向),将更为简便.

类似的,当 $n = 3, l = 1$ 和当 $n = 3, l = 2$ 时,空间中的第二类曲线积分和空间中的第二类曲面积分如果用微分形式来表示,将显得极为简便.

(2) $A(x,d\hbar) \neq 0, B(x,d\hbar) = 0$,对于 $\hbar$ 为零形式(即函数)时,借助于 K- 拟正则映射的性质,给出了关于特殊的 A- 调和方程(即拟线性椭圆方程)

$$\text{div } A(x, \nabla \hbar) = 0$$

的特解. 而对 $l \neq 0$ 的微分形式 $\hbar$ 所满足的方程(9.16) 的解则有待研究. 根据方程(9.16)的条件,可以考虑 $A(x,d\hbar) = d\hbar \mid d\hbar \mid^{p-2} (p = 2)$ 的情形. 也即方程

$$d^{\star}(d\hbar) = 0 \qquad\qquad (9.22)$$

可以通过简单计算构造一个满足方程 (9.16) 的 3 元 1-形式 $\hbar$ 的特解. 由 $d^{\star}d = (-1)^{3\times2+1}\star d\star d = -\star d\star d$，令 $\hbar = a\mathrm{d}x_1 + b\mathrm{d}x_2 + c\mathrm{d}x_3$，其中 a,b,c 均为关于三个自变量 x_1,x_2,x_3 具有二阶连续偏导数的三元函数. 通过简单计算,可以得到

$$d\hbar = (b_{x_1} - a_{x_2})\mathrm{d}x_1 \wedge \mathrm{d}x_2 + (c_{x_1} - a_{x_3})\mathrm{d}x_1 \wedge \mathrm{d}x_3 +$$
$$(c_{x_2} - b_{x_3})\mathrm{d}x_2 \wedge \mathrm{d}x_3 \qquad (9.23)$$

$$\star d\star d\hbar = (b_{x_1x_2} + c_{x_1x_3} - a_{x_2x_2} - a_{x_3x_3})\mathrm{d}x_1 +$$
$$(a_{x_1x_2} + C_{x_2x_3} - b_{x_1x_1} - b_{x_3x_3})\mathrm{d}x_2 +$$
$$(a_{x_1x_3} + b_{x_2x_3} - c_{x_1x_1} - c_{x_2x_2})\mathrm{d}x_3 \;(9.24)$$

为了使 $\star d\star d\hbar = 0$，令所有的二阶偏导数均为 2. 再根据待定系数法,分别令

$$\begin{cases} a = x_2^2 + x_3^2 + 2x_1x_2 + 2x_1x_3 + Mx_2x_3 \\ b = x_1^2 + x_3^2 + 2x_1x_2 + 2x_2x_3 + Nx_1x_3 \;(9.25) \\ c = x_1^2 + x_2^2 + 2x_1x_3 + 2x_2x_3 + Qx_1x_2 \end{cases}$$

通过简单计算,只要 M,N,Q 两两互不相等,即可得到关于方程 (9.16) 的一个特解.

$(3)\,A(x,d\hbar)\neq0, B(x,d\hbar)\neq0$，根据方程 (9.16) 的条件,可以令 $A(x,d\hbar) = d\hbar\mid d\hbar\mid^{p-2}, B(x,d\hbar) = b\mid d\hbar\mid^{p-1}$. 下面来构造一种特殊的非齐次的 A-调和张量. 取 $p = 2$，根据分析 $d^{\star}d$ 作用在 $\hbar$ 之后并不改变形式的阶. 而 $B(x,d\hbar)$ 始终为 0-形式,也即为函数. 所以不妨令 $\hbar$ 为一个 $n = 2k + 1$ 元函数,即 $\hbar = \hbar(x_1, x_2, \cdots, x_n)$. 因此在这里构造的将是一个非齐次的 A-调和函数. 由 $d^{\star}d\hbar = (-1)^{n\cdot1+1}\star d\star d(\hbar) = \star d\star d(\hbar)$，通过简单的计算,有

$$\bigstar d \bigstar d(\hbar) = \sum_{i=1}^{n} \hbar\, x_i x_i = b \sqrt{\sum_{i=1}^{n} \hbar_{x_i}^2} = 0$$

$$(9.26)$$

进一步,如果令 $\hbar_{x_i} = \hbar_{x_i x_i}$ 和 $b = \sqrt{n}$,由此可以找到一个满足方程 (9.26) 的特解,即

$$\hbar = e^{\sum_{i=1}^{n} x_i} \qquad (9.27)$$

在研究作用在微分形式上的算子的相关积分或者范数不等式时,经常会用到一些基本的不等式,例如 Hölder 不等式、逆 Hölder 不等式、Poincaré 不等式以及 Caccioppoli 不等式. 下面来逐一介绍这些重要的不等式.

在数学分析中,Hölder 不等式作为一个有关积分分解的重要不等式,成了研究 L^p- 空间中的一个必不可少的工具. 令 (S, Σ, μ) 为一个测度空间,并且令 $1 \leqslant p, q \leqslant \infty$,且 $\dfrac{1}{p} + \dfrac{1}{q} = 1$. 那么,对所有定义在域 S 上的所有可测的实值或者复值函数 f, g,有

$$\int_S |\,fg\,|\ \mathrm{d}\mu \leqslant \left(\int_S |\,f\,|^p \mathrm{d}\mu \right)^{\frac{1}{p}} \left(\int_S |\,g\,|^q \mathrm{d}\mu \right)^{\frac{1}{q}}$$

$$(9.28)$$

上面的数 p, q 称为一对互补的 Hölder 共轭指数. 特别的,当 $p = q = 2$ 时,便得到 Cauchy – Schwarz 不等式. 随后,人们又把它推广到了更一般的形式,即广义的 Hölder 不等式. 只要 $0 < p, q, r < \infty$,且 $r^{-1} = p^{-1} + q^{-1}$,则对上面的测度空间,有

$$\left(\int_S |\,fg\,|^r \mathrm{d}\mu \right)^{\frac{1}{r}} \leqslant \left(\int_S |\,f\,|^p \mathrm{d}\mu \right)^{\frac{1}{p}} \left(\int_S |\,g\,|^q \mathrm{d}\mu \right)^{\frac{1}{q}}$$

$$(9.29)$$

注 根据广义的 Hölder 不等式,可以得到对任意

的 $0 < p \leqslant q$，且 $f \in L^q(S,\mu)$，都有

$$\left(\fint_S \mid f \mid^p \mathrm{d}\mu \right)^{\frac{1}{p}} \leqslant \left(\fint_S \mid f \mid^q \mathrm{d}\mu \right)^{\frac{1}{q}} \qquad (9.30)$$

其中 $\fint_S = \dfrac{1}{\mid S \mid} \int_S$ 为积分平均符号.

对于逆 Hölder 不等式的研究最早可以追溯到 1972 年 B. Muckenhoupt 所做的工作. 近年来, 针对微分形式满足各种不同的调和方程的逆 Hölder 不等式先后被确立起来. 1999 年, C. Nolder 证明了下面关于齐次 A- 调和张量的弱逆 Hölder 不等式.

定理 9.2　设 $\hbar$ 为定义在 $\Theta \subset \mathbf{R}^n$ 上的 A- 调和张量, $\rho > 1, 0 < k, l < \infty$, 则对所有满足 $\rho O \subset \Theta$ 的球或方体 O, 存在一个与 $\hbar$ 无关的常数 C, 使得

$$\parallel \hbar \parallel_{k,O} \leqslant C \mid O \mid^{(l-k)/lk} \parallel \hbar \parallel_{l,\rho O} \qquad (9.31)$$

都成立.

2000 年, 利用类似的证明方法, C. Nolder 又证明了非齐次 A- 调和张量的弱逆 Hölder 不等式. 2009 年, Y. Xing 和 S. Ding 给出了加 $A(\alpha,\beta,\gamma;\Theta)$- 权形式的弱逆 Hölder 不等式. 随后, R. P. Agarwal 和 S. Ding 针对微分形式 A- 调和方程的解得到了 $L^p(\log L)^{\alpha}$- 范数形式的逆 Hölder 不等式.

数学中, Poincaré 不等式是 Sobolev 空间理论中的一个重要结果. 在函数中, 这个不等式说明了一个函数的行为可以用这个函数变化率的行为及其定义域的几何性质来控制. 也就是说, 在已知函数变化率和定义域的情况下, 可以对函数的上界做出估计. 因此, Poincaré 不等式在现代变分法理论中有着极为重要的应用.

1989 年,G. Staples 在 L^p-平均域中针对 Sobolev 函数证明了下面形式的 Poincaré 不等式.

定理 9.3 如果 Θ 为一个 L^p-平均域,$p \geqslant n$,则对定义在 Θ 中的每个 Sobolev 函数 $\hbar$,存在一个与 $\hbar$ 无关的常数 C,使得

$$\left(\fint_\Theta |\hbar - \hbar_\Theta|^p \mathrm{d}x\right)^{1/p} \leqslant C |\Theta|^{1/n} \left(\fint_\Theta |\nabla\hbar|^p \mathrm{d}x\right)^{1/p}$$

$$(9.32)$$

随后此不等式被广泛地研究,并且被用在各种平均域的建立上.

1993 年,T. Iwaniec 和 A. Lutoborski 把 Poincaré-Sobolev 不等式由 Sobolev 函数推广到了微分形式,即式(9.13).

1999 年,C. Nolder 又进一步给出了下列形式的 Poincaré 不等式.

定理 9.4 设 $\hbar \in D'(O, \Lambda^l)$,$\mathrm{d}\hbar \in L^p(O, \Lambda^{l+1})$,$l = 0,1,\cdots,n-1$,$1 < p < \infty$,则对 $\mathbf{R}^n$ 中的所有方体或球 O 都有 $\hbar - \hbar_O \in W^{1,p}(O, \Lambda^l)$,且存在一个仅与 n,p 有关的常数 C,使得

$$\|\hbar - \hbar_O\|_{p,O} \leqslant C |O|^{1/n} \|\mathrm{d}\hbar\|_{p,O} \quad (9.33)$$

第四编
Orlicz 空间与方程

Orlicz 空间的应用

世界著名数学家 John Von Neumann(约翰·冯·诺伊曼) 曾说过:

> 在一门数学学科远离其经验之源而发展时, 存在着一种危险, 即这门学科会沿着一些最省力的方向发展并分为为数众多而又无意义的支流. 唯一的解决办法是回到其源, 返老还童.

Orlicz 空间理论的发展一直是和非线性积分方程的讨论紧密相连的, 近来它又已广泛应用于非线性偏微分方程的研究. 可以说 Orlicz 空间现在已经成为探讨非线性问题的一种有力工具.

Fourier 级数是与 Orlicz 空间的出现有密切关系的另一个分支, Orlicz 空间对研究 Fourier 级数所起的作用也是带有实质性的.

当然 Orlicz 空间的应用远不止于此, 它在复变函数, 逼近论, 概率论等数学分支, 乃至控制理论, 统计物理等应用学科也都有不少应用.

10.1 Orlicz 空间与非线性积分算子

本节介绍 Orlicz 空间在非线性积分方程方面的应用. 众所周知, 许多实际问题可归结为所谓的 Hammerstein 型积分方程

$$\int_G K(x,y)g(y,u(y))\mathrm{d}y = u(x)$$

其中 G 为有限维欧氏空间的有界闭集, 并且可以说明当 $G \times \mathbf{R}^1$ 上的 $g(x,u)$ 的非线性不是多项式型, 例如是指数型时, 利用 L_p 空间来研究这种方程就不行了, 而必须借助 Orlicz 空间. 如果记

$$\Gamma u(x) = \int_G K(x,y)g(y,u(y))\mathrm{d}y \quad (10.1)$$

$$hu(x) = g(x,u(x)) \quad (10.2)$$

$$Au(x) = \int_G k(x,y)u(y)\mathrm{d}y \quad (10.3)$$

那么显然有

$$\Gamma u(x) = A \circ hu(x)$$

其中 A 为线性积分算子, 在这里我们不再研究它. 这一节我们先讨论非线性算子 h, 然后在此基础上再讨论 Hammerstein 型积分方程, 最后研究一种更广的非线性积分方程

$$\int_G K(x,y,u(y))\mathrm{d}y = u(x)$$

所对应的非线性积分算子

$$Ku(x) = \int_G K(x,y,u(y))\,\mathrm{d}y \qquad (10.4)$$

1. Немыцкий 算子

设 G 为有限维欧氏空间的有界闭集, $g(x,u)$ 为 $G \times \mathbf{R}^1$ 上的实值函数, 若 $g(x,u)$ 对几乎所有的 $x \in G$ 关于 u 连续, 又对任何 $u \in \mathbf{R}^1$ 它关于 x 可测, 则我们称由式 (10.2) 所确定的算子为 Немыцкий 算子 (或 Caratheodory 算子), 其中 $u(x)$ 为 G 上的可测函数.

算子 h 有如下的熟知性质:

(1) 将几乎处处有限的可测函数变为几乎处处有限的可测函数;

(2) 将测度收敛的函数列变为测度收敛的函数列;

(3) 对每一个几乎处处有限的可测函数 $u(x)$ 和任意的 $\varepsilon, \eta > 0$ 存在 $\delta > 0$ 和闭集 $E \subset G$, $\mathrm{mes}\ E > \mathrm{mes}\ G - \eta$ 使得

$$| g(x,u(x)) - g(x,v(x)) | < \varepsilon$$

对任何满足 $| u(x) - v(x) | < \delta$ 的几乎处处有限的可测函数 $v(x)$ 和 $x \in E$ 成立.

对 $N -$ 函数 $M(u)$, 我们记

$$L_M^{\alpha} = \left\{ u(x) \,\bigg|\, \int_G M(\alpha u(x))\,\mathrm{d}x < \infty \right\}$$

其中 $\alpha > 0$. 显然

$$E_M = \bigcap_{\alpha > 0} L_M^{\alpha}, L_M^* = \bigcup_{\alpha > 0} L_M^{\beta}$$

首先讨论 $h \in \{ L_M^{\alpha} \to L_\Phi^{\beta} \}$ 的条件, 其中 $\Phi(u)$ 亦为 $N -$ 函数, $\beta > 0$.

对正数 α, β, γ 和确定的 $x \in G$, 规定

$$F(x,\alpha,\beta,\gamma) = u \in \sup_{E_x(\alpha,\beta,\gamma)} | g(x,u) |$$

其中

197

$$E_x(\alpha,\beta,\gamma) = \{u \in R^1 \mid \Phi(\beta \mid g(x,u)\mid)$$
$$> \gamma M(\alpha\mid u\mid)\} \cup \{0\}$$

（自然为可测集），则易见对任何 $x \in G, u \in \mathbf{R}^1$ 有

$$\Phi(\beta g(x,u)) \leqslant \gamma M(\alpha u) + \Phi(\beta F(x,\alpha,\beta,\gamma))$$

$$(10.6)$$

又显然有 $F(x,\alpha,\beta,\gamma)$ 关于 x 可测.

事实上，令

$$F_*(x) = \sup_{r \in E_x(\alpha,\beta,\gamma) \cap R_0} \mid g(x,r)\mid \quad (x \in G)$$

其中 $\mathbf{R}_0$ 为 $\mathbf{R}^1$ 中所有有理数的集，则因对任何 $c \in \mathbf{R}^1$

$$\{x \mid F_*(x) > c\}$$

$$= \bigcup_{r \in \mathbf{R}_0} (\{x \mid r \in E_x(\alpha,\beta,\gamma)\} \cap \{x \mid \mid g(x,r)\mid > c\})$$

从而为可测集，故 $F_*(x)$ 为可测函数. 又由 $g(x,u)$ 的假设可知对几乎所有的 $x \in G$ 有

$$F(x,\alpha,\beta,\gamma) = F_*(x)$$

于是 $F(x,\alpha,\beta,\gamma)$ 可测.

定理 10.1 $h \in \{L_M^\alpha \to L_\Phi^\beta\}$ 当且仅当存在 $\gamma > 0$ 使得 $F(x,\alpha,\beta,\gamma) \in L_\varphi^\beta$.

证明 充分性，由式（10.6）即得.

今证必要性：

设对任何 $\gamma > 0$ 有 $F(x,\alpha,\beta,\gamma) \notin L_\Phi^\beta$，则对任何 $K = 1,2,\cdots$ 有

$$\int_G \Phi[\beta F(x,\alpha,\beta,K)]\mathrm{d}x = \infty \qquad (10.7)$$

令

$$G_K = \{x \mid \Phi[\beta F(x,\alpha,\beta,K)] = \infty\} \quad (K = 1,2,\cdots)$$

则由 $F(x,\alpha,\beta,\gamma)$ 的定义便知

$$G_K \supset G_{K+1} \quad (K = 1,2,\cdots)$$

此时有两种情形：

（1）存在自然数 K_0，当 $K > K_0$ 时使 mex $G_K = 0$.

这时 $\Phi[\beta F(x,\alpha,\beta,K)]$ 几乎处处有限，于是由式（10.7）有 $G'_1 \subset G$ 使得 mes $G'_1 > 0$，且

$$1 < \int_{G'_1} \Phi[\beta F(x,\alpha,\beta,K_0+1)]\mathrm{d}x < \infty$$

由于 $F(x,\alpha,\beta,\gamma)$ 关于 γ 下降，所以

$$\int_{G'_1} \Phi[\beta F(x,\alpha,\beta,K_0+2)]\mathrm{d}x < \infty$$

从而再由式（10.7）有

$$\int_{G-G'_1} \Phi[\beta F(x,\alpha,\beta,K_0+2)]\mathrm{d}x = \infty$$

因此同样存在 $G'_2 \subset G - G'_2$ 使得 mes $G'_2 > 0$，且

$$\frac{1}{2} < \int_{G'_2} \Phi[(\beta F(x,\alpha,\beta,K_0+2)]\mathrm{d}x < \infty$$

如此类推可得 G 的互不相交可测子集 G'_i，使得 mes $G'_i > 0$，且

$$\frac{1}{i} < \int_{G'_i} \Phi[\beta F(x,\alpha,\beta,K_0+i)]\mathrm{d}x < \infty \quad (i=1,2,\cdots)$$

（2）存在无限多 G_K，不妨设所有的 G_K 均满足

$$\text{mes } G_K > 0$$

记 $G_0 = \bigcap_{K=1}^{\infty} G_K$，若 mes $G_0 > 0$，则对 G_0 的任何互不相交的正测度子集列 $\{E_i\}$ 自然有

$$\int_{E_i} \Phi[\beta F(x,\alpha,\beta,i)]\mathrm{d}x = \infty \quad (i=1,2,\cdots)$$

若 mes $G_0 = 0$，则因

$$\text{mes } G_m = \sum_{K=m}^{\infty} \text{mes}(G_K - G_{K+1}) > 0 \quad (m=1,2,\cdots)$$

故存在 $K_1 < K_2 < \cdots$ 使得

$$\text{mes}(G_{K_i} - G_{K_{i+1}}) > 0 \quad (i=1,2,\cdots)$$

显然所有 $G_{K_i} - G_{K_{i+1}}$ 互不相交并且有

$$\int_{G_{K_i} - G_{K_{i+1}}} \Phi[\beta F(x,\alpha,\beta,K_i)] \, \mathrm{d}x = \infty \quad (i = 1,2,\cdots)$$

总之,在(1),(2)两种情形下均有 G 的互不相交的正测度子集列 $\{G_i'\}$ 和 $K_1 < K_2 < \cdots$ 使得

$$\int_{G_i'} \Phi[\beta F(x,\alpha,\beta,K_i)] \, \mathrm{d}x > \frac{1}{i} \quad (i = 1,2,\cdots)$$

$$(10.8)$$

对 $p = 1,2,\cdots,$ 令

$$F_p(x,\alpha,\beta,\gamma) = \sup_{x \in E_x(x,\alpha,\beta,\gamma), \, \alpha| \, u| \leqslant p} | \, g(x,u) \, | \quad (x \in G)$$

则易见 $F_p(x,\alpha,\beta,\gamma)$ 几乎处处有限,并且在 G 上几乎处处有 $F_p(x,\alpha,\beta,\gamma) \nearrow F(x,\alpha,\beta,\gamma)$,至于 $F_p(x,\alpha,\beta,\gamma)$ 的可测性仿 $F(x,\alpha,\beta,\gamma)$ 的可测性之证立得.

因为由此不难看出

$$\Phi[\beta F_p(x,\alpha,\beta,K_i)] \quad (p = 1,2,\cdots)$$

几乎处处有限,并且几乎处处有

$$\Phi[\beta F_p(x,\alpha,\beta,K_i)] \nearrow \Phi[\beta F(x,\alpha,\beta,K_i)] \quad (p \nearrow \infty)$$

所以由 Levy 定理即得

$$\lim_{p \to \infty} \int_{G_i'} \Phi[\beta F_p(x,\alpha,\beta,K_i)] \, \mathrm{d}x$$

$$= \int_{G_i'} \Phi[\beta F(x,\alpha,\beta,K_i)] \, \mathrm{d}x$$

于是由式(10.8)便知存在正整数 $p_i \nearrow \infty$ 使得

$$\int_{G_i'} \Phi[\beta F_{p_i}(x,\alpha,\beta,K_i)] > \frac{1}{i} \quad (i = 1,2,\cdots)$$

$$(10.9)$$

我们由式(10.8)就有 G_i' 的正测度子集 E_i 使得

$$\int_{E_i} \Phi[\beta F_{p_i}(x,\alpha,\beta,K_i)] \, \mathrm{d}x = \frac{1}{i} \quad (i = 1,2,\cdots)$$

$$(10.10)$$

又令 $u_p(x,\alpha,\beta,\gamma)$ 所取的值 u 使得

$$|g(x,u)| = \sup_{v\in E_x(\alpha,\beta,\gamma),\,\alpha|\gamma|\leqslant p}|g(x,v)|$$

由 $d_k(t)$ 可测性的部分便知 $u_p(x,\alpha,\beta,\gamma)$ 可测,并且易见有

$$\begin{cases} \alpha|u_p(x,\alpha,\beta,\gamma)| \leqslant p \\ \gamma M(\alpha u_p(x,\alpha,\beta,\gamma)) \leqslant \Phi[\beta|g(x,u_p(x,\alpha,\beta,\gamma))|] \\ |g(x,u_p(x,\alpha,\beta,\gamma))| = F_p(x,\alpha,\beta,\gamma) \end{cases}$$

$$(10.11)$$

最后,令

$$u(x) = \begin{cases} u_{p_i}(x,\alpha,\beta,K_i), & \text{当 } x\in E_i(i\in I) \text{ 时} \\ 0, & \text{在别处} \end{cases}$$

则由式(10.10)和式(10.11)有

$$\begin{aligned} \int_G M(\alpha|u(x)|)\mathrm{d}x &= \sum_{i=1}^\infty \int_{E_i} M(\alpha|u_{p_i}(x,\alpha,\beta,K_i)|)\mathrm{d}x \\ &\leqslant \sum_{i=1}^\infty \frac{1}{K_i}\int_{E_i}\Phi[\beta|g(x,u_{p_i}(x,\alpha,\beta,K_i))|]\mathrm{d}x \\ &\leqslant \sum_{i=1}^\infty \frac{1}{K_i}\int_{E_i}\Phi[\beta F_{p_i}(x,\alpha,\beta,K_i)]\mathrm{d}x \\ &\leqslant \sum_{i=1}^\infty \frac{1}{i^2} \\ &< \infty \end{aligned}$$

即 $u(x)\in L_M^\alpha$,但由式(10.10)和(10.11)又有

$$\begin{aligned} \int_G \Phi[\beta h u(x)]\mathrm{d}x &= \int_G \Phi[\beta g(x,u(x))]\mathrm{d}x \\ &\geqslant \sum_{i\in I}\int_{E_i}\Phi[\beta|g(x,u_{p_i}(x,\alpha,\beta,K_i))|]\mathrm{d}x \\ &= \sum_{i\in I}\int_{E_i}\Phi[\beta F_{p_i}(x,\alpha,\beta,K_i)]\mathrm{d}x \end{aligned}$$

$$= \sum_{i=1}^{\infty} \frac{1}{i}$$

$$= \infty$$

即 $hu(x) \notin L_{\Phi}^{\beta}$,矛盾.

定理 10.2 $h \in \{L_M^{\alpha} \to L_M^{\beta}\}$ 当且仅当存在 $\gamma \geq 0$ 和 $f(x) \in L_1$ 使得

$$\Phi[\beta \mid g(x,u) \mid] \leq \gamma M(\alpha \mid u \mid) + f(x)$$

对一切 $x \in G, u \in \mathbf{R}^1$ 成立.

证明 充分性显然. 今证必要性:

由定理 10.1 有 $\gamma \geq 0$ 使 $F(x,\alpha,\beta,\gamma) \in L_{\Phi}^{\beta}$,又由式(10.6) 有

$$\Phi[\beta \mid g(x,u) \mid] \leq \gamma M(\alpha \mid u \mid) + \Phi[\beta F(x,\alpha,\beta,\gamma)]$$

这里 $\Phi[\beta F(x,\alpha,\beta,\gamma)] \in L_1$.

记 $T_r = \{u(x) \in L_M^* \mid \parallel u \parallel_{(M)} \leq r\}$,即为 L_M^* 中以 θ 为心,以 r 为半径的球.

定理 10.3 若 $h \in \{T_r \to L_{\Phi}^{\beta}\}$,则 $h \in \{L_M^{r^{-1}} \to L_{\Phi}^{\beta}\}$.

证明 由定理 10.1 只须证存在 $\gamma \geq 0$ 使 $F(x, r^{-1},\beta,\gamma) \in L_{\Phi}^{\beta}$,而这如同定理 10.1 必要性之证,又只须将其中的 $u(x)$ 改为

$$u(x) = \begin{cases} u_p(x,r^{-1},\beta,K_i), & \text{当 } x \in E_i(i \geq m) \text{ 时} \\ 0, & \text{在别处} \end{cases}$$

此处 m 满足 $\sum_{i=m}^{\infty} \frac{1}{i^2} \leq 1$,另外注意

$$T_r = \{u(x) \mid \parallel r^{-1}u \parallel_{(M)} \leq 1\}$$

$$= \{u(x) \mid \int_G M(r^{-1} \mid u(x) \mid)dx \leq 1\} \subset L_M^{r^{-1}}$$

$$(10.12)$$

202

定理 10.4　若 $h \in \{T_r \to L_\Phi^*\}$，则有 $\beta > 0$ 使 $h \in \{L_M^{r^{-1}} \to L_\Phi^\beta\}$.

证明　由定理 10.1 只须证存在 $\gamma \geqslant 0, \beta > 0$ 使 $F(x, r^{-1}, \beta, \gamma) \in L_\Phi^\beta$. 如若不然，令

$$G_K = \{x \mid \Phi[K^{-1}F(x, r^{-1}, K^{-1}, K)] = \infty\} \quad (K = 1, 2, \cdots)$$

再如同定理 10.1 必要性之证，令

$$u(x) = \begin{cases} u_{p_i}(x, r^{-1}, K_i^{-1}, K_i), & \text{当 } x \in E_i (i \geqslant m) \text{ 时} \\ 0, & \text{在别处} \end{cases}$$

其中 m 的含意与定理 10.3 相同，则有 $u(x) \in L_M^{r^{-1}}$，并且另外对任何 $\beta > 0$，再取自然数 l 使得 $l \geqslant m$，且 $K_l \geqslant \beta^{-1}$，则有

$$
\int_G \Phi[\beta \mid g(x, u(x))\mid] \mathrm{d}x
$$

$$
\geqslant \sum_{i=1}^\infty \int_{G_i} \Phi[K_i^{-1} \mid g(x, u(x))\mid] \mathrm{d}x
$$

$$
= \sum_{i=1}^\infty \int_{E_i} \Phi[K_i^{-1} F_{p_i}(x, r^{-1}, K_i^{-1}, K_i)] \mathrm{d}x
$$

$$
= \infty
$$

即 $hu(x) \notin L_\Phi^*$，矛盾.

以下讨论 h 的连续性条件.

定义 10.1　如果 h 映某个 $u_0 + T_r = \{u_0(x) + v(x) \mid v(x) \in T_r\}$ 到 L_Φ^*，并且从 $\mid u_n - u_{0(M)} \mid \to 0 (u_n(x) \in u + T_r)$ 可推出 $\| hu_n - hu_0 \|_{(\Phi)} \to 0 (n \to \infty)$，那么就称 h 在 $u = u_0$ 处连续.

命题 10.1　若 $g(x, 0) = 0$ 在 G 上几乎处处成立，则 h 在 $\theta \in L_M^*$ 处连续当且仅当对任何 $\mu > 0$ 有 $\lambda > 0$ 使得 $h \in \{L_M^\lambda \to L_\Phi^\mu\}$.

证明　充分性.

由式(10.12)便知 h 映 θ 的邻域 $T_{\lambda^{-1}} \subset L_M^\lambda$ 到 $L_\Phi^\mu \subset L_\Phi^*$.

设 $\|u_n\|_{(M)} \to 0\,(u_n(x) \in T_{\lambda^{-1}})$，则 $u_n(x)$ 测度收敛于 θ，从而由 h 的性质(2)便知 $hu_n(x)$ 测度收敛于 $h\theta = g(x,\theta) = \theta$，于是 $\Phi[\mu \mid hu_n(x) \mid]$ 也按测度收敛于 θ，另外由定理 10.2 可有 $\gamma \geqslant 0$ 和 $f(x) \in L_1$，使得

$$\Phi[\mu \mid hu_n(x) \mid] \leqslant \gamma M(\lambda \mid u_n(x) \mid) + f(x)$$
$$(x \in G, n = 1,2,\cdots)$$

因而从 $\int_G M(\lambda \mid u_n(x) \mid)\mathrm{d}x \to 0\,(n \to \infty)$ 即可推出存在自然数 n_0，使当 $n \geqslant n_0$ 时

$$\int_G \Phi[\mu \mid hu_n(x) \mid]\mathrm{d}x \leqslant 1 + \int_G \mid f(x) \mid \mathrm{d}x$$

总之，由 Lebesgue 积分的 Vitali 定理便知

$$\int_G \Phi[\mu \mid hu_n(x) \mid]\mathrm{d}x \to 0 \quad (n \to \infty)$$

再由 $\mu > 0$ 的任意性知

$$\|hu_n\|_{(\Phi)} \to 0 \quad (n \to \infty)$$

必要性.

由于 $\mu > 0$，则由 h 在 θ 处的连续性有 $r > 0$，使当 $\|u\|_{(M)} \leqslant r$ 时

$$\|hu\|_{(\Phi)} \leqslant \mu^{-1}$$

即 $\int_G \Phi[\mu \mid hu(x) \mid]\mathrm{d}x \leqslant 1$，亦即 $h \in \{T_r \to L_\Phi^\mu\}$，再由定理 10.3 便知 $h \in \{L_M^{r^{-1}} \to L_\Phi^\mu\}$.

定理 10.5 h 在 $u_0(x) \in L_M^*$ 处连续，当且仅当对任何 $\mu > 0$，有 $\lambda > 0$ 使得

$$h_1 \in \{L_M^\lambda \to L_\Phi^\mu\}$$

其中 $h_1 v(x) = h(u_0(x) + v(x)) - hu_0(x)$.

证明　由命题 10.1 即得.

定理 10.6　$h \in \{L_M^\alpha \to L_\Phi^*\}$ 并且在 L_M^α 上处处连续,当且仅当对任何 $\mu > 0$,有 $\lambda > 0$ 使得由

$$G(x,u,v) = g(x,u+v) - g(x,u)$$

所确定的 Немыцкий 算子 $H \in \{L_M^{(\alpha,\lambda)} \to L_\Phi^\mu\}$,其中

$$L_M^{(\alpha,\lambda)} = \{(u(x),v(x)) \mid u(x) \in L_M^\alpha, v(x) \in L_M^\lambda\}$$

证明　充分性.

由于 $u_0(x) \in L_M^\alpha$,则易见此时有 $H(u_0(x),v(x)) = h_1 v(x)$,$h_1$ 的含义见定理 10.5,又由假设可知对任何 $\mu > 0$ 存在 $\lambda > 0$,使得当 $v(x) \in L_M^\lambda$ 时有 $H(u_0(x), v(x)) \in L_\Phi^\mu$,即 $h_1 \in \{L_M^\lambda \to L_\Phi^\mu\}$,再由定理 10.5 便知 h 在 L_M^α 上处处连续.

必要性.

如若不然,则有 $\mu_0 > 0$,使对任何 $\lambda > 0$,$H \notin \{L_M^{(\alpha,\lambda)} \to L_\Phi^{\mu_0}\}$,如同定理 10.1 充分性之证我们有对任何 $\gamma > 0$

$$F(x,(\alpha,\lambda),\mu_0,\gamma) \notin L_\Phi^{\mu_0}$$

其中

$$F(x,(\alpha,\lambda),\beta,\gamma) = \sup_{(\alpha,\gamma \in E_x((\alpha,\lambda),\beta,\gamma)} \mid G(x,u,v) \mid$$

而

$$
\begin{aligned}
E_x((\alpha,\lambda),\beta,\gamma) = \{(u,v) \mid & \Phi[\beta \mid G(x,u,v) \mid] \\
& > \gamma[M(\alpha \mid u \mid) + M(\lambda \mid u \mid)]\} \cup \\
& \{(0,0)\}
\end{aligned}
$$

仿照定理 10.1 必要性的证明,令

$$u(x) = \begin{cases} u_{p_i}(x,(\alpha,K_i),\mu_0,K_i), & \text{当 } x \in E_i(i = 1,2,\cdots) \text{ 时} \\ 0, & \text{在别处} \end{cases}$$

$$v_n(x) = \begin{cases} v_{p_i}(x,(\alpha,K_i),\mu_0,K_i), & \text{当 } x \in E_i(i \geqslant n) \text{ 时} \\ 0, & \text{在别处} \end{cases}$$

$(n = 1, 2, \cdots)$，其中 E_i 为

$$G_i = \{ x \mid \Phi[\mu_0 F(x, (\alpha, i), \mu_0, i)] = \infty \}$$

的某正测度子集 $(i = 1, 2, \cdots)$，则有

$$\int_G M(\alpha \mid u(x) \mid) \mathrm{d}x \leqslant \sum_{i=1}^{\infty} \frac{1}{i^2}$$

$$\int_G M(K_n \mid v_n(x) \mid) \mathrm{d}x \leqslant \sum_{i=n}^{\infty} \frac{1}{i^2} \quad (n = 1, 2, \cdots)$$

即 $u(x) \in L_M^{\alpha}$, $v_n(x) \in L_M^{*}(n = 1, 2, \cdots)$，并且

$\| v_n \|_{(M)} \leqslant \dfrac{1}{K_n} \to 0 (n \to \infty)$. 但还有

$$\int_G \Phi[\mu_0 \mid h(u(x) + v_n(x)) - hu(x) \mid] \mathrm{d}x$$

$$= \int_G \Phi[\mu_0 \mid G(x, u(x), v_n(x)) \mid] \mathrm{d}x$$

$$\geqslant \sum_{i=n}^{\infty} \int_{E_i} \Phi[\mu_0 F_{p_i}(x, (\alpha, K_i), \mu_0, K_i)] \mathrm{d}x$$

$$= \infty \quad (n = 1, 2, \cdots)$$

这表明 h 在 $u(x) \in L_M^{\alpha}$ 处不连续，矛盾.

定理 10.7 $h \in \{L_M^{\alpha} \to L_{\Phi}^{*}\}$ 并且在 L_M^{α} 上处处连续，当且仅当对任何 $\mu > 0$ 存在 $\gamma \geqslant 0, \rho \geqslant 0$ 和 $f(x) \in L_1$ 使得

$$\Phi[\mu \mid g(x, u + v) - g(x, u) \mid]$$

$$\leqslant \gamma M(\alpha \mid u \mid) + M(\rho \mid v \mid) + f(x)$$

$$(10.13)$$

对一切 $x \in G, u, v \in \mathbf{R}^1$ 成立.

证明 充分性. 由定理 10.6 即得.

今证必要性.

利用定理 10.6，并仿照定理 10.2 之证便知存在 $\gamma \geqslant 0, \lambda \geqslant 0$ 和 $f(x) \in L_1$ 使得

$$\Phi\big[\,\mu\mid g(x,u+v)-g(x,u)\mid\,\big]$$

$$\leqslant \gamma M(\alpha\mid u\mid)+\gamma M(\lambda\mid v\mid)+f(x)$$

注意到取正整数 $n\geqslant\gamma$，并且令 $\rho=n\lambda$，则有

$$\gamma M(\lambda\mid v\mid)\leqslant\frac{\gamma}{n}M(n\lambda\mid v\mid)$$

$$\leqslant M(n\lambda\mid v\mid)=M(\rho\mid v\mid)$$

从而结论成立.

定理 10.8　$h\in\{L_M^*\to L_\Phi^*\}$ 并且在 L_M^* 上处处连续，当且仅当对任何 $\alpha>0$ 和 $\mu>0$ 有 $\gamma\geqslant0,\rho\geqslant0$ 和 $f(x)\in L_1$ 使得对一切 $x\in G,u\in\mathbf{R}^1$ 有式(10.13)成立.

证明　如同定理 10.7 之证只须再注意式(10.5).

现在再讨论 h 的有界性条件.

定理 10.9　$h\in\{L_M^*\to L_\Phi^*\}$ 并且有界，当且仅当对于 $\alpha>0$，有 $\beta>0,\gamma>0$ 和 $f(x)\in L_1$ 使得

$$\Phi\big[\beta\mid g(x,u)\mid\big]\leqslant\gamma M(\alpha\mid u\mid)+f(x)\quad(x\in G,u\in\mathbf{R}^1)$$

证明　充分性.

设 $u(x)\in T_r$，则由式(10.12)有 $u(x)\in L_M^{r^{-1}}$，再由假设有 $\beta>0,\gamma>0$ 和 $f(x)\in L_1$ 使得

$$\int_\Phi\Phi\big[\beta hu(x)\big]\mathrm{d}x=\int_\Phi\Phi\big[\beta\mid g(x,u(x))\mid\big]\mathrm{d}x$$

$$\leqslant\gamma\int_G M(r^{-1}\mid u(x)\mid)\mathrm{d}x+\int_G f(x)\mathrm{d}x$$

$$\leqslant\gamma+\int_G\mid f(x)\mid\mathrm{d}x$$

显然不妨设此处的 $\gamma+\int_G\mid f(x)\mid\mathrm{d}x\geqslant1$，于是

$$\left\|\frac{\beta}{\gamma+\displaystyle\int_G\mid f(x)\mid\mathrm{d}x}\cdot hu\right\|_{(\Phi)}\leqslant1$$

从而

$$\| hu \|_{(\varPhi)} \leqslant \frac{1}{\beta}\Big(\gamma + \int_G | f(x) | \, \mathrm{d}x\Big)$$

必要性.

由于 $\alpha > 0$, 则因 $h \in \{T_{\alpha^{-1}} \to L_\varPhi^*\}$, 故由定理 10.4 有 $\beta > 0$ 使 $h \in \{L_M^\alpha \to L_\varPhi^\beta\}$, 从而再由定理 10.2 便知结论成立.

最后讨论 h 满足 α 次 Lip 条件的条件.

定义 10.2 设 $h \in \{T_r \to L_\varPhi^*\}$, 则称 h 在 $T_{r_0}(2r_0 < r)$ 内满足 $\alpha(0 \leqslant \alpha < 1)$ 次 Lip 条件, 假如存在 $K > 0$ 使对任何 $u(x), v(x) \in T_{r_0}$ 有

$$\| g(x, u(x) + v(x)) - g(x, u(x)) \|_{(\varPhi)} \leqslant K \| v \|_{(M)}^\alpha$$

定理 10.10 h 在 T_{r_0} 内满足 α 次 Lip 条件, 当且仅当存在 $L > 0$, 使当 $\mu \geqslant \mu_0 = r_0^{-1}$ 时有

$$\varPhi\Big[\frac{\mu^\alpha}{L} | g(x, u + v) - g(x, u) |\Big]$$

$$\leqslant M\Big(\frac{1}{r_0} | u |\Big) + M(\mu | v |) + \alpha_\mu(x)$$

其中 $\alpha_\mu(x)$ 为非负可测函数, 并且满足 $\int_G \alpha_\mu(x) \mathrm{d}x \leqslant 1$.

证明 充分性.

对于 $u(x), v(x) \in T_{r_0}$, 且 $u(x) + v(x) \in T_r$, 取 $\mu = \dfrac{1}{\| v \|_{(M)}}$, 则 $\mu \geqslant \mu_0$, 故由假设有

$$\int_G \varPhi\Big[\frac{\mu^\alpha}{L} | g(x, u(x) + v(x)) - g(x, u(x)) |\Big] \mathrm{d}x$$

$$\leqslant \int_G M\Big(\frac{1}{r_0} | u(x) |\Big) \mathrm{d}x + \int_G M(\mu | v(x) |) \mathrm{d}x + \int_G \alpha_\mu(x) \mathrm{d}x$$

$$\leqslant 3$$

于是

208

$$\int_G \Phi\left[\frac{\mu^{\alpha}}{3L}\mid g(x, u(x) + v(x)) - g(x, u(x))\mid\right]\mathrm{d}x \leqslant 1$$

$$\|g(x, u(x) + v(x)) - g(x, u(x))\|_{(\Phi)}$$

$$\leqslant \frac{3L}{\mu^{\alpha}} = 3L\|v\|^{*}_{(M)}$$

必要性.

令

$$E_x(\mu) = \left\{(u,v)\;\middle|\;\Phi\left[\frac{\mu^{\alpha}}{2K}\mid g(x, u + v) - g(x, u)\mid\right]\right.$$

$$> M\left(\frac{1}{r_0}\mid u\mid\right) + M(\mu\mid v\mid)\right\}$$

$$\alpha_{\mu} = \sup_{(u,v)\in E_x(\mu)}\Phi\left[\frac{\mu^{\alpha}}{2K}\mid g(x, u + v) - g(x, u)\mid\right]$$

则显然只须证对任何 $\mu \geqslant \mu_0 = r_0^{-1}$ 有 $\int_G \alpha_{\mu}(x)\mathrm{d}x \leqslant 1$.
为此又只须证:

（1）当 $\mu \geqslant \mu_0$ 时, $\alpha_{\mu}(x)$ 几乎处处有限.

易见我们只须证给定 $\mu \geqslant \mu_0$, 对几乎所有的 $x \in G, E_x(\mu)$ 为有界集.

如若不然, 则有 $\mu_1 > \mu_0$ 和 G 的正测度子集 G_{μ_1}, 使当 $x \in G_{\mu_1}$ 时 $E_x(\mu_1)$ 为非有界集, 再利用 h 的性质(3) 便知此时 $E_x(\mu_1)$ 关于 v 为非有界集, 从而可做出 $u_{\mu_1}(x), v_{\mu_1}(x)$ 使得当 $x \in G_{\mu_1}$ 时 $(u_{\mu_1}(x), v_{\mu_1}(x)) \in E_x(\mu_1)$, 又当 $x \notin G_{\mu_1}$ 时 $u_{\mu_1}(x) = 0, v_{\mu_1}(x) = 0$, 并且 满足 $\|v_{\mu_1}\|_{(M)} = \frac{1}{\mu_1}$, $\|u_{\mu_1}\|_{(M)} \leqslant \frac{1}{\mu_0} = r_0$, 于是

$$\int_G \Phi\left[\frac{\mu_1^{\alpha}}{2K}\mid g(x, u_{\mu_1}(x) + v_{\mu_1}(x)) - g(x, u_{\mu_1}(x))\mid\right]\mathrm{d}x$$

$$= \int_{G_{\mu_1}}\Phi\left[\frac{\mu_1^{\alpha}}{2K}\mid g(x, u_{\mu_1}(x) + v_{\mu_1}(x)) - g(x, u_{\mu_1}(x))\mid\right]\mathrm{d}x$$

$$\geqslant \int_{G_{\mu_1}} M(\mu_0 \mid u_{\mu_1}(x) \mid) \mathrm{d}x + \int_{G_{\mu_1}} M(\mu_1 \mid v_{\mu_1}(x) \mid) \mathrm{d}x$$

$$= 2$$

从而

$$\left\| \frac{\mu_1^\alpha}{K} \left[g(x, u_{\mu_1}(x) + v_{\mu_1}(x)) - g(x, u_{\mu_1}(x)) \right] \right\|_{(\Phi)} > 1$$

即

$$\| g(x, u_{\mu_1}(x) + v_{\mu_1}(x)) - g(x, v_{\mu_1}(x)) \|_{(\Phi)} > \frac{2K}{\mu_1^\alpha}$$

$$= 2K \| v_{\mu_1} \|_{(M)}^\alpha$$

矛盾.

（2）当 $\mu \geqslant \mu_0$ 时，$\int_G \alpha_\mu(x) \mathrm{d}x \leqslant 1$.

如若不然，则有 $\mu_1 > \mu_0$ 使得 $\int_G \alpha_{\mu_1}(x) \mathrm{d}x > 1$，由 G 的可测子集 $\widetilde{G}$ 使得 $\int_{\widetilde{G}} \alpha_{\mu_1}(x) \mathrm{d}x = 1$. 作 $u_{\mu_1}(x), v_{\mu_1}(x)$，使得当 $x \in \widetilde{G}$ 时 $(u_{\mu_1}(x), v_{\mu_1}(x)) \in E_x(\mu_1)$，又当 $x \notin \widetilde{G}$ 时，$u_{\mu_1}(x) = v_{\mu_1}(x) = 0$，并且满足

$$\Phi\left[\frac{\mu_1^\alpha}{2K} \mid g(x, u_{\mu_1}(x) + v_{\mu_1}(x)) - g(x, u_{\mu_1}(x)) \mid \right]$$

$$> \alpha_{\mu_1}(x) - \frac{1}{4\mathrm{mes}\, G} \quad (x \in \widetilde{G})$$

则自然有

$$\int_G M(\mu_0 \mid u_{\mu_1}(x) \mid) \mathrm{d}x = \int_{\widetilde{G}} M(\mu_0 \mid u_{\mu_1}(x) \mid) \mathrm{d}x$$

$$\leqslant \int_{\widetilde{G}} \alpha_{\mu_1}(x) \mathrm{d}x$$

$$= 1$$

$$\int_G M(\mu_1 \mid v_{\mu_1}(x) \mid)\,\mathrm{d}x = \int_{\hat{G}} M(\mu_1 \mid v_{\mu_1}(x) \mid)\,\mathrm{d}x$$

$$\leqslant \int_{\hat{G}} \alpha_{v_1}(x)\,\mathrm{d}x$$

$$= 1$$

即 $\parallel u_{\mu_1} \parallel_{(M)} \leqslant \dfrac{1}{\mu_0} = r_0 , \parallel v_{\mu_1} \parallel_{(M)} \leqslant \dfrac{1}{\mu_1} = r_0 ,$但

$$\frac{2}{3}\int \Phi\Big[\frac{3\mu_1^\alpha}{4K} \mid g(x,u_{\mu_1}(x) + v_{\mu_1}(x)) - g(x,u_{\mu_1}(x)) \mid\Big]\mathrm{d}x$$

$$= \int_{\hat{G}} \Phi\Big[\frac{\mu_1^\alpha}{2K} \mid g(x,u_{\mu_1}(x) + v_{\mu_1}(x)) - g(x,u_{\mu_1}(x)) \mid\Big]\mathrm{d}x$$

$$\geqslant \int_{\hat{G}} \alpha_{\mu_1}(x)\,\mathrm{d}x - \int_{\hat{G}} \frac{1}{4\mathrm{mes}\,G}\mathrm{d}x$$

$$> \frac{2}{3}$$

从而

$$\Big\| \frac{3\mu_1^\alpha}{4K}\big[g(x,u_{\mu_1}(x) + v_{\mu_1}(x)) - g(x,u_{\mu_1}(x))\big]\Big\|_{(\Phi)} > 1$$

即

$$\parallel g(x,u_{\mu_1}(x) + v_{\mu_1}(x)) - g(x,u_{\mu_1}(x)) \parallel_{(\Phi)} > \frac{4K}{3\mu_1^\alpha}$$

$$\geqslant \frac{4}{3}K \parallel v_{\mu_1} \parallel_{(M)}^\alpha$$

矛盾.

10.2　Hammerstein 型积分方程

　　在前段关于 G 和 $g(x,u)$ 的同样假设下,我们称由式(10.1)所确定的算子为 Hammerstein 型算子.
　　由于 Hammerstein 型积分方程

$$\Gamma u(x) = u(x) \qquad (10.14)$$

的解就相当于算子 Γ 的不动点,因此自然利用不动点定理来研究方程(10.14)的解.

众所周知,泛函分析教程中介绍有如下的著名的 Schauder 不动点定理:

第一准则 若 D 为赋范线性空间 E 的凸紧集,则每一个从 D 到 D 的连续算子 F 均有不动点.

第二准则 若 D 为可分赋范线性空间 E 的凸、弱闭的弱紧集,则每一个从 D 到 D 的弱连续算子 F(指若 $x_n, x_0 \in D$ 且 x_n 弱收敛于 x_0,则 $F(x_n)$ 弱收敛于 $F(x_0)$)均有不动点.

因为利用第一准则往往要牵涉到算子的全连续性,条件较强,所以我们考虑应用第二准则.

其时,研究 Orlicz 空间 L_M^* 的弱收敛有所不便,方便的是研究 E_N 的弱收敛性,注意到 E_N 的共轭空间 $\overline{E}_N = L_M^*$,因之 L_M^* 中的 E_N 弱收敛又可看成是可分赋范线性空间 E_N 的共轭空间 $\overline{E}_N$ 中的弱 * 收敛. 这样,自然就希望把第二准则转移到 $\overline{E}$ 中的算子,这就是:

引理 10.1 设 E 为可分赋范线性空间,$\overline{E}$ 为 E 的共轭空间,D 为 $\overline{E}$ 的凸弱 * 闭的弱 * 紧集,F 为从 D 到 D 的弱 * 连续算子(指若 $y_n, y_0 \in D$ 且 y_n 弱 * 收敛于 y_0,则 $F(y_n)$ 弱 * 收敛于 $F(y_0)$),则至少有一个 $y \in D$,使得

$$F(y) = y$$

证明 设 $\{x_m\}$ 为 E 的单位球的可列稠密集,正数列 $\varepsilon_m \searrow 0$ 对每一个 $y \in D$,令

$$T(y) = (\varepsilon_1 y(x_1), \varepsilon_2 y(x_2), \cdots)$$

则因

$| \varepsilon_m y(x_m) | \leqslant \varepsilon_m \| y \| \, \| x_m \| = \varepsilon_m \| y \| \to 0 \quad (m \to \infty)$

故 T 为从 $\overline{E}$ 到收敛数列空间 c 的算子.

显然 $D' = T(D)$ 为凸集，并且由易证的 T 在 D 上的弱 * —— 强连续性(指若 $y_n, y_0 \in D$ 且 y_n 弱 * 收敛于 y_0，则 $T(y_n)$ 强收敛于 $T(y_0)$) 和 D 为弱 * 闭且弱 * 紧便知 D' 为紧.

事实上，欲证 $T(y_n)$ 强收敛于 $T(y_0)$，只须证：$\varepsilon_m y_n(x_m)$ 关于 m 一致收敛于 $\varepsilon_m y_0(x_m)$. 对于 $\varepsilon > 0$，因为有 $M > 0$ 使 $\| y_n \| \leqslant M(n = 1, 2, \cdots)$，又有正整数 m_0 使当 $m \geqslant m_0$ 时 $\varepsilon_m < \dfrac{\varepsilon}{M + \| y_0 \|}$，故 $m \geqslant m_0$ 时

$$| \varepsilon_m y_n(x_m) - \varepsilon_m y_0(x_m) | \leqslant \varepsilon_m (M + \| y_0 \|) \| x_m \| < \varepsilon$$
$$(n = 1, 2, \cdots)$$

再注意从 $\lim\limits_{n \to \infty} \varepsilon_m y_n(x_m) = \varepsilon_m y_0(x_m)(m = 1, 2, \cdots, m_0)$ 可推出有正整数 n_0 使当 $n \geqslant n_0$ 时

$$| \varepsilon_m y_n(x_m) - \varepsilon_m y_0(x_m) | < \varepsilon \quad (m = 1, 2, \cdots, m_0)$$

总之当 $n \geqslant n_0$ 时

$$| \varepsilon_m y_n(x_m) - \varepsilon_m y_0(x_m) | < \varepsilon \quad (m = 1, 2, \cdots)$$

注意到 T 显然从 D 到 D' 为一对一，于是从 T 为弱 * —— 强连续便知 T^{-1} 为强 —— 弱 * 连续(意义自明)，从而令

$$S(Z) = T[F(T^{-1}(Z))] \quad (Z \in D')$$

则 S 为从 D' 到 D' 的连续算子. 因此根据第一准则存在 $Z^* \in D'$ 使得

$$S(Z^*) = Z^*$$

即 $F(T^{-1}(Z^*)) = T^{-1}(Z^*)$，记 $y^* = T^{-1}(Z^*)$，则 $y^* \in D$，并且有

$$F(y^*) = y^*$$

注意 当 E 自反时,该引理又是第二准则的直接推论,这是因为此时从 E 的可分性立得 $\bar{E}$ 的可分性,并且对 $\bar{E}$ 而言弱 * 收敛与弱收敛一致.

下面显然要进一步来讨论 Немыцкий 算子 h 和由式(10.3)所确定的线性积分算子 A 的 E_N 弱连续性.

命题 10.2 设 D 为 $L_{M_1}^*$ 中的概紧集(指 D 中的任何点列均能选出子序列几乎处处收敛),若 $h \in \{D \to L_M*\}$ 且变 E_{N_1} 弱收敛点列为有界集,则 h 在 D 上为 $E_{N_1} - E_{N_2}$ 弱连续(指若 $u_n(x) \in D$ 且 $u_n(x) E_{N_1}$ 弱收敛于 $u_0(x)$,则 $hu_n(x) E_{N_2}$ 弱收敛于 $hu_0(x)$).

证明 如若不然,则有 $v(x) \in E_{N_2}, \varepsilon > 0$ 和 $\{hu_n(x)\}$ 的子序列 $\{hu_{n_K}(x)\}$,不妨设就是 $\{hu_n(x)\}$ 使得

$$\int_G hu_n(x)v(x)\mathrm{d}x - \int_G hu_0(x)v(x)\mathrm{d}x \leqslant \varepsilon_0 \quad (n = 1,2,\cdots)$$

$$(10.15)$$

因为 D 为概列紧,故有子序列 $u_{n_K}(x)$ 几乎处处收敛于 $u^*(x)$,今证在 G 上几乎处处有 $u^*(x) = u_0(x)$,从而 $u_{n_K}(x)$ 几乎处处收敛于 $u_0(x)$.

事实上,对于 $\varepsilon > 0$,由 Egoroff 定理有可测集 $G_0 \subset G$ 使得 $\mathrm{mes}(G - G_0) < \varepsilon$,并且在 G_0 上 $u_{n_K}(x)$ 一致收敛于 $u^*(x)$,记

$$G_1 = G_0 \cap \{x \mid u^*(x) \geqslant u_0(x)\}$$
$$G_2 = G_0 \cap \{x \mid u^*(x) < u_0(x)\}$$

则有

$$\lim_{K \to \infty} \int_{G_1} u_{n_K}(x)\mathrm{d}x = \int_{G_1} u^*(x)\mathrm{d}x$$

另外,从 $u_{n_K}(x) E_{N_1}$ 弱收敛于 $u_0(x)$ 可推出

$$\lim_{K\to\infty}\int_{G_1}u_{n_K}(x)\,\mathrm{d}x = \int_{G_1}u_0(x)\,\mathrm{d}x$$

从而得到 $\int_{G_1}\bigl[u^*(x)-u_0(x)\bigr]\mathrm{d}x=0$，即 $u^*(x)=u_0(x)$ 在 G_1 上几乎处处成立．同理可证 $u^*(x)=u_0(x)$ 在 G_2 上几乎处处成立，即在 G_0 上几乎处处有 $u^*(x)=u_0(x)$．再由 ε 的任意性便知 $u^*(x)=u_0(x)$ 在 G 上几乎处处成立．

于是，$hu_{n_K}(x)$ 几乎处处收敛于 $hu_0(x)$（根据 h 的性质（2），不妨这样假设），又由假设 $\{hu_{n_K}\}$ 在 $L_{M_2}^*$ 中有界，再注意 $L_{M_2}^*$ 中有界集恒 E_{N_2} 弱列紧，因而有子序列，仍记为 $hu_{n_K}(x)$，它 E_{N_2} 弱收敛．根据上面一段的讨论，同样可得到 $hu_{n_K}(x)E_{N_2}$ 弱收敛于 $hu_0(x)$，这与式（10.15）矛盾．

命题 10.3　设 A 为由式（10.3）所确定的算子，若对几乎所有的 $x\in G$ 有 $k(x,y)\in E_{N_2}$，则 A 为 $E_{N_2}-E_{N_1}$ 弱连续（含义自明）．

证明　设 $v_n(y)E_{N_2}$ 弱收敛于 $v_0(y)$，则由假设对 G 中几乎所有的 x 有

$$\lim_{n\to\infty}\int_G k(x,y)v_n(y)\,\mathrm{d}y = \int_G k(x,y)v_0(y)\,\mathrm{d}y$$

即 $Av_n(x)$ 几乎处处收敛于 $Av_0(x)$．又由 $\{v_n(x)\}$ 在 $L_{M_2}^*$ 中有界，可推出 $\{Av_n(x)\}$ 在 $L_{M_1}^*$ 中有界，于是再由 $L_{M_1}^*$ 中有界集恒 E_{N_1} 弱列紧便知有子序列 $\{Av_{n_K}(x)\}E_{N_1}$ 弱收敛．从而仿照命题 10.2 之证即得 $\{Av_{n_K}(x)\}E_{N_1}$ 弱收敛于 $Av_0(x)$，这样再如同命题 10.2 的证明就得到 $\{Av_n(x)\}E_{N_1}$ 弱收敛于 $Av_0(x)$．

最后我们来证明方程（10.14）解的存在性定理．

定理 10.11 设 $h \in \{L_{M_1}^\alpha \to L_{M_2}^*\}$，又对几乎所有的 $x \in G$ 有 $k(x,y) \in E_{N_1}$，则 Hammerstein 型方程

$$\mu \Gamma u(x) = u(x)$$

在 $L_{M_1}^*$ 的球 $T_{\alpha^{-1}}$ 中必有解，只要参数 μ 满足

$$|\mu| \leq \frac{1}{\alpha \|A\| c(\alpha)}$$

其中 $c(\alpha) = \sup\limits_{u(x) \in T_{\alpha^{-1}}} \|hu\|_{(M_2)}$，$\|A\|$ 为由式（10.3）所确定的算子的范数.

证明 可知 $A \in \{L_{M_2}^* \to L_{M_1}^*\}$，并且 $\|A\|$ 有意义. 因为由定理 10.4 和式（10.12）有 $\beta > 0$，使 $h \in \{L_{M_1}^\alpha \to L_{M_2}^\beta\}$，再由定理 10.2 有 $\gamma \geq 0$ 和 $f(x) \in L_1$，使得

$$M_2[\beta |g(x,u)|] \leq \gamma M(\alpha |u|) + f(x)$$
$$(x \in G, u \in \mathbf{R}^1)$$

故仿定理 10.9 充分性之证，便知 $c(\alpha)$ 也有意义，因此定理中参数 μ 所满足的条件是有意义的.

记

$$D = \{u(x) \mid u(x) = \mu Av(x), v(x) \in T_{c(\alpha)} \subset L_{M_2}^*\}$$

则 $D \subset L_{M_1}^* = \overline{E}_{N_1}$，又从 $T_{c(\alpha)}$ 为凸可推出 D 亦为凸，再由 μ 所满足的条件有 $D \subset T_{\alpha^{-1}} \subset L_{M_1}^*$，即 D 为 E_{N_1} 弱列紧，亦即弱*紧. 现在来证明 D 为 E_{N_1} 弱闭，即弱*闭，并且概列紧.

事实上，设 $u_n(x) \in D$，则有 $v_n(x) \in T_{c(\alpha)}$ 使得 $u_n(x) = \mu Av_n(x)(n = 1,2,\cdots)$，由于 $T_{c(\alpha)}$ 为 E_{N_2} 弱闭，所以存在子序列 $v_{n_k}(x) E_{N_2}$ 弱收敛于某一 $v_0(x) \in T_{c(\alpha)}$，从而对几乎所有的 $x \in G$ 有

$$\int_G K(x,y)v_{n_k}(y)\mathrm{d}y \to \int_G K(x,y)v_0(y)\mathrm{d}y \quad (k \to \infty)$$

216

于是

$$u_{n_k}(x) = \mu A v_{n_k}(x) \to u A v_0(x) \in D \quad (k \to \infty)$$

在 G 上几乎处处成立,即 D 为概列紧.

设 $u_n(x) \in D$,并且 E_{N_1} 弱收敛于 $u_0(x) \in L_{M_1}^*$,则由上述讨论和命题 10.2 之证立得在 G 上几乎处处有 $u_0(x) = u A v_0(x)$,即 D 为 E_{N_1} 弱闭.

最后利用命题 10.2 和 10.3 便知算子 $\mu \Gamma = \mu A \circ h$ 为从 D 到 D 且 E_{N_1} 弱连续,即弱 * 连续,再由引理 10.1 即得 $\mu \Gamma$ 在 D 中有不动点,从而定理获证.

3. Урысон 算子

我们称由式(10.4)所确定的算子为 Урысон 算子,其中 G 的含义如前段,$K(x,y,u)$ 为定义在 $G \times G \times \mathbf{R}^1$ 上的实值函数,并且对几乎所有的 $y \in G$ 关于 (x,u) 连续,对每一对 $(x,u) \in G \times \mathbf{R}^1$ 关于 y 可测.

命题 10.4　$K(x,y,u)$ 满足上述条件,当且仅当对任何 $\eta > 0$ 存在闭集 $F \subset G$,mes $F >$ mes $G - \eta$ 使得 $K(x,y,u)$ 在 $G \times F \times \mathbf{R}^1$ 上连续.

证明　充分性.

由假设显然对几乎所有的 $y \in G$,$K(x,y,u)$ 关于 (x,u) 连续,又由 Лузин 定理,即知对每一对 $(x,u) \in G \times \mathbf{R}^1$,$K(x,y,u)$ 关于 y 可测.

必要性.

(1) 先设 $|u| \le a$,取 $\varepsilon_n \searrow 0$,令

$$E_{n,m} = \{y \in G \mid 当 |u_1 - u_2| \le \frac{1}{m}, |x_1 - x_2| \le \frac{1}{m},$$

$$u_1, u_2 \in \mathbf{R}^1, x_1, x_2 \in G 时,$$

$$\| K(x_1, y, u_1) - K(x_2, y, u_2) \| \le \varepsilon_n \}$$

$(n, m = 1, 2, \cdots)$,则 $E_{n,m}$ 可测.

事实上,只须证 $G - E_{n,m}$ 可测. 由 $y \in G - E_{n,m}$ 则必存在 $(x_1, u_1), (x_2, u_2) \in G \times \mathbf{R}$ 使得 $|u_1 - u_2| \leqslant \dfrac{1}{m}$, $|x_1 - x_2| \leqslant \dfrac{1}{m}$,并且

$$|K(x_1, y, u_1) - K(x_2, y, u_2)| > \varepsilon_n$$

设 G_0 为 G 中的可列稠密集,$\mathbf{R}_0$ 为 $\mathbf{R}^1$ 中的有理数集,则由假设不妨设

$$u_1, u_2 \in \mathbf{R}_0, x_1, x_2 \in G_0$$

并且 $K(x_1, y, u_1), K(x_2, y, u_2)$ 为 $y \in G$ 的可测函数,故

$$\{y \in G \mid |K(x_1, y, u_1) - K(x_2, y, u_2)| > \varepsilon_n\}$$

为可测集,又易见

$$G - E_{n,m} = \bigcup_{x_1, x_2 \in G_0, |x_1-x_2| \leqslant \frac{1}{m}} \bigcup_{u_1, u_2 \in \mathbf{R}_0, |u_1-u_2| \leqslant \frac{1}{m}} \{y \in G \mid$$
$$|K(x_1, y, u_1) - K(x_2, y, u_2)| > \varepsilon_n\}$$

从而 $G - E_{n,m}$ 为可测集.

显然,对任何 $n = 1, 2, \cdots$ 有

$$E_{n,1} \subset E_{n,2} \subset \cdots \subset E_{n,m} \subset \cdots$$

注意到对几乎所有的 $y \in G, K(x, y, u)$ 在 $G \times [-a, a]$ 上连续,便知

$$\mathrm{mes}\left(\bigcup_{m=1}^{\infty} E_{n,m}\right) = \mathrm{mes}\, G \quad (n = 1, 2, \cdots)$$

于是

$$\lim_{m \to \infty} \mathrm{mes}\, E_{n,m} = \mathrm{mes}\, G \quad (n = 1, 2, \cdots)$$

从而有正整数 $m_n \nearrow \infty$ 使得

$$\mathrm{mes}\, E_{n,m_n} > \mathrm{mes}\, G - \frac{1}{2^n} \cdot \frac{\eta}{3} \quad (n = 1, 2, \cdots)$$

令 $U = \bigcap_{n=1}^{\infty} E_{n,m_n}$,则自然有

$$\text{mes } U > \text{mes } G - \sum_{n=1}^{\infty} \frac{1}{2^n} \cdot \frac{\eta}{3} = \text{mes } G - \frac{\eta}{3}$$

$$(10.16)$$

对 $n = 1, 2, \cdots$，将 $[-a, a]$ 分为 $q_n = m_n(1 + [a])$ 等份，记各份的中点为 $u_i^{(n)}$ ($i = 1, 2, \cdots, q_n$)，又设 $G_n = \{x_1^{(n)}, x_2^{(n)}, \cdots, x_{\rho_n}^{(n)}\}$ 为 G 中的有限 $\frac{1}{2^{m_n}}$ 网，由于 $K(x_i^{(n)}, y, u_i^{(n)})$ 在 G 上关于 y 可测，所以根据 Лузин 定理存在 G 的闭子集 $F_{ij}^{(n)}$ 使得

$$\text{mns } F_{ij}^{(n)} > \text{mes } G - \frac{1}{2^n} \cdot \frac{\eta}{3 p_n q_n}$$

$$(i = 1, 2, \cdots, p_n, j = 1, 2, \cdots, q_n)$$

并且 $K(x_i^{(n)}, y, u_j^{(n)})$ 在 $F_{ij}^{(n)}$ 上关于 y 一致连续，令

$$V = \bigcap_{n=1}^{\infty} \bigcap_{i=1}^{p_n} \bigcap_{j=1}^{p_n} F_{ij}^{(n)}$$

则

$$\text{mes } V > \text{mes } G - \sum_{n=1}^{\infty} \frac{1}{2^n} \cdot p_n q_n \cdot \frac{\eta}{3 p_n q_n} = \text{mes } G - \frac{\eta}{3}$$

$$(10.17)$$

再令 $E = U \cap V$，则由 $(10.16), (10.17)$ 两式有

$$\text{mes } E > \text{mes } G - \frac{2}{3}\eta$$

最后取闭集 $F \subset E$ 使得

$$\text{mes } F > \text{mes } G - \eta$$

今证 $K(x, y, u)$ 在 $G \times F \times [-a, a]$ 上连续.

由于 $\varepsilon > 0$，则有正整数 n_0 使得 $\varepsilon_{n_0} < \frac{\varepsilon}{3}$，取 $\delta_0 > 0$ 使当 $|y_1 - y_2| < \delta_0, y_1, y_2 \in F$ 时有

$$|K(x_i^{(n_0)}, y_1, u_j^{(n_0)}) - K(x_i^{(n_0)}, y_2, u_j^{(n_0)})| < \varepsilon_n$$

$$(i = 1,2,\cdots,p_{n_0}, j = 1,2,\cdots,q_{n_0})$$

又当 $|x_1 - x_2| \leqslant \dfrac{1}{m_{n_0}}$, $|u_1 - u_2| \leqslant \dfrac{1}{m_{n_0}}$, (x_1,u_1), $(x_2,u_2) \in G \times [-a,a]$, $y \in F$ 时

$$|K(x_1,y,u_1) - K(x_2,y,u_2)| < \varepsilon_{n_0}$$

总之取 $\delta = \min\left\{\dfrac{1}{m_{n_0}},\delta_0\right\}$,则当 (x_1,y_1,u_1), $(x_2,y_2,u_2) \in G \times F \times [-a,a]$,且它们的距离小于 δ 时

$$|K(x_1,y_1,u_1) - K(x_2,y_2,u_2)|$$
$$\leqslant |K(x_1,y_1,u_1) - K(x_i^{(n_0)},y_1,u_j^{(n_0)})| +$$
$$|K(x_i^{(n_0)},y_1,u_j^{(n_0)}) - K(x_i^{(n_0)},y_2,u_j^{(n_0)})| +$$
$$|K(x_i^{(n_0)},y_2,u_j^{(n_0)}) - K(x_2,y_2,u_2)|$$
$$< 3\varepsilon_{n_0} < \varepsilon$$

（2）因为

$$\mathbf{R}^1 = \bigcup_{n=1}^{\infty} [-n,n]$$

故对 $n = 1,2,\cdots$,由（1）便知存在闭集 $F_n \subset G$ 使得

$$\text{mes } F_n > \text{mes } G - \dfrac{1}{2^n}\eta$$

并且 $K(x,y,u)$ 在 $G \times F_n \times [-n,n]$ 上,关于 (x,y,u) 连续.

令 $F = \bigcap_{n=1}^{\infty} F_n$,则 F 为 G 中的闭集,并且

$$\text{mes } F > \text{mes } G - \sum_{n=1}^{\infty} \dfrac{1}{2^n}\eta = \text{mes } G - \eta$$

于 $(x_0,y_0,u_0) \in G \times F \times \mathbf{R}^1$,则有正整数 n 使 $|u_0| < n$,又 $y_0 \in F \subset F_n$,故 $(x_0,y_0,u_0) \in G \times F_n \times [-n,n]$,显然由 $K(x,y,u)$ 在 (x_0,y_0,u_0) 处关于 $(x,y,u) \in G \times F \times [-n,n]$ 连续,即可推出它在该点处关于 $(x,y,u) \in$

220

$G \times F \times \mathbf{R}^1$ 也连续.

定理 10.12　若

$$\lim_{\substack{\mathrm{mes}\,D \to 0 \\ D \subset G}} \sup_{u(x) \in T_r} \left\| \int_G \mid K(x,y,u(y)) \mid \chi_D(y)\,\mathrm{d}y \right\|_{(M_2)} = 0$$

则 Урысон 算子 $K \in \{T_r \to L_{M_2}^*\}$ 并且全连续,其中 T_r 为 $L_{M_1}^*$ 的球,$\chi_D(y)$ 为集 D 的特征函数.

证明　由假设有 $\delta > 0$,使当 $\mathrm{mes}\,D < \delta, D \subset G$ 时

$$\left\| \int_G \mid K(x,y,u(y)) \mid \chi_D(y)\,\mathrm{d}y \right\|_{(M_2)} \leqslant 1 \quad (u(x) \in T_r)$$

$$(10.18)$$

又取自然数 $n_0 = \left[\dfrac{\mathrm{mes}\,G}{\delta}\right] + 1$ 和 G 的两两不交可

测子集 $D_1, D_2, \cdots, D_{n_0}$ 使得

$$G = \bigcup_{n=1}^{n_0} D_n, \mathrm{mes}\,D_n < \delta \quad (n = 1, 2, \cdots, n_0)$$

于是当 $u(x) \in T_r$ 时

$$\| Ku \|_{(M_2)} = \left\| \int_G K(x,y,u(y))\,\mathrm{d}y \right\|_{(M_2)}$$

$$\leqslant \left\| \int_{\bigcup_{n=1}^{n_0} D_n} \mid K(x,y,u(y)) \mid \mathrm{d}y \right\|_{(M_2)}$$

$$\leqslant \sum_{n=1}^{n_0} \left\| \int_G \mid K(x,y,u(y)) \mid \chi_{D_n}(y)\,\mathrm{d}y \right\|_{(M_2)}$$

$$\leqslant \sum_{n=1}^{n_0} \left\| \int_G \mid K(x,y,u(y)) \mid \chi_{D_n}(y)\,\mathrm{d}y \right\|_{(M_2)}$$

$$\leqslant n_0 < \infty$$

即 $K_u(x) \in L_{M_2}^*$.

今证 K 的全连续性.

（1）由命题 10.4,知存在一列闭集 $F_n \subset G, \mathrm{mes}\,F_n > \mathrm{mes}\,G - \dfrac{1}{n}$,使得 $K(x,y,u)$ 在 $G \times F_n \times \mathbf{R}^1$ 上关于 $(x,$

y,u) 连续.

对 $n = 1,2,\cdots,$ 令

$$K_n(x,y,u) = \begin{cases} K(x,y,u),当 y \in F_n 时 \\ 0,当 y \notin F_n 时 \end{cases}$$

并且定义 Урысон 算子

$$K_n u(x) = \int_G K_n(x,y,u(y))\,\mathrm{d}y$$

则由假设

$$\lim_{n\to\infty} \sup_{u(x)\in T_r} \| Ku(x) - K_n u(x) \|_{(M_2)}$$

$$= \lim_{n\to\infty} \sup_{u(x)\in T_r} \left\| \int_G K(x,y,u(y))\chi_{G-F_n}(y)\mathrm{d}y \right\|_{(M_2)} = 0$$

即算子 K 可用算子 K_n 一致逼近. 因此,根据泛函分析教程的熟知定理,问题就归结为证明每一个算子 K_n 的全连续性.

(2) 由(1)我们可以认为函数 $K(x,y,u)$ 在 $G \times F \times \mathbf{R}^1$ 上关于 (x,y,u) 连续,并且当 $y \notin F$ 时 $K(x,y,u) = 0$,其中 F 为 G 的闭子集.

令

$$\widetilde{K}_n(x,y,u) = \begin{cases} K(x,y,u),当 | u | \leqslant n 时 \\ K(x,y,n)(n+1-u),当 n < u < n+1 时 \\ K(x,y,-n)(n+1+u),当 -n-1 < u < -n 时 \\ 0,当 | u | \geqslant n+1 时 \end{cases}$$

又设 $\widetilde{K}_n$ 为 $\widetilde{K}_n(x,y,u)$ 所确定的 Урысон 算子. 现在证明

$$\lim_{n\to\infty} \sup_{u(x)\in T_r} \| Ku(x) - \widetilde{K}_n u(x) \|_{(M_2)} = 0$$

事实上,于 $u(x) \in T_r$,记 $G_n = \{x \in G \mid | u(x) | > n\}$,则

$$\text{mes } G_n \leqslant \frac{1}{M_1\left(\dfrac{n}{r}\right)} \int_{G_n} M_1\left(\frac{u(x)}{r}\right) \mathrm{d}x$$

$$\leqslant \frac{1}{M_1\left(\dfrac{n}{r}\right)} \int_{G} M_1\left(\frac{u(x)}{r}\right) \mathrm{d}x$$

$$\leqslant \frac{1}{M_1\left(\dfrac{n}{r}\right)} \to 0 \quad (n \to \infty)$$

又令 $u_n(x) = n\chi_{G_n}(x)\operatorname{sign} u(x)$，显然 $|u_n(x)| \leqslant |u(x)|$，而 $u_n(x) \in T_r(n = 1,2,\cdots)$. 再由于

$$|Ku(x) - \tilde{K}_n u(x)| \leqslant \int_{G} |K(x,y,u(y)) - \tilde{K}_n(x,y,u(y))| \, \mathrm{d}y$$

$$= \int_{G_n} |K(x,y,u(y)) - \tilde{K}_n(x,y,u(y))| \, \mathrm{d}y$$

$$\leqslant \int_{G_n} |K(x,y,u(y))| \, \mathrm{d}y +$$

$$\int_{G_n} |K(x,y,u_n(y))| \, \mathrm{d}y$$

$$= \int_{G} |K(x,y,u(y))| \chi_{G_n}(y)\mathrm{d}y +$$

$$\int_{G} |K(x,y,u_n(y))| \chi_{G_n}(y)\mathrm{d}y$$

所以由假设便知结论成立.

总之，我们又只须证每一个算子 $\tilde{K}_n$ 的全连续性.

（3）由（1），（2）我们可以进一步认为函数 $K(x,y,u)$ 有界，即有 $d > 0$ 使得

$$|K(x,y,u)| \leqslant d \quad (x,y \in G, u \in \mathbf{R}^1)$$

并且有 $u_0 > 0$，使当 $|u| \geqslant u_0$ 时

$$K(x,y,u) = 0$$

根据命题 10.4 又有一列闭集 $F_n \subset G, \operatorname{mes}(G -$

$F_n) < \dfrac{1}{n}$ 使得 $K(x,y,u)$ 在 $G \times F_n \times \mathbf{R}^1$ 上关于 $(x,y,$ $u)$ 连续. 于是, 利用著名的 Урысон 定理就有函数 $\check{K}_n(x,y,n)$ 在 $G \times G \times \mathbf{R}$ 上关于 (x,y,u) 连续, 并且当 $y \in G_n$ 时

$$\check{K}_n(x,y,u) = K(x,y,u)$$

同时满足条件

$$|\check{K}_n(x,y,u)| \leqslant d \quad (x,y \in G, u \in \mathbf{R}^1)$$

和

$$\check{K}_n(x,y,u) = 0 \quad (|u| \geqslant u_0)$$

若以 $\check{K}_n$ 表示由函数 $\check{K}_n(x,y,u)$ 所确定的 Урысон 算子, 则当 $u(x) \in T_r$ 时

$$|Ku(x) - \check{K}_n u(x)| \leqslant \int_{G-F_n} (|K(x,y,u(y))| +$$
$$\check{K}_n(x,y,\cdots,y))|)\mathrm{d}y$$
$$\leqslant 2d\,\mathrm{mes}(G-F_n) < \frac{2d}{n}$$
$$(n = 1,2,\cdots)$$

故

$$\lim_{n \to \infty} \sup_{u(x) \in T_r} \|Ku(x) - \check{K}_n u(x)\|_{(M_2)}$$
$$\leqslant \lim_{n \to \infty} \frac{1}{n} \cdot \|2d\|_{(M_2)} = 0$$

这表明算子 K 可以通过算子 $\check{K}_n$ 一致地逼近, 因而问题最后又归结为证明每一个算子 $\check{K}_n$ 是全连续的.

(4) 显然每一个算子 $\check{K}_n$ 变 T_r 为一致有界并且等度连续的函数族, 而这个函数族在连续函数空间 C 中列紧, 因此自然更在 $L_{M_2}^*$ 中列紧. 这样, 最后就只须证明每一个算子 $\check{K}_n$ 都是连续的.

设 $u_i(x), u_0(x) \in T_r$, 并且 $\| u_i - u_0 \|_{(M_1)} \to 0(i \to \infty)$, 即 $u_i(x)$ 度量收敛于 $u_0(x)$, 则类似于 Немыцкий 算子的性质(2), 对每一个确定的 $x \in G$, 我们有 $\check{K}_n(x,y,u_i(y))$ 度量收敛于 $\check{K}_n(x,y,u_0(y))$, 于是根据 Lebesgue 有界收敛定理即得

$$\lim_{i \to \infty} \check{K}_n u_i(x) = \lim_{i \to \infty} \int_G \check{K}_n(x,y,u_i(y)) \, \mathrm{d}y$$
$$= \int_G \check{K}_n(x,y,u_i(y)) \, \mathrm{d}y$$
$$= \check{K}_n u_0(x) \quad (x \in G)$$

再注意 $\{\check{K}_n u_i(x)\}$ 在 C 空间中列紧, 就得到 $\check{K}_n u_i(x)$ 一致收敛于 $\check{K}_n u_0(x)$, 从而

$$\| \check{K}_n u_i(x) - \check{K}_n u_0(x) \|_{(M_2)} \to 0 \quad (i \to \infty)$$

推论　设：

(1) $M(u)$ 和 $N(v)$ 为互余 N 函数并且 $N(v)$ 满足 Δ' 条件；

(2) 当 $x, y \in G, u \in \mathbf{R}^1$ 时有

$$| K(x,y,u) | \leqslant K(x,y) [a(y) + R(| u |)]$$

其中 $K(x,y) \in E_M, a(x) \in L_N^*, R(u)$ 为非负, 非降函数；

(3) $\Phi(u)$ 为 N 函数并且存在 β, r, L 和 $u_0 \geqslant 0$ 使得当 $u \geqslant u_0$ 时

$$N[\beta R(ru)] \leqslant L\Phi(u)$$

则 Урысон 算子 $K \in \{T_r \to L_\Phi^*\}$ 并且全连续, 其中 T_r 为 L_Φ^* 的球.

证明　于 $u(x) \in T_r$, 设 D 为 G 的可测子集, 则由 (2) 有

$$\int_G | K(x,y,u(y)) | \chi_D(y) \, \mathrm{d}y$$

$$\leqslant \int_G K(x,y)[\alpha(y) + R(\mid u(y)\mid)]\chi_D(y)\mathrm{d}y$$

又知由 $K(x,y)\chi_D(y)$ 所确定的线性积分算子 $A_D \in \{L_N^* \to L_M^*\}$,并且存在与 D 无关的常数 l 使得

$$\parallel A_D \parallel \; \leqslant 2l \parallel K(x,y)\chi_D(y) \parallel_{(\dot{M})} \quad (10.19)$$

再注意由(3)可得

$$\parallel \alpha(x) + R(\mid u(x) \mid) \parallel_{(N)}$$

$$\leqslant \; \parallel \alpha \parallel_{(N)} + \frac{1}{\beta} \parallel \beta R(\mid u \mid) \parallel_{(N)}$$

$$\leqslant \; \parallel \alpha \parallel_{(N)} + \frac{1}{\beta} \Big\{ 1 + \int_G N[\beta R(\mid u(x) \mid)]\mathrm{d}x \Big\}$$

$$\leqslant \; \parallel \alpha \parallel_{(N)} + \frac{1}{\beta} \Big\{ 1 + N[\beta R(ru_0)]\mathrm{mes}\, G + \int_G L\varPhi\Big[\frac{u(x)}{r}\Big]\mathrm{d}x \Big\}$$

$$\leqslant \; \parallel \alpha \parallel_{(N)} + \frac{1}{\beta} \{ 1 + N[\beta R(ru_0)]\mathrm{mes}\, G + L \}$$

$$= B = \mathrm{const} \quad (10.20)$$

即 $\alpha(x) + R(\mid u(x) \mid) \in L_N^*$.

总之由式(10.19)和(10.20)有

$$\sup_{u(x) \in T_r} \Big\| \int_G \mid K(x,y,u(y)) \mid \chi_D(y)\mathrm{d}y \Big\|_{(\varPhi)}$$

$$\leqslant \sup_{u(x) \in T_r} \Big\| \int_G K(x,y)\chi_D(y)[\alpha(y) + R(\mid u(y) \mid)]\mathrm{d}y \Big\|_{(\varPhi)}$$

$$= \sup_{u(x) \in T_r} \parallel A_D(\alpha(x) + R(\mid u(x) \mid)) \parallel_{(\varPhi)}$$

$$\leqslant \sup_{u(x) \in T_r} \parallel A_D \parallel \; \parallel \alpha(x) + R(\mid u(x) \mid) \parallel_{(N)}$$

$$\leqslant 2Bl \parallel K(x,y)\chi_D(y) \parallel_{(\dot{M})}$$

从而根据 $K(x,y) \in E_{\dot{M}}$ 以及 $E_{\dot{M}}$ 中的元恒具有绝对连续范数,即得

$$\lim_{\substack{\mathrm{mes}\, D \to 0 \\ D \subset G}} \parallel K(x,y)\chi_D(y) \parallel_{(\dot{M})} = 0$$

于是再由定理 10.12,结论成立.

本推论实际上就是有关 Урысон 算子全连续性的一个主要结果.

定理 10. 13　设 Немыцкий 算子

$$hu(x,y) = K(x,y,u(x,y))$$

为从 $\hat{T}_r$ 到 L_M^* 并且在 $u = \theta$ 处连续, 其中 $\hat{T}_r$ 为 L_M^* 的球, 又设 $M(u)$ 真慢于 $M_1(u)$, 则 Урысон 算子 $K \in \{L_{M_1}^* \to L_{M_2}^*\}$ 并且全连续.

证明　(1) 先假定 $K(x,y,0) \equiv 0 (x,y \in G)$.

由定理 10. 12, 我们只须证

$$\lim_{\substack{\text{mes } D \to 0 \\ D \subset G}} \sup_{u(x) \in T_r} \left\| \int_G K(x,y,u(y)) \chi_D(y) \mathrm{d}y \right\|_{(M_2)} = 0$$

其中 T_r 为 $L_{M_1}^*$ 的球.

如若不然, 则有 $\varepsilon_0 > 0$ 和 $u_n(x) \in T_r, D_n \subset G$ 使得 mes $D_n \to 0 (n \to \infty)$ 并且

$$\left\| \int_G K(x,y,u_n(y)) \chi_{D_n}(y) \mathrm{d}y \right\|_{(M_2)} \geq \varepsilon_0 \quad (n = 1,2,\cdots)$$

于是由 $K(x,y,0) \equiv 0$ 便知

$$\left\| \int_G K(x,y,u_n(y) \chi_{D_n}(y)) \mathrm{d}y \right\|_{(M_2)} \geq \varepsilon_0$$
$$(n = 1,2,\cdots) \qquad (10.21)$$

因为 $\| u_n(x) \|_{(M_1)} \leq r (n = 1,2,\cdots)$, 而 $M(u)$ 真慢于 $M_1(u)$, 所以 $\{u_n(x)\}$ 在 L_M^* 中具有等度绝对连续范数, 亦即有

$$\lim_{n \to \infty} \| u_n(y) \chi_{D_n}(y) \|_{(M)} = 0 \qquad (10.22)$$

记 $\lambda = \min\left\{1, \dfrac{1}{\text{mes } G}\right\}$, 则有

$$\iint_{G} \int_{G} M\left(\frac{\lambda u_n(y) \chi_{D_n}(y)}{\| u_n(y) \chi_{D_n}(y) \|_{(M)}} \right) \mathrm{d}x \mathrm{d}y$$

227

$$\leqslant \int_G \int_G \lambda M\left(\frac{u_n(y)\chi_{D_n}(y)}{\parallel u_n(y)\chi_{D_n}(y)\parallel_{(M)}}\right)\mathrm{d}x\mathrm{d}y$$

$$= \lambda \operatorname{mes} G \int_G M\left(\frac{u_n(y)\chi_{D_n}(y)}{\parallel u_n(y)\chi_{D_n}(y)\parallel_{(M)}}\right)\mathrm{d}y$$

$$\leqslant \lambda \operatorname{mes} G$$

$$\leqslant 1$$

即

$$\parallel u_n(y)\chi_{D_n}(y)\parallel_{(M)} \leqslant \frac{1}{\lambda}\parallel u_n(y)\chi_{D_n}(y)\parallel_{(M)}$$

从而由式(10.22)

$$\lim_{n\to\infty}\parallel u_n(y)\chi_{D_n}(y)\parallel_{(M)} = 0$$

根据假设立得

$$\lim_{n\to\infty}\parallel K(x,y,u_n(y)\chi_{D_n}(y))\parallel_{(\bar{M}_2)}$$

$$= \lim_{n\to\infty}\parallel h(u_n(y)\chi_{D_n}(y))\parallel_{(\bar{M}_2)} = 0$$

于是有正整数 n_0,使当 $n \geqslant n_0$ 时

$$\parallel K(x,y,u_n(y)\chi_{D_n}(y))\parallel_{(\bar{M}_2)} < \frac{\lambda\varepsilon_0}{2} \quad (10.23)$$

设 $\int_G N_2[v(x)]\mathrm{d}x \leqslant 1$,则 $\int_G\int_G N_2[\lambda v(x)]\mathrm{d}x\mathrm{d}y \leqslant 1$,

又

$$\int_G\left(\int_G K(x,y,u_n(y)\chi_{D_n}(y)\mathrm{d}y\right)\cdot v(x)\mathrm{d}x$$

$$= \frac{1}{\lambda}\int_G\int_G K(x,y,u_n(y)\chi_{D_n}(y))\cdot\lambda v(x)\mathrm{d}x\mathrm{d}y$$

$$\leqslant \frac{1}{\lambda}\parallel K(x,y,u_n(y)\chi_{D_n}(y))\parallel_{\bar{M}_2}$$

$$\leqslant \frac{2}{\lambda}\parallel K(x,y,u_n(y)\chi_{D_n}(y))\parallel_{(\bar{M}_2)}$$

故由式(10.23),当 $n \geqslant n_0$ 时有

$$\left\| \int_{G} K(x,y,u_n(y)\chi_{D_n}(y)) \, \mathrm{d}y \right\|_{(M_2)}$$

$$\leqslant \left\| \int_{G} K(x,y,u_n(y)\chi_{D_n}(y)) \, \mathrm{d}y \right\|_{M_2}$$

$$\leqslant \frac{2}{\lambda} \| K(x,y,u_n(y)\chi_{D_n}(y)) \|_{(\bar{M}_2)}$$

$$< \varepsilon_0$$

这与式(10.21)矛盾.

(2) 令

$$K_1(x,y,u) = K(x,y,u) - K(x,y,0)$$

则 $K_1(x,y,0) \equiv 0 (x,y \in G)$，于是由(1)便知由 $K_1(x, y,u)$ 所确定的 Урысон 算子 $K_1 \in \{L_{M_1}^* \to L_{M_2}^*\}$ 并且全连续. 因此欲证 $K \in \{L_{M_1}^* \to L_{M_2}^*\}$ 并且全连续就只须证 $K\theta \in L_{M_1}^*$.

事实上,设 $\int_{G} N_2[v(x)] \mathrm{d}x \leqslant 1$，则同样从

$$\iint_{G}\int_{G} N_2[\lambda v(x)] \mathrm{d}x\mathrm{d}y \leqslant 1$$

和

$$\int_{G} \left(\int_{G} K(x,y,\theta) \, \mathrm{d}y \right) \cdot v(x) \, \mathrm{d}x$$

$$= \frac{1}{\lambda} \iint_{G}\int_{G} K(x,y,\theta) \cdot \lambda v(x) \, \mathrm{d}x\mathrm{d}y$$

$$\leqslant \frac{1}{\lambda} \| h\theta \|_{\bar{M}_2}$$

$$\leqslant \frac{2}{\lambda} \| h\theta \|_{(\bar{M}_2)}$$

即可推出 $K\theta \in L_{M_2}^*$ 并且有

$$\| K\theta \|_{(M_2)} \leqslant \| K\theta \|_{M_2} \leqslant \frac{2}{\lambda} \| h\theta \|_{(\bar{M}_2)}$$

Orlicz 空间中 A- 调和方程很弱解的 L^ϕ 估计[①]

第 11 章

11.1 引　言

华北理工大学理学院的佟玉霞、王薪茹、谷建涛三位教授于 2020 年考虑了 Orlicz 空间中具有散度形式的椭圆方程的很弱解的 L^ϕ 型估计. Orlicz 空间由 Orlicz[②] 引入, 对于 Orlicz 空间的应用参见文献 *Applications of Orlicz Spaces*[③]. A- 调和方程具有很强的背景, 且在物理和工程方面有很多应用.

令 Ω 为 $\mathbf{R}^n$ 中的有界正则区域, $n \geqslant 2$. 在正则区域中, Hodge 分解及其估计是满足的. 例如, Lipschitz 域是正则的, 本章考

① 摘编自《数学物理学报》, 2020, 40A(6): 1461-1480.

② ORLICZ W. Üeber eine gewisse Klasse von Räumen vom Typus B[J]. Bulletin International de l'Académie Polonaise Série A, 1932, 8: 207 – 220.

③ RAO M M, REN Z D. Applications of Orlicz Spaces[M]. New York: Marcel Dekker, 2002.

虑如下的 A- 调和方程其中 $\boldsymbol{f} = (f^1, f^2, \cdots, f^n)$ 是给定的向量,算子 $A = A(x, \xi) : \Omega \times \mathbf{R}^n \to \mathbf{R}^n$. 对于每一个 ξ, A 在 x 上可测,

$$\text{div}\, A(x,\ \nabla u) = \text{div}(\mid \boldsymbol{f} \mid^{p-2} \boldsymbol{f}), x \in \Omega \quad (11.1)$$

并且对于几乎所有的 x, A 在 ξ 上连续. 而且当 $p \in (1, \infty)$ 时,算子 $A = A(x, \xi)$ 满足如下结构条件:

$(H_1) \langle A(x, \xi) - A(x, \zeta), \xi - \zeta \rangle \geqslant C_1 \mid \xi - \zeta \mid^p$;

$(H_2) \mid A(x, \xi) \mid \leqslant C_2 \mid \xi \mid^{p-1}$;

$(H_3) A(x, 0) = 0$;

$(H_4) \mid A(x, \xi) - A(y, \xi) \mid \leqslant C_3 \omega(\mid x - y \mid) \mid \xi \mid^{p-1}$.

其中 $\xi, \zeta \in \mathbf{R}^n, x, y \in \Omega, C_i > 0, i = 1, 2, 3$ 为正常数. 这里的连续模 $\omega(x) : \mathbf{R}^+ \to \mathbf{R}^+$ 非减,而且满足

$$\omega(r) \to 0, \text{当}\, r \to 0 \quad (11.2)$$

方程(11.1) 的原型是 p- 调和方程

$$\text{div}(\mid \nabla u \mid^{p-2} \nabla u) = 0 \quad (11.3)$$

定义 11.1[①]　函数 $u \in W_{loc}^{1,p}(\Omega)$ 称为方程(11.1) 的局部弱解,若有

$$\int_\Omega \langle A(x,\ \nabla u),\ \nabla \varphi \rangle \mathrm{d}x = \int_\Omega \langle \mid \boldsymbol{f} \mid^{p-2} \boldsymbol{f},\ \nabla \varphi \rangle \mathrm{d}x$$

$$(11.4)$$

对于任意的具有紧支集的 $\varphi \in W_0^{1,p}(\Omega)$ 都成立.

本章考虑很弱解的概念,降低了自然可积性假设.

定义 11.2　函数 $u \in W_{loc}^{1,r}(\Omega), \max\{1, p-1\} \leqslant r < p$,称为方程(11.1) 的局部很弱解,若对所有具有

---

① YAO F. Gradient estimates for weak solutions of A-Harmonic equations[J]. Juornal of Inequalities and Applications, 2010, Article ID:685046.

紧支集的 $\varphi \in W_0^{1,\frac{r}{r-p+1}}(\Omega)$,方程(11.4) 成立.

关于梯度估计,有下述研究成果,Acerbi – Mingione① 证明了 $p(x)$-Laplacian 方程组

$$\mathrm{div}(|Du|^{p(x)-2}Du) = \mathrm{div}(|F|^{p(x)-2}F) \quad (11.5)$$

的梯度估计;Dibenedetto-Manfredi② 获得了

$$\mathrm{div}(|Du|^{p-2}Du) = \mathrm{div}(|F|^{p-2}F) \quad (11.6)$$

的弱解的梯度的更高可积性;Byun-Wang③ 和 Kinnunen-Zhou④ 获得了

$$\mathrm{div}((ADu \cdot Du)^{(p-2)/2}ADu) = \mathrm{div}(|F|^{p-2}F)$$
$$(11.7)$$

的弱解的 $L^q(q \geqslant p)$ 梯度估计;Byun – Wang⑤ 获得了一般非线性椭圆方程

$$\mathrm{div}\,A(x, \nabla u) = \mathrm{div}\,f \quad (11.8)$$

---

① ACERBI E, MMINGIONE G. Gradient estimates for the $p(x)$-Laplacean system[J]. J Reine Angew Math, 2005, 584:117 – 148.

② DIBENEDETTO E, MANFREDI J. On the higher integrability of the gradient of weak solutions of certain degenerate elliptic systems[J]. American Journal of Mathematics, 1993,115(5):1107 – 1134.

③ BYUN S S, WANG L. Quasillnear elliptic equations with BMO coefficients in Lipschitz domains[J]. Transactions of the American Mathematical Society, 2007, 359(12):5899 – 5913.

④ KINNUNEN J, ZHOU S. A Local estimate for nonlinear equations with discontinuous coefficients[J]. Communications in Partial Differential Equations, 1999,24(11/12):2043 – 2068.

⑤ BYUN S S, WANG L. L^p-estimates for general nonlinear elliptic equations[J]. Indiana University Mathematics Journal, 2007,56(6):3193 – 3221.

的 L^p 估计;Yao[①]在 2010 年获得了方程(11.1)的弱解在 Orlicz 空间中的梯度估计.

尽管关于弱解的梯度估计有很多出色的成果,但 Orlicz 空间中的很弱解的梯度估计尚未研究. 本章旨在研究方程(11.1)的很弱解在 Orlicz 空间中的 L^ϕ 估计,下面是本章的主要结论.

定理 11.1　假设 $\phi \in \Delta_2 \cap \nabla_2$,$\mid f \mid^r \in L_{loc}^\phi(\Omega)$,$\max\{1, p-1\} \leqslant r < p$. 若 u 是方程(11.1)的局部很弱解,且算子 A 满足条件 $(H_1) - (H_4)$,则有 $\mid \nabla u \mid^r \in L_{loc}^\phi(\Omega)$,且有估计式

$$\int_{B_R} \phi(\mid \nabla u \mid^r) \, dx$$
$$\leqslant C\left\{\int_{B_{2R}} \phi(\mid f \mid^r) \, dx + \phi\left(\frac{1}{R^r}\int_{B_{2R}} \mid u - u_{B_{2R}} \mid^r dx\right) + 1\right\}$$

$$(11.9)$$

其中 $B_{2R} \subset \Omega$,且 C 是独立于 u 和 f 的常数.

本章其余部分安排如下,在 11.2 节和 11.3 节,介绍 Orlicz 空间中的一些知识和预备引理. 在 11.4 节中给出方程(11.1)的很弱解的 L^r 估计. 在 11.5 节中给出主要定理(定理 11.1)的证明.

11.2　Orlicz 空间

用 Φ 表示所有函数 $\phi:[0, \infty) \to [0, \infty)$ 组成的函数类,其中 ϕ 是递增的凸函数.

---

①　YAO F. Gradient estimates for weak solutions of A-Harmonic equations[J]. Juornal of Inequalities and Applications, 2010, Article ID:685046.

定义 11.3 如果存在一个正常数 K，使得对于任意的 $t > 0$，都有

$$\phi(2t) \leqslant K\phi(t) \qquad (11.10)$$

那么，函数 $\phi \in \Phi$ 满足全局 Δ_2 条件，表示为 $\phi \in \Delta_2$. 同时，如果存在一个常数 $a > 1$，使得对于任意的 $t > 0$，都有

$$\phi(t) \leqslant \frac{\phi(at)}{2a} \qquad (11.11)$$

那么，函数 $\phi \in \Phi$ 满足全局 ∇_2 条件，表示为 $\phi \in \nabla_2$.

注 （1）注意到全局 $\Delta_2 \cap \nabla_2$ 条件使函数适当增长.

（2）事实上，如果 $\phi \in \Delta_2 \cap \nabla_2$，那么对于 $0 < \theta_2 \leqslant 1 \leqslant \theta_1 < \infty$，$\phi$ 满足

$$\phi(\theta_1 t) \leqslant K\theta_1^{\alpha_1}\phi(t), \phi(\theta_2 t) \leqslant 2a\theta_2^{\alpha_2}\phi(t) \qquad (11.12)$$

其中 $\alpha_1 = \log_2 K, \alpha_2 = \log_a 2 + 1$.

（3）在条件（11.12）下，很容易得到 $\phi \in \Phi$ 满足 $\phi(0) = 0$，以及

$$\lim_{t \to 0^+} \frac{\phi(t)}{t} = \lim_{t \to \infty} \frac{t}{\phi(t)} = 0 \qquad (11.13)$$

定义 11.4 令 $\phi \in \Phi$，则 Orlicz 类 $K^\phi(\Omega)$ 是满足

$$\int_\Omega \phi(|g|)\mathrm{d}x < \infty \qquad (11.14)$$

的所有可测函数 $g: \Omega \to \mathbf{R}$ 组成的集合. Orlicz 空间 $L^\phi(\Omega)$ 是 $K^\phi(\Omega)$ 的线性闭包.

注 注意到，Orlicz 空间是 L^q 空间的推广形式. 如果 $\phi(t) = t^q, t \geqslant 0$，那么 $\phi \in \Delta_2 \cap \nabla_2$，于是得到一个特例，$L^\phi(\Omega) = L^q(\Omega)$.

关于 Orlicz 空间有如下引理.

234

引理 11.1　假设 $\phi \in \Delta_2 \cap \nabla_2$,以及 $g \in L^\phi(\Omega)$,那么:

（1）$K^\phi = L^\phi$,且 C_0^∞ 在 L^ϕ 中稠密;

（2）$L^{\alpha_1}(\Omega) \subset L^\phi(\Omega) \subset L^{\alpha_2}(\Omega) \subset L^1(\Omega)$,其中 $\alpha_1 = \log_2 K, \alpha_2 = \log_\alpha 2 + 1$;

（3）$\displaystyle\int_\Omega \phi(\mid g \mid) \mathrm{d}x = \int_0^\infty \mid \{x \in \Omega \mid \mid g \mid > \lambda\} \mid \cdot \mathrm{d}[\phi(\lambda)]$;

（4）$\displaystyle\int_0^\infty \frac{1}{\mu} \int_{\{x \in \Omega \mid g \mid > a\mu\}} \mid g \mid \mathrm{d}x \mathrm{d}[\phi(b\mu)] \leqslant C \int_\Omega \phi(\mid g \mid) \mathrm{d}x$,

其中 $a, b > 0, C = C(a, b, \phi)$.

11.3　预备引理

在本节中,使用文献 *Gradient estimates for weak solutions of A − Harmonic equations* 中的新标准化方法,该方法受文献 *L^p − estimates for general nonlinear elliptic equations* 影响较大.

对任意的 $\lambda \geqslant 1$,定义

$$u_\lambda(x) = \frac{u(x)}{\lambda}, f_\lambda(x) = \frac{f(x)}{\lambda}, A_\lambda(x, \xi) = \frac{A(x, \lambda\xi)}{\lambda^{p-1}}$$

$$(11.15)$$

引理 11.2（新标准化）　若 $u \in W_{loc}^{1,r}(\Omega)$ 是方程 (11.1) 的局部很弱解,A 满足条件 $(H_1) - (H_4)$,那么:

（1）A_λ 满足条件 $(H_1) - (H_4)$,即有

$$\langle A_\lambda(x, \xi) - A_\lambda(x, \zeta), \xi - \zeta \rangle \geqslant C_1 \mid \xi - \zeta \mid^p$$

$$(11.16)$$

$$\mid A_\lambda(x, \xi) \mid \leqslant C_2 \mid \xi \mid^{p-1} \qquad (11.17)$$

$$A_\lambda(x,0) = 0 \qquad (11.18)$$

$$|A_\lambda(x,\xi) - A_\lambda(y,\xi)| \leq C_3\omega(|x-y|)|\xi|^{p-1}$$
$$(11.19)$$

其中 $C_i(1 \leq i \leq 3)$ 为常数.

(2) u_λ 是方程

$$\text{div } A_\lambda(x,\nabla u) = \text{div}(|f_\lambda|^{p-2}f_\lambda), x \in \Omega$$
$$(11.20)$$

的很弱解.

证明　使用文献 *Gradient estimates for weak solutions of A – Harmonic equations* 中的类似方法来证明.

下面给出文献 *Gradient estimates for weak solutions of A – Harmonic equations* 中使用的迭代覆盖方法. 令 u 是方程(11.1) 的局部很弱解. 先设定理 11.1 中的 $R = 1$,再通过缩放论证证明,设

$$\lambda_0 = \left[\fint_{B_1} |\nabla u|^r \mathrm{d}x + \frac{1}{\varepsilon}\fint_{B_1}|f|^r\mathrm{d}x\right]^{1/r}$$
$$(11.21)$$

其中 $\varepsilon > 0$ 满足式(11.20) 中的条件. 对于任意的 $x \in \Omega$ 和 $\rho > 0$,令

$$J_\lambda[B_\rho(x)] = \fint_{B_\rho(x)} |\nabla u_\lambda|^r\mathrm{d}y + \frac{1}{\varepsilon}\fint_{B_\rho(x)}|f_\lambda|^r\mathrm{d}y$$
$$(11.22)$$

$$E_\lambda(1) = \{x \in B_1 : |\nabla u_\lambda|^r > 1\} \quad (11.23)$$

由式(11.2),选择合适的常数 $R_0 = R_0(\varepsilon) \in (0,1)$ 使得

$$\omega(R_0) \leq \varepsilon \qquad (11.24)$$

一般情况下,考虑 r 趋近于 p 时,限制 $0 < p - r < \min\left\{\frac{1}{2},\varepsilon\right\}$.

236

引理 11.3　令 $\lambda \geqslant \lambda_* =: (10/R_0)^{n/r} \lambda_0 + 1$，则存在一族不相交的球 $\{B_{\rho_i}(x_i)\}$，$x_i \in E_\lambda(1)$，使得 $0 < \rho_i = \rho(x_i) \leqslant R_0/10$ 且有

$$J_\lambda[B_{\rho_i}(x_i)] = 1, J_\lambda[B_\rho(x_i)] < 1, \text{对任意} \rho > \rho_i$$

（11.25）

而且有

$$E_\lambda(1) \subset \bigcup_{i \in N} B_{5\rho_i}(x_i) \cup \text{可略集} \quad (11.26)$$

$$|B_{\rho_i}(x_i)| \leqslant 3\Big(\int_{|x \in B_{\rho_i}(x_i) : |\nabla u_\lambda|^r > 1/3|} |\nabla u_\lambda|^r \mathrm{d}x +$$

$$\frac{1}{\varepsilon} \int_{|x \in B_{\rho_i}(x_i) : |f_\lambda|^r > \varepsilon/3|} |f_\lambda|^r \mathrm{d}x \Big)$$

（11.27）

11.4　很弱解的 L^r 估计

以下是对方程（11.1）的很弱解的 L^r 估计.

定理 11.2　假设 $|f|^r \in L^\phi(B_{2R})$，$B_{2R} \subset \Omega$，令 $u \in W^{1,r}_{loc}(\Omega)$ 为方程（11.1）的局部很弱解，算子 A 满足条件（H_1）–（H_3），则

$$\int_{B_R} |\nabla u|^r \mathrm{d}x \leqslant C\Big\{ \frac{1}{R^r} \int_{B_{2R}} |u - u_{B_{2R}}|^r \mathrm{d}x + \int_{B_{2R}} |f|^r \mathrm{d}x \Big\}$$

（11.28）

其中 $C = C(n, p, C_1, C_2)$.

证明　令 u 是 A- 调和方程（11.1）的局部很弱解. $B_{2R} \subset \Omega$. 取截断函数 $\eta \in C_0^\infty(R_n)$ 满足

$$0 \leqslant \eta \leqslant 1; \eta \equiv 1, x \in B_R; \eta \equiv 0, x \in \mathbf{R}^n \backslash B_{2R}, |\nabla \eta| \leqslant \frac{C}{R}$$

（11.29）

对 $|\nabla [\eta(u - uB_{2R})]|^{r-p}\nabla[\eta(u - u_{B_{2R}})] \in L^{\frac{r}{r-p+1}}(\Omega)$ 进行 Hodge 分解,参见文献 *Weak minima of variational integrals*[1]

$$|\nabla[\eta(u - u_{B_{2R}})]|^{r-p}\nabla[\eta(u - u_{B_{2R}})] = \nabla\varphi + H \tag{11.30}$$

其中 $\varphi \in W_0^{1,\frac{r}{r-p+1}}(\Omega)$,$H \in L^{\frac{r}{r-p+1}}(\Omega)$ 是散度为零向量场,且有以下估计式成立

$$\|\nabla\varphi\|_{\frac{r}{r-p+1}} \leqslant C\|\nabla[\eta(u - u_{B_{2R}})]\|_r^{r-p+1} \tag{11.31}$$

$$\|H\|_{\frac{r}{r-p+1}} \leqslant C(p - r)\|\nabla[\eta(u - u_{B_{2R}})]\|_r^{r-p+1} \tag{11.32}$$

其中 $C = C(n,p)$ 是只依赖于 n 和 p 的常数. 令

$$E(\eta,u) = |\nabla[\eta(u - u_{B_{2R}})]|^{r-p}\nabla[\eta(u - u_{B_{2R}})] -$$
$$|\eta\nabla(u - u_{B_{2R}})|^{r-p}\eta\nabla(u - u_{B_{2R}}) \tag{11.33}$$

通过文献 *Integrability and removability results for quasiregular mappings in high dimensions*[2]

$$||X|^{-\varepsilon}X - |Y|^{-\varepsilon}Y| \leqslant 2^{\varepsilon}\frac{1 + \varepsilon}{1 - \varepsilon}|X - Y|^{1-\varepsilon} \tag{11.34}$$

其中 $X,Y \in \mathbf{R}^n$,$0 \leqslant \varepsilon < 1$,可以得到

---

[1] IWANIEC T, SBORDONE C. Weak minima of variational integrals[J]. J Reine Angew Math, 1994,454:143 - 161.

[2] IWANIEC T, MIGLIACCIO L, NANIA L, SBORDONE C. Integrability and removability results for quasiregular mappings in high dimensions[J]. Mathematica Scandinavica, 1994,75(2):263 - 279.

$$|E(\eta,u)| \leqslant 2^{p-r}\frac{p-r+1}{r-p+1}|(u-u_{B_{2R}})\nabla\eta|^{r-p+1}$$

$$(11.35)$$

由式（11. 30）和（11. 33），有

$$\nabla\varphi = |\eta\nabla(u-u_{B_{2R}})|^{r-p}\eta\nabla(u-u_{B_{2R}}) + E - H$$

$$(11.36)$$

选取 $\varphi \in W_0^{1,\frac{r}{r-p+1}}(\Omega)$ 为定义 11.2 中的检验函数，则

$$\int_{B_{2R}}\langle A(x,\nabla u),|\eta\nabla(u-u_{B_{2R}})|^{r-p}\eta\nabla(u-u_{B_{2R}}) + E - H\rangle\mathrm{d}x$$

$$= \int_{B_{2R}}\langle|f|^{p-2}f,|\eta\nabla(u-u_{B_{2R}})|^{r-p}\eta\nabla(u-u_{B_{2R}}) + E - H\rangle\mathrm{d}x$$

$$(11.37)$$

即

$$\int_{B_{2R}}\langle A(x,\nabla u),|\eta\nabla(u-u_{B_{2R}})|^{r-p}\eta\nabla(u-u_{B_{2R}})\rangle\mathrm{d}x$$

$$= -\int_{B_{2R}}\langle A(x,\nabla u),E\rangle\mathrm{d}x + \int_{B_{2R}}\langle A(x,\nabla u),H\rangle\mathrm{d}x +$$

$$\int_{B_{2R}}\langle|f|^{p-2}f,|\eta\nabla(u-u_{B_{2R}})|^{r-p}\eta\nabla(u-u_{B_{2R}})\rangle\mathrm{d}x +$$

$$\int_{B_{2R}}\langle|f|^{p-2}f,E\rangle\mathrm{d}x - \int_{B_{2R}}\langle|f|^{p-2}f,H\rangle\mathrm{d}x \qquad (11.38)$$

上述结果可表示为 $I_1 = I_2 + I_3 + I_4 + I_5 + I_6$.

估计 I_1. 由条件（H_1）和（H_3），得

$$I_1 \geqslant \int_{B_R}\langle A(x,\nabla u),|\nabla u|^{r-p}\nabla u\rangle\mathrm{d}x$$

$$\geqslant C_1\int_{B_R}|\nabla u|^r\mathrm{d}x \qquad (11.39)$$

估计 I_2. 由条件（H_2），式（11.35），Young 不等式

（$\tau > 0$）以及式（11.29）可得

$$I_2 \leqslant \int_{B_{2R}}|A(x,\nabla u)||E|\mathrm{d}x$$

239

$$\leqslant C_2 C(n,p,r) \int_{B_{2R}} |\nabla u|^{p-1} |(u - u_{B_{2R}}) \nabla \eta|^{r-p+1} dx$$

$$\leqslant C(n,p,r,C_2) \cdot$$

$$\left(\tau \int_{B_{2R}} |\nabla u|^r dx + C(\tau) \int_{B_{2R}} |(u - u_{B_{2R}}) \nabla \eta|^r dx \right)$$

$$\leqslant C(n,p,r,C_2) \cdot$$

$$\left(\tau \int_{B_{2R}} |\nabla u|^r dx + \frac{C(\tau)}{R^r} \int_{B_{2R}} |(u - u_{B_{2R}})|^r dx \right)$$

$$(11.40)$$

估计 I_3. 由条件 (H_2), Hölder 不等式以及式 (11.32) 有

$$I_3 \leqslant \int_{B_{2R}} |A(x, \nabla u)| |H| dx \leqslant C_2 \int_{B_{2R}} |\nabla u|^{p-1} |H| dx$$

$$\leqslant C_2 \left(\int_{B_{2R}} |\nabla u|^r dx \right)^{\frac{p-1}{r}} \left(\int_{B_{2R}} |H|^{\frac{r}{r-p+1}} \right)^{\frac{r-p+1}{r}}$$

$$\leqslant C_2 C(n,p)(p-r) \cdot$$

$$\left(\int_{B_{2R}} |\nabla u|^r dx \right)^{\frac{p-1}{r}} \left(\int_{B_{2R}} |\nabla [\eta(u - u_{B_{2R}})]|^r dx \right)^{\frac{r-p+1}{r}}$$

$$(11.41)$$

因为 $\nabla[\eta(u - u_{B_{2R}})] = \eta \nabla(u - u_{B_{2R}}) + (u - u_{B_{2R}}) \nabla \eta$, 由 Young 不等式 $(\tau > 0)$ 以及式 (11.29), 知上面不等式即为

$$I_3 \leqslant C_2 C(n,p)(p-r) \cdot$$

$$\left(\int_{B_{2R}} |\nabla u|^r dx \right)^{\frac{p-1}{r}} \left(\int_{B_{2R}} |\eta \nabla u|^r dx \right)^{\frac{r-p+1}{r}} +$$

$$C_2 C(n,p)(p-r) \cdot$$

$$\left(\int_{B_{2R}} |\nabla u|^r dx \right)^{\frac{p-1}{r}} \left(\int_{B_{2R}} |(u - u_{B_{2R}}) \nabla \eta|^r dx \right)^{\frac{r-p+1}{r}}$$

$$\leqslant C(n,p,C_2)(p-r) \cdot$$

$$\int_{B_{2R}} |\nabla u|^r dx + C(n,p,C_2)(p-r)\tau \int_{B_{2R}} |\nabla u|^r dx +$$

$$C(n,p,C_2,\tau)(p-r) \int_{B_{2R}} |(u - u_{B_{2R}})\nabla\eta|^r dx$$

$$\leq C(n,p,C_2)(p-r)(1+\tau) \cdot$$

$$\int_{B_{2R}} |\nabla u|^r dx + \frac{C(n,p,C_2,\tau)(p-r)}{R^r} \cdot$$

$$\int_{B_{2R}} |(u - u_{B_{2R}})|^r dx \tag{11.42}$$

估计 I_4. 由 Young 不等式 $(\tau > 0)$, 有

$$I_4 \leq \int_{B_{2R}} |f|^{p-1} |\nabla u|^{r-p+1} dx$$

$$\leq \tau \int_{B_{2R}} |\nabla u|^r dx + C(\tau) \int_{B_{2R}} |f|^r dx \tag{11.43}$$

估计 I_5. 由 Young 不等式 $(\tau > 0)$ 以及式 (11.35), 有

$$I_5 \leq \int_{B_{2R}} |f|^{p-1} |E| dx$$

$$\leq C(n,p,r) \int_{B_{2R}} |f|^{p-1} |(u - u_{B_{2R}})\nabla\eta|^{r-p+1} dx$$

$$\leq C(n,p,r) \cdot$$

$$\left(\tau \int_{B_{2R}} |(u - u_{B_{2R}})\nabla\eta|^r dx + C(\tau) \int_{B_{2R}} |f|^r dx \right)$$

$$\leq C(n,p,r) \cdot$$

$$\left(\frac{\tau}{R^r} \int_{B_{2R}} |(u - u_{B_{2R}})|^r dx + C(\tau) \int_{B_{2R}} |f|^r dx \right)$$

$$\tag{11.44}$$

估计 I_6. 由 Hölder 不等式, 式 (11.32), Young 不等式 $(\tau > 0)$ 以及式 (11.29), 有

$$I_6 \leq \int_{B_{2R}} |f|^{p-1} |H| dx$$

$$\leqslant C(n,p)\left(\int_{B_{2R}}\mid f\mid^r\mathrm{d}x\right)^{\frac{p-1}{r}}\left(\int_{B_{2R}}\mid H\mid^{\frac{r}{r-p+1}}\mathrm{d}x\right)^{\frac{r-p+1}{r}}$$

$$\leqslant C(n,p)(p-r)\cdot$$

$$\left(\int_{B_{2R}}\mid f\mid^r\mathrm{d}x\right)^{\frac{p-1}{r}}\left(\int_{B_{2R}}\mid\nabla\eta(u-u_{B_{2R}})\mid^r\mathrm{d}x\right)^{\frac{r-p+1}{r}}$$

$$\leqslant C(n,p,r)(p-r)\cdot$$

$$\left(\int_{B_{2R}}\mid f\mid^r\mathrm{d}x\right)^{\frac{p-1}{r}}\left(\int_{B_{2R}}\mid\eta\nabla u\mid^r\mathrm{d}x\right)^{\frac{r-p+1}{r}}+$$

$$C(n,p,r)(p-r)\cdot$$

$$\left(\int_{B_{2R}}\mid f\mid^r\mathrm{d}x\right)^{\frac{p-1}{r}}\left(\int_{B_{2R}}\mid(u-u_{B_{2R}})\nabla\eta\mid^r\mathrm{d}x\right)^{\frac{r-p+1}{r}}$$

$$\leqslant C(n,p,r)(p-r)\tau\cdot$$

$$\int_{B_{2R}}\mid\nabla u\mid^r\mathrm{d}x+C(n,p,r,\tau)(p-r)\int_{B_{2R}}\mid f\mid^r\mathrm{d}x+$$

$$C(n,p,r)(p-r)\tau\int_{B_{2R}}\mid(u-u_{B_{2R}})\nabla\eta\mid^r\mathrm{d}x$$

$$\leqslant C(n,p,r)(p-r)\tau\cdot$$

$$\int_{B_{2R}}\mid\nabla u\mid^r\mathrm{d}x+C(n,p,r,\tau)(p-r)\int_{B_{2R}}\mid f\mid^r\mathrm{d}x+$$

$$\frac{C(n,p,r)(p-r)\tau}{R^r}\int_{B_{2R}}\mid(u-u_{B_{2R}})\mid^r\mathrm{d}x \quad (11.45)$$

结合 $I_i(1\leqslant i\leqslant 6)$ 得到

$$C_1\int_{B_R}\mid\nabla u\mid^r\mathrm{d}x$$

$$\leqslant\left[C\tau+C(p-r)(1+\tau)+\tau+C(p-r)\tau\right]\cdot$$

$$\int_{B_{2R}}\mid\nabla u\mid^r\mathrm{d}x+\frac{C\tau+C(p-r)+C\tau+C(p-r)\tau}{R^r}\cdot$$

$$\int_{B_{2R}}\mid u-u_{B_{2R}}\mid^r\mathrm{d}x+\left[C\tau+C(p-r)+C(\tau)\right]\cdot$$

$$\int_{B_{2R}}\mid f\mid^r\mathrm{d}x \quad (11.46)$$

其中 $C = C(n,p,r,C_2,\tau)$. 选择足够小的 τ 和 $p-r$ 使得上述不等式右边第一项系数的总和 $C\tau + C(p-r)\cdot(1+\tau) + \tau + C(p-r)\tau$ 远小于 1. 则上述不等式通过迭代法变为

$$\int_{B_R} \mid \nabla u \mid^r \mathrm{d}x \leqslant \frac{C}{R^r}\int_{B_{2R}} \mid u - u_{B_{2R}} \mid^r \mathrm{d}x + C\int_{B_{2R}} \mid f \mid^r \mathrm{d}x$$

$$(11.47)$$

其中 $C = C(n,p,C_1,C_2)$. 定理 11.2 得证.

令 v 是下列边值问题的很弱解

$$\begin{cases} \mathrm{div}\, A(x^*,\ \nabla v) = 0, & x \in B_{\hat R} \\ v = u, & x \in \partial B_{\hat R} \end{cases} \quad (11.48)$$

其中 $x^* \in B_{\hat R}$ 为定点,且 $B_{\hat R} = B_{10\rho_i}(x_i)$.

下面给出很弱解的定义.

定义 11.5　假设 $v \in W^{1,r}(B_{\hat R}), v - u \in W_0^{1,r}(B_{\hat R})$,称 $v \in W^{1,r}(B_{\hat R})$ 是 Dirichlet 问题 (11.48) 在 $B_{\hat R}$ 中的很弱解,如果有

$$\int_{B_{\hat R}} \langle A(x^*,\ \nabla v),\ \nabla\varphi \rangle \mathrm{d}x = 0 \quad (11.49)$$

对于任意的 $\varphi \in W_0^{1,\frac{r}{r-p+1}}(B_{\hat R})$ 成立.

需要下面的定理.

定理 11.3　若 $u \in W_{loc}^{1,r}(\Omega)$ 是方程 (11.1) 的局部很弱解,$v \in W^{1,r}(B_{10\rho_i}(x_i))$ 是 Dirichlet 问题 (11.48) 在 $B_{10\rho_i}(x_i)$ 中的很弱解,其中 $x_i \in E_\lambda(1)$,ρ_i 与在引理 11.3 中的定义相同,则有

$$\fint_{B_{10\rho_i}(x_i)} \mid \nabla v \mid^r \mathrm{d}x \leqslant C\fint_{B_{10\rho_i}(x_i)} \mid \nabla u \mid^r \mathrm{d}x$$

$$(11.50)$$

其中 $C = C(n,p,C_1,C_2)$.

243

证明　令 $v \in W^{1,r}(B_{10\rho_i}(x_i))$ 是 Dirichlet 问题 (4.21) 的很弱解,令 $\widetilde{\varphi} = v - u$,则

$$\nabla\widetilde{\varphi} = \nabla v - \nabla u \qquad (11.51)$$

易知 $|\nabla\widetilde{\varphi}|^{r-p} \nabla\widetilde{\varphi} \in L^{\frac{r}{r-p+1}}(B_{10\rho_i}(x_i))$. 然后对 $|\nabla\widetilde{\varphi}|^{r-p} \nabla\widetilde{\varphi}$ 进行 Hodge 分解

$$|\nabla\widetilde{\varphi}|^{r-p} \nabla\widetilde{\varphi} = \nabla\varphi + H \qquad (11.52)$$

其中 $\varphi \in W_0^{1,\frac{r}{r-p+1}}(B_{10\rho_i}(x_i))$, $H \in L^{\frac{r}{r-p+1}}(B_{10\rho_i}(x_i))$ 是散度为零的向量场,并且有下面的估计成立

$$\|\nabla\varphi\|_{\frac{r}{r-p+1}} \leqslant C \|\nabla\widetilde{\varphi}\|_r^{r-p+1} \qquad (11.53)$$

$$\|H\|_{\frac{r}{r-p+1}} \leqslant C(p-r) \|\nabla\widetilde{\varphi}\|_r^{r-p+1} \qquad (11.54)$$

其中 $C = C(n,p)$ 是仅依赖于 n 和 p 的常数. 令

$$E(u,u) = |\nabla(v-u)|^{r-p} \nabla(v-u) - |\nabla v|^{r-p} \nabla v \qquad (11.55)$$

然后由基本不等式 (11.34) 可得

$$|E(u,v)| \leqslant 2^{p-r} \frac{p-r+1}{r-p+1} |\nabla u|^{r-p+1} \qquad (11.56)$$

因为

$$\nabla\varphi = |\nabla\widetilde{\varphi}|^{r-p} \nabla\widetilde{\varphi} - H = E - H + |\nabla v|^{r-p} \nabla v \qquad (11.57)$$

选择 $\varphi \in W_0^{1,\frac{r}{r-p+1}}(\Omega)$ 作为定义 11.5 的检验函数,则

$$\int_{B_{10\rho_i}(x_i)} \langle A(x^*, \nabla v), |\nabla v|^{r-p} \nabla v \rangle \mathrm{d}x$$

$$= -\int_{B_{10\rho_i}(x_i)} \langle A(x^*, \nabla v), E - H \rangle \mathrm{d}x \qquad (11.58)$$

估计上述等式的左右两边, 首先由条件(H_1)和(H_3)有

$$\int_{B_{10\rho_i}(x_i)} \langle A(x^*, \nabla v), |\nabla v|^{r-p} \nabla v \rangle \mathrm{d}x$$

$$\geqslant C_1 \int_{B_{10\rho_i}(x_i)} |\nabla v|^r \mathrm{d}x \qquad (11.59)$$

再由条件(H_2)和式(11.56)得

$$-\int_{B_{10\rho_i}(x_i)} \langle A(x^*, \nabla v), E - H \rangle \mathrm{d}x$$

$$\leqslant \int_{B_{10\rho_i}(x_i)} |A(x^*, \nabla v)||E| \mathrm{d}x +$$

$$\int_{B_{10\rho_i}(x_i)} |A(x^*, \nabla v)||H| \mathrm{d}x$$

$$\leqslant C_2 \int_{B_{10\rho_i}(x_i)} |\nabla v|^{p-1} |E| \mathrm{d}x +$$

$$C_2 \int_{B_{10\rho_i}(x_i)} |\nabla v|^{p-1} |H| \mathrm{d}x$$

$$\leqslant C_2 C(n,p,r) \int_{B_{10\rho_i}(x_i)} |\nabla v|^{p-1} |\nabla u|^{r-p+1} \mathrm{d}x +$$

$$C_2 \int_{B_{10\rho_i}(x_i)} |\nabla v|^{p-1} |H| \mathrm{d}x \qquad (11.60)$$

然后利用 Hölder 不等式$\left(\dfrac{p-1}{r} + \dfrac{r-p+1}{r} = 1\right)$, 式$(11.51)$, 式$(11.54)$ 以及 Young 不等式$(\tau > 0)$, 上述不等式即为

$$-\int_{B_{10\rho_i}(x_i)} \langle A(x^*, \nabla v), E - H \rangle \mathrm{d}x$$

$$\leqslant C_2 C(n,p,r) \cdot$$

$$\left(\int_{B_{10\rho_i}(x_i)} |\nabla u|^r \mathrm{d}x\right)^{\frac{p-1}{r}} \left(\int_{B_{10\rho_i}(x_i)} |\nabla u|^r \mathrm{d}x\right)^{\frac{r-p+1}{r}} +$$

$$C_2\Big(\int_{B_{10\rho_i}(x_i)} |\nabla u|^r \mathrm{d}x\Big)^{\frac{p-1}{r}}\Big(\int_{B_{10\rho_i}(x_i)} |H|^{\frac{r}{r-p+1}}\mathrm{d}x\Big)^{\frac{r-p+1}{r}}$$

$$\leqslant C(n,p,r,C_2)\cdot$$

$$\Big\{\tau\int_{B_{10\rho_i}(x_i)} |\nabla v|^r \mathrm{d}x + C(\tau)\int_{B_{10\rho_i}(x_i)} |\nabla u|^r \mathrm{d}x\Big\}+$$

$$C(n,p,C_2)(p-r)\tau\int_{B_{10\rho_i}(x_i)} |\nabla v|^r \mathrm{d}x +$$

$$C(n,p,C_2,\tau)(p-r)\int_{B_{10\rho_i}(x_i)} (|\nabla v|^r +|\nabla u|^r)\,\mathrm{d}x$$

$$(11.61)$$

选择足够小的 τ 和 $p-r$，使得 $C_1 \geqslant C\tau + C(p-\tau)\tau + C(p-\tau)$，然后结合式(11.58) – (11.61) 有

$$\int_{B_{10\rho_i}(x_i)} |\nabla v|^r \mathrm{d}x \leqslant C\int_{B_{10\rho_i}(x_i)} |\nabla u|^r \mathrm{d}x$$

$$(11.62)$$

其中 $C = C(n,p,C_1,C_2)$. 定理 11.3 得证.

定理 11.4 若 $u \in W^{1,r}_{loc}(\Omega)$ 是方程(11.1) 的局部很弱解，$v \in W^{1,r}(B_{10\rho_i}(x_i))$ 是 Dirichlet 问题(11.48) 在 $B_{10\rho_i}(x_i)$ 中的很弱解，其中 $x_i \in E_\lambda(1)$，ρ_i 与引理 11.3 中的定义相同，如果

$$\fint_{B_{10\rho_i}(x_i)} |\nabla u|^r \mathrm{d}x \leqslant 1,\fint_{B_{10\rho_i}(x_i)} |f|^r \mathrm{d}x \leqslant \varepsilon$$

$$(11.63)$$

则有

$$\fint_{B_{10\rho_i}(x_i)} |\nabla(u-v)|^r \mathrm{d}x \leqslant \varepsilon \qquad (11.64)$$

证明 选取检验函数 $\widetilde{\varphi} = u-v$. 易知 $|\nabla\widetilde{\varphi}|^{r-p}\cdot$

$\nabla\widetilde{\varphi} \in L^{\frac{r}{r-p+1}}(B_{10\rho_i}(x_i))$. 然后对 $\mid \nabla\widetilde{\varphi} \mid^{r-p} \nabla\widetilde{\varphi}$ 进行 Hodge 分解

$$\mid \nabla(u - v) \mid^{r-p} \nabla(u - v) = \nabla\varphi + H \qquad (11.65)$$

其中 $\varphi \in W_0^{1,\frac{r}{r-p+1}}(B_{10\rho_i}(x_i))$, $H \in L^{\frac{r}{r-p+1}}(B_{10\rho_i}(x_i))$ 是散度为零的向量场, 并且有下面的估计成立

$$\| H \|_{\frac{r}{r-p+1}} \leqslant C(p - r) \| \nabla(u - v) \|_r^{r-p+1}$$

$$(11.66)$$

其中 $C = C(n, p)$ 是仅依赖于 n 和 p 的常数.

选择 $\varphi \in W_0^{1,\frac{r}{r-p+1}}(B_{10\rho_i}(x_i))$ 作为定义 11.1 和定义 11.5 中的检验函数, 有

$$\int_{B_{10\rho_i}(x_i)} \langle A(x, \nabla u), \nabla\varphi \rangle \mathrm{d}x = \int_{B_{10\rho_i}(x_i)} \langle \mid f \mid^{p-2}f, \nabla\varphi \rangle \mathrm{d}x$$

$$(11.67)$$

$$\int_{B_{10\rho_i}(x_i)} \langle A(x^*, \nabla v), \nabla\varphi) \rangle \mathrm{d}x = 0 \qquad (11.68)$$

其中 $x^* \in B_{10\rho_i}(x_i)$ 为定点. 然后直接计算得到结果

$$\int_{B_{10\rho_i}(x_i)} \langle A(x, \nabla u) - A(x, \nabla v), \nabla\varphi \rangle \mathrm{d}x$$

$$= -\int_{B_{10\rho_i}(x_i)} \langle A(x, \nabla v) - A(x^*, \nabla v), \nabla\varphi \rangle \mathrm{d}x +$$

$$\int_{B_{10\rho_i}(x_i)} \langle \mid f \mid^{p-2}f, \nabla\varphi \rangle \mathrm{d}x \qquad (11.69)$$

根据式 (11.65) 有

$$K_1 = K_2 + K_3 + K_4 + K_5 + K_6 \qquad (11.70)$$

其中

$$K_1 = \int_{B_{10\rho_i}(x_i)} \langle A(x, \nabla u) - A(x, \nabla v),$$

$$|\nabla(u-v)|^{r-p}\nabla(u-v)\rangle \mathrm{d}x$$

$$K_2 = \int_{B_{10\rho_i}(x_i)} \langle A(x,\nabla u) - A(x,\nabla v), H\rangle \mathrm{d}x$$

$$K_3 = -\int_{B_{10\rho_i}(x_i)} \langle A(x,\nabla u) - A(x^*,\nabla v),$$

$$|\nabla(u-v)|^{r-p}\nabla(u-v)\rangle \mathrm{d}x$$

$$K_4 = \int_{B_{10\rho_i}(x_i)} \langle A(x,\nabla u) - A(x^*,\nabla v), H\rangle \mathrm{d}x$$

$$K_5 = \int_{B_{10\rho_i}(x_i)} \langle |f|^{p-2}f, |\nabla(u-v)|^{r-p}\nabla(u-v)\rangle \mathrm{d}x$$

$$K_6 = -\int_{B_{10\rho_i}(x_i)} \langle |f|^{p-2}f, H\rangle \mathrm{d}x \qquad (11.71)$$

先估计 K_1. 利用条件 (H_1) 得

$$K_1 \geqslant C_1 \int_{B_{10\rho_i}(x_i)} |\nabla(u-v)|^r \mathrm{d}x \qquad (11.72)$$

估计 K_2. 由条件 (H_2), Hölder 不等式, 式(11.66) 以及 Young 不等式$(\tau > 0)$ 得

$$K_2 \leqslant \int_{B_{10\rho_i}(x_i)} (|A(x,\nabla u)| + |A(x,\nabla v)|)|H|\,\mathrm{d}x$$

$$\leqslant C_2 \int_{B_{10\rho_i}(x_i)} (|\nabla u|^{p-1} + |\nabla v|^{p-1})|H|\,\mathrm{d}x$$

$$\leqslant C_2 \Big(\int_{B_{10\rho_i}(x_i)} (|\nabla u|^r + |\nabla v|^r \mathrm{d}x\Big)^{\frac{p-1}{r}} \Big(\int_{B_{10\rho_i}(x_i)} |H|^{\frac{r}{r-p+1}}\mathrm{d}x\Big)^{\frac{r-p+1}{r}}$$

$$\leqslant C(n,p,C_2)(p-r)\cdot$$

$$\Big(\int_{B_{10\rho_i}(x_i)} (|\nabla u|^r + |\nabla u|^r \mathrm{d}x\Big)^{\frac{p-1}{r}} \Big(\int_{B_{10\rho_i}(x_i)} |\nabla(u-v)|^r \mathrm{d}x\Big)^{\frac{r-p+1}{r}}$$

$$\leqslant C(n,p,C_2)(p-r)\cdot$$

$$\Big(\int_{B_{10\rho_i}(x_i)} (|\nabla(u-v)|^r + |\nabla v|^r \mathrm{d}x\Big)^{\frac{p-1}{r}} \Big(\int_{B_{10\rho_i}(x_i)} |\nabla(u-v)|^r \mathrm{d}x\Big)^{\frac{r-p+1}{r}}$$

$$\leq C(n,p,\tau,C_2)(p-r) \cdot$$

$$\Big(\int_{B_{10\rho_i}(x_i)} |\nabla(u-v)|^r \mathrm{d}x + \int_{B_{10\rho_i}(x_i)} |\nabla v|^r \mathrm{d}x \Big) +$$

$$C(n,p)(p-r)\tau \int_{B_{10\rho_i}(x_i)} |\nabla(u-v)|^r \mathrm{d}x \qquad (11.73)$$

估计 K_3. 由条件 (H_4) ,式 (11.24) ,Young 不等式 $(\tau > 0)$ 以及 $\rho_i \in (0, R_0/10]$ 得

$$K_3 \leq C_3 \omega(|x-x^*|) \int_{B_{10\rho_i}(x_i)} |\nabla v|^{p-1} |\nabla(u-v)|^{r-p+1} \mathrm{d}x$$

$$\leq C_3 \omega(R_0) \int_{B_{10\rho_i}(x_i)} |\nabla v|^{p-1} |\nabla(u-v)|^{r-p+1} \mathrm{d}x$$

$$\leq C_3 \varepsilon \Big\{ C(\tau) \int_{B_{10\rho_i}(x_i)} |\nabla v|^r \mathrm{d}x +$$

$$\tau \int_{B_{10\rho_i}(x_i)} |\nabla(u-v)|^r \mathrm{d}x \Big\} \qquad (11.74)$$

估计 K_4. 由条件 (H_4) ,Hölder 不等式,式 (11.66) ,式 (11.24) ,Young 不等式 $(\tau > 0)$ 以及 $\rho_i \in (0, R_0/10]$ 可得

$$K_4 \leq C_3 \omega(|x-x^*|) \int_{B_{10\rho_i}(x_i)} |\nabla v|^{p-1} |H| \,\mathrm{d}x$$

$$\leq C_3 \omega(R_0) \cdot$$

$$\Big(\int_{B_{10\rho_i}(x_i)} |\nabla v|^r \mathrm{d}x \Big)^{\frac{p-1}{r}} \Big(\int_{B_{10\rho_i}(x_i)} |H|^{\frac{r}{r-p+1}} \mathrm{d}x \Big)^{\frac{r-p+1}{r}}$$

$$\leq C_3 C(n,p)(p-r)\varepsilon \cdot$$

$$\Big(\int_{B_{10\rho_i}(x_i)} |\nabla v|^r \mathrm{d}x \Big)^{\frac{p-1}{r}} \Big(\int_{B_{10\rho_i}(x_i)} |\nabla(u-v)|^r \mathrm{d}x \Big)^{\frac{r-p+1}{r}}$$

$$\leq C_3 C(n,p)(p-r)\varepsilon \cdot$$

$$\Big\{ C(\tau) \int_{B_{10\rho_i}(x_i)} |\nabla v|^r \mathrm{d}x + \tau \int_{B_{10\rho_i}(x_i)} |\nabla(u-v)|^r \mathrm{d}x \Big\}$$

$$(11.75)$$

估计 K_5. 由 Young 不等式 $(\tau > 0)$ 得

$$K_5 \leq \int_{B_{10\rho_i}(x_i)} |f|^{p-1} |\nabla(u-v)|^{r-p+1} \mathrm{d}x$$

$$\leq C(\tau) \int_{B_{10\rho_i}(x_i)} |f|^r \mathrm{d}x + \tau \int_{B_{10\rho_i}(x_i)} |\nabla(u-v)|^r \mathrm{d}x$$

$$(11.76)$$

估计 K_6. 由 Hölder 不等式,式(11.66)以及 Young 不等式 $(\tau > 0)$ 得

$$K_6 \leq \int_{B_{10\rho_i}(x_i)} |f|^{p-1} |H| \mathrm{d}x$$

$$\leq \Big(\int_{B_{10\rho_i}(x_i)} |f|^x \mathrm{d}x\Big)^{\frac{p-1}{r}} \Big(\int_{B_{10\rho_i}(x_i)} |H|^{\frac{r}{r-p+1}} \mathrm{d}x\Big)^{\frac{r-p+1}{r}}$$

$$\leq C(n,p)(p-r) \cdot$$

$$\Big(\int_{B_{10\rho_i}(x_i)} |f|^r \mathrm{d}x\Big)^{\frac{p-1}{r}} \Big(\int_{B_{10\rho_i}(x_i)} |\nabla(u-v)|^r \mathrm{d}x\Big)^{\frac{r-p+1}{r}}$$

$$\leq C(n,p)(p-r) \cdot$$

$$\Big\{C(\tau) \int_{B_{10\rho_i}(x_i)} |f|^r \mathrm{d}x + \tau \int_{B_{10\rho_i}(x_i)} |\nabla(u-v)|^r \mathrm{d}x\Big\}$$

$$(11.77)$$

综合估计式 $K_i (1 \leq i \leq 6)$,且选取足够小的 τ 和 $(p-r)$,使得

$$C_1 > C(n,p)(p-r)\tau + C(n,p,\tau)(p-r) +$$
$$C_3 \varepsilon\tau + C_3 C(n,p)(p-r)\varepsilon\tau + \tau + C(n,p)(p-r)\tau$$

则有

$$\int_{B_{10\rho_i}(x_i)} |\nabla(u-v)|^r \mathrm{d}x$$

$$\leq C\Big\{\varepsilon \int_{B_{10\rho_i}(x_i)} |\nabla v|^r \mathrm{d}x + \int_{B_{10\rho_i}(x_i)} |f|^r \mathrm{d}x\Big\} \quad (11.78)$$

即

$$\fint_{B_{10\rho_i}(x_i)} |\nabla(u-v)|^r dx$$

$$\leqslant C\left\{\varepsilon \fint_{B_{10\rho_i}(x_i)} |\nabla v|^r dx + \fint_{B_{10\rho_i}(x_i)} |f|^r dx\right\} \quad (11.79)$$

然后根据定理 11.3 得

$$\fint_{B_{10\rho_i}(x_i)} |\nabla(u-v)|^r dx$$

$$\leqslant C\left\{\varepsilon \fint_{B_{10\rho_i}(x_i)} |\nabla u|^r dx + \fint_{B_{10\rho_i}(x_i)} |f|^r dx\right\} \quad (11.80)$$

由式(11.63) 得

$$\fint_{B_{10\rho_i}(x_i)} |\nabla(u-v)|^r dx \leqslant C\varepsilon \quad (11.81)$$

其中 $C = C(n,p,C_1,C_2,C_3)$. 定理 11.4 证毕.

接下来，给出如下 Dirichlet 问题(11.48) 很弱解 v 的有界性引理.

引理 11.4[①]　设 $f(\tau)$ 是定义在 $0 \leqslant R_0 \leqslant t \leqslant R_1$ 上的非负有界函数，若对 $R_0 \leqslant \tau < t \leqslant R_1$ 有

$$f(\tau) \leqslant A(t-\tau)^{-\alpha} + B + \theta f(t)$$

这里 A,B,α,θ 为非负常数，且 $\theta < 1$，则存在只依赖于 α 和 θ 的常数 $c = c(\alpha,\theta)$，使得对于每个 $\rho,R,R_0 \leqslant \rho < R \leqslant R_1$，有

$$f(\rho) \leqslant c[A(R-\rho)^{-\alpha} + B]$$

---

①　GIAQUINTA M. Multiple Integrals in the Calculus of Variations and Nonlinear Elliptic Systems[M]. Princeton：Princeton University Press, 1983.

定义 11.6[①]　函数 $u \in W^{1,m}_{loc}(\Omega)$ 属于 $B(\Omega, \gamma, m, k_0)$ 类,若对于每一个 $k > k_0, k_0 > 0$ 和 $B_\rho = B_\rho(x_0)$, $B_{\rho - \rho\sigma} = B_{\rho - \rho\sigma}(x_0)$, $B_R = B_R(x_0)$, 有

$$\int_{A^+_{k, \rho - \rho\sigma}} |\nabla u|^m dx \leq \gamma \left\{ \sigma^{-m} \rho^{-m} \int_{A^+_{k, \rho}} (u - k)^m dx + |A^+_{k, \rho}| \right\}$$

其中 $R/2 \leq \rho - \rho\sigma < \rho < R, m < n, |A^+_{k, \rho}|$ 是集合 $A^+_{k, \rho}$ 的 n 维 Lebesgue 测度.

引理 11.5　假设 $u(x)$ 是属于 $B(\Omega, \gamma, m, k_0)$ 类的任意函数,且 $B_R \subset \Omega$. 则有

$$\max_{B_{R/2}} u(x) \leq c$$

其中常数 c 仅由 $\gamma, m, k_0, R, \|\nabla u\|_m$ 确定.

定理 11.5　假设 $v \in W^{1,r}(B_{\tilde{R}})$ 是方程(11.48)的很弱解,则 v 局部有界.

证明　令 v 是 Dirichlet 问题(11.48)的很弱解.由于 $v - u \in W^{1+r}_0(B_{\tilde{R}})$,则在 $\Omega \backslash B_{\tilde{R}}$ 上 $v = u$. 令 $B_{2\tilde{R}} \subset \Omega, 0 < \tilde{R} \leq \tilde{\tau} < t \leq 2\tilde{R}$. 考虑函数 $v(x)$ 和 $k > 0$ 有

$$A_k = \{x \in \Omega: |v(x)| > k\}, A^+_k = \{x \in \Omega: v(x) > k\}$$

$$A_{k,t} = A_k \cap B_t, A^+_{k,t} = A^+_k \cap B_t$$

选取截断函数 $\eta \in C^\infty_0(B_{2\tilde{R}})$ 使得

$$\text{supp } \eta \subset B_t, 0 \leq \eta \leq 1, \eta \equiv 1 \text{ in } B_{\tilde{\tau}}, |\nabla \eta| \leq 2(t - \tilde{\tau})^{-1} \tag{11.82}$$

考虑函数

$$\phi = \eta^r(v - t_k(v)) \tag{11.83}$$

① HONG M C. Some remarks on the minimizers of variational integrals with nonstandard growth conditions[J]. Bollettino dell'Unione Mathematica Italiana, 1992,6(1):91 – 101.

其中

$$t_k(v) = \min\{v, k\}, k \geqslant 0 \qquad (11.84)$$

易知 $|\nabla\phi|^{r-p}\ \nabla\phi \in L^{\frac{r}{r-p+1}}(B_{2\hat{R}})$. 对 $|\nabla\phi|^{r-p}\ \nabla\phi$ 进行 Hodge 分解

$$|\nabla[\eta^r(v-t_k(v))]|^{r-p}\ \nabla[\eta^r(v-t_k(v))] = \nabla\varphi + H \qquad (11.85)$$

其中 $\varphi \in W_0^{1,\frac{r}{r-p+1}}(B_{2\hat{R}}), H \in L^{\frac{r}{r-p+1}}(B_{2\hat{R}})$ 是散度为零向量场,且有以下估计成立

$$\|H\|_{\frac{r}{r-p+1}} \leqslant C(p-r)\|\nabla[\eta^r(v-t_k(v))]\|_r^{r-p+1} \qquad (11.86)$$

其中 $C = C(n,p)$ 是只依赖于 n 和 p 的常数.

选取 $\varphi \in W_0^{1,\frac{1}{r-p+1}}(B_{2\hat{R}})$ 作为定义 11.5 中的检验函数,则有

$$\int_{B_{2\hat{R}}} \langle A(x^*,\ \nabla v),\ |\nabla[\eta^r(v-t_k(v))]|^{r-p}\ \cdot$$
$$\nabla[\eta^r(v-t_k(v))] - H\rangle \mathrm{d}x \geqslant 0 \qquad (11.87)$$

则有

$$\int_{A_{k,t}^+} \langle A(x^*,\ \nabla v), H\rangle \mathrm{d}x$$

$$\leqslant \int_{B_{2\hat{R}}} \langle A(x^*,\ \nabla v), H\rangle \mathrm{d}x$$

$$\leqslant \int_{B_{2\hat{R}}} \langle A(x^*,\ \nabla v),\ |\nabla[\eta^r(v-t_k(v))]|^{r-p}\ \cdot$$
$$\nabla[\eta^r(v-t_k(v))]\rangle \mathrm{d}x$$

$$= \left(\int_{B_{2\hat{R}}\cap\{v\leqslant k\}} + \int_{B_{2\hat{R}}\cap\{v>k\}}\right)\langle A(x^*,\ \nabla v),$$
$$|\nabla[\eta^r(v-t_k(v))]|^{r-p}\ \nabla[\eta^r(v-t_k(v))]\rangle \mathrm{d}x$$

$$= \int_{B_{2\hat{R}}\cap\{v>k\}} \langle A(x^*,\ \nabla v),\ |\nabla[\eta^r(v-t_k(v))]|^{r-p}\ \cdot$$

$$\nabla[\eta^r(v - t_k(v))]\rangle\,\mathrm{d}x$$

$$= \int_{A_{\bar{k},t}^+} \langle A(x^*,\nabla v), |\nabla|[\eta^r(v - t_k(v))]|^{r-p} \cdot$$

$$\nabla[\eta^r(v - t_k(v))]\rangle\,\mathrm{d}x \qquad (11.88)$$

令

$$E(\eta,v) = |\nabla[\eta^r(v - t_k(v))]|^{r-p}\,\nabla[\eta^r(v - t_k(v))] -$$

$$|\eta^r\,\nabla v|^{r-p}\eta^r\,\nabla v \qquad (11.89)$$

由基本不等式(11.34) 和

$$\nabla[\eta^r(v - t_k(v))] = \eta^r(\nabla v - \nabla t_k(v)) +$$

$$r\eta^{r-1}(v - t_k(v))\,\nabla\eta \qquad (11.90)$$

可得

$$|E(\eta,v)| \leqslant 2^{p-r}\frac{p - r + 1}{r - p + 1}|\eta^r\,\nabla t_k(v) -$$

$$r\eta^{r-1}(v - t_k(v))\,\nabla\eta|^{r-p+1} \qquad (11.91)$$

由 $E(\eta,v)$ 的定义和式(11.88) 得

$$\int_{A_{\bar{k},t}^+} \langle A(x^*,\nabla v), |\eta^r\,\nabla v|^{r-p}\eta^r\,\nabla v\rangle\,\mathrm{d}x$$

$$= \int_{A_{\bar{k},t}^+} \langle A(x^*,\nabla v), E(\eta,v)\rangle\,\mathrm{d}x -$$

$$\int_{A_{\bar{k},t}^+} \langle A(x^*,\nabla v), |\nabla[\eta^r(v - t_k(v))]|^{r-p} \cdot$$

$$\nabla[\eta^r(v - t_k(v))]\rangle\,\mathrm{d}x$$

$$\leqslant \int_{A_{\bar{k},t}^+} \langle A(x^*,\nabla v), E(\eta,v)\rangle\,\mathrm{d}x -$$

$$\int_{A_{\bar{k},t}^+} \langle A(x^*,\nabla v), H\rangle\,\mathrm{d}x$$

$$= I_1 + I_2 \qquad (11.92)$$

下面估计式(11.92) 的左右两边. 先由条件(H_1)

254

和(H_3)得出

$$\int_{A_{\tilde{k},t}^+} \langle A(x^*, \nabla v), \mid \eta^r \nabla v \mid^{r-p} \eta^r \nabla v \rangle \mathrm{d}x$$

$$\geqslant \int_{A_{k,\tilde{\tau}}^+} \langle A(x^*, \nabla v), \mid \nabla v \mid^{r-p} \nabla v \rangle \mathrm{d}x$$

$$\geqslant C_1 \int_{A_{\tilde{k},\tilde{\tau}}^+} \mid \nabla v \mid^r \mathrm{d}x \qquad (11.93)$$

再由条件(H_2)和式(11.91)得出

$$\mid I_1 \mid = \left| \int_{A_{k,t}} \langle A(x, \nabla v,), E(\eta, v) \rangle \mathrm{d}x \right|$$

$$\leqslant C_2 \int_{A_{\tilde{k},t}^+} \mid \nabla v \mid^{p-1} \mid E(v,u) \mid \mathrm{d}x$$

$$\leqslant C_2 2^{p-r} \frac{p-r+1}{r-p+1} \int_{A_{\tilde{k},t}^+} \mid \nabla v \mid^{p-1} \mid \eta^r \nabla t_k(v) -$$

$$r\eta^{r-1} \nabla \eta (v - t_k(v)) \mid^{r-p+1} \mathrm{d}x$$

$$\leqslant C \int_{A_{\tilde{k},t}^+} \mid \nabla v \mid^{p-1} \mid \eta^r \nabla t_k(v) \mid^{r-p+1} \mathrm{d}x +$$

$$C \int_{A_{\tilde{k},t}^+} \mid \nabla v \mid^{p-1} \mid r\eta^{r-1}(v - t_k(v)) \nabla \eta \mid^{r-p+1} \mathrm{d}x$$

$$(11.94)$$

其中 $C = C_2 2^{p-r} \frac{p-r+1}{r-p+1}$. 因为在 $A_{k,t}^+$ 上 $t_k(v) = k$,利用 Young 不等式($\tau > 0$)得到

$$\mid I_1 \mid \leqslant C \int_{A_{\tilde{k},t}^+} \mid \nabla v \mid^{p-1} \mid r\eta^{r-1} \nabla \eta (v - t_k(v)) \mid^{r-p+1} \mathrm{d}x$$

$$\leqslant C \Big[\tau \int_{A_{\tilde{k},t}^+} \mid \nabla v \mid^r \mathrm{d}x +$$

$$C(\tau) \int_{A_{\tilde{k},t}^+} \mid r\eta^{r-1}(v - t_k(v)) \nabla \eta \mid^r \mathrm{d}x \Big] \quad (11.95)$$

根据 $\mid \nabla \eta \mid \leqslant 2(t - \tilde{\tau})^{-1}$ 以及在 $A_{k,t}^+$ 上 $\mid v - t_k(v) \mid = \mid v - k \mid$,可得

$$| I_1 | \leq C\tau \int_{A^+_{\tilde{k},t}} | \nabla v |^r \mathrm{d}x + \frac{C(p,r,\tau)}{(t - \overset{\sim}{\tau})^r} \int_{A^+_{\tilde{k},t}} | v - k |^r \mathrm{d}x$$

$$(11.96)$$

现估计 I_2，由条件 (H_2)，Hölder 不等式，式(11.86) 以及 Young 不等式可得

$$| I_2 | = \left| \int_{A^+_{\tilde{k},t}} \langle A(x^*, \nabla v), H \rangle \mathrm{d}x \right|$$

$$\leq C_2 \int_{A^+_{\tilde{k},t}} | \nabla v |^{p-1} | H | \, \mathrm{d}t$$

$$\leq C_2 \left(\int_{A^+_{\tilde{k},t}} | \nabla v |^r \mathrm{d}x \right)^{\frac{p-1}{r}} \left(\int_{A^+_{\tilde{k},t}} | H |^{\frac{r}{r-p+1}} \mathrm{d}x \right)^{\frac{r-p+1}{r}}$$

$$\leq C(n,p,C_2)(p-r) \left(\int_{A^+_{\tilde{k},t}} | \nabla v |^r \mathrm{d}x \right)^{\frac{p-1}{r}} \cdot$$

$$\left(\int_{A^+_{\tilde{k},t}} | \nabla [\eta^r (v - t_k(v))] |^r \mathrm{d}x \right)^{\frac{r-p+1}{r}}$$

$$\leq C(n,p,C_2)(p-r)\tau \int_{A^+_{\tilde{k},t}} | \nabla v |^r \mathrm{d}x +$$

$$C(n,p,\tau,C_2)(p-r) \cdot$$

$$\int_{A^+_{\tilde{k},t}} | \nabla [\eta^r (v - t_k(v))] |^r \mathrm{d}x \quad (11.97)$$

由式(11.90) 有

$$\int_{A^+_{\tilde{k},t}} | \nabla [\eta^r (v - t_k(v))] |^r \mathrm{d}x$$

$$\leq \int_{A^+_{\tilde{k},t}} | \nabla v |^r \mathrm{d}x + \frac{2^r r}{(t - \overset{\sim}{\tau})^r} \int_{A^+_{\tilde{k},t}} | v - k |^r \mathrm{d}x \quad (11.98)$$

即有

$$| I_2 | \leq C(p-r) \int_{A^+_{\tilde{k},t}} | \nabla v |^r \mathrm{d}x +$$

$$\frac{C(p,r,\tau)}{(t - \tilde{r})^r} \int_{A^+_{\tilde{k},t}} | v - k |^r \mathrm{d}x \quad (11.99)$$

故由不等式 (11.92)，(11.93)，(11.96) 以及 (11.99)，得到

$$\int_{A_{\tilde k,\tilde\tau}} |\nabla v|^r \mathrm{d}x \leqslant \frac{C\tau + C(p-r)}{C_1}.$$

$$\int_{A_{\tilde k,t}} |\nabla v|^r \mathrm{d}x + \frac{C(p,r,\tau)}{C_1(t-\tilde\tau)^r} \int_{A_{\tilde k,t}} |v-k|^r \mathrm{d}x \quad (11.100)$$

选取足够小的 τ 和 $p-\tau$，使得式(11.100)右边第一项的系数总和 θ 小于 1. 因此，对每一个 t 和 $\tilde\tau$，满足 $\tilde R \leqslant \tilde\tau < t < 2\tilde R$，有

$$\int_{A_{\tilde k,\tilde\tau}} |\nabla v|^r \mathrm{d}x \leqslant \theta \int_{A_{\tilde k,t}} |\nabla v|^r \mathrm{d}x +$$
$$\frac{C(p,r)}{C_1(t-\tilde\tau)^r} \int_{A_{\tilde k,R}} |v-k|^r \mathrm{d}x \quad (11.101)$$

给定任意的 ρ,σ，满足 $\tilde R \leqslant \rho < \sigma \leqslant 2\tilde R$. 利用引理 11.4 可得出

$$\int_{A_{\tilde k,\rho}} |\nabla v|^r \mathrm{d}x \leqslant \frac{cC(p,r)}{C_1(\sigma-\rho)^r} \int_{A_{\tilde k,t}} |v-k|^r \mathrm{d}x$$

$$(11.102)$$

其中 c 是引理 11.4 中给定的常数，因此，v 属于 B 类，且有 $\gamma = cC(p,r)/C_1, m = r$. 于是由引理 11.5 可得

$$\max_{B_R} v(x) \leqslant c$$

定理 11.5 证毕.

引理 11.6[①]　令 $g \in C^1$，且满足 $0 \leqslant \dfrac{tg'(t)}{g(t)} \leqslant$

① LIEBERMAN G M. The natural generalization of the natural conditions of Ladyzhenskaya and Urla'tseva for elliptic equations[J]. Communications in Partial Differential Equations, 1991,16:311 - 361.

$g_0(t>0)$,假设对某正常数 ε,有 $g(t) \geqslant \varepsilon t$. 令 $\overline{A}: \mathbf{R}^n \to \mathbf{R}^n$,假设存在一个正常数 Λ 使得

$$\overline{\alpha^{ij}}(h)\xi_i\xi_j \geqslant \frac{g(|h|)}{|h|}|\xi|^2$$

$$|\overline{\alpha^{ij}}(h)| \leqslant \Lambda\frac{g(|h|)}{|h|}$$

$$|\overline{A}(h)| \leqslant \Lambda g(|h|)$$

其中 $h,\xi \in \mathbf{R}^n, \overline{\alpha^{ij}} = \dfrac{\partial \overline{A^i}}{\partial h^j}$. 若 v 是方程 $\operatorname{div} \overline{A}(Dv) = 0$ 在 $W^{1,G}(B_R)$ 中的有界解,则 $v \in C^{1,\sigma}(B_R)$,$\sigma(N,g_0,\Lambda)$ 是正数,又有

$$\sup_{B_{R/2}} G(|Dv|)$$

$$\leqslant c(N,g_0,\Lambda)R^{-n}\int_{B_R} G(|Dv|)\,\mathrm{d}x$$

$$\fint_{B_r} G(|Dv - (Dv)_r|)\,\mathrm{d}x$$

$$\leqslant c(N,g_0,\Lambda)\left(\frac{r}{R}\right)^\sigma \fint_{B_R} G(|Dv - (Dv)_R|)\,\mathrm{d}x$$

其中 $0 < r < R$.

定理 11.6 假设 $v \in W^{1,r}(B_{10\rho_i}(x_i))$ 是 Dirichlet 问题 (11.48) 在 $B_{10\rho_i}(x_i)$ 上的很弱解,则存在 $N_0 > 1$ 使得

$$\sup_{B_{5\rho_i}(x_i)} |\nabla v| \leqslant N_0 \qquad (11.103)$$

证明 令 v 是方程 (11.48) 的很弱解. 由定理 11.5 可知 v 是局部有界的,令 $g(t) = rt^{r-1}$. 然后根据引理 11.6,有

$$G(t) = \int_0^t g(s)\,\mathrm{d}s = \int_0^t rs^{r-1}\,\mathrm{d}s = t^r \quad (11.104)$$

第 11 章 　Orlicz 空间中 A- 调和方程很弱解的 L^{ϕ} 估计

根据文献 *The natural generalization of the natural conditions of Ladyzhenskaya and Ural' tseva for elliptic equations* 中 $W^{1,G}$ 的定义,$v(x) \in W^{1,G}(B_R)$,则 Dirichlet 问题(11.48)的很弱解 $v(x)$ 满足引理 11.6 的条件. 然后根据引理 11.6 和 $G(t)$ 的定义,有

$$\sup_{B_{R/2}} |\nabla v|^r \leqslant c\widetilde{R}^{-n} \int_{B_{\widetilde{R}}} |\nabla v|^r \mathrm{d}x$$
$$\leqslant c \fint_{B_r} (1 + |\nabla v|^r) \mathrm{d}x \leqslant N_0 \quad (11.105)$$

根据引理 11.3,给定 $\lambda \geqslant \lambda_* =: (10/R_0)^{n/r} \lambda_0 + 1$,构造一族互不相交的球 $\{B_{\rho_i}(x_i)\}_{i \in \mathbf{N}}$,其中 $x_i \in E_{\lambda}(1), i \in \mathbf{N}$. 则对任意的 $\rho > \rho_i$,有

$$\fint_{B_{\rho}(x_i)} |\nabla u_{\lambda}|^r \mathrm{d}x \leqslant 1, \fint_{B_{\rho}(x_i)} |f_{\lambda}|^r \mathrm{d}x \leqslant \varepsilon$$

$$(11.106)$$

此外,根据引理 11.2 的新标准化,可得出以下定理 11.4 和定理 11.6 的推论.

推论 11.1　假设 $v_{\lambda} \in W^{1,r}(B_{10\rho_i}(x_i))$ 是方程 (11.48) 在 $B_{10\rho_i}(x_i)$ 上的很弱解,A_{λ} 满足 (H_1) – (H_4),则存在 $N_0 > 1$ 使得

$$\sup_{B_{5\rho i}(x_i)} |\nabla v_{\lambda}| \leqslant N_0 \quad (11.107)$$

推论 11.2　假设 $v_{\lambda} \in W^{1,r}(B_{10\rho_i}(x_i))$ 是方程 (11.48) 的很弱解,其中 $x^* \in B_{10\rho i}(x_i)$,且 A_{λ} 满足条件 (H_1) – (H_4),则有

$$\fint_{B_{10\rho_i}(x_i)} |\nabla(u_{\lambda} - v_{\lambda})|^r \mathrm{d}x \leqslant \varepsilon \quad (11.108)$$

11.5 定理 11.1 的证明

本节证明定理 11.1. 首先假设 $|\nabla u|^r \in L_{loc}^{\infty}(\Omega) \subset L_{loc}^{\phi}(\Omega)$. 该假设可以通过逼近的标准方法移除[①].

1. 先验估计

假设 $|\nabla u|^r \in L_{loc}^{\infty}(\Omega) \subset L_{loc}^{\phi}(\Omega)$. 根据引理 11.1(3)，有

$$
\begin{aligned}
\int_{B_1} \phi(|\nabla u|^r)\mathrm{d}x &= \int_0^{\infty} |\{x \in B_1 \mid |\nabla u|^r > \mu\}| \, \mathrm{d}[\phi(\mu)] \\
&= \int_0^{(2N_0)^r \lambda_*^r} |\{x \in B_1 \mid |\nabla u|^r > \mu\}| \, \mathrm{d}[\phi(\mu)] + \\
&\quad \int_{(2N_0)^r \lambda_*^r}^{\infty} |\{x \in B_1 \mid |\nabla u|^r > \mu\}| \, \mathrm{d}[\phi(\mu)] \\
&= \int_0^{(2N_0)^r \lambda_*^r} |\{x \in B_1 \mid |\nabla u|^r > \mu\}| \, \mathrm{d}[\phi(\mu)] + \\
&\quad \int_{\lambda_*}^{\infty} |\{x \in B_1 \mid |\nabla u|^r > (2N_0)^r \lambda^r\}| \cdot \\
&\quad \mathrm{d}[\phi(2N_0)^r \lambda^r)] \\
&= J_1 + J_2 \quad\quad (11.109)
\end{aligned}
$$

估计 J_1.

$$
\begin{aligned}
J_1 &= \int_0^{(2N_0)^r \lambda_*^r} |\{x \in B_1 \mid |\nabla u|^r > \mu\}| \, \mathrm{d}[\phi(\mu)] \\
&\leq |B_1| \phi[(2N_0)^r \lambda_*^r] \quad\quad (11.110)
\end{aligned}
$$

下面考虑 λ_*^r. 利用式 (11.21) 中 λ_0 的定义和定理

① YAO F, SUN Y, ZHOU S. Gradient estimates in Orlicz spaces for quasilinear elliptic equation[J]. Nonlinear Analysis, 2008, 69:2553 – 2565.

张雅楠,闫硕,佟玉霞. 自然增长条件下的非齐次 A- 调和方程弱解的梯度估计[J]. 数学物理学报,2020,40A(2):379 – 394.

11.2 得到

$$\lambda_*^r \leqslant C[\lambda_0^r + 1]$$

$$\leqslant C\left\{\fint_{B_1} |\nabla u|^r \mathrm{d}x + \frac{1}{\varepsilon}\fint_{B_1} |f|^r \mathrm{d}x + 1\right\}$$

$$\leqslant C\left\{\fint_{B_2} |u - u_{B_{2R}}|^r \mathrm{d}x + \fint_{B_2} |f|^r \mathrm{d}x + \frac{1}{\varepsilon}\fint_{B_1} |f|^r \mathrm{d}x + 1\right\}$$

$$\leqslant C\left\{\fint_{B_2} |u - u_{B_{2R}}|^r \mathrm{d}x + \fint_{B_2} |f|^r \mathrm{d}x + 1\right\}$$

$$(11.111)$$

其中 $C = C(n,r,\varepsilon)$. 最后利用 (11.110) 和 (11.111) 两式,上述不等式及 Jensen 不等式可得

$$J_1 \leqslant C\phi(\lambda_*^r)|B_1|$$

$$\leqslant C\left\{\phi\left(\fint_{B_2}|u - u_{B_{2R}}|^r \mathrm{d}x\right) + \phi\left(\fint_{B_2}|f|^r \mathrm{d}x\right) + 1\right\}$$

$$\leqslant C\left\{\phi\left(\int_{B_2}|u - u_{B_{2R}}|^r \mathrm{d}x\right) + \left(\int_{B_2}\phi(|f|^r)\mathrm{d}x\right) + 1\right\}$$

$$(11.112)$$

其中 $C = C(n,r,\phi,\varepsilon,C_1,C_2,N_0)$.

估计 J_2. 由式 (11.109) 可得

$$J_2 = \int_{\lambda_n}^{\infty} |\{x \in B_1 \mid |\nabla u|^r > (2N_0)^r\lambda^r\}|\,\mathrm{d}[\phi((2N_0)^r\lambda^r)]$$

$$\leqslant \int_0^{\infty} |\{x \in B_1 \mid |\nabla u| > (2N_0)\lambda\}|\,\mathrm{d}[\phi((2N_0)^r\lambda^r)]$$

$$(11.113)$$

现在考虑上面不等式右边最后一个积分的被积函数.

对任意的 $\lambda \geqslant \lambda_* = (10/R_0)^{n/r}\lambda_0 + 1$,利用推论 11.1,11.2 以及引理 11.3 中的式 (11.27),可得

$$|\{x \in B_{5\rho_i}(x_i) \mid |\nabla u| > 2N_0\lambda\}|$$

$$= |\{x \in B_{5\rho_i}(x_i) \mid |\nabla u_\lambda| > 2N_0\}|$$

$$\leq | \{x \in B_{5\rho_i}(x_i) \mid |\nabla(u_\lambda - v_\lambda)| > N_0\} | +$$
$$| \{x \in B_{5\rho_i}(x_i) \mid |\nabla v_\lambda| > N_0\} |$$
$$= | \{x \in B_{5\rho_i}(x_i) \mid |\nabla(u_\lambda - v_\lambda)| > N_0\} |$$
$$\leq \frac{1}{N_0^r} \int_{B_{5\rho_i}(x_i)} |\nabla(u_\lambda - v_\lambda)|^r dx$$
$$\leq C\varepsilon | B_{\rho_i}(x_i) |$$
$$\leq C\varepsilon \left(\int_{\{x \in B_{\rho_i}(x_i) \mid |\nabla u_\lambda|^r > 1/3\}} |\nabla u_\lambda|^r dx + \right.$$
$$\left. \frac{1}{\varepsilon} \int_{\{x \in B_{\rho_i}(x_i) \mid |f_\lambda|^r > \varepsilon/3\}} |f_\lambda|^r dx \right) \qquad (11.114)$$

其中 $C = C(n, r, N_0)$. 即可知球 $B_{\rho_i}(x_i)$ 不相交及对于任意的 $\lambda \geq \lambda_* = (10/R_0)^{n/r}\lambda_0 + 1$, 有

$$\bigcup_{i \in \mathbf{N}} B_{5\rho_i}(x_i) \supset E_\lambda(1) = \{x \in B_1 \mid |\nabla u_\lambda| > 1\}$$
$$(11.115)$$

然后对上述不等式在 $i \in \mathbf{N}$ 上求和, 可得到

$$| \{x \in B_1 \mid |\nabla u| > 2N_0\lambda\} |$$
$$\leq \sum_i | \{x \in B_{5\rho_i}(x_i) \mid |\nabla u| > 2N_0\lambda\} |$$
$$\leq C\varepsilon \left(\int_{\{x \in B_2 \mid |\nabla u_\lambda|^r > 1/3\}} |\nabla u_\lambda|^r dx + \right.$$
$$\left. \frac{1}{\varepsilon} \int_{\{x \in B_2 \mid |f_\lambda|^r > \varepsilon/3\}} |f_\lambda|^r dx \right) \qquad (11.116)$$

然后将式(11.116)代入式(11.113), 并令 $\mu = \lambda^r$ 可得

$$J_2 \leq C\varepsilon \int_0^\infty \int_{\{x \in B_2 \mid |\nabla u_\lambda|^r > 1/3\}} |\nabla u_\lambda|^r dx d[\phi((2N_0)^r \lambda^r)] +$$
$$C \int_0^\infty \int_{\{x \in B_2 \mid |f_\lambda|^r > \varepsilon/3\}} |f_\lambda|^r dx d[\phi((2N_0)^r \lambda^r)]$$

$$\leqslant C\varepsilon \int_0^\infty \frac{1}{\mu} \int_{\{x \in B_2 | \nabla u_\lambda|^r > \mu/3\}} |\nabla u|^r \mathrm{d}x \mathrm{d}[\phi((2N_0)^r \mu)] +$$

$$C \int_0^\infty \frac{1}{\mu} \int_{\{x \in B_2 : |f_\lambda|^r > \varepsilon \mu/3\}} |f|^r \mathrm{d}x \mathrm{d}[\phi((2N_0)^r \mu)]$$

$$(11.117)$$

回顾引理 11.1(4) 有

$$J_2 \leqslant C_4 \varepsilon \int_{B_2} \phi(|\nabla u|^r) \mathrm{d}x + C_5 \int_{B_2} \phi(|f|^r) \mathrm{d}x$$

$$(11.118)$$

其中 $C_4 = C(n,r,\phi,N_0), C_5 = C(n,r,\phi,\varepsilon,N_0,C_1,C_2,C_3)$.

综合估计 J_1 和 J_2 可得出

$$\int_{B_1} \phi(|\nabla u|^r) \mathrm{d}x \leqslant C_4 \varepsilon \int_{B_2} \phi(|\nabla u|^r) \mathrm{d}x +$$

$$C_6 \int_{B_2} \phi(|f|^r) \mathrm{d}x +$$

$$C_7 \phi\left(\int_{B_2} |u - u_{B_{2R}}|^r \mathrm{d}x\right) + 1$$

$$(11.119)$$

其中 $C_6 = C(n,r,\phi,\varepsilon,C_1,C_2,C_3,N_0), C_7 = C(n,r,\phi,$
$\varepsilon,C_1,C_2,N_0)$. 选取合适的 ε 使得

$$C_4 \varepsilon = \frac{1}{2} \qquad (11.120)$$

通过迭代覆盖将上面不等式右边第一个积分吸收, 可得到

$$\int_{B_1} \phi(|\nabla u|^r) \mathrm{d}x$$

$$\leqslant C \left\{ \int_{B_2} \phi(|f|^r) \mathrm{d}x + \phi\left(\int_{B_2} |u - u_{B_{2R}}|^r \mathrm{d}x\right) + 1 \right\}$$

$$(11.121)$$

故通过基本缩放论证, 定理 11.1 得证.

2. 逼近

条件 $|\nabla u|^r \in L_{loc}^{\infty}(\Omega) \subset L_{loc}^{\phi}(\Omega)$ 可以采用逼近的标准方法移除.

根据文献 *Gradient estimates in Orlicz spaces for quasilinear elliptic equation*,因为 $f^r \in L_{loc}^{\phi}(\Omega)$,即有

$$\lim_{k \to \infty} \int_{B_R(x_0)} \phi(|f_k|^r)\,\mathrm{d}x = \int_{B_R(x_0)} \phi(|f|^r)\,\mathrm{d}x$$

$$(11.122)$$

考虑 Dirichlet 问题

$$\begin{cases} \operatorname{div} A(x, \nabla u_k) = \operatorname{div}(|f|^{p-2}f), x \in B_{2R} \\ u_k - u \in W_0^{1,r}(B_{2R}) \end{cases}$$

$$(11.123)$$

对所有 $k = 1,2,3,\cdots$,存在唯一解 $u_k \in W^{1,r}(B_{2R})$. 由 u_k 的梯度的正则性理论知,$\nabla u_k \in L^{\infty}(B_{2R})$. 经过初步推断,可得到当 $k \to \infty$ 时

$$\|u_k - u\|_{W^{1,r}(B_{2R})} \to 0 \qquad (11.124)$$

因此,存在 $\{u_k\}_{k=1}^{\infty}$ 的子序列(由 $\{u_k\}$ 表示),使得

$$\nabla u_k \to \nabla u \quad \text{a.e.} \quad \text{在} \quad B_{2R} \qquad (11.125)$$

因此,根据 Fatou 引理,(11.9),(11.122),(11.124) 和(11.125) 各式可得

$$\int_{B_R} \phi(|\nabla u|^r)\,\mathrm{d}x \leq \liminf_{k \to \infty} \int_{B_R} \phi|\nabla u_k|^r)\,\mathrm{d}x$$

$$\leq C \liminf_{k \to \infty} \left\{ \phi\left(\left(\frac{1}{R^r} \int_{B_{2R}} |u_k - (u_k)_{2R}|^r \mathrm{d}x \right) + \right. \right.$$

$$\int_{B_{2R}} \phi(|f_k|^r)\,\mathrm{d}x + 1 \right\}$$

$$\leq C \left\{ \phi\left(\frac{1}{R^r} \int_{B_{2R}} |u - u_{2R}|^r \mathrm{d}x \right) + \right.$$

$$\int_{B_{2R}} \phi(|f|^r)\mathrm{d}x + 1\Big\} \qquad\qquad (11.126)$$

所以,在附加假设 ∇u 是局部有界时可证明定理 11.1.
只要在一般情况下证明式(11.9),即可通过标准覆盖
论证得到 $|\nabla u|^r \in L^\phi_{loc}(\Omega)$.

第五编
Orlicz 空间与逼近

赋 Orlicz 范数的 Orlicz 空间中的最佳逼近算子[①]

数学之所以变得越发应用广泛,其原因是数学变得越发抽象了.抽象是一种在一个理智观点内包括越来越广的应用的方法.

——Anonymous

设 T 是映赋 Orlicz 范数的 Orlicz 空间到自身的一个算子. 哈尔滨工业大学数学系的段延正、陈述涛两位教授于 1993 年证明了五个代数条件和一个范数条件足以保证 T 是关于某个 σ-格的最佳逼近算子.

12.1 引 言

设 $(X, \| \cdot \|)$ 是 Banach 空间,C 为 X 中的闭凸子集. 如果对每个 $x \in X$ 都存在唯一的 $y \in C$,使得 $\| x - y \| = \inf\limits_{z \in C} \| x - z \|$,

---

[①] 摘编自《哈尔滨工业大学学报》第 25 卷,第 6 期,1993 年 12 月.

则称 y 为 x 在 C 中的最佳逼近元. 记 $y = \Pi(x \mid C)$, 则称算子 $\Pi(\cdot \mid C): X \to X$ 是最佳逼近算子.

在本章中, 我们总设 (G, Σ, μ) 是完备的无原子有限测度空间; $M: \mathbf{R} \to \mathbf{R}^+$ 是偶的连续凸函数, 并且 $M(u) = 0$ 当且仅当 $u = 0$, 当 $u \to 0$ (或 ∞) 时 $M(u)/u \to 0$ (或 ∞); $p(u)$ 表示 $M(u)$ 的右导数, 于是对 $u \in \mathbf{R}$ 均有 $p(-u) = -p(u)$; 用 $N(v)$ 表示 $M(u)$ 的余函数, 即 $N(v): = \max_u \{uv - M(u)\}$. 如果存在常数 $u_0 > 0$ 和 $K > 2$ 使得 $M(2u) \leqslant KM(u)(u \geqslant u_0)$, 那么称 $M \in \Delta_x$. 对 $A \in \Sigma$, 用 χ_A 表示 A 的特征函数. 对每个可测函数 $f: G \to \mathbf{R}$, 令 $\rho_M(f) = \int_G M(f(t)) \, d\mu$, 则 Orlicz 空间

$$L_M = \{f \mid 存在 \ a > 0, 使得 \rho_M(af) < \infty\}$$

关于 Orlicz 范数

$$\|f\| = \|f\|_M = \min_{k > 0}[1 + \rho_M(kf)]/k$$

或 Luxemburg 范数

$$\|f\|_{(M)} = \inf\{r > 0 : \rho_M(f/r) \leqslant 1\}$$

是 Banach 空间.

设 $\Sigma' \subset \Sigma$ 是 σ-格, 即 $\varphi, G \in \Sigma'$, 并且 Σ' 在可数交与并运算下封闭. 用 $L_M(\Sigma')$ 表示 L_M 中所有 Σ'-可测函数构成的集合 (所谓函数 f 是 Σ'-可测的, 是指对所有 $a \in \mathbf{R}$ 均有 $G(f > a) \in \Sigma'$), 那么根据文 *Prediction in Orlicz Spaces*[①] 知, $L_M(\Sigma')$ 是 L_M 中的闭凸锥. 如果 $M \in \Delta_2, p(u)$ 连续且严格增加, 那么根据文 *Best*

① DARST R B, LEGG D A, TOWNSEND D W. Prediction in Orlicz Spaces[J]. Manuscripta Math., 1981, 35: 91-103.

Approximants in L_φ - spaces[①] 中的推论 13 知，在$(L_M,$
$\|\cdot\|)$ 中算子 $\Pi(\cdot | L_M(\Sigma'))$ 有意义. 这类最佳逼近
算子概括和统一了概率论中的许多重要算子类，如经
典的条件期望算子类$(M(u) = |u|^2, \Sigma'$ 为 σ- 域$)$、关
于 σ- 格的条件期望算子类$(M(u) = |u|^2, \Sigma'$ 为 σ-
格[②]$)$、预报算子类$(M(u) = |u|^p (p > 1), \Sigma'$ 为 σ-
域[③]$)$ 和条件均值算子类$(M(u) = |u|^p (p > 1), \Sigma'$ 为
σ- 格[④]$)$ 等. 关于 σ- 格的最佳逼近算子在许多重要的
应用领域(如 Bayes 估计理论、预报理论等) 中起到了
实质性的作用. 许多作者都对这类算子的性质进行了
深入的研究[⑤].

　　本章的目的是找到一些条件，使得满足这些条件
的算子 $T:(L_M, \|\cdot\|) \to (L_M, \|\cdot\|)$ 必为关于某个
σ- 格 $\Sigma' \subset \Sigma$ 的最佳逼近算子，即对所有的$f \in L_M$ 均有
$Tf = \Pi(f | L_M(\Sigma'))$.

　　许多作者对这个问题的特殊情况进行了研究. 如

①　LANDERS D, ROGGE L. Best Approximants in L_φ-spaces[J].
Z. Wahrsch. Verw. Gibiete, 1980,51:215-237.

②　BARLOW R E, BARTHOLOMEW D J, Bremner J M, Brunk H
D. Statistical Inference under Order Restrictions[M]. New York:Wiley,
1972.

③　ANDO T, AMEMIYA I. Almost Everywhere Convergence of
Prediction Sequence in $L_p(1 < p < \infty)$[J]. Z. Wahrsch. Verw.
Gebiete, 1965,4:113-120.

④　BRUNK H D. Uniform Inequalities for Conditional p-means
given σ-lattice[J]. Ann. Probab. , 1975,3:1025-1030.

⑤　吴从炘,王廷辅,陈述涛,王玉文.Orlicz 空间几何理论[M].哈
尔滨工业大学出版社,1986.

文 *Contractive Projections in L_p – spaces Pacific*[①] 和 *Characterization of Conditional Expectations*[②] 给出了经典条件期望算子的刻画结果；文 *A characteri aztion of A Conditional Expectation with Respect to A σ – lattice*[③] 给出了关于 σ- 格的条件期望算子的一个刻画；文 *Characterization of P – predictions*[④] 给出了预报算子的一个刻画结果. 而文 *A characterization of Best φ – approximants*[⑤] 则给出了最佳 Φ- 逼近元的刻画. 因此, 人们对 $M(u) = |u|^2$ 的情形研究得比较深入；对 $M(u) = |u|^p(p > 1)$ 的情形和最佳 Φ- 逼近元研究得不够深入；然而, 到目前为止, 关于一般最佳逼近算子 $\Pi(\cdot | L_M(\Sigma'))$ 却没有一个刻画结果. 本章的目的就是填补这一空缺. 在本章的定理中, 我们给出了决定 $(L_M, \|\cdot\|)$ 中关于 σ- 格或 σ- 域的最佳逼近算子的条件.

最后指出, 本章没有说明的定义和记号见文 *A characterization of Best φ – approximants*[⑥] 和《Orlicz 空

① ANDO T. Contractive Projections in L_p-spaces Pacific[J]. J. Math, 1966, 17:391-405.

② PFANZAGL J. Characterization of Conditional Expectations[J]. Ann. Math. Statist, 1967, 38:415-421.

③ DYKSTRA R L. A Characterization of A Conditional Expectation with Respect to A σ-lattice[J]. Ann. Math. Statist, 1970, 41:698-701.

④ LANDERS D, ROGGE L. Characterization of P-predictions[J]. Proc. Amer. Math. Soc, 1979, 76:307-309.

⑤ LANDERS D, ROGGE L. A Characterization of Best φ-approximants[J]. Trans. Amer. Math. Soc., 1981, 267:259-264.

⑥ LANDERS D, ROGGE L. A Characterization of Best φ-approximants[J]. Trans. Amer. Math. Soc., 1981, 267:259-264.

第 12 章　赋 Orlicz 范数的 Orlicz 空间中的最佳逼近算子

间几何理论》.

12.2　主要结果

命题 12.1　如果 $M \in \Delta_2, p(u)$ 连续且严格增加，$\Sigma' \subset \Sigma$ 是 σ-格，那么算子 $T = \Pi(\cdot \mid L_M(\Sigma')):(L_M, \|\cdot\|) \to (L_M, \|\cdot\|)$ 具有下列性质.

（1）对 $f \in L_M, a \in \mathbf{R}$ 均有 $T(f + a) = Tf + a$.

（2）对 $f \in L_M$ 均有 $T(Tf) = Tf$.

（3）若存在 $a \in \mathbf{R}$ 和 $A \in \Sigma$ 使得 $T(a\chi_A) = a\chi_A$，则对每个 $f \in L_M$ 均有 $T(f - a\chi_A) = Tf - a\chi_A$.

（4）对 $f \in L_M$ 均有 $T\left(f \pm \dfrac{1}{2}Tf\right) = \left(1 \pm \dfrac{1}{2}\right)Tf$.

证明　根据算子 T 的定义知（1）和（2）显然成立. 下证（3）和（4）.

若 $T(a\chi_A) = a\chi_A$，则由 $L_M(\Sigma')$ 为闭集知 $a\chi_A \in L_M(\Sigma')$. 于是 $A \in \Sigma'$，从而 $-a\chi_A \in L_M(\Sigma')$. 对每个 $f \in L_M$ 和 $g \in L_M(\Sigma')$，根据（2）和 $L_M(\Sigma')$ 是闭凸锥知，$Tf, 2g, \pm 2a\chi_A \in L_M(\Sigma')$，并且 $g \pm a\chi_A = \dfrac{1}{2}(2g) + \dfrac{1}{2}(\pm 2a\chi_A) \in L_M(\Sigma')$. 因此

$$\begin{aligned}
&\| (f - a\chi_A) - (Tf - a\chi_A) \| \\
&= \| f - Tf \| \\
&\leqslant \| f - (g + a\chi_A) \| \\
&= \| (f - a\chi_A) - g \|
\end{aligned}$$

从而 $T(f - a\chi_A) = Tf - a\chi_A$，即（3）成立.

对 $f \in L_m$ 和 $g \in L_M(\Sigma')$，因为 $2g, \dfrac{2}{3}g \in L_M(\Sigma')$

并且 $g + \frac{1}{2}Tf = \frac{1}{2}(2g) + \frac{1}{2}Tf \in L_M(\Sigma')$，所以

$$\left\|\left(f - \frac{1}{2}Tf\right) - \frac{1}{2}Tf\right\| = \|f - Tf\|$$

$$\leqslant \left\|f - \left(g + \frac{1}{2}Tf\right)\right\|$$

$$= \left\|\left(f - \frac{1}{2}Tf\right) - g\right\|$$

从而 $T\left(f - \frac{1}{2}Tf\right) = \frac{1}{2}Tf.$ 因为

$$\left\|\left(f + \frac{1}{2}Tf\right) - \frac{3}{2}Tf\right\|$$

$$= \|f - Tf\|$$

$$\leqslant \left\|f - \frac{2}{3}g\right\|$$

$$= \left\|\frac{1}{3}(f - Tf) + \frac{2}{3}\left(f + \frac{1}{2}Tf - g\right)\right\|$$

$$\leqslant \frac{1}{3}\|f - Tf\| + \frac{2}{3}\left\|\left(f + \frac{1}{2}Tf\right) - g\right\|$$

所以

$$\left\|\left(f + \frac{1}{2}Tf\right) - \frac{3}{2}Tf\right\| \leqslant \left\|\left(f + \frac{1}{2}Tf\right) - g\right\|$$

于是 $T\left(f + \frac{1}{2}Tf\right) = \frac{3}{2}Tf.$ 从而(4)得证.

引理 12.1 若 $M \in \Delta_2, p(u)$ 连续，则对每个 $f \in L_M$ 均有 $p(f) \in L_N$.

证明 由 $M \in \Delta_2$ 知 $p \in \Delta_2$. 于是，不妨设 $\|f\| = 1$. 因此，根据文《Orlicz 空间几何理论》中的定理 1.27 知，可以选取常数 $k > 1$，使得 $1 = \|f\| = [1 + \rho_M(kf)]/k$. 设 $v \in L_N$ 是 f 的支撑泛函，则

$$1 = \langle v,f \rangle = \frac{1}{k}\langle v,kf \rangle$$

$$= \frac{1}{k}\int_G kf(t)v(t)\,\mathrm{d}\mu$$

$$\leqslant \frac{1}{k}\big[\rho_M(kf)+\rho_N(v)\big]$$

$$\leqslant \frac{1}{k}\big[1+\rho_M(kf)\big]$$

$$= 1$$

因此,对几乎所有的 $t \in G$ 均有 $kf(t)v(t) = M(kf(t)) + N(v(t))$. 因为 $p(u)$ 连续,所以由 Young 不等式成为等式的条件知,对几乎所有的 $t \in G$ 均有 $v(t) = p(kf(t))$. 于是 $p(kf) \in L_N$. 由 $p \in \Delta_2$,知 $p(f) \in L_N$.

定理 12.1　设 $M \in \Delta_2$,$p(u)$ 连续且严格增加. 如果算子 $T:(L_M,\|\cdot\|) \to (L_M,\|\cdot\|)$ 除了具有命题 12.1 中的性质(1)—(4) 外,还具有下列性质:

(5) T 是单调的,即对 $f,g \in L_M$,$f \leqslant g$ 蕴涵 $Tf \leqslant Tg$;

(6) 对 $f \in L_M$,均有 $\|f-Tf\| \leqslant \|f\|$.
则存在 σ- 格 $\Sigma' \subset \Sigma$ 使得 $T = \Pi(\cdot \mid L_M(\Sigma'))$. 若对每个 $f \in L_M$ 还有 $T(-Tf) = -Tf$,则存在 σ- 域 $\Sigma'' \subset \Sigma$ 使得 $T = \Pi(\cdot \mid L_M(\Sigma''))$.

证明　因为 $M \in \Delta_2$,$p(u)$ 连续,所以根据引理 12.1 知,对每个 $f \in L_M$,均有 $p(f) \in L_N$. 因此,对 $f,g \in L_M$,根据文《Orlicz 空间几何理论》中的定理 1.29 知,$\big|\int_G p(f)g\mathrm{d}\mu\big| \leqslant \|g\| \cdot \|p(f)\|_{(N)} < \infty$. 从而

$$p(f)g \in L_1, f,g \in L_M \tag{12.1}$$

下证

$$T\left(f - \left(1 - \frac{1}{2^n}\right)Tf\right) = Tf/2^n, n \geq 1, f \in L_M$$

$$(12.2)$$

由(4)知式(12.2)对 $n = 1$ 成立. 设式(12.2)对 $n = k$ 成立, 将 $g = f - \left(1 - \frac{1}{2^k}\right)Tf$ 代入 $T(g - Tg/2) = Tg/2$ 得

$$T\left(f - \left(1 - \frac{1}{2^{k+1}}\right)Tf\right) = T\left(f - \left(1 - \frac{1}{2^k}\right)Tf\right)/2 = Tf/2^{k+1}$$

即式(12.2)对 $n = k + 1$ 也成立. 于是由归纳法知, 式 (12.2)对所有的 $n \geq 1$ 都成立.

对 $a \in \mathbf{R}$, 根据(1)和式(12.2)知

$$f - Tf = f - \left(1 - \frac{1}{2^n}\right)Tf + a - T\left(f - \left(1 - \frac{1}{2^n}\right)Tf + a\right)$$

于是根据(6)得

$$\|f - Tf\| \leq \left\|f - \left(1 - \frac{1}{2^n}\right)Tf + a\right\|, n \geq 1, a \in \mathbf{R}$$

$$(12.3)$$

在式(12.3)中令 $n \to \infty$, 得 $\|f - Tf\| \leq \|f - Tf + a\|$. 从而函数 $a \to \|f - Tf + a\|, a \in \mathbf{R}$, 在点 $a = 0$ 处达到最小值. 因为 $M \in \Delta_2, p(u)$ 连续, 所以由文《Orlicz 空间几何理论》中的定理2.16和定理0.22知, $\|\cdot\|$ 是 Gateaux 可微的. 因此, 根据文《Orlicz 空间几何理论》中的定义0.32之后的注知, 对 $f \in L_M, f \neq Tf$ 均有

$$0 = \lim_{a \to 0} \frac{\|f - Tf + a\| - \|f - Tf\|}{a}$$

$$= g(f - Tf, 1) = \langle 1, r(f - Tf) \rangle$$

根据文《Orlicz 空间几何理论》中定理2.16和定理1.26的证明知, 存在常数 $k > 0$ 使得

$$\int_G N(p(k \mid f - Tf \mid)) \mathrm{d}\mu = 1 \qquad (12.4)$$

$$r(f - Tf) = p(k(f - Tf))$$

因此,由上面的讨论得

$$\int_G p(k(f - Tf)) \mathrm{d}\mu = 0, f \in L_M, f \neq Tf \quad (12.5)$$

其中 $k > 0$ 满足式(12.4).

令 $H = \{f \in L_M : Tf = f\}$,则根据(1)和(4)得

$$H + b \subset H, b \in \mathbf{R} \qquad (12.6)$$

$$\left(\frac{3}{2}\right)^n H \subset H, n \geq 1 \qquad (12.7)$$

下面证明

$$f_n \in H, f_n \uparrow f \in L_M \text{或} f_n \downarrow f \in L_M \text{ 蕴涵 } f \in H$$

$$(12.8)$$

我们只证明单增的情况,单减的情形可类似地证明. 由于 $f_n \uparrow f \in L_M, f_n \in H$,所以 $Tf_n \uparrow f$. 又由(5)知 T 是单调的,故由 $f_n \leq f$ 知 $Tf_n \leq Tf$. 从而由 $Tf_n \uparrow f$ 知, $f \leq Tf$. 假如 $f \neq Tf$,则由式(12.5),得 $\int_G p(k(f - Tf)) \mathrm{d}\mu = 0$,其中 $k > 0$ 满足式(12.4). 由于 $p(u)$ 连续且严格增加, 所以由 $k > 0, f \leq Tf$ 以及 $\int_G p(k(f - Tf)) \mathrm{d}\mu = 0$ 得 $f = Tf$. 这和假设 $f \neq Tf$ 相矛盾. 故 $f = Tf$,即 $f \in H$.

我们将进一步证明当 $f, g \in H$ 时

$$f \vee g, f \wedge g \in H \qquad (12.9)$$

我们只证明 $f \vee g \in H, f \wedge g \in H$ 的情形可类似地证明. 事实上,根据(5)知, $T(f \vee g) \geq Tf \vee Tg = f \vee g$. 假如 $T(f \vee g) \neq f \vee g$,那么根据式(12.5)得 $\int_G p(k(f \vee g - T(f \vee g))) \mathrm{d}\mu = 0$,其中 $k > 0$ 满足

$\int_G N(p(k\mid f \vee g - T(f \vee g)\mid))\mathrm{d}\mu = 1.$ 这和 $p(u)$ 连续且严格增加相矛盾. 从而, $T(f \vee g) = f \vee g$, 即 $f \vee g \in H.$

令 $\Sigma' = \{A \in \Sigma : \chi_A \in H\}$. 根据(6)和(1)得 $T(0) = 0, T(1) = 1.$ 于是由式(12.8)和式(12.9)知, $\Sigma' \subset \Sigma$ 是 σ-格. 如果还有 $T(-Tf) = -Tf$, 那么 Σ' 是 σ-域. 事实上, 若 $T(\chi_A) = \chi_A$, 则由(1)得

$$T(\chi_{\bar{A}}) = T(1 - \chi_A) = 1 + T(-\chi_A)$$
$$= 1 - T(\chi_A) = 1 - \chi_A = \chi_{\bar{A}}$$

于是 $\bar{A} \in \Sigma'$, 即 Σ' 为 σ-域. 下面证明

$$H = L_M(\Sigma') \qquad (12.10)$$

任取 $f \in H.$

$$\left[\left(\left(\frac{3}{2}\right)^n (f - b) \vee 0\right) \wedge 1\right] \uparrow \chi_{G(f>b)}, b \in \mathbf{R}$$

所以根据(12.6)—(12.9)各式得 $\chi_{G(f>b)} \in H.$ 从而 $G(f > b) \in \Sigma', b \in \mathbf{R}.$ 故 $f \in L_M(\Sigma').$ 下证 $L_M(\Sigma') \subset H.$ 取 $f \in L_M(\Sigma')$, 根据式(12.6)和式(12.8), 不妨假设 $f \geqslant 0.$ 因为

$$\sup\left\{\frac{i}{2^n}\chi_{G(f>i/2^n)} : i = 0,1,2,\cdots,n\right\} \uparrow f$$

所以根据(12.8)、(12.9)两式知, 只需证明 $A \in \Sigma'$ 蕴涵对每个 $a \geqslant 0$ 均有 $a\chi_A \in H.$ 由式(12.7)知, 我们不妨设 $0 < a < 1.$ 因此, 只需证明 $T\chi_A = \chi_A$ 蕴涵对每个 $a \in (0,1)$ 均有 $T(a\chi_A) = a\chi_A.$ 事实上, 根据(5)知, $T(a\chi_A) \leqslant T(a) \wedge T(\chi_A) = a\chi_A.$ 假如存在某个 $a \in (0,1)$ 使得 $T(a\chi_A) \neq a\chi_A$, 则根据式(12.5)知, $\int_G p(k(a\chi_A - T(a\chi_A)))\mathrm{d}\mu = 0$, 其中 $k > 0$ 满足 $\int_G N(p(k \cdot$

$\mid a\chi_A - T(a\chi_A) \mid)) \mathrm{d}\mu = 1$. 这和 $p(u)$ 的严格单增性相矛盾. 因此, 对每个 $a \in (0,1)$ 均有 $T(a\chi_A) = a\chi_A$. 从而式 (12.10) 得证.

下面证明

$$\int_G p(k(f - Tf))g\mathrm{d}\mu \leqslant 0, g \in L_M(\Sigma')$$

$$f \in L_M, f \neq Tf \qquad (12.11)$$

其中 $k > 0$ 满足式 (12.4). 根据式 (12.1) 和式 (12.5) 知, 不妨设 $0 \leqslant g \in L_M(\Sigma')$. 因为每个 Σ'- 可测函数 $g \geqslant 0$ 均为单增的 Σ'- 可测简单函数列的极限 (见文 *Statistical Inference under Order Restrictions*), 所以只需证明式 (12.11) 对 $g = \chi_A, A \in \Sigma'$ 成立. 事实上, 由式 (12.10) 的证明知, 对每个 $a \geqslant 0$ 均有 $T(a\chi_A) = a\chi_A$. 因此, 由 (3) 得 $T(f - a\chi_A) = Tf - a\chi_A$. 于是, 根据式 (12.2) 知, 对每个 $a \geqslant 0$ 均有

$$f - Tf = f - \left(1 - \frac{1}{2^n}\right)Tf - a\chi_A -$$

$$T\left(f - \left(1 - \frac{1}{2^n}\right)Tf - a\chi_A\right)$$

从而由 (6) 得, $\|f - Tf\| \leqslant \left\|f - \left(1 - \frac{1}{2^n}\right)Tf - a\chi_A\right\|$.

令 $n \to \infty$ 得 $\|f - Tf\| \leqslant \|f - Tf - a\chi_A\|, a \geqslant 0$. 因为 $\|\cdot\|$ 是 Gateaux 可微的, 所以

$$0 \leqslant \lim_{a \to 0^+} \frac{\|f - Tf - a\chi_A\| - \|f - Tf\|}{a}$$

$$= g(f - Tf, -\chi_A) = \langle -\chi_A, r(f - Tf) \rangle$$

$$= -\int_G p(k(f - Tf))\chi_A\mathrm{d}\mu$$

其中 $k > 0$ 满足式 (12.4).

最后证明

$$\int_G p(k(f - Tf)) Tf\mathrm{d}\mu \geqslant 0, f \in L_M, f \neq Tf$$

$$(12.12)$$

其中 $k > 0$ 满足式 (12.4). 事实上,在式 (12.3) 中令 $a = 0$ 得,$\|f - Tf\| \leqslant \left\|f - Tf + \dfrac{1}{2^n}Tf\right\|, n \geqslant 1.$ 因为 $\|\cdot\|$ 是 Gateaux 可微的,故

$$0 \leqslant \lim_n \frac{\left\|f - Tf + \dfrac{1}{2^n}Tf\right\| - \|f - Tf\|}{\left(\dfrac{1}{2^n}\right)}$$

$$= g(f - Tf, Tf)$$
$$= \langle Tf, r(f - Tf) \rangle$$
$$= \int_G p(k(f - Tf)) Tf\mathrm{d}\mu$$

其中 $k > 0$ 满足式 (12.4). 于是式 (12.12) 得证.

根据 (12.11) 和 (12.12) 两式知,对 $f \in L_M, f \neq Tf, g \in L_M(\Sigma')$ 均有

$$\int_G p(k(f - Tf))(Tf - g)\mathrm{d}\mu \geqslant 0$$

其中 $k > 0$ 满足式 (12.4). 因此,根据 $[11]$ 中的定理 6.1 知,对所有 $f \in L_M$ 均有 $Tf = \Pi(f \mid L_M(\Sigma'))$. 于是定理得证.

注 令 $M(u) = |u|^p (1 < p < \infty)$,则 $M \in \Delta_2$,$N \in \Delta_2, p(u)$ 连续且严格增加.

Orlicz 空间的预报算子[①]

第 13 章

C 为 Banach 空间 X 的子集,如果对每个 $x \in X$,有 $y \in C$ 满足 $\| x - y \| = \lim\limits_{z \in C} \| x - z \|$,称 y 为 x 在 C 中的最佳逼近元,记为 $\pi(x \mid C)$. 算子 $\pi(\cdot \mid C)$ 称为关于 C 的最佳逼近算子.

1995 年,哈尔滨科学技术大学(现哈尔滨理工大学)的王廷辅,计东海、武汉工业大学研究生部的李岩红三位教授讨论了 Orlicz 函数空间 $L_M(G, \Sigma, \mu)$,其中 G 为无原子有限测度空间. 对于 σ 代数 Σ 的 σ 子格 Σ',记 $L_M(\Sigma') = \{ x \in L_M : x$ 为 Σ' 可测$\}$,由文献 *Prediction in Orlicz spaces*[②],$L_M(\Sigma')$ 是 L_M 的闭凸锥. 如果 $M(u)$ 对较大的 u 满足 Δ_2 条件,且其右导数 $P(u)$ 连续、严格增,由文献 *Best approximants in L_p spaces*[③],$\pi(\cdot \mid L_M(\Sigma'))$

---

① 摘编自《科学通报》第 40 卷第 12 期,1995 年 6 月.

② DANT R B, LEGG D A, Townsend D W. Prediction in Orlicz spaces[J]. Manuscripta Math, 1981,35:91-103.

③ LANGERS D, ROGGE L. Best approximants in L_p spaces[J]. Z Wahrsch Verw Gebiete, 1980, 51:251-237.

有意义. 这类特殊的最佳逼近算子称为预报算子, 它在 Bayes 估计理论和预报理论等众多领域中有重要应用, 一向为人们所关注[①]. 1970 年 Dykstra[②] 给出 L^2 中关于 σ 子格的预报算子的刻画, 1979 年 Landers 和 Rogge[③] 将上述结果扩展到 $L^p(1 < p < \infty)$, 1981 年, 这两位作者[④] 又给出 L_M 中关于模 $\rho_M(\cdot)$ 的最佳逼近算子的刻画. 直到 1990 年, 陈述涛和段延正[⑤] 才得到 L_M 中关于范数的预报算子的一个必要条件和一个充分条件. 可惜其中充分条件过强, 包含了对算子单调性的要求, 与必要条件相距甚远. 本章将给出一个简明的充分必要条件, 完成了 L_M 中预报算子的刻画.

定理 13.1 设 $M(u)$ 关于较大的 u 满足 Δ_2 条件, $P(u)$ 连续且严格增. 算子 $TL_M \rightarrow L_M$ 是预报算子 (即存在 σ 子格 $\Sigma' \subset \Sigma$, 使 $T(\cdot) = \pi(\cdot | L_M(\Sigma'))$ 的充要条件是

(1) $r \in \mathbf{R} \Rightarrow Tr = r, x \in L_M \Rightarrow T(Tx) = Tx$.

(2) $Tx = x, Ty = y, \alpha, \beta \in \mathbf{R}^+ \Rightarrow T(\alpha x + \beta y) =$

------

① ANDO T, AMEMIYA I. Almost everywhere convergence of prediction sequence in L_p[J]. Z Wahrsch Verw Gebiete, 1965, 4: 113-120.

BRUNK H D. Uniform inequality for Conditional P-means given σ-lattice[J]. Ann Prob, 1975, 3: 1025-1030.

② DYKSTRA R L. A characterization of a conditional expection wist reapect to a σ-lattice[J]. Ann Math Statist, 1970, 41: 698-701.

③ LANDERS D, ROGGE L. Characterication of P-predictiors[J]. Proc Amer Math Soc, 1979, 76: 307-309.

④ LANDERS D, ROGGE L. A characterization of best ϕ-approximants[J]. Trans Amer Math Soc, 1981, 267: 259-264.

⑤ 段延正. Orlicz 空间若干结构问题[D]. 哈尔滨工业大学博士学位论文, 1990, 34 – 41.

$\alpha x + \beta y.$

（3）$r \in \mathbf{R}, Tx = x \Rightarrow T(x \vee r) = x \vee r, T(x \wedge r) = x \wedge r.$

（4）$Tx_n = x_n(n = 1,2,\cdots), \| x_n - x \| \to 0 \Rightarrow Tx = x.$

（5）$\gamma \in \mathbf{R}, \alpha \in \mathbf{R}^+, 0 \le \theta \le 1, T(\chi_A) = \chi_A \Rightarrow \| x - Tx \| \le \| x - Tx + \theta Tx - \alpha\chi_A + r \|.$

证明　必要性. 记 $L_M(\Sigma') = C$, 则 $T(\cdot) = \pi(\cdot \mid C).$
显然 $Tx = x \Leftrightarrow x \in C.$

（1）由 $\varnothing, G \in \Sigma'$ 有 $\gamma \in C, T(Tx) = Tx$ 显然；

（2）因 $x, y \in C, C$ 是凸锥, 故 $\alpha x + \beta y \in C$；

（3）由

$$G(x \vee r > a) = \begin{cases} G & (a < r) \\ G(x > a) & (a \ge r) \end{cases}$$

$$G(x \wedge r > a) = \begin{cases} G(x > a) & (a < r) \\ \varnothing & (a \ge r) \end{cases}$$

可知 $x \vee r, x \wedge r\Sigma'$ 可测, 从而 $x \vee r, x \wedge r \in C$；

（4）因为 $x_n \in C, C$ 闭, 故 $x \in C$；

（5）因 $Tx \in C, (1 - \theta) \cdot Tx \in C, \chi_A \in C, \alpha\chi_A \in C.$ 又 $r \in C.$ 因 C 为凸锥 $(1 - \theta)Tx + \alpha\chi_A - \gamma \in C.$ 故

$$\| x - Tx \| \le \| x - [(1 - \theta)Tx + \alpha\chi_A - \gamma] \|$$
$$= \| x - Tx + \theta Tx - \alpha\chi_A + \gamma \|$$

充分性. 设 $T:L_M \to L_M$ 满足（1）～（5）, 记

$$C = \{x \in L_M : Tx = x\}, \Sigma' = \{A \in \Sigma : \chi_A \in C\}$$

首先, 证明 Σ' 是 Σ 的 σ 子格. 由（1）$T\chi_\varphi = T0 = 0 = \chi_\varphi, T\chi_G = T1 = 1 = \chi_G.$ 这表明 $\varphi, G \in \Sigma'.$ 若 $A, B \in \Sigma',$ 则 $\chi_A, \chi_B \in C.$ 注意

$$\chi_{A \cup B}(t) = (\chi_A(t) + \chi_B(t)) \wedge 1$$

$$\chi_{A\cap B}(t) = (\chi_A(t) + \chi_B(t) - 1) \bigvee 0$$

由(2),(1)和(3)知$\chi_{A\cup B},\chi_{A\cap B}\in C$,从而$A\cup B$,$A\cap B\in\Sigma'$.

设$A_1\subset A_2\subset\cdots,A_n\in\Sigma'(n=1,2,\cdots)$,$\bigcup\limits_{n=1}^{\infty}A_n=A$. 因$\mu(A/A_n)\to 0$,故$\|\chi_A-\chi_{A_n}\|=\|\chi_{A/A_n}\|\to 0$. 由(4)$\chi_A\in C,A\in\Sigma'$,若$A_1\supset A_2\supset\cdots\supset A_n\in\Sigma'$,$\bigcap\limits_{n=1}^{\infty}A_n=A$. 同理可证$A\in\Sigma'$.

综上所述,Σ'为Σ的σ子格.

其次,证明C是L_M中Σ'可测函数全体. 设$x\in C$. 对任何$a\in\mathbf{R}$,记$Y_n(t) = \left[\left(\dfrac{3}{2}\right)^n(x(t)-a)\bigvee 0\right]\bigwedge 1$. 由(1),(2)和(3)知$Y_n\in C(n=1,2,\cdots)$. 注意$x(t)\leqslant a\Rightarrow Y_n(t) = 0 = \chi_{G(x>a)}(t)$.

$$x(t) > a \Rightarrow Y_n(t) = \left(\dfrac{3}{2}\right)^n(x(t)-a)\bigwedge 1\to$$
$$1 = x_{G(x>a)}(t)\ \text{有}\ \|\chi_{G(x>a)} - y_n\|\to 0$$

由(4),$\chi_{G(x>a)}\in C,G(x>a)\in\Sigma'$. x为Σ'可测.

另外,若x是Σ'可测,则$\chi_{G(x>a)}\in C(a\in\mathbf{R})$. 若$x\geqslant 0$,因简单函数在$L_M$中稠,有

$$\left\|x - \sum_{k=0}^{n2^n}\frac{k}{2^n}\chi_{G\left(\frac{k+1}{2^n}\geqslant x > \frac{k}{2^n}\right)}\right\|\to 0 \quad (n\to\infty)$$

而$\sum\limits_{k=0}^{n2^n}\dfrac{k}{2^n}\chi_{G\left(\frac{k+1}{2^n}\geqslant x > \frac{k}{2^n}\right)} = \dfrac{1}{2^n}\sum\limits_{k=1}^{n2^n}\chi_{G\left(x > \frac{k}{2^n}\right)}$. 由(2),此函数属于$C$. 再由(4),$x\in C$. 对一般的$x$,令$y_m = x(t)\bigvee(-m) + m$. 因$G(y_m > a) = G(x\bigvee(-m) > a - m) = \begin{cases} G & (a < 0) \\ G(x > a - m) & (a\geqslant 0) \end{cases}$,可知$y_m$也是$\Sigma'$可测. 又

$y_m \geqslant 0$, 故 $y_m \in C$. 于是由 $(1),(2)$ 有 $x \vee (-m) = y_m - m \in C$. 联系 $\| x - x \vee (-m) \| \to 0 (m \to \infty)$ 及 (4), 得证 $x \in C$.

最后, 证明 $Tx = \pi(x \,|\, C) \, (x \in L_M)$. 不妨设 $Tx \neq x$, 由 $(5), \alpha \geqslant 0, \chi_A \in C$ 时, $\| x - Tx \| \leqslant \| x - Tx - \alpha\chi_A \|$, 从而

$$\lim_{\alpha \to 0^+} \frac{\| x - Tx - \alpha\chi_A \| - \| x - Tx \|}{\alpha} \geqslant 0 \quad (13.1)$$

顾及 L_M Gateaux 可微, $0 \neq z \in L_M$ 的支撑泛函

$$F_z(t) = P\left(\frac{|z(t)|}{\| z \|} \right) \mathrm{Sign}\, z(t) \Big/ \left\| P\left(\frac{z(\cdot)}{\| z \|} \right) \right\|_{(N)}$$

其中 $\| \cdot \|_{(N)}$ 是关于 $M(u)$ 余函数 $N(v)$ 的 Luxemburg 范数. 于是由式 (13.1), $\langle F_{x-Tx} - \chi_A \rangle \geqslant 0$, 即

$$\int_G P\left(\frac{|x(t) - Tx(t)|}{\| x - Tx \|} \right) \mathrm{Sign}(x(t) - Tx)(t)\chi_A(t)\mathrm{d}\mu \leqslant 0$$

$$(13.2)$$

任取 $0 \leqslant u \in C$, 因 $u = \lim_{n \to \infty} \frac{1}{2^n} \sum_{k=1}^{n2^n} x_G\left(u > \frac{k}{2^n} \right)$, 顾及 $x_G\left(u > \frac{k}{2^n} \right) \in C$, 由式 (13.2) 及 Levy 定理, 将式 (13.2) 中的 χ_A 代之以 u 仍然成立.

对一般的 $u \in C$, 因 $0 \leqslant u \vee (-m) + m \in C$, 从而

$$\int_G P\left(\frac{|x(t) - Tx(t)|}{\| x - Tx \|} \right) \mathrm{Sign}(x(t) - Tx(t))(u(t) \vee (-m) + m)\mathrm{d}\mu \leqslant 0$$

$$(13.3)$$

由 (5), 对任何 $r \in \mathbf{R}$, $\| x - Tx \| \leqslant \| x - Tx + r \|$. 由此推出

$$\int_G P\Big(\frac{\mid x(t)-Tx(t)\mid}{\parallel x-Tx\parallel}\Big)\mathrm{Sign}(x(t)-Tx(t))\mathrm{d}\mu=0$$

于是由式(13.3)得

$$\int_G P\Big(\frac{\mid x(t)-Tx(t)\mid}{\parallel x-Tx\parallel}\Big)\mathrm{Sign}(x(t)-$$

$$Tx(t))(u(t)\vee(-m))\mathrm{d}\mu\leqslant0$$

再从 $u=\lim_{m\to\infty}(u\vee(-m))$ 以及 Levy 定理可得

$$\int_G P\Big(\frac{\mid x(t)-Tx(t)\mid}{\parallel x-Tx\parallel}\Big)\mathrm{Sign}(x(t)-$$

$$Tx(t))u(t)\mathrm{d}\mu\leqslant0 \qquad (13.4)$$

仍由(5),$\parallel x-Tx\parallel\leqslant\parallel x-Tx+\theta Tx\parallel(0\leqslant\theta\leqslant1)$.
从而

$$\int_G P\Big(\frac{\mid x(t)-Tx(t)\mid}{\parallel x-Tx\parallel}\Big)\mathrm{Sign}(x(t)-$$

$$Tx(t))Tx(t)\mathrm{d}\mu\geqslant0 \qquad (13.5)$$

联系式(13.4),式(13.5) 及 Hölder 不等式

$$\parallel x-Tx\parallel=\int_G P\Big(\frac{\mid x(t)-Tx(t)\mid}{\parallel x-Tx\parallel}\Big)\mathrm{Sign}[x(t)-Tx(t)]\cdot$$

$$(x(t)-Tx(t))\mathrm{d}\mu\Big/\Big\|P\Big(\frac{\mid x(t)-Tx(t)\mid}{\parallel x-Tx\parallel}\Big)\Big\|_{(N)}$$

$$\leqslant\int_G P\Big(\frac{\mid x(t)-Tx(t)\mid}{\parallel x-Tx\parallel}\Big)\mathrm{Sign}[x(t)-Tx(t)]\cdot$$

$$(x(t)-u(t))\mathrm{d}\mu\Big/\Big\|P\Big(\frac{\mid x(\cdot)-Tx(\cdot)\mid}{\parallel x-Tx\parallel}\Big)\Big\|_{(N)}$$

$$\leqslant\Big\|P\Big(\frac{\mid x-Tx\mid}{\parallel x-Tx\parallel}\Big)\Big\|_{(N)}\cdot\parallel x(t)-u(t)\parallel\Big/$$

$$\Big\|P\Big(\frac{\mid x-Tx\mid}{\parallel x-Tx\parallel}\Big)\Big\|_{(N)}$$

$$=\parallel x-u\parallel$$

这就证明了 $Tx=\pi(x\mid c)$.

注 1　本章是就 Orlicz 范数 $\|\cdot\|_M$ 证明的,如换成 Luxemburg 范数 $\|\cdot\|_{(M)}$,只需注意 $0 \neq z \in L_M$ 的支撑泛函为 $F_z(t) = P\left(K\dfrac{|z(t)|}{\|z\|}\right)\mathrm{Sign}\, z(t)$,其中 K 满足 $\displaystyle\int_G N(PK|z|)\,\mathrm{d}\mu = 1$,其余证明完全相同.

注 2　本章定理中涉及的 Orlicz 空间只假设其可分和光滑,不要求自反. 如将 L_M 改为严格凸,光滑和自反的 Banach 函数空间 $X(\Sigma)$,只要简单函数类在 $X(\Sigma)$ 中稠,则有相同的结果,证明也完全雷同.

Orlicz 空间内一类有理函数
逼近的一种 Jackson 型估计[①]

第

14

章

内蒙古师范大学数学科学学院的张旭,吴嘎日迪二位教授于 2018 年研究了 Orlicz 空间内一类有理函数逼近问题. 在被逼近函数改变 l 次符号的条件下,借助 Steklov 平均函数,利用修正的 Jackson 核, Hardy-Littlewood 极大函数,Cauchy-Schwarz 不等式等工具, 给出了逼近阶的一种 Jackson 型估计. 考虑到 Orlicz 空间内拓扑结构的复杂性,本章得到的结果比连续函数空间和 L_p 空间内同类问题的研究结果具有更广泛的意义.

14.1　引言及主要结果

R_n^l 表示分母是次数不超过 n 的多项式,分子是线性函数的有理函数的全体,即

---

① 摘编自《纯粹数学与应用数学》,第 34 卷第 1 期,2018 年 3 月.

$$R_n^l = \left\{ \frac{q(x)}{p_n} : p_n \in \Pi_n, q(x) \in \Pi_l \right\}$$

梅雪峰等研究了在 L_p 内一类有理函数逼近的问题，所得结果如下：

定理 A[①]　设 l 是自然数，$1 < p < \infty$，如果 $f(x) \in L^p[-1,1]$ 在 $(-1,1)$ 内改变 l 次符号，那么存在 $-1 < b_1 < b_2 < \cdots < b_l < 1$ 和 $r(x) \in R_n^l$，使得

$$\| f - r \| L_p \leqslant C_{p,b,l} \omega \left(f, \frac{1}{n} \right)_{L_p}$$

其中

$$b = \min \{ b_{j+1} - b_j : j = 1, 2, \cdots, l-1 \}$$

$C_{p,b,l}$ 表示与 p, b, l 有关的正常数.

本章在 Orlicz 空间内研究类似的有理函数逼近问题.

本章用 $M(u)$ 和 $N(v)$ 表示互余的 N 函数，有关 N 函数的定义和性质见文献《奥尔里奇空间及其应用》[②]. 设 $L_M^*[-1,1]$ 表示区间 $[-1,1]$ 上 N 函数 $M(u)$ 生成的 Orlicz 空间，$\| \cdot \|_M$ 是 Orlicz 范数，定义如下

$$\| u \|_M = \sup_{\rho(v;N) \leqslant 1} \left| \int_{-1}^{1} u(x) v(x) \, \mathrm{d}x \right|$$

其中

$$\rho(v;N) = \rho(v(x);N) = \int_{-1}^{1} N(v(x) \, \mathrm{d}x)$$

是 $v(x)$ 关于 $N(v)$ 的模.

对于 $f \in L_M^*[-1,1]$ 和 $0 \leqslant t \leqslant 1$，定义连续模如下

①　MEI XUEFENG, ZHOU SONGPING. Approximation by rational functions with prescirbed numerator degree in L_p spaces for $1 < p < \infty$ [J]. Acta Math. Hungar. , 2004, 102(4):321-336.

②　吴从炘,王廷辅.奥尔里奇空间及其应用[M].哈尔滨:黑龙江科学技术出版社,1983.

$$\omega(f,\delta)_{M[-1,1]} = \sup_{0 \leq h \leq \delta} \left\{ \sup_{\rho(v,N) \leq 1} \left| \int_{-1}^{1-h} (f(x+h) - f(x))v(x)\mathrm{d}x \right| \right\}$$

并记

$$\| f \|_{M[-1,1]} = \| f \|_M, \omega(f,\delta)_{M[-1,1]} = \omega(f,\delta)_M$$

定义 14. 1[①]　设 $f \in L_M^*[-1,1]$，如果有 l 个点 $-1 < a_1 < a_2 < \cdots < a_l < 1$，使得

$$\sigma \mathrm{sgn}\left(\prod_{j=1}^{l} (x - b_j) \right) \hat{F}_n(x) \geq 0, \quad \mathrm{a.e.} \quad x \in [-1,1], \sigma = \pm 1$$

且对所有的 $j = 1,2,\cdots,l$ 和 $0 < \eta < a_{j+1} - a_j (a_{j+1} = 1)$

$$\mathrm{mes}(\{x \in (a_j, a_{j+1}) : f(x) \neq 0\} \cap (a_j, a_{j+\eta})) > 0$$

这里要求

$$\mathrm{mes}\{x \in [0, a_1] : f(x) \neq 0\} > 0$$

则说 $f(x)$ 在点 $a_1, a_2, \cdots, a_l$ 处改变 l 次符号.

本章的主要结果如下:

定理 14. 1　设 $f \in L_M^*[-1,1]$，$f(x)$ 不恒等于 0，$f(x)$ 在 $(-1,1)$ 内恰好改变 l 次符号，则存在 $-1 < b_1 < b_2 < \cdots < b_l < 1$ 和 $r(x) \in R_n^l$，使得

$$\| f - r \|_M \leq C_{M,b,l} \omega\left(f, \frac{1}{n}\right)_M$$

其中

$$b = \min\{b_{j+1} - b_j : j = 1,2,\cdots,l-1\}$$

$C_{M,b,l}$ 表示与 M, b, l 有关的正常数. 在不同处表示不同的值.

---

① HAI LIAN, WU GARIDI. On approximatin by reciprocals of polynomials with positive coefficients[J]. Analysis in theory and Applications, 2013,29(2):149-157.

14.2　若干引理

引理14.1[1]　设 $f \in L_M^*[-1,1]$, $n \in \mathbf{N}$, 且 $f(x)$ 延拓如下

$$F_n(x) = \begin{cases} n\int_0^{\frac{1}{n}} f(t)\,\mathrm{d}t, & x \in [-2,1) \\ f(x), & x \in [-1,1] \\ n\int_{1-\frac{1}{n}}^1 f(t)\,\mathrm{d}t, & x \in (1,2] \end{cases}$$

则

$$F_n(x) \in L_M^*[-2,2]$$

并且

$$\omega\left(F_n, \frac{1}{n}\right)_{[-2,2]} \leqslant C\omega\left(f, \frac{1}{n}\right)_M$$

引理14.2[2]　设 $f \in L_M^*[-1,1]$ 在 $(-1,1)$ 内恰好改变 l 次符号. 记

$$f_h(x) = \frac{1}{h}\int_{x-\frac{h}{2}}^{x+\frac{h}{2}} f(u)\,\mathrm{d}u$$

为 $f(x)$ 的一阶 Steklov 函数, 则对充分小的 $h > 0$, $f_h(x)$ 在区间 $\left(\frac{h}{2}, 1 - \frac{h}{2}\right)$ 内恰好改变 l 次符号.

---

①　王晓芳. 若干函数空间内的几个逼近问题[D]. 呼和浩特:内蒙古师范大学数学科学学院,2006.

②　WU GARIDI. On approcimation by polynomials in Orlicz spaces [J]. Approximation theory and its Applications, 1991,7(3):97-101.

WANG XIAOLI, HUO RAN, WU GARIDI. On approximation by reciprocals of polynomials with positive coefficients in Orlicz spaces [J]. Analysis in theory and Applications, 2008,24(4):364-376.

引理 14.3 设 $f \in L_M^*[-1,1]$，$f_h(x)$ 为 $f(x)$ 的一阶 Steklov 函数，记

$$f_{hh}(x) = \frac{1}{h}\int_{x-\frac{h}{2}}^{x+\frac{h}{2}} f_h(u)\,\mathrm{d}u$$

为 $f(x)$ 的二阶 Steklov 函数，则对充分小的 $h > 0$，有

$$\|f - f_h\|_{M[-1+\frac{h}{2},1-\frac{h}{2}]} \leqslant C\omega(f,h)_M$$

$$\|f - f_{hh}\|_{M[-1+h,1-h]} \leqslant C\omega(f,h)_M$$

$$\|f'_{hh}\|_{M[-1+h,1-h]} \leqslant Ch^{-1}\omega(f,h)_M$$

$$\|f''_{hh}\|_{M[-1+h,1-h]} \leqslant Ch^{-2}\omega(f,h)_M$$

引理 14.4 定义修正的 Jackson 核如下

$$\lambda_n(t) = C_n\left\{\left(\frac{\sin n(t-\delta_n)/2}{\sin(t-\delta_n)/2}\right)^4 + \left(\frac{\sin n(t+\delta_n)/2}{\sin(t+\delta_n)/2}\right)^4\right\}$$

其中

$$\delta_n = \frac{\pi}{2n}$$

C_n 满足

$$\int_{-\pi}^{\pi} \lambda_n(t)\,\mathrm{d}t = 1$$

对周期为 2π 的可积函数 $f(x)$（记 $f(x) \in L_{M,2\pi}^*$）定义

$$\Lambda_n(f,x) = \int_{-\pi}^{\pi} f(x+s)\lambda_n(s)\,\mathrm{d}s$$

则

$$\|f - \Lambda_n(f)\|_{M,2\pi} \leqslant C\omega\left(f,\frac{1}{n}\right)_{M,2\pi}$$

$$\omega(\Lambda_n(f),t)_{M,2\pi} \leqslant C\omega(f,t)_{M,2\pi}$$

$$\sup_{-\pi \leqslant x \leqslant \pi} \frac{\Lambda_n(f,x)}{\Lambda_n(f,x+t)} \leqslant C(1+n|t|)^4$$

$$\int_{-\pi}^{\pi} t^j\lambda_n(t)\,\mathrm{d}t \sim n^{-j}, j = 0,1,2$$

引理 14.5[①]   设 $f \in L_M^*[a,b]$, $x \in I \subset [a,b]$, 定义

$$\theta_f(x) = \sup_{x \in I} \int_I |f(u)| \, \mathrm{d}u$$

则

$$\|\theta_f\|_{M[a,b]} \leqslant C \|f\|_{M[a,b]}$$

引理 14.6   令

$$l \geqslant 1, \ -1 < b_1 < b_2 < \cdots < b_l < 1$$

$$b = \min\{b_{j+1} - b_j : j = 1,2,\cdots,l-1\}$$

对于 $\theta, s \in [-\pi, \pi]$ 和 $\cos(\theta + s) \neq b_j, j = 1,2,\cdots$, l, 有

$$\left| 1 - \frac{\prod\limits_{j=1}^{l}(\cos\theta - b_j)}{\prod\limits_{j=1}^{l}(\cos(\theta+s) - b_j)} \right| \leqslant C_{b,l} \sum_{j=1}^{l} \frac{|s|}{|\cos(\theta+s) - b_j|}$$

14.3   定理 14.1 的证明

在下面的证明中, 假设

$$f(x) \in L_M^*[-1,1]$$

在区间 $(-1,1)$ 内恰好改变 l 次符号, $f(x)$ 不恒等于 0. 按引理 14.1 的方式把 $f(x) \in L_M^*[-1,1]$ 延拓成 $F_n(x) \in L_M^*[-2,2]$, 显然 $F_n(x)$ 在区间 $(-2,2)$ 内恰好改变 l 次符号, 且满足

$$\omega\left(F_n, \frac{1}{n}\right)_{[-2,2]} \leqslant C\omega\left(f, \frac{1}{n}\right)_M$$

对 $x \in [-2,2]$, 及充分小的 $h > 0$, 定义 $F_n(x)$ 的二阶

① 吴嘎日迪. 一类新型 Kantorovich 算子在 Orlicz 空间内的逼近性质[J]. 内蒙古师范大学学报(自然科学中文版), 2006, 35(3): 253-257.

Orlicz 空间

Steklov 函数 $\hat{F}_n(x)$，即

$$\hat{F}_n(x) = (F_n(x))_{hh}$$

对应于 $f(x)$ 在 $(-1,1)$ 内的 l 次变号点对于给定的 $a_1 < a_2 < \cdots < a_l$，在 $-1 < b_1 < b_2 < \cdots < b_l < 1$，这些点处 $\hat{F}_n(x)$ 改变符号. 对于给定的 $\varepsilon > 0$

$$x \in [-1,1]([-1,1] \subseteq [-2-h,2-h])$$

不妨设

$$\mathrm{sgn}\Big(\prod_{j=1}^{l}(x-b_j)\Big)\hat{F}_n(x) \geqslant 0$$

令

$$g(x) = \frac{\hat{F}_n(x)}{\prod_{j=1}^{l}(x-b_j)} + \varepsilon, G(\theta) = g(\cos\theta)$$

$$\tilde{g}(x) = \Lambda_n(G,\theta) = \int_{-\pi}^{\pi} g(\cos(\theta+s))\lambda_n(s)\mathrm{d}s$$

取通常意义下的 Jackson 核为

$$K_n(t) = d_n\Big(\frac{\sin nt/2}{\sin t/2}\Big)^8$$

其中常数 d_n 满足

$$\int_{-\pi}^{\pi}K_n(t)\mathrm{d}t = 1$$

由文献 *Approximation of Functions*[①] 可知 $d_n \sim n^{-7}$，并且有

$$\int_{-\pi}^{\pi}|t|^{j}K_n(t)\mathrm{d}t \sim n^{-j}, j = 0,1,\cdots6$$

定义

---

① LORENTZ G G. Approximation of Functions [M]. New York: Holt Rinehart and Winston, 1966.

294

$$p_n(x) = L_n\left(\frac{1}{\underset{\sim}{g}}, x\right)$$

$$= \int_{-\pi}^{\pi} \frac{1}{\Lambda_n(G, \theta + t)} K_n(t)\, \mathrm{d}t$$

$$g(x), \tilde{g}(x) > 0$$

因此 $p_n(x)$ 的定义是合理的,且是一个 n 次多项式,在以下的证明中取

$$\varepsilon = \omega\left(f, \frac{1}{n}\right)_M, h = n^{-1}$$

$$\left\| f(x) - \frac{\prod\limits_{j=1}^{l}(x - b_j)}{p_n(x)} \right\|_M$$

$$\leqslant \left\| f(x) - \prod_{j=1}^{l}(x - b_j)g(x) \right\|_M +$$

$$\left\| \prod_{j=1}^{l}(x - b_j)(g(x) - \tilde{g}(x)) \right\|_M +$$

$$\left\| \prod_{j=1}^{l}(x - b_j)\left(\tilde{g}(x) - \frac{1}{p_n(x)}\right) \right\|$$

$$=: \| I_1 \|_M + \| I_2 \|_M + \| I_3 \|_M$$

由引理 14.1,引理 14.3 得

$$\| I_1 \|_M = \left\| f(x) - \prod_{j=1}^{l}(x - b_j)g(x) \right\|_M$$

$$= \left\| f(x) - \prod_{j=1}^{l}(x - b_j)\left(\frac{\hat{F}_n(x)}{\prod\limits_{j=1}^{l}(x - b_j)} + \varepsilon\right) \right\|_M$$

$$= \left\| f(x) - \hat{F}_n(x) - \varepsilon\prod_{j=1}^{l}(x - b_j) \right\|_M$$

$$\leqslant \left\| F_n(x) - \hat{F}_n(x) - \varepsilon\prod_{j=1}^{l}(x - b_j) \right\|_{M[-2+h, 2-h]}$$

$$\leq \| F_n(x) - \hat{F}_n(x) \|_{M[-2+h,2-h]} + \| C3^l \|_M$$

$$\leq C\omega \Big(f, \frac{1}{n} \Big)_M$$

$$\| I_2 \|_M = \Big\| \prod_{j=1}^{l} (x - b_j)(g(x) - \tilde{g}(x)) \Big\|_M$$

$$= \left\| \prod_{j=1}^{l} (x - b_j) \left[\left(\frac{\hat{F}_n(x)}{\prod\limits_{j=1}^{l} (x - b_j)} + \varepsilon \right) - \int_{-\pi}^{\pi} g(\cos(\theta + s)) \lambda_n(s) \mathrm{d}s \right] \right\|_M$$

$$= \left\| \int_{-\pi}^{\pi} \left[\hat{F}_n(\cos \theta) - \frac{\prod\limits_{j=1}^{l} (\cos \theta - b_j)}{\prod\limits_{j=1}^{l} (\cos(\theta + s) - b_j)} \hat{F}_n(\cos(\theta + s)) \right] \lambda_n(s) \mathrm{d}s \right\|_M$$

$$\leq \left\| \int_{-\pi}^{\pi} [\hat{F}_n(\cos \theta) - \hat{F}_n(\cos(\theta + s))] \lambda_n(s) \mathrm{d}s \right\|_M +$$

$$\left\| \int_{-\pi}^{\pi} \left(1 - \frac{\prod\limits_{j=1}^{l} (\cos \theta - b_j)}{\prod\limits_{j=1}^{l} (\cos(\theta + s) - b_j)} \right) \hat{F}_n(\cos(\theta + s)) \lambda_n(s) \mathrm{d}s \right\|_M$$

$$=: \| I_{21} \|_M + \| I_{22} \|_M$$

由文献 *Approximation by rational functions with prescirbed numerator degree in L_p spaces for* $1 < p < \infty$，知

$$| I_{21} | \leq \frac{C}{n} \theta_{\hat{F}_n(x)}$$

$$| I_{22} | \leq C_{b,l} \Big(\frac{1}{n} | \hat{F}_n(x) | + \frac{1}{n} \theta_{\hat{F}_n'}(x) + \frac{1}{n^2} \theta_{\hat{F}_n''}(x) \Big)$$

利用引理 14.5，得

$$\| I_2 \|_M \leq \| I_2 \|_{M[-2+h,2-h]}$$

$$\leq \| I_{21} \|_{M[-2+h,2-h]} + \| I_{22} \|_{M[-2+h,2-h]}$$

$$\leqslant C_{M,b,l}\Big(\frac{1}{n}\parallel \hat{F}_n'(x)\parallel_{M[-2+h,2-h]} +$$

$$\frac{1}{n^2}\parallel \hat{F}_n''(x)\parallel_{M[-2+h,2-h]}\Big)$$

$$\leqslant C_{M,b,l}\Big(\frac{h^{-1}}{n}\omega(F_n,h)_{M[-2,2]} +$$

$$\frac{h^{-2}}{n^2}\omega(F_n,h)_{M[-2,2]}\Big)$$

$$\leqslant C_{M,b,l}\,\omega\Big(f,\frac{1}{n}\Big)_M$$

为了估计 $\parallel I_3\parallel_M$,划分区间如下

$$S_1 = \Big\{x \in [-1,1] : \frac{1}{P_n(x)} \geqslant \tilde{g}(x)\Big\}$$

$$S_2 = [-1,1]\backslash S_1$$

对 $x \in S_1$,由 Cauchy-Schwarz 不等式可知

$$L_n(\tilde{g},x)L_n\Big(\frac{1}{\tilde{g}},x\Big) \geqslant L_n^2(1,x) = 1$$

所以有

$$L_n(\tilde{g},x) \geqslant \frac{1}{L_n\Big(\dfrac{1}{\tilde{g}},x\Big)} = \frac{1}{p_n(x)}$$

对 $x \in S_1$, 则由文献 *Approximation by rational functions with prescrirbed numerator degree in L_p spaces for $1 < p < \infty$* 得

$$\parallel I_3\parallel_{M(S_1)} \leqslant \parallel I_3\parallel_M$$

$$= \Big\|\prod_{j=1}^{l}(x-b_j)\Big(\tilde{g}(x) - \frac{1}{p_n(x)}\Big)\Big\|_M$$

$$\leqslant \Big\|\prod_{j=1}^{l}(x-b_j)(\tilde{g}(x) - L_n(\tilde{g},x))\Big\|_M$$

297

$$= \left\| \prod_{j=1}^{l} (x - b_j) \int_{-\pi}^{\pi} (\Lambda_n(G,\theta) - \Lambda_n(G,\theta + t)) K_n(t) dt \right\|_M$$

$$\leqslant \left\| \int_{-\pi}^{\pi} \left| \prod_{j=1}^{l} (x - b_j)(\Lambda_n(G,\theta) - \Lambda_n(G,\theta + t)) \right| K_n(t) dt \right\|_M$$

$$\leqslant \left\| \int_{-\pi}^{\pi} \left| \int_{-\pi}^{\pi} (\hat{F}_n(\cos(\theta + s)) - \hat{F}_n(\cos\theta)) \lambda_n(s) ds \right| K_n(t) dt \right\|_M +$$

$$\left\| \int_{-\pi}^{\pi} \left| \int_{-\pi}^{\pi} \left(1 - \frac{\prod_{j=1}^{l} (\cos\theta - b_j)}{\prod_{j=1}^{l} (\cos(\theta + s) - b_j)} \right) \hat{F}_n(\cos(\theta + s)) \lambda_n(s) ds \right| K_n(t) dt \right\|_M +$$

$$\left\| \int_{-\pi}^{\pi} \left| \int_{-\pi}^{\pi} (\hat{F}_n(\cos(\theta + t + s)) - \hat{F}_n(\cos\theta)) \lambda_n(s) ds \right| K_n(t) dt \right\|_M +$$

$$\left\| \int_{-\pi}^{\pi} \left| \int_{-\pi}^{\pi} \left(1 - \frac{\prod_{j=1}^{l} (\cos\theta - b_j)}{\prod_{j=1}^{l} (\cos(\theta + t + s) - b_j)} \right) \hat{F}_n(\cos(\theta + t + s)) \lambda_n(s) ds \right| K_n(t) dt \right\|_M$$

$$=: \| I_{31} \|_M + \| I_{32} \|_M + \| I_{33} \|_M + \| I_{34} \|_M$$

注意到 $x = \cos\theta$, 由引理 14.3, 引理 14.4, 引理 14.5 和

$$\int_{-\pi}^{\pi} |t|^j K_n(t) dt \sim n^{-j}, j = 0, 1, \cdots, 6$$

得

$$\| I_{31} \|_M \leqslant \left\| \int_{-\pi}^{\pi} \frac{C}{n} \theta_{\hat{F}_n'}(x) K_n(t) dt \right\|_M$$

$$\leqslant \frac{C}{n} \| \theta_{\hat{F}_n'}(x) \|_{M[-2+h,2-h]}$$

$$\leqslant \frac{C}{n} \| \hat{F}_n'' \|_{M[-2+h,2-h]}$$

$$\leqslant C_{M,b,l} \omega \left(f, \frac{1}{n} \right)_M$$

$$\| I_{33} \|_M \leqslant \left\| \int_{-\pi}^{\pi} C\left(\frac{1}{n} + |t| \right) \theta_{\hat{F}_n'}(x) K_n(t) \, \mathrm{d}t \right\|_M$$

$$\leqslant \left\| \int_{-\pi}^{\pi} \frac{C}{n} \theta_{\hat{F}_n'}(x) K_n(t) \, \mathrm{d}t \right\|_{M[-2+h,2-h]} +$$

$$\left\| \int_{-\pi}^{\pi} C|t| \theta_{\hat{F}_n'}(x) K_n(t) \, \mathrm{d}t \right\|_{M[-2+h,2-h]}$$

$$\leqslant \frac{C}{n} \| \hat{F}_n'(x) \|_{M[-2+h,2-h]}$$

$$\leqslant C_{M,b,l} \omega\left(f, \frac{1}{n} \right)_M$$

$$\| I_{32} \|_M \leqslant \left\| \int_{-\pi}^{\pi} C_{b,l} \left(\frac{1}{n} | \hat{F}_n'(x) | + \frac{1}{n} \theta_{\hat{F}_n'}(x) + \right.\right.$$

$$\left.\left. \frac{1}{n^2} \theta_{\hat{F}_n''}(x) \right) K_n(t) \, \mathrm{d}t \right\|_M$$

$$\leqslant C_{M,b,l} \left(\frac{1}{n} \| \hat{F}_n'(x) \|_{M[-2+h,2-h]} + \right.$$

$$\left. \frac{1}{n^2} \| \hat{F}_n''(x) \|_{M[-2+h,2-h]} \right)$$

$$\leqslant C_{M,b,l} \left(\frac{h^{-1}}{n} \omega(F_n, h)_{M[-2,2]} + \right.$$

$$\left. \frac{h^{-1}}{n^2} \omega(F_n, h)_{M[-2,2]} \right)$$

$$\leqslant C_{M,b,l} \omega\left(f, \frac{1}{n} \right)_M$$

由引理 14.6 可得

$$\| I_{34} \| \leqslant \left\| \int_{-\pi}^{\pi} \left(C_{b,l} \sum_{j=1}^{l} \int_{-\pi}^{\pi} \left| \frac{\hat{F}_n'(\cos(\theta + t + s))}{\cos(\theta + t + s) - b_j} \right| \cdot \right.\right.$$

$$\left.\left. (|t| + |s|) \lambda_n(s) \, \mathrm{d}s \right) K_n(t) \, \mathrm{d}t \right\|_M$$

令 $j \in \{1, 2, \cdots, l\}$,并定义

$$E_j = \{s : | \cos(\theta + t + s) - b_j | \leqslant h\}$$

注意到 $\hat{F}_n(b_j) = 0$,则

$$\int_{E_j} \left| \frac{\hat{F}_n(\cos(\theta + t + s))}{\cos(\theta + t + s) - b_j} \right| (|t| + |s|) \lambda_n(s) dx$$

$$\leqslant \int_{E_j} \left| \frac{1}{\cos(\theta + t + s) - b_j} (\hat{F}_n(\cos(\theta + t + s)) - \hat{F}_n(b_j)) \right| \cdot$$

$$(|t| + |s|) \lambda_n(s) ds$$

$$\leqslant \int_{E_j} \left| \frac{1}{\cos(\theta + t + s) - b_j} \int_{b_j}^{\cos(\theta + t + s)} \hat{F}_n'(u) du \right| \cdot$$

$$(|t| + |s|) \lambda_n(s) ds$$

$$\leqslant \int_{E_j} \left| \frac{1}{\cos(\theta + t + s) - b_j} \int_{b_j}^{\cos(\theta + t + s)} (\hat{F}_n'(u) - \hat{F}_n'(x)) du \right| \cdot$$

$$(|t| + |s|) \lambda_n(s) ds + \int_{E_j} |\hat{F}_n'(x)| (|t| + |s|) \lambda_n(s) ds$$

对任何 $x, u \in [-1, 1]$,注意到 $x = \cos\theta, u$ 位于 $\cos(\theta + t + s)$ 和 b_j 之间,当 $s \in E_j$ 时

$$|\hat{F}_n'(u) - \hat{F}_n'(x)| = \left| \frac{1}{x - u} \int_u^x \hat{F}_n''(y) dy \right| |x - u|$$

$$\leqslant \left| \frac{1}{x - u} \int_u^x \hat{F}_n''(y) dy \right| \cdot$$

$$(|x - \cos(\theta + t + s)| +$$

$$|\cos(\theta + t + s) - b_j|)$$

$$\leqslant \theta_{\hat{F}_n''}(x)(|t| + |s| + h)$$

于是由引理 14.4 得

$$\int_{E_j} \left| \frac{\hat{F}_n(\cos(\theta + t + s))}{\cos(\theta + t + s) - b_j} \right| (|t| + |s|) \lambda_n(s) ds$$

$$\leqslant \int_{E_j} \left| \frac{1}{\cos(\theta + t + s) - b_j} \theta_{\hat{F}_n''}(x) \int_{b_j}^{\cos(\theta + t + s)} (|t| + |s| + h) du \right| \cdot$$

$$(|t| + |s|) \lambda_n(s) ds + \int_{E_j} |\hat{F}_n'(x)| (|t| + |s|) \lambda_n(s) ds$$

$$\leqslant \left(\frac{C}{n} \mid t \mid + \mid t \mid^2 + \frac{1}{n^2} \right) \theta_{\hat{F}_n''}(x) + C(\mid t \mid + n^{-1}) \mid \hat{F}_n'(x) \mid$$

另外,当

$$s \in [-1,1] \backslash E_j = \{ s \mid \mid \cos(\theta + t + s) - b_j \mid > h \}$$

时,由 $\hat{F}_n'(b_j) = 0$ 和引理 14.5,得

$$\left| \frac{\hat{F}_n(\cos(\theta + t + s))}{\cos(\theta + t + s) - b_j} - \frac{\hat{F}_n(\cos \theta)}{\cos \theta - b_j} \right|$$

$$= \left| \frac{(\cos \theta - b_j)\hat{F}_n(\cos(\theta + t + s)) - (\cos(\theta + t + s) - b_j)\hat{F}_n(\cos \theta)}{(\cos(\theta + t + s) - b_j)(\cos \theta - b_j)} \right|$$

$$\leqslant \frac{1}{\mid \cos(\theta + t + s) - b_j \mid} \mid \hat{F}_n(\cos(\theta + t + s)) - \hat{F}_n(\cos \theta) \mid +$$

$$\left| \frac{\cos \theta - \cos(\theta + t + s)}{(\cos(\theta + t + s) - b_j)(\cos \theta - b_j)} \hat{F}_n(\cos \theta) \right|$$

$$\leqslant \frac{\mid \cos(\theta + t + s) - \cos \theta \mid}{\mid (\cos(\theta + t + s) - b_j)(\cos \theta - b_j) \mid} \theta_{\hat{F}_n'}(x) +$$

$$\left| \frac{\cos \theta - \cos(\theta + t + s)}{(\cos(\theta + t + s) - b_j)(\cos \theta - b_j)} (\hat{F}_n(\cos \theta) - \hat{F}_n(b_j)) \right|$$

$$\leqslant C \frac{\mid t \mid + \mid s \mid}{h} \theta_{\hat{F}_n'}(x)$$

由引理 14.5 可得

$$\left| \frac{\hat{F}_n'(\cos(\theta + t + s))}{\cos(\theta + t + s) - b_j} \right| \leqslant C \frac{\mid t \mid + \mid s \mid}{h} \theta_{\hat{F}_n'}(x) + \left| \frac{\hat{F}_n'(\cos \theta)}{\cos \theta - b_j} \right|$$

$$\leqslant C \theta_{\hat{F}_n'}(x)(1 + h^{-1}(\mid t \mid + \mid s \mid))$$

所以

$$\int_{[-1,1] \backslash E_j} \left| \frac{\hat{F}_n'(\cos(\theta + t + s))}{\cos(\theta + t + s) - b_j} \right| (\mid t \mid + \mid s \mid) \lambda_n(s) \mathrm{d}s$$

$$\leqslant \int_{[-1,1] \backslash E_j} C \theta_{\hat{F}_n'}(x)(1 + h^{-1}(\mid t \mid + \mid s \mid)) \cdot$$

$$(\mid t \mid + \mid s \mid) \lambda_n(s) \mathrm{d}s$$

Orlicz 空间

$$\leqslant \int_{[-1,1]\setminus E_j} C\theta_{\hat{F}_n''}(x)\Big(\mid t\mid + \frac{1}{n} + h^{-1}(\mid t\mid^2 + 2\mid t\mid\mid s\mid + \mid s\mid^2)\Big)\lambda_n(s)\mathrm{d}s$$

$$\leqslant C\Big(n\mid t\mid^2 + \mid t\mid + \frac{1}{n}\Big)\theta_{\hat{F}_n''}(x)$$

对于 $x \in [-1,1]$, 有

$$\parallel I_{34}\parallel_M \leqslant \left\|\int_{-\pi}^{\pi} C_{b,l}\Big[\Big(\frac{C}{n}\mid t\mid + \mid t\mid^2 + \frac{1}{n^2}\Big)\theta_{\hat{F}_n''}(x) + \right.$$

$$\left. C(\mid t\mid + n^{-1})\mid \hat{F}_n'(x)\mid\Big]K_n(t)\mathrm{d}t\right\|_M$$

$$\leqslant \left\|\int_{-\pi}^{\pi} C_{b,l}\Big(n\mid t\mid^2 + \mid t\mid + \frac{1}{n}\Big)\theta_{\hat{F}_n''}(x)K_n(t)\mathrm{d}t\right\|_M$$

$$\leqslant C_{M,b,l}\Big(\frac{1}{n}\parallel \hat{F}_n'(x)\parallel_{M[-2+h,2-h]} +$$

$$\frac{1}{n^2}\parallel \hat{F}_n''(x)\parallel_{M[-2+h,2-h]}\Big) +$$

$$C_{M,b,l}\frac{1}{n}\parallel \hat{F}_n'\parallel_{M[-2+h,2-h]}$$

$$\leqslant C_{M,b,l}\Big(\frac{h^{-1}}{n}\omega(F_n,h)_{M[-2,2]} + \frac{h^{-1}}{n^2}\omega(F_n,h)_{M[-2,2]}\Big)$$

$$\leqslant C_{M,b,l}\omega\Big(f,\frac{1}{n}\Big)_M$$

所以

$$\parallel I_3\parallel_{M(S_1)} \leqslant C_{M,b,l}\omega\Big(f,\frac{1}{n}\Big)_M$$

当 $x \in S_2$ 时, 有

$$\frac{1}{p_n(x)} < \widetilde{g}(x), \widetilde{g}(x) = \Lambda_n(G,\theta)$$

$$p_n(x) = \int_{-\pi}^{\pi} \frac{1}{\Lambda_n(G,\theta+t)}K_n(t)\mathrm{d}t$$

由引理 14.4 得

$$0 < \tilde{g}(x) - \frac{1}{p_n(x)}$$

$$= \frac{\tilde{g}(x)}{p_n(x)}\left(p_n(x) - \frac{1}{\tilde{g}(x)}\right)$$

$$< p_n(x) - \frac{1}{\tilde{g}(x)}$$

$$\leqslant \int_{-\pi}^{\pi} \frac{\Lambda_n(G,\theta) - \Lambda_n(G,\theta+t)}{\Lambda_n(G,\theta+t)p_n(x)} K_n(t)\,\mathrm{d}t$$

$$\leqslant \int_{-\pi}^{\pi} \mid \Lambda_n(G,\theta) - \Lambda_n(G,\theta+t)\mid \frac{\Lambda_n(G,\theta)}{\Lambda_n(G,\theta+t)} K_n(t)\,\mathrm{d}t$$

$$\leqslant \int_{-\pi}^{\pi} \mid \Lambda_n(G,\theta) - \Lambda_n(G,\theta+t)\mid (1+n\mid t\mid)^4 K_n(t)\,\mathrm{d}t$$

令

$$\tilde{K}_n(t) = (1 + n\mid t\mid)^4 K_n(t)$$

为 $x \in S_2$ 的 Jackson 核，当 $x \in S_2$，类似 $x \in S_1$ 的估计

$$\parallel I_3 \parallel_{M(S_2)} \leqslant \parallel I_3 \parallel_M = \left\Vert \prod_{j=1}^{l}(x-b_j)\left(\tilde{g}(x) - \frac{1}{P_n(x)}\right)\right\Vert_M$$

$$\leqslant \left\Vert \prod_{j=1}^{l}(x-b_j)\int_{-\pi}^{\pi}\mid \Lambda_n(G,\theta) - \Lambda_n(G,\theta+t)\mid \tilde{K}_n(t)\,\mathrm{d}t\right\Vert_M$$

$$\leqslant C_{b,l}\left\Vert \frac{1}{n}\mid \hat{F}_n'(x)\mid + \frac{1}{n}\theta_{\hat{F}_n'}(x) + \frac{1}{n^2}\theta_{\hat{F}_n''}(x)\right\Vert_{M[-2+h,2-h]}$$

$$\leqslant C_{b,l}\left(\frac{1}{n}\parallel \hat{F}_n'(x)\parallel_{M[-2+h,2-h]} + \right.$$

$$\left. \frac{1}{n^2}\parallel \hat{F}_n''(x)\parallel_{M[-2+h,2-h]}\right)$$

$$\leqslant C_{b,l}\omega\left(\hat{F}_n',\frac{1}{n}\right)_{M[-2,2]}$$

$$\leqslant C_{b,l}\omega\left(f,\frac{1}{n}\right)_M$$

综上所述

$$\| I_3 \|_M \leqslant C_{M,b,l}\omega\Big(f,\frac{1}{n}\Big)_M$$

所以

$$\Big\|f(x) - \prod_{j=1}^{l}(x-b_j)\Big\|_M \leqslant C_{M,b,l}\omega\Big(f,\frac{1}{n}\Big)_M$$

定理得证.

加权 Orlicz 空间内的
Müntz 有理逼近[①]

内蒙古师范大学数学科学学院的张思丽,吴嘎日迪两位教授于 2016 年研究了 Müntz 有理函数在加权 Orlicz 空间内的逼近性质,证明了它在 Orlicz 空间内的有界性,利用加权连续模、K – 泛函、Hardy-Littlewood 极大函数、Hölder 不等式给出了该有理函数在 Orlicz 空间内的加权逼近性质.

第

15

章

15.1 引 言

Müntz[②] 首先考虑了 Müntz 系统 $\{x^{\lambda_n}\}_{n=1}^{\infty}$ 在 $C[0,1]$ 中的稠密问题,得到了著名的 Müntz 定理,这将 Weierstrass 定理推广到了更一般的情形. 后来人们渐渐转向考虑 Müntz 有理函数的逼近速度等问题,对任意给定的非负递增实数列 $\Lambda = \{\lambda_n\}_{n=1}^{\infty}$

① 摘编自《纯粹数学与应用数学》,第 32 卷第 2 期,2016 年 4 月.

② MÜNTZ C M. Über den Approximation von Weierstrass [M]. Berlin:Mathematische Abhandlungen,1914.

$$R_n(\Lambda) = \left\{ \frac{P(x)}{Q(x)} : P(x), Q(x) \in \operatorname{span}\{x^{\lambda_k}\}, \lambda_k \in \Lambda, k = 1, 2, \cdots, n \right\}$$

文献 *On the efficiency of general ration al approximation*[1] 得到了 Jackson 型定理:

定理 A 设 $0 \leqslant \lambda_1 < \lambda_2 < \cdots$, A 为给定常数, 对所有的 $n \geqslant 1$, 有 $\lambda_{n+1} - \lambda_n \geqslant An$. 则对任意的 $f \in C[0,1]$, 存在 $r(x) \in R_n(\Lambda)$, 使得

$$| f(x) - r(x) | \leqslant C\omega\left(f, \frac{1}{n}\right), n = 1, 2, \cdots$$

定理 B 设 $0 \leqslant \lambda_1 < \lambda_2 < \cdots$, A 为给定常数, 对所有的 $n \geqslant 1$, 有 $\lambda_{n+1} - \lambda_n \geqslant An$. 若 $f \in C[0,1]$, 则存在 $r(x) \in R_n(\Lambda)$, 使得

$$| f(x) - r(x) | \leqslant C\omega\left(f, \frac{1}{n^{p+1}} + \frac{\psi(x)}{n}\right), n = 1, 2, \cdots$$

其中 $p \in \mathbf{N}$, $\psi(x) = x^{\frac{p}{p+1}}$.

定理 B 是集点态与整体于一体的逼近度估计. 但是, 对于加权的 Müntz 有理函数的逼近问题的研究相对较少, 本章将研究加权 Müntz 有理函数在 Orlicz 空间内的逼近问题.

用 L_M^* 表示定义在 $[0,1]$ 上带有 Orlicz 范数的 Orlicz 空间. 记权函数

$$w(x) = x^{\alpha}(1-x)^{\alpha}, \alpha \geqslant 0, 0 \leqslant x \leqslant 1$$

定义

$$L_{M(w)}^* = \{f : wf \in L_M^*[0,1]\}$$

设 $X = \{x_{nk} = x_k, k = 1, 2, \cdots, n\}$ 为 $[0,1]$ 上任一给定的结点组, 对任意的 $f \in L_M^*$, 定义

① BAK J. On the efficiency of general rational approximation [J]. J. A. T. , 1977, 20:46-50.

$$L_n(f;X;x) = L_n(f;x) = \sum_{k=1}^{n-1} f(x_k) r_k(x)$$

其中

$$r_k(x) = \frac{P_k(x)}{\sum\limits_{l=1}^{n-1} P_l(x)}, k = 1,2,\cdots,n-1$$

$$P_j(x) = P_{n,j}(x) = x^{\lambda_j} \prod_{l=1}^{j} x_l^{-\Delta_{\lambda_l}}, j = 1,2,\cdots,n-1$$

其中

$$\Delta_{\lambda_1} = \lambda_1, \Delta_{\lambda_k} = \lambda_k - \lambda_{k-1}, k = 2,3,\cdots$$

这 就 是 著 名 的 Bak 算 子，定 义 如 下 修 正 的 Kantorovich-Bak 算子

$$L_n^*(f;x) = \sum_{k=2}^{n-1} \frac{1}{x_k - x_{k-1}} \int_{x_{k-1}}^{x_k} f(t)\,\mathrm{d}t r_k(x)$$

其中

$$r_k(x) = \frac{P_k(x)}{\sum\limits_{l=2}^{n-1} P_l(x)}, k = 2,3,\cdots,n-1$$

显然 $L_n^*(f;x) \in R_n(\Lambda)$. 令

$$X = \left\{ x_{nk} = x_k = x\left(\frac{k}{n}\right), k = 1,2,\cdots,n \right\}$$

其中 $x(t) = t^{N+1}, t \in [0,1], x\left(\dfrac{0}{n}\right) = 0.$

定义加权的 K- 泛函和连续模如下

$$K_\psi(f,t)_{M(w)} = \inf_{g \in A.C.[0,1]} \{ \| w(f-g) \|_M +$$
$$t \| w\psi g' \|_M + t^{N+1} \| wg' \|_M \}$$

$$\omega_\psi(f,t)_{M}(w) = \sup_{0 \le h \le t} \left\| (wf)\left(x + \frac{h\psi(x)}{2}\right) - (wf)\left(x - \frac{h\psi(x)}{2}\right) \right\|_M$$

307

则 $K_\psi(f,t) \sim \omega_\psi(f,t)_{M(w)}$，其中 $\psi(x) = x^{\frac{N}{N+1}}$，$N$ 是自然数.

本章用 $M(u)$ 和 $N(v)$ 表示互余的 N 函数，关于 N 函数的定义，Orlicz 空间的定义及相关性质见文献《奥尔里奇空间及其应用》[1]. 文中 $\|\cdot\|_M$ 是 Orlicz 范数，定义如下

$$\|f\|_M = \sup_{\rho(v;N) \leqslant 1} \left| \int_0^1 f(x)v(x)\,\mathrm{d}x \right|$$

其中

$$\rho(v;N) = \int_0^1 N(v(x))\,\mathrm{d}x$$

是 $v(x)$ 关于 $N(v)$ 的模.

文中 C 表示仅与 A,N,α,r 有关的常数，但在不同处可以表示不同的值.

15.2 若干引理

引理 15.1[2] 对任意 $\mu > 0$，$x \in [0,1]$，成立

$$\sum_{k=1}^{n-1} |x - x_k|^\mu r_k(x) \leqslant C\left(\frac{\Delta_n(x)}{n}\right)^\mu$$

其中

$$\Delta_n(x) = \frac{1}{n^N} + \psi(x)$$

引理 15.2[3] 设 $x \in [x_{j-1}, x_j]$，且 x_k 为距离 x 最近

---

① 吴从炘,王廷辅.奥尔里奇空间及其应用[M].哈尔滨:黑龙江科学技术出版社,1983.

② 王军霞.Müntz 有理逼近的逼近阶[D].杭州:杭州师范大学,2014.

③ 王军霞,虞旦盛.Müntz 有理逼近的整体估计和点态估计[J].浙江大学学报,2014,41:138-144.

的结点,则

$$\frac{w(x)}{w(x_k)} \leqslant C(\mid j - k \mid + 1)^{\alpha(N+1)}$$

$$r_k(x) \leqslant Ce^{-C(N+1)\mid k-j\mid}, k = 1, 2, \cdots n$$

引理 15.3[①]　设 Hardy-Littlewood 极大函数

$$\theta_f(x) = \sup_{t \neq x, -1 \leqslant t \leqslant 1} \frac{1}{\mid t - x \mid} \int_x^t \mid f(u) \mid \mathrm{d}u$$

则 $\parallel \theta_f \parallel_M \leqslant C \parallel f \parallel_M$.

引理 15.4　设 $0 \leqslant \lambda_1 < \lambda_2 < \cdots$,$A$ 为给定的常数,对所有的 $n \geqslant 1$,有 $\lambda_{n+1} - \lambda_n \geqslant An$,则 $L_n^*(f; x)$ 是 $L_{M(w)}^* \to L_{M(w)}^*$ 的有界线性算子.

　　证明　利用引理 15.2 及 Hölder 不等式

$$\parallel L_n^*(f) \parallel_{M(w)}$$

$$= \sup_{\rho(v; N) \leqslant 1} \left| \int_0^1 w(x) L_n^*(f; x) v(x) \mathrm{d}x \right|$$

$$= \sup_{\rho(v; N) \leqslant 1} \left| \int_0^1 \sum_{k=2}^{n-1} \frac{1}{x_k - x_{k-1}} \int_{x_{k-1}}^{x_k} f(t) \mathrm{d}t r_k(x) w(x) v(x) \mathrm{d}x \right|$$

$$= \sup_{\rho(v; N) \leqslant 1} \left| \int_0^1 \sum_{k=2}^{n-1} \frac{1}{x_k - x_{k-1}} \int_{x_{k-1}}^{x_k} \frac{w(t)}{w(t)} f(t) \mathrm{d}t r_k(x) w(x) v(x) \mathrm{d}x \right|$$

$$\leqslant \sup_{\rho(v; N) \leqslant 1} \left| \int_0^1 \sum_{k=2}^{n-1} \frac{1}{x_k - x_{k-1}} \left(\frac{1}{w(x_k)} + \frac{1}{w(x_{k-1})} \right) \cdot \right.$$

$$\left. \int_{x_{k-1}}^{x_k} w(t) f(t) \mathrm{d}t r_k(x) w(x) v(x) \mathrm{d}x \right|$$

$$\leqslant C \sup_{\rho(v; N) \leqslant 1} \left| \int_0^1 \sum_{k=2}^{n-1} \frac{1}{x_k - x_{k-1}} \frac{w(x)}{w(x_k)} \int_{x_{k-1}}^{x_k} w(t) f(t) \mathrm{d}t r_k(x) v(x) \mathrm{d}x \right|$$

$$\leqslant C \sup_{\rho(v; N) \leqslant 1} \left| \int_0^1 \sum_{k=2}^{n-1} \frac{1}{x_k - x_{k-1}} (\mid j - k \mid + 1)^{\alpha(N+1)} e^{-C(N+1)\mid k-j\mid} \cdot \right.$$

---

　　① 吴嘎日迪. 一类新型 Kantorovich 算子在 Orlicz 空间内的逼近性质[J]. 内蒙古师范大学学报,2006,35(3):253-257.

$$\int_{x_{k-1}}^{x_k} w(t)f(t)\mathrm{d}tv(x)\mathrm{d}x \Big|$$

$$\leqslant C \sup_{\rho(v;N)\leqslant 1} \Big| \int_0^1 \sum_{k=2}^{n-1} \frac{1}{x_k - x_{k-1}} (\mid j - k \mid + 1)^{\alpha(N+1)} \mathrm{e}^{-C(N+1)\mid k-j\mid} \cdot$$

$$\| wf \|_{M[x_{k-1},x_k]} \times \| 1 \|_{N[x_{k-1},x_k]} v(x)\mathrm{d}x \Big|$$

由 $u(x)$ 在 $[x_{k-1},x_k]$ 上本性有界,知

$$\| 1 \|_{N[x_{k-1},x_k]} = \sup_{\rho(u;M)\leqslant 1} \Big| \int_{x_{k-1}}^{x_k} u(x)\mathrm{d}x \leqslant C \mid x_k - x_{k-1} \mid$$

所以由 $v(x)$ 在 $[0,1]$ 上本性有界,知

$$\| L_n^*(f) \|_{M(w)} \leqslant C \| wf \|_M \leqslant C \| f \|_{M(w)}$$

所以 $\| L_n^*(f) \| \leqslant C.$

15.3　主要结果

定理 15.1　设 $0 < \lambda_1 < \lambda_2 < \cdots$, A 为给定的常数,对所有的 $n \geqslant 1$,有 $\lambda_{n+1} - \lambda_n \geqslant An$. 若 $f \in L_{M(w)}^*$,则存在 $r(x) \in R_n(\Lambda)$,使得

$$\| f - r \|_{M(w)} \leqslant C\omega_\psi\Big(f, \frac{1}{n}\Big)_{M(w)}$$

在被逼近函数存在高阶导数的条件下,还可以给出下面的另外一种逼近度估计的结果:

定理 15.2　设 $\{\lambda_n\}$ 满足定理 15.1 的条件,若 $f^{(r+1)} \in L_{M(w)}^*$, $r \geqslant 1$,则存在 $r(x) \in R_n(\Lambda)$,使

$$\| f - r \|_{M(w)}$$

$$\leqslant C\Big(\sum_{\mu=1}^r \frac{1}{\mu!} \frac{1}{n^\mu} \| f^{(\mu)} \|_{M(w)} + \frac{1}{n^{r+1}} \| f^{(r+1)} \|_{M(w)} \Big)$$

定理 15.1 的证明　因为 $L_n^*(f;x) \in R_n(\Lambda)$,所以只需证明

310

$$\| f - L_n^*(f) \|_{M(w)} \leqslant C\omega_\psi\left(f, \frac{1}{n}\right)_{M(w)}$$

由加权的 K-泛函定义,存在 $g \in A.\,C.\,[0,1]$,满足下列关系式

$$\| f - g \|_{M(w)} \leqslant C\omega_\psi\left(f, \frac{1}{n}\right)_{M(w)} \quad (15.1)$$

$$\frac{1}{n} \| \psi g' \|_{M(w)} \leqslant C\omega_\psi\left(f, \frac{1}{n}\right)_{M(w)} \quad (15.2)$$

$$\frac{1}{n^{N+1}} \| g' \|_{M(w)} \leqslant C\omega_\psi\left(f, \frac{1}{n}\right)_{M(w)} \quad (15.3)$$

利用引理 15.4 及式(15.1),有

$$\| f - L_n^*(f) \|_{M(w)} \leqslant \| L_n^*(f-g) \|_{M(w)} + $$
$$\| L_n^*(g) - g \|_{M(w)} + \| g - f \|_{M(w)}$$
$$\leqslant C\omega_\psi\left(f, \frac{1}{n}\right)_{M(w)} + \| L_n^*(g) - g \|_{M(w)}$$

由 $\sum\limits_{k=2}^{n-1} r_k(x) = 1$,可得

$$| w(x)(L_n^*(g;x) - g(x)) |$$
$$= \left| \sum_{k=2}^{n-1} \frac{1}{x_k - x_{k-1}} \int_{x_{k-1}}^{x_k} (g(u) - g(x)) \mathrm{d}u r_k(x) w(x) \right|$$
$$= \left| \sum_{k=2}^{n-1} \frac{1}{x_k - x_{k-1}} \int_{x_{k-1}}^{x_k} \int_x^u \frac{w(t)}{w(t)} g'(t) \mathrm{d}t \mathrm{d}u r_k(x) w(x) \right|$$
$$\leqslant \left| \sum_{k=2}^{n-1} \frac{1}{x_k - x_{k-1}} \int_{x_{k-1}}^{x_k} \left(\frac{1}{w(x)} + \frac{1}{w(u)}\right) \int_x^u w(t) g'(t) \mathrm{d}t \mathrm{d}u r_k(x) w(x) \right|$$

则有

$$\| L_n^*(g) - g \|_{M(v)}$$
$$\leqslant \sup_{\rho(v;N) \leqslant 1} \int_0^1 \left| \sum_{k=2}^{n-1} \frac{1}{x_k - x_{k-1}} \int_{x_{k-1}}^{x_k} \left(\frac{1}{w(x)} + \frac{1}{w(u)}\right) \cdot \right.$$
$$\left. \int_x^u w(t) g'(t) \mathrm{d}t \mathrm{d}u r_k(x) w(x) \right| v(x) \mathrm{d}x$$

$$\leqslant C \sup_{\rho(v;N)\leqslant 1}\int_0^1 \left| \sum_{k=2}^{n-1} \frac{1}{x_k - x_{k-1}}\int_{x_{k-1}}^{x_k}\left(1 + \frac{w(x)}{w(x_k)}\right) \cdot \right.$$

$$\left. \int_x^u w(t)g'(t)\mathrm{dt}\mathrm{d}ur_k(x)\right|v(x)\mathrm{d}x$$

$$\leqslant C \sup_{\rho(v;N)\leqslant 1}\int_0^{x_1} \left| \sum_{k=2}^{n-1} \frac{1}{x_k - x_{k-1}}\int_{x_{k-1}}^{x_k}\left(1 + \frac{w(x)}{w(x_k)}\right) \cdot \right.$$

$$\left. \int_0^{x_k} w(t)g'(t)\mathrm{dt}\mathrm{d}ur_k(x)\right|v(x)\mathrm{d}x \ +$$

$$C \sup_{\rho(v;N)\leqslant 1}\sum_{j=2}^n \int_{x_{j-1}}^{x_j}\left| \sum_{k=2}^{n-1} \frac{1}{x_k - x_{k-1}}\int_{x_{k-1}}^{x_k}\left(1 + \frac{w(x)}{w(x_k)}\right) \cdot \right.$$

$$\left. \int_{x^*}^{t^*} w(t)g'(t)\mathrm{dt}\mathrm{d}ur_k(x)\right|v(x)\mathrm{d}x$$

$$=: I_1 + I_2$$

当 $j < k$ 时,取 $x^* = x_{j-1}, t^* = x_k$,当 $j \geqslant k$ 时,取

$x^* = x_j, t^* = x_{k-1}$

$$\frac{\psi(x_j)}{\psi(x_t)} \leqslant (\mid k - j\mid + 1)^N, t \in [x^*, t^*], t \in [t^*, x^*]$$

利用引理 15.2 得

$$I_1 \leqslant C \sup_{\rho(v;N)\leqslant 1}\int_0^{x_1}\left| \sum_{k=2}^{n-1} \frac{1}{x_k - x_{k-1}} \cdot \right.$$

$$\int_{x_{k-1}}^{x_k}(1 + (\mid k - j\mid + 1)^{\alpha(N+1)})\mathrm{e}^{-C(N+1)\mid k-j\mid} \cdot$$

$$\left. \int_0^{x_k} w(t)g'(t)\mathrm{dt}\mathrm{d}u\right|v(x)\mathrm{d}x$$

$$= C \sup_{\rho(v;N)\leqslant 1}\int_0^{x_1}v(x)\mathrm{d}x\left| \sum_{k=2}^{n-1}(1 + (\mid k - j\mid + 1)^{\alpha(N+1)}) \cdot \right.$$

$$\left. \mathrm{e}^{-C(N+1)\mid k-j\mid}\int_0^{x_k} w(t)g'(t)\mathrm{dt}\right|$$

由 $v(x)$ 在 $[0, x_1]$ 上本性有界及 Hölder 不等式

$$I_1 \leqslant Cx_1\left| \sum_{k=2}^{n-1}(1 + (\mid k - j\mid + 1)^{\alpha(N+1)}) \cdot \right.$$

$$\left. \mathrm{e}^{-C(N+1)\mid k-j\mid} \int_{0}^{x_k} w(t) g'(t) \mathrm{d} t \right|$$

$$\leqslant C \frac{1}{n^{N+1}} \left| \sum_{k=2}^{n-1} \left(1 + (\mid k-j\mid + 1)^{\alpha(N+1)} \right) \mathrm{e}^{-C(N+1)\mid k-j\mid} \cdot \right.$$

$$\| w g' \|_{M[0,x_k]} \left. \| 1 \|_{N[0,x_k]} \right|$$

$$\leqslant C \frac{1}{n^{N+1}} \left| \sum_{k=2}^{n-1} \left(1 + (\mid k-j\mid + 1)^{\alpha(N+1)} \right) \mathrm{e}^{-C(N+1)\mid k-j\mid} \cdot \right.$$

$$\| w g' \|_M \left. \left(\frac{k}{n} \right)^{N+1} \right|$$

$$\leqslant C \frac{1}{n^{2(N+1)}} \| w g' \|_M$$

$$\leqslant C \frac{1}{n^{2(N+1)}} \| g' \|_{M(w)}$$

$$\leqslant C \omega_{\psi} \left(f, \frac{1}{n} \right)_{M(w)}$$

$$I_2 = C \sup_{\rho(v;N) \leqslant 1} \sum_{j=2}^{n} \int_{x_{j-1}}^{x_j} \left| \sum_{k=2}^{n-1} \frac{1}{x_k - x_{k-1}} \int_{x_{k-1}}^{x_k} \left(1 + \frac{w(x)}{w(x_k)} \right) \cdot \right.$$

$$\left. \int_{x^*}^{t^*} w(t) \psi(t) \frac{\psi(x_j)}{\psi(t)} \frac{1}{\psi(x_j)} g'(t) \mathrm{d} t \mathrm{d} u r_k(x) \right| v(x) \mathrm{d} x$$

$$\leqslant C \sup_{\rho(v;N) \leqslant 1} \sum_{j=2}^{n} \int_{x_{j-1}}^{x_j} \left| \sum_{k=2}^{n-1} \int_{x^*}^{t^*} w(t) \psi(t) \frac{1}{\psi(x_j)} g'(t) \mathrm{d} t \right| \cdot$$

$$v(x) \mathrm{d} x ((\mid k-j\mid + 1)^{\alpha(N+1)+N}) \mathrm{e}^{-C(N+1)\mid k-j\mid}$$

由 $v(x)$ 在 $[x_{j-1}, x_j]$ 上本性有界可知

$$I_2 \leqslant C \sum_{j=2}^{n} \frac{\mid x_{j-1} - x_j \mid}{\psi(x_j)} \left| \sum_{k=2}^{n-1} \int_{x^*}^{t^*} w(t) \psi(t) g'(t) \mathrm{d} t \right| \cdot$$

$$((\mid k-j\mid + 1)^{\alpha(N+1)+N}) \mathrm{e}^{-C(N+1)\mid k-j\mid} \cdot$$

$$\leqslant C \frac{1}{n} \sum_{j=2}^{n} \left| \sum_{k=2}^{n-1} \int_{x^*}^{t^*} w(t) \psi(t) g'(t) \mathrm{d} t \right| \cdot$$

$$((\mid k-j\mid + 1)^{\alpha(N+1)+2N+1}) \mathrm{e}^{-C(N+1)\mid k-j\mid}$$

$$\leq C \frac{1}{n} \sum_{m=1}^{n} \left| \sum_{k \neq j, |k-j|=m} \int_{x^*}^{t^*} w(t) \psi(t) g'(t) \mathrm{d}t \right| \cdot$$

$$((|k-j|+1)^{\alpha(N+1)+2N+1}) \mathrm{e}^{-C(N+1)|k-j|} +$$

$$C \frac{1}{n} \sum_{j=2}^{n} \left| \sum_{k=j,k=2}^{n-1} \int_{x^*}^{t^*} w(t) \psi(t) g'(t) \mathrm{d}t \right| \cdot$$

$$((|k-j|+1)^{\alpha(N+1)+2N+1}) \mathrm{e}^{-C(N+1)|k-j|}$$

$$\leq C \frac{1}{n} \sum_{m=1}^{n} \left| \sum_{k \neq j, |k-j|=m} \int_{x^*}^{t^*} w(t) \psi(t) g'(t) \mathrm{d}t \right| \cdot$$

$$((m+1)^{\alpha(N+1)+2N+1}) \mathrm{e}^{-C(N+1)m} +$$

$$C \frac{1}{n} \sum_{j=2}^{n} \left| \sum_{k=j,k=2}^{n-1} \int_{x^*}^{t^*} w(t) \psi(t) g'(t) \mathrm{d}t \right|$$

$$\leq C \frac{1}{n} \| \psi g' \|_{M(w)} \leq C \omega_\psi \left(f, \frac{1}{n} \right)_{M(w)}$$

综上可得

$$\| f - L_n^*(f) \|_{M(w)} \leq C \omega_\psi \left(f, \frac{1}{n} \right)_{M(w)}$$

定理 15.2 的证明   因为 $L_n^*(f;x) \in R_n(\Lambda)$，所以只需证明

$$\| f - L_n^*(f) \|_{M(w)} \leq C \Big(\sum_{\mu=1}^{r} \frac{1}{\mu! n^\mu} \| f^{(\mu)} \|_{M(w)} +$$

$$\frac{1}{n^{r+1}} \| f^{(r+1)} \|_{M(w)} \Big)$$

对于 $f^{(r+1)} \in L_{M(w)}^*$，由 Taylor 展式，有

$$f(t) = \sum_{\mu=0}^{r-1} \frac{f^{(\mu)}(x)}{\mu!} (t-x)^\mu +$$

$$\frac{1}{(r-1)!} \int_x^t f^{(r)}(u)(t-u)^{r-1} \mathrm{d}u$$

$$| w(x)(f(x) - L_n^*(f;x)) |$$

$$= \left| \sum_{k=2}^{n-1} \frac{1}{x_k - x_{k-1}} \int_{x_{k-1}}^{x_k} \Big(\sum_{\mu=1}^{r-1} \frac{f^{(\mu)}(x)}{\mu!}(t-x)^\mu + \frac{1}{(r-1)!} \cdot \right.$$

$$\left. \int_x^t f^{(r)}(u)(t-u)^{r-1}\mathrm{d}u \right) \mathrm{d}t r_k(x)w(x) \right|$$

$$= \left| \sum_{k=2}^{n-1} \frac{1}{x_k - x_{k-1}} \int_{x_{k-1}}^{x_k} \left(\sum_{\mu=1}^{r} \frac{f^{(\mu)}(x)}{\mu!}(t-x)^\mu + \frac{1}{(r-1)!} \cdot \right.\right.$$

$$\left.\left. \int_x^t \left(f^{(r)}(u) - f^{(r)}(x) \right) \cdot (t-u)^{r-1}\mathrm{d}u \right) \mathrm{d}t r_k(x)w(x) \right|$$

$$\leqslant \left| \sum_{k=2}^{n-1} \frac{1}{x_k - x_{k-1}} \int_{x_{k-1}}^{x_k} \quad \sum_{\mu=1}^{r} \frac{f^{(\mu)}(x)}{\mu!}(t-x)^\mu \mathrm{d}t r_k(x)w(x) \right| +$$

$$\left| \sum_{k=2}^{n-1} \frac{1}{x_k - x_{k-1}} \frac{1}{(r-1)!} \cdot \right.$$

$$\left. \int_{x_{k-1}}^{x_k} \int_x^t \left(f^{(r)}(u) - f^{(r)}(x) \right)(t-u)^{r-1}\mathrm{d}u\mathrm{d}t r_k(x)w(x) \right|$$

$$=: K_1 + K_2$$

下面估计 K_1

$$\| K_1 \|_M \leqslant \left\| \sum_{k=2}^{n-1} \frac{r_k(x)w(x)}{x_k - x_{k-1}} \frac{1}{(r-1)!} \cdot \right.$$

$$\left. \int_{x_{k-1}}^{x_k} \int_x^t \int_x^u f^{(r+1)}(v)\mathrm{d}v(t-u)^{r-1}\mathrm{d}u\mathrm{d}t \right\|_M$$

$$= \left\| \sum_{k=2}^{n-1} \frac{r_k(x)w(x)}{x_k - x_{k-1}} \frac{1}{(r-1)!} \cdot \right.$$

$$\left. \int_{x_{k-1}}^{x_k} \int_x^t \int_x^u \frac{w(v)}{w(v)} f^{(r+1)}(v)\mathrm{d}v(t-u)^{r-1}\mathrm{d}u\mathrm{d}t \right\|_M$$

$$\leqslant \left\| \sum_{k=2}^{n-1} \frac{r_k(x)w(x)}{x_k - x_{k-1}} \frac{1}{(r-1)!} \cdot \right.$$

$$\left. \int_{x_{k-1}}^{x_k} \left(\frac{2}{w(x)} + \frac{1}{w(t)} \right) \int_x^t \frac{|u-x|}{|u-x|} \cdot \right.$$

$$\left. \int_x^u w(v) f^{(r+1)}(v)\mathrm{d}v(t-u)^{r-1}\mathrm{d}u\mathrm{d}t \right\|_M$$

$$\leqslant \left\| \sum_{k=2}^{n-1} \frac{r_k(x)w(x)}{x_k - x_{k-1}} \frac{1}{(r-1)!} \int_{x_{k-1}}^{x_k} \left(\frac{2}{w(x)} + \frac{1}{w(t)} \right) \cdot \right.$$

$$\left\| \int_x^t \theta_{wf^{(r+1)}}(x)(x-u)(t-u)^{r-1}\mathrm{d}u\mathrm{d}t \right\|_M$$

$$\leqslant \left\| \sum_{k=2}^{n-1} \frac{r_k(x)w(x)}{x_k-x_{k-1}} \frac{1}{(r-1)!} \int_{x_{k-1}}^{x_k} \left(\frac{2}{w(x)} + \frac{1}{w(t)} \right) \cdot \right.$$
$$\left. \theta_{wf^{(r+1)}}(x)(t-x)^{r+1}\mathrm{d}t \right\|_M$$

$$\leqslant C \left\| \sum_{k=2}^{n-1} \frac{r_k(x)w(x)}{x_k-x_{k-1}} \frac{1}{(r-1)!} \left(\frac{2w(x)}{w(x)} + \frac{w(x)}{w(x_k)} \right) \cdot \right.$$
$$\left. \theta_{wf^{(r+1)}}(x) \cdot \max\{(x_k-x)^{r+1},(x_{k-1}-x)^{r+1}\} \right\|_M$$

$$\leqslant C \frac{1}{n^{r+1}} \| \theta_{wf^{(r+1)}} \|_M$$

$$\leqslant C \frac{1}{n^{r+1}} \| wf^{(r+1)} \|_M$$

$$\leqslant C \frac{1}{n^{r+1}} \| f^{(r+1)} \|_{M(w)}$$

下面估计 K_2

$$\| K_2 \|_M \leqslant \left\| \sum_{k=2}^{n-1} \frac{r_k(x)w(x)}{x_k-x_{k-1}}(x_k-x_{k-1}) \cdot \right.$$
$$\left. \sum_{\mu=1}^r \frac{f^{(\mu)}(x)}{\mu!} \max\{(x_k-x)^\mu,(x_{k-1}-x)^\mu\} \right\|_M$$

$$\leqslant C \sum_{\mu=1}^r \frac{1}{\mu! n^\mu} \| wf^{(\mu)} \|_M$$

$$\leqslant C \sum_{\mu=1}^r \frac{1}{\mu! n^\mu} \| f^{(\mu)} \|_{M(w)}$$

综上所述,定理 15.2 的结论得证.

316

Hermite 插值算子在 Orlicz 空间内的加权逼近[①]

内蒙古师范大学数学科学学院的王亚茹,吴嘎日迪两位教授于 2019 年讨论了以第二类 Chebyshev 多项式的零点为插值结点的 Hermite 插值算子在 Orlicz 空间内的逼近问题.应用 Hölder 不等式、Hardy-Littlewood 极大函数、连续模以及 N-函数的凸性,得到该插值算子在 Orlicz 空间的逼近.

16.1 引　言

设 $-1 = x_{n+1} < x_n < \cdots < x_1 < x_0 = 1$,$x_k = \cos\dfrac{k\pi}{n+1}$,$k = 0, 1, \cdots, n+1$ 为多项式 $(1-x^2) U_n(x)$ 的零点,其中 $U_n = \dfrac{\sin(n+1)\theta}{\sin\theta}$,$x = \cos\theta$ 是 n 次第二类 Chebyshev 多项式.对于任意 $f, f' \in [-1, 1]$

---

① 摘编自《应用泛函分析学报》,第 21 卷第 3 期,2019 年 9 月.

以 $\{x_k\}_{k=0}^{n+1}$ 为插值结点组的 f 的拟 Hermite 插值算子定义为[①]

$$H_{n+2}(f,x) = \sum_{k=0}^{n+1} f(x_k) h_k(x) + \sum_{k=1}^{n} f'(x_k) \sigma_k(x)$$

其中

$$h_k(x) = (1 - x^2)(1 - xx_k) \frac{U_n^2(x)}{(n+1)^2(x - x_k)^2}$$

$$(k = 1, 2, \cdots, n)$$

$$h_0(x) = \frac{1 + x \cdot U_n^2(x)}{2U_n^2(1)}$$

$$h_{n+1}(x) = \frac{1 - x \cdot U_n^2(x)}{2U_n^2(1)}$$

$$\sigma_k(x) = (1 - x^2)(1 - x_k^2) \frac{U_n^2(x)}{(n+1)^2(x - x_k)}$$

$$(k = 1, 2, \cdots, n)$$

本章将 $H_{n+2}(f,x)$ 转化成修正的 Kantorvich 型加权算子

$$H_{n+2}^*(f,x) = \sum_{k=0}^{n+1} \frac{1}{x_{k-1} - x_k} \int_{x_k}^{x_{k-1}} f(t)\varphi(t)\,\mathrm{d}t h_k(x) +$$

$$\sum_{k=0}^{n} \frac{1}{x_{k-1} - x_k} \int_{x_k}^{x_{k-1}} f(t)\varphi(t)\,\mathrm{d}t \sigma_k(x)$$

其中权函数为 $\varphi(x) = \dfrac{1}{\sqrt{1 - x^2}}$.

文中用 $M(u)$ 和 $N(x)$ 表示互余的 N 函数,关于 N

---

① VERTESI P, XU Y. Mean convergence of Hermite interpolation revisited [J]. Acta Math Hunger, 1995,62(2):185-220.

函数的定义及其性质见文献《奥尔里奇空间及其应用》[①],由 N 函数 $M(u)$ 生成的 Orlicz 空间 $L_M^*[-1,1]$ 是指具有有限的 Orlicz 范数

$$\| u \|_M = \sup_{\rho(v,N) \leq 1} \left| \int_0^1 u(x)v(x)\,dx \right|$$

的可测函数 $u(x)$ 的全体,其中 $\rho(v,N) = \int_0^1 N(v(x))\,dx$ 是 $v(x)$ 关于 $N(v)$ 的模.

对于 $f \in L_M^*[-1,1]$ 和 $-1 \leq t \leq 1$,定义 K-泛函和连续模如下

$$K(f,t)_M = \inf\{ \| f-g \|_M + t \| g' \|_M : g \in AC[-1,1],$$
$$g' \in L_M^*[-1,1]\}$$
$$\omega(f,t)_M = \sup_{0 \leq h \leq t} \| f(\cdot + h) - f(\cdot) \|_M$$

其中 C 是与 n 无关的常数,在不同处可以表示不同的值,以下同.

本章讨论修正的 Hermite 插值算子在 Orlicz 空间内的逼近性质.

16.2　预备知识

引理 16.1　(1) $\displaystyle\sum_{k=0}^{n+1} h_k(x) \equiv 1$;(2) $\displaystyle\sum_{k=1}^{n} \sigma_k(x) = O\left(\dfrac{1}{n}\right)$.

证明　(1) 由 $H_{n+2}(f,x) = \displaystyle\sum_{k=0}^{n+1} f(x_k)h_k(x) +$

---

① 吴从炘,王延辅. 奥尔里奇空间及其应用[M]. 哈尔滨:黑龙江科学技术出版社,1983.

$\sum\limits_{k=0}^{n} f'(x_k)\sigma_k(x)$ 知,令 $f(x) \equiv 1$,则由拟插值算子的

表达式知 $H_{n+2}(1,x) = \sum\limits_{k=0}^{n+1} h_k(x) \equiv 1$.

$$(2)\ \sigma_k(x) = (1-x^2)(1-x_k^2)\frac{U_n^2(x)}{(n+1)^2(x-x_k)}$$
$$(k = 1,2,\cdots,n)$$

其中 $x_k = \cos\theta_k$,$U_n(x) = \dfrac{\sin(n+1)\theta}{\sin\theta}$,则

$$\sigma_k(x) = (1-\cos^2\theta)(1-\cos^2\theta_k)\frac{\sin^2(n+1)\theta}{(n+1)^2\sin^2\theta(\cos\theta-\cos\theta_k)}$$
$$= \frac{(1-\cos^2\theta_k)\sin^2(n+1)\theta}{(n+1)^2(\cos\theta-\cos\theta_k)}$$

由文献《Lagrange 插值和 Hermite 插值在 Orlicz 空

间内的逼近》[1] 可知 $\sigma_k(x) \leqslant \dfrac{2}{(n+1)^2}\cos\dfrac{\theta-\theta_k}{2}$,则

$$\sum_{k=0}^{n}\sigma_k(x) \leqslant \sum_{k=0}^{n}|\sigma_k(x)| \sum_{k=0}^{n}\frac{2}{(n+1)^2} \leqslant \frac{C}{(n+1)^2} \leqslant$$
$$\frac{C}{n} = O\left(\frac{1}{n}\right).$$

引理 16.2[2]　对任意 $f^{(r)} \in L_M^*$,存在 n 次代数多项

式 $p_n(x)$,使得

$$\|f^{(v)} - p_n^{(v)}\|_M \leqslant C\omega_{r-v}\left(f^{(v)},\frac{1}{n}\right)_M, v = 0,1,\cdots,r$$

————————

①　张旭,吴嘎日迪. Lagrange 插值和 Hermite 插值在 Orlicz 空间内
的逼近 [J]. 应用数学,2018,31(1):237-242.

②　WU G. On approximation by polynomials in Orlicz spaces [J].
Approximation Theory and Its Applications, 1991,7(3):97-110.

引理 16.3[①]　设 $f \in L_M^*$，$\theta_f(x)$ 为 f 的 Hardy-Littlewood 极大函数

$$\theta_f(x) = \sup_{-1 \leqslant t \leqslant x \leqslant 1; t \neq x} \left| \frac{1}{t-x} \int_0^1 f(u)\,\mathrm{d}u \right|$$

则

$$\|\theta_f\|_M \leqslant C\|f\|_M$$

16.3　主要结果

本章的主要结果是：

定理 16.1　若 $f, f', f'' \in L_M^*$，则

$$\|H_{n+2}^*(f,x) - f(x)\|_M$$

$$\leqslant C\Big(\omega\Big(f, \frac{1}{n}\Big)_M + \frac{1}{n}\|f'\|_M + \frac{1}{n^2}\|f''\|_M\Big)$$

证明　取多项式 p_{n+2} 满足引理 16.2 的要求，则

$$\|H_{n+2}^*(f) - f\|_M \leqslant \|H_{n+2}^*(f - p_{n+2})\|_M +$$
$$\|H_{n+2}^*(p_{n+2}) - p_{n+2}\|_M +$$
$$\|f - p_{n+2}\|_M$$
$$=: J_1 + J_2 + J_3$$

$$J_1 = \|H_{n+2}^*(f - p_{n+2})\|_M$$

$$\leqslant \left\| \sum_{k=0}^{n+1} \frac{1}{x_{k-1}-x_k} \int_{x_k}^{x_{k-1}} (f(t) - p_{n+2}(t))\varphi(t)\mathrm{d}t h_k(x) \right\|_M +$$

$$\left\| \sum_{k=0}^{n} \frac{1}{x_{k-1}-x_k} \int_{x_k}^{x_{k-1}} (f'(t) - p_{n+2}'(t))\varphi(t)\mathrm{d}t \sigma_k(x) \right\|_M$$

$$=: J_{11} + J_{12}$$

---

①　谢敦礼. 连续正算子 L_M^* 逼近的阶 [J]. 杭州大学学报，1981，8(2):142-146.

先估计 J_{11}，由 Hölder 不等式，以及引理 16.2 得

$$J_{11} \leqslant \left\| \sum_{k=0}^{n+1} \frac{1}{x_{k-1}-x_k} \| f-p_{n+2} \|_{M[x_k,x_{k-1}]} \| \varphi \|_{N[x_k,x_{k-1}]} h_k(x) \right\|_M$$

$$\leqslant \left\| \sum_{k=0}^{n+1} \frac{1}{x_{k-1}-x_k} \| f-p_{n+2} \|_M \sup_{\rho(u,M)\leqslant 1} \left| \int_{x_k}^{x_{k-1}} \varphi(t)u(t)\mathrm{d}t \right| h_k(x) \right\|_M$$

由 $u(t)$ 在 $[x_k,x_{k-1}]$ 上的本性有界性，知

$$J_{11} \leqslant C \left\| \sum_{k=0}^{n+1} \frac{1}{x_{k-1}-x_k} \| f-p_{n+2} \|_M \| \varphi \|_{M[x_k,x_{k-1}]} \cdot \right.$$

$$\left. \| 1 \|_{N[x_k,x_{k-1}]} h_k(x) \right\|_M$$

由文献《两类修正的三角插值多项式在 Orlicz 空间内的逼近》[①] 知

$$\| \varphi \|_{M[x_k,x_{k-1}]} \leqslant \frac{C}{n}$$

$$\| 1 \|_{N[x_k,x_{k-1}]} \leqslant C \mid x_k,x_{k-1} \mid \leqslant \frac{C}{n}$$

则

$$J_{11} \leqslant \frac{C}{n} \| f-p_{n+2} \|_M \leqslant \frac{C}{n} \omega\left(f,\frac{1}{n+2}\right)_M$$

同理

$$J_{12} \leqslant \frac{C}{n^2} \| f'-p'_{n+2} \|_M \leqslant \frac{C}{n^2} \omega_0\left(f',\frac{1}{n+2}\right)_M$$

故

$$J_1 \leqslant \frac{C}{n} \omega\left(f,\frac{1}{n}\right)_M + \frac{C}{n^2} \| f' \|_M$$

下面估计 J_2，与 J_1 的推导相同

① 于蕊芳，吴嘎日迪. 两类修正的三角插值多项式在 Orlicz 空间内的逼近 [J]. 应用泛函分析学报，2015，17(4)：361-366.

$$J_2 = \| H_{n+2}^*(p_{n+2}) - p_{n+2} \|_M$$

$$\leqslant \left\| \sum_{k=0}^{n+1} \frac{1}{x_{k-1} - x_k} \int_{x_k}^{x_{k-1}} \mid (p_{n+2}(t) - p_{n+2}(x)) \mid \varphi(t) \mathrm{d}t h_k(x) \right\|_M +$$

$$\left\| \sum_{k=0}^{n} \frac{1}{x_{k-1} - x_k} \int_{x_k}^{x_{k-1}} \mid (p_{n+2}'(t) - p_{n+2}'(x)) \mid \varphi(t) \mathrm{d}t \sigma_k(x) \right\|_M$$

$$=: J_{21} + J_{22}$$

$$J_{21} = \sup_{\rho(v,N) \leqslant 1} \left| \int_{-1}^{1} \sum_{k=0}^{n+1} \frac{1}{x_{k-1} - x_k} \int_{x_k}^{x_{k-1}} \frac{\mid t - x \mid}{\mid t - x \mid} \cdot \right.$$

$$\left. \int_x^t p_{n+2}'(s) \mathrm{d}s \varphi(t) \mathrm{d}t h_k(x) v(x) \mathrm{d}x \right|$$

$$\leqslant \sup_{\rho(v,N) \leqslant 1} \left| \int_{-1}^{1} \theta_{p_{n+2}'}(x) \sum_{k=0}^{n+1} \frac{1}{x_{k-1} - x_k} \cdot \right.$$

$$\left. \int_{x_k}^{x_{k-1}} \mid t - x \mid \varphi(t) \mathrm{d}t h_k(x) v(x) \mathrm{d}x \right|$$

$$\leqslant \sup_{\rho(v,N) \leqslant 1} \left| \int_{-1}^{1} \theta_{p_{n+2}'}(x) v(x) \mathrm{d}x \sum_{k=0}^{n+1} h_k(x) \cdot \right.$$

$$\left. \frac{1}{x_{k-1} - x_k} \int_{x_k}^{x_{k-1}} \mid t - x \mid \varphi(t) \mathrm{d}t \right|$$

由 Hölder 不等式得

$$J_{21} \leqslant C \sup_{\rho(v,N) \leqslant 1} \left| \int_{-1}^{1} \theta_{p_{n+2}'}(x) v(x) \mathrm{d}x \sum_{k=0}^{n+1} h_k(x) \cdot \right.$$

$$\left. \frac{1}{x_{k-1} - x_k} \| t - x \|_{M[x_k, x_{k-1}]} \| \varphi \|_{N[x_k, x_{k-1}]} \right|$$

由文献《两类修正的三角插值多项式在 Orlicz 空间内的逼近》及

$$\| t - x \|_{M[x_k, x_{k-1}]} = \sup_{\rho(v,N) \leqslant 1} \left| \int_{x_k}^{x_{k-1}} (t - x) v(x) \mathrm{d}x \right|$$

$$\leqslant C \left| \int_{x_k}^{x_{k-1}} (t - x) \mathrm{d}x \right|$$

$$\leqslant \left| \int_{x_k}^{x_{k-1}} C \mathrm{d}x \right|$$

$$= C \mid x_{k-1} - x_k \mid$$

则

$$J_{21} \leq C \sup_{\rho(v,N) \leq 1} \left| \int_{-1}^{1} \theta_{p'_{n+2}}(x) v(x) \, \mathrm{d}x \frac{1}{n} \sum_{k=0}^{n+1} h_k(x) \right|$$

其中 $\theta_{p'_{n+2}}(x)$ 是 $p'_{n+2}(x)$ 的 Hardy-Littlewood 极大函数，由 Hölder 不等式 $v(x)$ 在 $[-1,1]$ 上本性有界，及引理 16.2,16.3 有

$$J_{21} \leq \frac{C}{n} \| \theta_{p'_{n+2}} \|_M \leq \frac{C}{n} \| p'_{n+2} \|_M$$

$$\leq \frac{C}{n} (\| p'_{n+2} - f' \|_M - \| f' \|_M)$$

$$\leq \frac{C}{n} \omega_0 \left(f', \frac{1}{n+2} \right)_M + \frac{C}{n} \| f' \|_M$$

$$\leq \frac{C}{n} \| f' \|_M$$

同理可得

$$J_{22} \leq \left\| \sum_{k=0}^{n} \frac{1}{x_{k-1} - x_k} \int_{x_k}^{x_{k-1}} \frac{\mid t - x \mid}{\mid t - x \mid} \cdot \right.$$

$$\left. \int_{x}^{t} p''_{n+2}(s) \, \mathrm{d}s \varphi(t) \, \mathrm{d}t \sigma_k(x) v(x) \right\|_M$$

$$\leq \sup_{\rho(v,N) \leq 1} \left| \int_{-1}^{1} \theta_{p'_{n+2}}(x) v(x) \, \mathrm{d}x \sum_{k=0}^{n+1} \sigma_k(x) \cdot \right.$$

$$\left. \frac{1}{x_{k-1} - x_k} \int_{x_k}^{x_{k-1}} \mid t - x \mid \varphi(t) \, \mathrm{d}t \right|$$

类似于 J_{21} 的证明过程有

$$J_{22} \leq \frac{C}{n^2} \| \theta_{p''_{n+2}} \|_M$$

$$\leq \frac{C}{n^2} (\| p''_{n+2} - f'' \|_M - \| f'' \|_M)$$

$$\leq \frac{C}{n^2} \| f'' \|_M$$

故

$$J_2 \leqslant \frac{C}{n} \parallel f' \parallel_M \leqslant \frac{C}{n^2} \parallel f'' \parallel_M$$

由引理 16.2 直接可得

$$J_3 \leqslant C\omega\left(f,\frac{1}{n}\right)_M$$

所以有

$$\parallel H_{n+2}^*(f,x) - f(x) \parallel_M$$

$$\leqslant J_1 + J_2 + J_3$$

$$\leqslant \frac{C}{n}\omega\left(f,\frac{1}{n}\right)_M + \frac{C}{n} \parallel f' \parallel_M + \frac{C}{n} \parallel f' \parallel_M +$$

$$\frac{C}{n^2} \parallel f'' \parallel_M + C\omega\left(f,\frac{1}{n}\right)_M$$

$$\leqslant C\left(\omega\left(f,\frac{1}{n}\right)_M + \frac{1}{n} \parallel f' \parallel_M + \frac{1}{n^2} \parallel f'' \parallel_M \right)$$

定理得证.

修正的 Grünwald 插值算子在 Orlicz 空间内的加权逼近[①]

第 17 章

　　内蒙古师范大学数学科学学院的高媛,吴嘎日迪两位教授于 2019 年研究了以第一类 Chebyshev 多项式的零点为插值结点组的一类修正的 Grünwald 插值算子在 Orlicz 空间内的加权逼近问题,运用 Hardy-Littlewood 极大函数,N 函数的凸性,K-泛函,连续模以及 Jensen 不等式等工具,给出了这类插值算子在 Orlicz 空间内的逼近定理.

17.1 引　言

　　设 $f(x)$ 为 $[-1,1]$ 上的连续函数,则以第一类 Chebyshev 多项式 $T_n(x) = \cos n\arccos x$ 的全部零点 $\left\{ x_k = \cos \dfrac{2k-1}{2n}\pi \right\}_{k=1}^{n}$ 为插值结点组的 f 的 Grünwald 插值多项式为

---

① 摘编自《应用泛函分析学报》,第 21 卷第 4 期,2019 年 12 月.

$$G_n(f,x) = \sum_{k=1}^{n} f(x_k) l_k^2(x)$$

其中 $l_k(x) = \dfrac{T_n(x)}{(x - x_k) T_n(x_k)}, k = 1,2,\cdots,n.$

本章在此基础上,对 $G_n(f,x)$ 加以修正,定义了修正的 Grünwald 插值多项式

$$G_n^*(f,x) = \sum_{k=1}^{n} \frac{n}{\pi} \int_{x_k}^{x_{k-1}} f(t) \omega(t) \mathrm{d}t l_k^2(x)$$

其中 $\omega(x) = \dfrac{1}{\sqrt{1 - x^2}}.$

我们称定义在 $\mathbf{R}^1 = (-\infty, +\infty)$ 上的实值函数 $M(u)$ 为 N 函数,若它具有以下性质:

(1) $M(u)$ 为偶的连续凸函数,且 $M(0) = 0$;

(2) 当 $u > 0$ 时,$M(u) > 0$;

(3) $\lim\limits_{u \to 0} \dfrac{M(u)}{u} = 0, \lim\limits_{u \to \infty} \dfrac{M(u)}{u} = \infty.$

用 $M(u)$ 和 $N(v)$ 表示互余的 N 函数. Orlicz 空间 L_M^* 的定义及相关性质见文献《奥尔里奇空间及其应用》[①]. $\|\cdot\|_M$ 是 Orlicz 范数,定义如下

$$\|f\|_M = \inf_{\alpha > 0} \frac{1}{\alpha} \left(1 + \int_{-1}^{1} M(\alpha f(x)) \mathrm{d}x\right)$$

或

$$\|f\|_M = \sup_{\rho(v,N) \leqslant 1} \left| \int_{-1}^{1} f(x) v(x) \mathrm{d}x \right|$$

其中 $\rho(v,N) = \int_0^1 N(v(x)) \mathrm{d}x$ 是 $v(x)$ 关于 $N(v)$ 的模.

在 L_M^* 上还可以赋予与 Orlicz 范数等价的 Luxemburg

---

① 吴从炘,王廷辅.奥尔里奇空间及其应用 [M].哈尔滨:黑龙江科学技术出版社,1983:1-78.

范数 $\|f\|_{(M)} = \inf\{\alpha > 0: \int_{-1}^{1} M\left(\frac{f(x)}{\alpha}\right)dx \leqslant 1\}.$

以下分别用 L_M^* 和 $L_{(M)}^*$ 表示带有 Orlicz 范数和 Luxemburg 范数的 Orlicz 空间. 本章将用到以下"工具":

r 阶光滑模

$$\omega_r(f,t)_{M,\omega} = \sup_{0 < h \leqslant t} \|\Delta_h^r(f,x)\|_{M,\omega}$$

其中 $\Delta_h^r(f,x) = \sum_{i=0}^{r} (-1)^{r-i}\binom{r}{i}f(x+ih).$

K- 泛函

$$K_r(f,t)_{M,\omega} = \inf_{g \in D_{M,\omega}} \{\|f-g\|_{M,\omega} + t^r\|g^{(r)}\|_{M,\omega}\}$$

其中 $D_{M,\omega}$ 为如下的 Sobolev 空间

$$D_{M,\omega} = \{f \mid f^{(r-1)} \in AC[-1,1], \omega f^{(r)} \in L_M^*[-1,1]\}$$

由文献 *On approximation by polynomials in Orlicz spaces*[1] 可知 $\omega_r(f,t)_{M,\omega} \sim K_r(f,t)_{M,\omega}.$

注 本章的 $\|f\|_{M,\omega} = \|\omega f\|_M$;用 C 表示绝对正常数,在不同处表示不同值.

17.2 预备知识

引理 17.1[2]

$(1) \sum_{k=1}^{n} l_k^2(x) \leqslant 2;$

[1] WU G. On approximation by polynomials in Orlicz spaces [J]. Approximation Theory and its Applications, 1991,7(3):97-110.

[2] VARMA A K, PRASAD J. An analogue of a problem of P. Erdös and E. Feldheim on L_p convergence of interpolatory process [J]. J Approx Theory, 1989, 56:225-240.

$$(2) \int_{-1}^{1} l_k(x) l_j(x) \omega(x) \,\mathrm{d}x = \begin{cases} 0 (k \neq j) \\ \dfrac{\pi}{n} (k = j) \end{cases}.$$

引理 17.2[①]　令 $M(u)$ 为 N 函数，$a_k(k = 1, 2, \cdots, n)$ 为实数，则

$$\int_{-1}^{1} M\left(\left| \sum_{k=1}^{n} a_k l_k^2(x) \right| \right) \omega(x) \,\mathrm{d}x \leqslant \frac{\pi}{2n} \sum_{k=1}^{n} M(4 \mid a_k \mid)$$

引理 17.3

$$\int_{x_k}^{x_{k-1}} \omega(t) \,\mathrm{d}t = \frac{\pi}{n}$$

证明　令 $x = \cos \theta$，则

$$\int_{x_k}^{x_{k-1}} \omega(t) \,\mathrm{d}t = \int_{\theta_k}^{\theta_{k-1}} \frac{1}{\sqrt{1 - \cos^2 \theta}} \mathrm{d}(\cos \theta)$$

$$= -\int_{\theta_k}^{\theta_{k-1}} \mathrm{d}\theta = \theta_k - \theta_{k-1}$$

$$= \frac{\pi}{n}$$

引理 17.4　令 $f(x) \in L_{M,\omega}^{*}$，则 $\parallel G_n^{*}(f) \parallel_{M,\omega} \leqslant C \parallel f \parallel_{M,\omega}$.

证明　由引理 17.1 及凸函数的 Jensen 不等式得

$$\parallel G_n^{*}(f) \parallel_{M,\omega}$$

$$= \inf_{\alpha > 0} \frac{1}{\alpha} \left(1 + \int_{-1}^{1} M\left(\alpha \sum_{k=1}^{n} \frac{n}{\pi} \int_{x_k}^{x_{k-1}} f(t) \omega(t) \,\mathrm{d}t l_k^2(x) \right) \omega(x) \,\mathrm{d}x \right)$$

$$\leqslant \inf_{\alpha > 0} \frac{1}{\alpha} \left(1 + \int_{-1}^{1} \sum_{k=1}^{n} \frac{l_k^2(x)}{2} \omega(x) \,\mathrm{d}x M\left(\frac{n}{\pi} \int_{x_k}^{x_{k-1}} 2\alpha f(t) \omega(t) \,\mathrm{d}t \right) \right)$$

$$= \inf_{\alpha > 0} \frac{1}{\alpha} \left(1 + \frac{\pi}{2n} \sum_{k=1}^{n} M\left(\frac{n}{\pi} \int_{x_k}^{x_{k-1}} 2\alpha f(t) \omega(t) \,\mathrm{d}t \right) \right)$$

①　盛保怀，陈广荣. 推广的 Grünwald 插值算子在 Orlicz 空间中的逼近 [J]. 宝鸡文理学院学报,1995(4):7-14.

Orlicz 空间

$$= \inf_{\alpha > 0} \frac{1}{\alpha} \left(1 + \frac{\pi}{2n} \sum_{k=1}^{n} M \left(\frac{\int_{x_k}^{x_{k-1}} 2\alpha f(t) \omega(t) dt}{\int_{x_k}^{x_{k-1}} \omega(t) dt} \right) \right)$$

$$\leqslant \inf_{\alpha > 0} \frac{1}{\alpha} \left(1 + \frac{\pi}{2n} \sum_{k=1}^{n} \frac{n}{\pi} \int_{x_k}^{x_{k-1}} M(2\alpha f(t)) \omega(t) dt \right)$$

$$= \inf_{\alpha > 0} \frac{1}{\alpha} \left(1 + \frac{1}{2} \sum_{k=1}^{n} \int_{x_k}^{x_{k-1}} M(2\alpha f(t)) \omega(t) dt \right)$$

$$\leqslant \inf_{\alpha > 0} \frac{1}{\alpha} \left(1 + \int_{-1}^{1} M(2\alpha f(t)) \omega(t) dt \right)$$

$$= 2 \| f \|_{M,\omega}$$

引理 17.5 令 $P_n(x)$ 为次数不超过 n 的代数多项式，$T_n(\theta) = P_n(\cos\theta)$，$M(u)$ 满足 Δ_2 条件，则

$$\| G_n^*(P_n, x) - G_n(P_n, x) \|_{M,\omega} \leqslant \frac{C}{n} \| T_n' \|_{M,2\pi}$$

证明

$$\| G_n^*(P_n) - G_n(P_n) \|_{M,\omega}$$

$$= \inf_{\alpha > 0} \frac{1}{\alpha} \left(1 + \int_{-1}^{1} M \left(\alpha \left| \sum_{k=1}^{n} \frac{n}{\pi} \int_{x_k}^{x_{k-1}} P_n(t) \omega(t) dt l_k^2(x) - \sum_{k=1}^{n} P_n(x_k) l_k^2(x) \right| \right) \omega(x) dx \right)$$

$$= \inf_{\alpha > 0} \frac{1}{\alpha} \left(1 + \int_{-1}^{1} M \left(\alpha \left| \sum_{k=1}^{n} \frac{n}{\pi} \int_{x_k}^{x_{k-1}} (P_n(t) - P_n(x_k)) \omega(t) dt l_k^2(x) \right| \right) \omega(x) dx \right)$$

由引理 17.2 及 Jensen 不等式得

$$\| G_n^*(P_n) - G_n(P_n) \|_{M,\omega}$$

$$\leqslant \inf_{\alpha > 0} \frac{1}{\alpha} \left(1 + \frac{\pi}{2n} \sum_{k=1}^{n} M \left(4 \left| \frac{n}{\pi} \int_{x_k}^{x_{k-1}} \alpha(P_n(t) - P_n(x_k)) \omega(t) dt \right| \right) \right)$$

$$\leqslant \inf_{\alpha > 0} \frac{1}{\alpha} \left(1 + \frac{\pi}{2n} \sum_{k=1}^{n} M\left(\frac{\displaystyle\int_{x_k}^{x_{k-1}} 4\alpha \mid (P_n(t) - P_n(x_k)) \mid \omega(t) \mathrm{d}t}{\displaystyle\int_{x_k}^{x_{k-1}} \omega(t) \mathrm{d}t} \right) \right)$$

$$\leqslant \inf_{\alpha > 0} \frac{1}{\alpha} \left(1 + \frac{\pi}{2n} \times \frac{n}{\pi} \sum_{k=1}^{n} \int_{x_k}^{x_{k-1}} M(4\alpha \mid (P_n(t) - P_n(x_k)) \mid) \omega(t) \mathrm{d}t \right)$$

$$\leqslant \inf_{\alpha > 0} \frac{1}{\alpha} \left(1 + \sum_{k=1}^{n} \int_{\theta_{k-1}}^{\theta_k} M(4\alpha \mid (T_n(\theta) - T_n(\theta_k)) \mid) \mathrm{d}\theta \right)$$

$$= \inf_{\alpha > 0} \frac{1}{\alpha} \left(1 + \sum_{k=1}^{n} \int_{\theta_{k-1}}^{\theta_k} M(4\alpha \mid \theta - \theta_k \mid G_{T'_n}(\theta)) \mathrm{d}\theta \right)$$

$$\leqslant \inf_{\alpha > 0} \frac{1}{\alpha} \left(1 + \int_{0}^{\pi} M\left(\alpha \frac{4\pi}{n} G_{T'_n}(\theta) \right) \mathrm{d}\theta \right)$$

$$= \frac{C}{n} \parallel G_{T'_n}(\theta) \parallel_{M, 2\pi}$$

其中 $G_{T'_n}(\theta) = \sup_{\theta_k} \dfrac{1}{\mid \theta - \theta_k \mid} \displaystyle\int_{\theta_k}^{\theta} \mid T'_n(u) \mid \mathrm{d}u$ 是 $T'_n(\theta)$

的 Hardy-Littlewood 极大函数,由文献 *On approximation by polynomials in Orlicz spaces*,*On approximation by polynomials and rational functions in Orlicz spaces*[1] 和《连续正算子 L_M^* 逼近的阶》[2] 知

$$\parallel G_{T'_n}(\theta) \parallel_{M, 2\pi} \leqslant \parallel T'_n \parallel_{M, 2\pi}$$

从而

$$\parallel G_n^*(P_n, x) - G_n(P_n, x) \parallel_{M, \omega} \leqslant \frac{C}{n} \parallel T'_n \parallel_{M, 2\pi}$$

引理 17.6　设 $g(x) \in L_{M, \omega}^*, h(\theta) = g(\cos \theta)$,则

---

① RAMAZANOV A R K. On approximation by polynomials and rational functions in Orlicz spaces [J]. Analysis Mathematica, 1984:117-132.

② 谢敦礼. 连续正算子 L_M^* 逼近的阶 [J]. 杭州大学学报,1981,8(2):142-146.

$$\| G_n(g,x) - g(x)G_n(1,x) \|_{M,\omega} \leqslant C\frac{\log n}{n}\| h' \|_{M,2\pi}$$

引理 17.7 对正整数 $N > 0$,存在一个偶三角多项式 $T_n(\theta)$,而使对 $g(\theta) \in L^*_{M,2\pi}$

$$\| g(\theta) - T_n(\theta) \|_{M,2\pi} = O(1)\omega\Big(g,\frac{1}{N}\Big)_{M,2\pi}$$

$$\| T'_n \|_{M,2\pi} = O(N)\omega\Big(g,\frac{1}{N}\Big)_{M,2\pi}$$

令 $N = \Big[\dfrac{n}{\log n}\Big](n > 1)$(其中 $[a]$ 代表小于或等于 a 的最大整数),则有:

引理 17.8 设 $g(\theta) \in L^*_{M,2\pi}$,则存在偶三角多项式 $T_n(\theta)$ 使

$$\| g(\theta) - T_n(\theta) \|_{M,2\pi} = O(1)\omega\Big(g,\frac{\log n}{n}\Big)_{M,2\pi}$$

$$\| T'_n \|_{M,2\pi} = O\Big(\frac{n}{\log n}\Big)\omega\Big(g,\frac{\log n}{n}\Big)_{M,2\pi}$$

17.3 主要结果

定理 17.1 设 $f(x) \in L^*_{M,\omega}$,$U_{n-1}(x)$ 为 $n-1$ 次第二类 Chebyshev 多项式,$\delta_n(x) = T_n^2(x) - xT_n(x) \cdot U_{n-1}(x)$,则

$$\| G_n^*(f) - f \|_{M,\omega} \leqslant C\Big(\omega\Big(f,\frac{\log n}{n}\Big)_{M,\omega} + \frac{1}{n}\| f(x)\delta_n(x) \|_{M,\omega}\Big)$$

证明 令 $P_n(\cos \theta) = T_n(\theta)$,$f(\cos \theta) = g(\theta)$,由引理 17.4,17.5,17.6 得

$$\| G_n^*(f) - f \|_{M,\omega} = \| G_n^*(f - P_n,x) \|_{M,\omega} +$$
$$\| G_n^*(P_n,x) - G_n(P_n,x) \|_{M,\omega} +$$

332

$$\|G_n(P_n,x) - P_n(x)G_n(1,x)\|_{M,\omega} +$$

$$\|(P_n(x) - f(x))G_n(1,x)\|_{M,\omega} +$$

$$\|f(x)(G_n(1,x) - 1)\|_{M,\omega}$$

$$= O(\|f - P_n\|_{M,\omega}) + O\left(\frac{1}{n}\|T_n'\|_{M,2\pi}\right) +$$

$$O\left(\frac{\log n}{n}\|h'\|_{M,2\pi}\right) + 2\|P_n - f\|_{M,\omega} +$$

$$\|f(x)(G_n(1,x) - 1)\|_{M,\omega}$$

$$= O\left(\|f - P_n\|_{M,\omega} + \frac{\log n}{n}\|T_n'\|_{M,2\pi} +\right.$$

$$\left.\|f(x)(G_n(1,x) - 1)\|_{M,\omega}\right)$$

$$= O\left(\|g - T_n\|_{M,2\pi}\left|\frac{\log n}{n}\|T_n'\|_{M,2\pi}\right|\frac{1}{N}\cdot\right.$$

$$\left.\|f(x)\delta_n(x)\|_{M,\omega}\right)$$

这里用到了 $G_n(1,x) - 1 = \dfrac{1}{n}\delta_n(x)$（见文献《推广的

Grünwald 插值算子在 Orlicz 空间中的逼近》）及

$$|G_n(1,x)| = \sum_{k=1}^{n}|l_k^2(x)| \leqslant 2, 故$$

$$\|G_n^*(f) - f\|_{M,\omega}$$

$$\leqslant C\left(\omega\left(f,\frac{\log n}{n}\right)_{M,\omega} + \frac{1}{n}\|f(x)\delta_n(x)\|_{M,\omega}\right)$$

333

Orlicz 空间中 Müntz 有理逼近[①]

第 18 章

在多项式逼近、插值逼近、倒数逼近等形式中,有理逼近是函数逼近论的一个重要逼近形式. 在工程、信号处理等领域有重要应用. 相比多项式虽然有理函数复杂一些,但用有理函数近似表示函数时,能够反映函数的一些属性,而且要比多项式灵活、有效. 2020 年,内蒙古大学数学科学学院的吴晓红、黄俊杰和内蒙古师范大学数学科学学院的吴嘎日迪三位教授利用连续模、K-泛函等研究逼近问题的工具,结合不等式技巧在 Orlicz 空间内讨论了 Müntz 有理逼近问题,得到了逼近阶的两种估计.

令 $L_p[-1,1]$ $(1 \leqslant p \leqslant \infty)$ 与 $L_M^*[-1,1]$ 分别表示闭区间 $[-1,1]$ 上 p 次可积函数空间和由 N 函数 $M(u)$ 生成的 Orlicz 空间. 用 $\|\cdot\|_p$ 和 $\|\cdot\|_M$ 分别表示 L_p 空间和 Orlicz 空间的范数,关于Orlicz

① 摘编自《内蒙古大学学报(自然科学版)》,2020 年 9 月,第 51 卷第 5 期.

空间的定义及其相关性质,详见文献《奥尔里奇空间及其应用》[①].

设 $C[0,1]$ 是 $[0,1]$ 上的连续函数全体,对非负递增实数序列 $\Lambda = \{\lambda_n\}_{n=1}^{\infty}$,以 $\Pi_n(\Lambda)$ 表示 n 阶 Müntz 多项式空间,即 $x^{\lambda_1}, x^{\lambda_2}, \cdots, x^{\lambda_n}$ 的线性组合的全体,以 $R(\Lambda)$ 表示 n 阶 Müntz 有理函数空间,即

$$R(\Lambda) = \left\{ \frac{P(x)}{Q(x)} \mid P(x), Q(x) \geqslant 0, x \in [0,1] \right\}$$

当 $Q(x) = 0$ 时,总认为 $\dfrac{P(0)}{Q(0)} = \lim\limits_{x \to 0^+} \dfrac{P(x)}{Q(x)}$ 存在且有限. 另外用 $u(x), v(x)$ 表示 Lebesgue 可测函数.

对 $x \in [0,1]$,设 $x = x(t) = 1 - (1-t)^{1+\alpha}, x_j = x(t_j), j = 0,1,\cdots, n+1$. 而

$$t_j = \frac{2j-1}{2n}, j = 1,2,\cdots, n, t_0 = 0, t_{n+1} = 1$$

现对节点组 $\{x_1, x_2, \cdots, x_n\}$ 及实数序列 $\{\lambda_n\}_{n=1}^{\infty}$ 定义 Bak 算子

$$L_n(f,x) = \sum_{k=1}^{n} f(x_k) r_k(x)$$

其中

$$r_k(x) = \frac{P_k(x)}{\sum\limits_{j=1}^{n} P_j(x)}, P_j(x) = x^{\lambda_j} \prod_{i=1}^{j} x_i^{-\Delta\lambda_i}$$

$$(k, j = 1,2,\cdots, n)$$

这里 $\Delta\lambda_i = \lambda_i - \lambda_{i-1}, i = 2,3,\cdots, n, \Delta\lambda_1 = \lambda_1$.

称

---

① 吴从炘,王延辅. 奥尔里奇空间及其应用 [M]. 哈尔滨:黑龙江科学技术出版社,1983:1-461.

$$\omega(f,t)_M = \sup_{0 \leqslant |h| \leqslant t} \| f(x+h) - f(x) \|_M$$

为 Orlicz 空间内的连续模.

称

$$K(f,t)_M = \inf_{g \in L_M^*} \{ \| f - g \|_M + t \| g' \|_M \}$$

为 Orlicz 空间内的 K- 泛函.

文献《关于 Müntz 有理逼近的点态估计》[①] 中利用连续模在连续函数空间 $C[0,1]$ 中讨论了 Bak 算子的 Müntz 有理逼近的点态估计得到:

定理 18.1 设 $M > 0, 0 < \alpha < 1$,非负递增实数序列 $\Lambda = \{ \lambda_n \}_{n=1}^{\infty}$ 满足:$\lambda_{n+1} - \lambda_n \geqslant M n^{1+\alpha} (n \in \mathbf{N})$,则对任何 $f \in C[0,1]$ 和 $n = 1,2,\cdots$,存在 $r(x) \in \mathbf{R}(\Lambda)$,使得

$$| f(x) - r(x) | \leqslant C_M \omega \left(f, \frac{1}{n^{1+\alpha}} + \frac{\varphi(x)}{n} \right)$$

这里 $\varphi(x) = (1-x)^{\frac{\alpha}{1+\alpha}}$.

本章出现的符号 C, C_M 分别表示绝对常数和仅与 M 有关的常数,在不同处可以表示不同值. 上述定理虽然在某种程度上完善了文献 *Remard on Müntz rational approximation*[②] 和《Müntz 有理逼近的点态 Jackson 型估计》[③] 中的结论,但在更广泛的函数空间中的结论至今还未有人进行研究讨论. 那么一个很自然的问题是,能否在 L_p 空间、Orlicz 空间等比连续函数空间广泛的

———————

① 赵德钧. 关于 Müntz 有理逼近的点态估计 [J]. 绍兴文理学院学报,2004,24(10):1-5.

② YU D, ZHOU S. Remark on Müntz rational approximation [J]. South Asian Bull Math, 2003,27:583 – 590.

③ 王建立. Müntz 有理逼近的点态 Jackson 型估计[J]. 数学杂志,2014,24(4):403-405.

空间中研究类似的逼近问题呢?

由于 N 函数 $M(u)$ 是幂函数 $|u|^p (p > 1)$ 的推广,这一方面能够说明 Orlicz 空间确比 $L_p(p > 1)$ 空间广泛. 另外, 由于 $L_p(p > 1)$ 空间中若干基本属性在 Orlicz 空间中已经消失,使得 Orlicz 空间中此类问题的研究不是 $L_p(p > 1)$ 空间的简单推广. 这体现在 Müntz 多项式和 Müntz 有理函数对一些运算不封闭. 1914 年, Müntz[①] 考虑了 Müntz 系统 $\{x_n^\lambda\}$ 的稠密性问题, 得到 $\Pi_n(\Lambda)$ 在 $C[0,1]$ 中稠密的结论以后, 许多数学研究者对各类 Müntz 多项式以及 Müntz 有理函数讨论了相同的问题[②], 最终发现 Müntz 多项式与 Müntz 有理函数分别对加法和乘法不封闭的结论. 这导致 Müntz 有理逼近问题的研究变得非常困难, 最早在这方面做了开创性工作的是 Bak. 在连续函数空间上得到了如下 Jackson 型定理:

定理18.2　设 $f \in C[0,1]$, 给定 $M > 0$, 若对所有 $n \geq 1$ 有 $\lambda_{n+1} - \lambda_n \geq Mn$, 则存在 $t_n(x) \in \mathbf{R}(\Lambda)$ 和仅依赖于 M 的常数 C_M, 使得

$$\| f(x) - t_n(x) \| \leq C_M \omega\left(f, \frac{1}{n}\right)$$

为了在 Orlicz 空间内研究 Bak 算子的逼近问题,

①　MÜNTZ C H. Über den Approximationssatz von Weierstra β [M]//CARATHÉODORY C, HESSENBERG G, LANDAUE, et al. Mathematische Abhandlungen Hermann Amandus Schwarz. Berlin: Springer-Verlag, 1914.

②　SOMORJAI G. A Müntz type problem for rational approximation [J]. Acta Math Hungar, 1996,27:197-199.

ZHAO Q, ZHOU S. Are ratioud combinations of $\{x^{\lambda_n}\}$, $\lambda_n \geq 0$, always dense in $C[0,1]$ [J]. Approx Theo Appl, 1999,15(1):10-17.

我们首先需要将其转换成积分型算子. 其次, 研究过程中我们需要借助一些 Orlicz 空间上讨论逼近问题的有力工具和运算技巧, 才能进行相关问题的研究. 以上提到的 Orlicz 空间中研究逼近问题时需要克服的困难, 使得 Orlicz 空间中逼近问题的研究充满了挑战性.

接下来我们先给出 Bak-Kantorovich 算子

$$L_n^*(f,x) = \sum_{k=1}^{n} \frac{1}{x_{k+1} - x_k} \int_{x_k}^{x_{k+1}} f(t) \, \mathrm{d}tr_k(x)$$

并对序列 $\Lambda = \{\lambda_n\}_{n=1}^{\infty}$ 赋以条件: $\lambda_{n+1} - \lambda_n \geqslant Mn^{1+\alpha}(n \in \mathbf{N})$ 后, 利用连续模和 K-泛函等工具, 结合不等式技巧研究逼近问题, 其中 $0 < \alpha < 1$.

在各种逼近例如、多项式逼近、插值逼近、倒数逼近等形式中, 有理逼近是函数逼近论的一个重要逼近形式. 在工程、信号处理等领域都有重要应用. 作为一种非线性逼近有理逼近, 引起人们的广泛关注. 相比多项式虽然有理函数复杂一些, 但用有理函数近似表示函数时, 能够反映函数的一些属性, 而且要比多项式灵活、有效. 所以, 在各类实际问题中, 例如在计算机辅助几何设计中, 人们常常偏向选择有理逼近. 鉴于上述理由, 有理逼近成为函数逼近论中比较活跃的领域.

为了讨论方便, 先介绍本节所需的基本知识和重要引理.

定义 18.1 我们称定义在 $\mathbf{R} = (-\infty, \infty)$ 上的实值函数 $M(u)$ 为 N 函数, 假如它具有下列性质:

(1) $M(u)$ 为连续凸函数, 且 $M(0) = 0$;

(2) 当 $u > 0$ 时, $M(u) > 0$;

(3) $\lim\limits_{u \to \infty} \dfrac{M(u)}{u} = 0, \lim\limits_{u \to \infty} \dfrac{M(u)}{u} = \infty$.

由文献《奥尔里奇空间及其应用》中定理 18.1 可知,任何一个 N 函数 $M(u)$ 都可以表示为

$$M(u) = \int_0^{|u|} p(t)\mathrm{d}t$$

其中 $p(t)$ 是右连续的非减函数,并满足 $p(0) = 0$,$p(\infty) = \infty$.

定义 18.2　对给定的 N 函数 $M(u)$,其余 N 函数 $N(v)$ 定义为

$$N(v) = \int_0^{|v|} q(s)\mathrm{d}s$$

其中 $q(s) = \sup\{t : p(t) \leqslant s\}$.

定义 18.3　称 N 函数 $M(u)$ 满足 Δ_2 条件,假如存在 $k > 0, u_0 > 0$,当 $u \geqslant u_0$ 时,有

$$M(2u) \geqslant kM(u)$$

由 N 函数 $M(u)$ 生成的 Orlicz 类是指如下定义的集合

$$L_{N,D} = \left\{ v(x) \mid \rho(v,N) = \int_D N(v(x))\mathrm{d}x < \infty \right\}$$

在此基础上,我们引入 Orlicz 空间

$$L_M^* = \left\{ u(x) \mid \forall v(x) \in L_{N,D'} \int_D u(x)v(x)\mathrm{d}x < \infty \right\}$$

和 Orlicz 范数

$$\|u\|_M = \sup_{\rho(v,N) \leqslant 1} \left| \int_D u(x)v(x)\mathrm{d}x \right|$$

Orlicz 范数还可由下式计算

$$\|u\|_M = \inf_{k>0} \frac{1}{k}\left(1 + \int_0^{2\pi} M(ku(x))\mathrm{d}x \right)$$

并且存在 $k > 0$,满足 $\int_0^{2\pi} N(p(k|u(x)|))\mathrm{d}x = 1$,使得

$$\|u\|_M = \frac{1}{k}\left(1 + \int_0^{2\pi} M(ku(x))\mathrm{d}x \right)$$

这里 $p(u)$ 是 $M(u)$ 的右导数.

引理 18.1[①]　设 $M(u)$ 满足 Δ_2 条件,$f(x) \in L_M^*[0,1]$,将 $f(x)$ 延拓到 $[-1,2]$ 得到 $F_n \in L_M^*$,且

$$\omega\left(F_n,\frac{1}{n}\right)_M \leqslant C\omega\left(f,\frac{1}{n}\right)_M$$

其中

$$F_n = \begin{cases} n\displaystyle\int_0^{\frac{1}{n}} f(t)\,\mathrm{d}t, & x \in [-1,0] \\ f(x), & x \in [0,1] \\ n\displaystyle\int_{1-\frac{1}{n}}^{1} f(t)\,\mathrm{d}t, & x \in [1,2] \end{cases}$$

引理 18.2　设 $f(x) \in L_M^*[0,1]$,在开区间 $(0,1)$ 内改变一次符号,则称

$$f_h(x) = \frac{1}{h}\int_{x-\frac{h}{2}}^{x+\frac{h}{2}} f(u)\,\mathrm{d}u$$

为 $f(x)$ 的一阶 Steklov 函数. 对充分小的 $h > 0$,$f_h(x)$ 在区间 $\left(\frac{h}{2},1,-\frac{h}{2}\right)$ 内至多改变一次符号.

引理 18.3　设 $f(x) \in L_M^*[0,1]$,$f_h(x)$ 为 $f(x)$ 的一阶 Steklov 函数,记

$$f_{hh}(x) = \frac{1}{h}\int_{x-\frac{h}{2}}^{x+\frac{h}{2}} f_h(u)\,\mathrm{d}u$$

为 $f(x)$ 的二阶 Steklov 函数. 对充分小的 $h > 0$ 有

$$\|f(x) - f_h(x)\|_{M[\frac{h}{2},1,-\frac{h}{2}]} \leqslant C\omega(f,h)_M$$

$$\|f(x) - f_{hh}(x)\|_{M[h,1,-h]} \leqslant C\omega(f,h)_M$$

$$\|f_{hh}'(x)\|_{M[h,1,-h]} \leqslant Ch^{-1}\omega(f,h)_M$$

---

①　王晓芳,吴嘎日迪. 若干函数空间内的几个逼近问题 [D]. 呼和浩特:内蒙古师范大学,2010:1-48.

$$\| f_{h'h'}(x) \| _{M[h,1,-h]} \leqslant C h^{-2} \omega(f,h)_M$$

引理 18.4　对修正的 Jackson 核

$$\lambda_n(t) = C_n \left\{ \left(\frac{\sin \dfrac{n(t-\delta_n)}{2}}{\sin \dfrac{(t-\delta_n)}{2}} \right)^4 + \left(\frac{\sin \dfrac{n(t+\delta_n)}{2}}{\sin \dfrac{(t+\delta_n)}{2}} \right)^4 \right\}$$

以及 2π 为周期的可积函数 $f(x) \in L^*_{M,2\pi}[0,1]$，定义

$$\Lambda_n(f,x) = \int_{-\pi}^{\pi} f(x+s)\lambda_n(s)\,\mathrm{d}s$$

则

$$\| f - \Lambda_n(f) \|_{M,2\pi} \leqslant C\omega\left(f,\frac{1}{n}\right)_{M,2\pi}$$

$$\omega(\Lambda_n(f),t)_{M,2\pi} \leqslant C\omega(f,t)_{M,2\pi}$$

$$\sup_{-\pi \leqslant x \leqslant \pi} \frac{\Lambda_n(f,x)}{\Lambda_n(f,x+t)} \leqslant C(1+n\mid t\mid)^4$$

$$\int_{-\pi}^{\pi} t^j \lambda_n(t)\,\mathrm{d}t \sim n^{-j}, j = 0,1,2$$

其中 $\delta_n = \dfrac{\pi}{2n}$，$C_n$ 满足 $\displaystyle\int_{-\pi}^{\pi} \lambda_n(t)\,\mathrm{d}t = 1$.

引理 18.5　如果 $f(x) \in L^*_M[0,1]$，定义

$$\theta_f(x) = \sup_{0 \leqslant t \leqslant 1, t \neq x} \frac{1}{\mid t-x \mid} \int_x^t \mid f(u) \mid \,\mathrm{d}u$$

为 $f(x)$ 的 Hardy-Littlewood 极大函数，则 $\theta_f(x) \in L^*_M[0,1]$ 且

$$\| \theta_f(x) \|_M \leqslant C \| f \|_M$$

引理 18.6　设 $x \in [x_j, x_{j+1}], j = 0,1,\cdots,n$，则对 $k = 1,2,\cdots,n$ 有

$$r_k(x) \leqslant C_M \mathrm{e}^{-C_M \mid j-k \mid}$$

引理 18.7　设 $x \geqslant y > 0, \beta > 1$，则有

$$\beta y^{\beta-1}(x-y) \leqslant x^\beta - y^\beta \leqslant \beta x^{\beta-1}(x-y)$$

341

当 $0 < \beta < 1$ 时上述不等式反向.

定理 18.3 设 $M(u)$ 满足 Δ_2 条件,$f(x),f'(x) \in L_M^*[0,1]$,则对某一给定常数 $M > 0$ 和 $0 < \alpha < 1$,以及满足条件 $\lambda_{n+1} - \lambda_n \geq Mn^{1+\alpha}(n \in \mathbf{N})$ 的递增实数序列 $\{\lambda_n\}_{n=1}^\infty$ 有

$$\| f(x) - L_n^*(f,x) \|_M \leq \frac{C_M}{m} \| f' \|_M$$

证明

$$| f(x) - L_n^*(f,x) |$$

$$= \left| f(x) - \sum_{k=1}^n \frac{1}{x_{k+1} - x_k} \int_{x_k}^{x_{k+1}} f(t) \, \mathrm{d}tr_k(x) \right|$$

$$= \left| \sum_{k=1}^n \frac{1}{x_{k+1} - x_k} \int_{x_k}^{x_{k+1}} (f(x) - f(t)) \, \mathrm{d}tr_k(x) \right|$$

$$\leq \sum_{k=1}^n \frac{1}{x_{k+1} - x_k} \int_{x_k}^{x_{k+1}} | f(x) - f(t) | \, \mathrm{d}tr_k(x)$$

$$\leq \sum_{k=1}^n \frac{1}{x_{k+1} - x_k} \int_{x_k}^{x_{k+1}} \theta_{f'}(x) | x - t | \, \mathrm{d}tr_k(x)$$

$$\leq \sum_{k=1}^n \frac{1}{x_{k+1} - x_k} \int_{x_k}^{x_{k+1}} \theta_{f'}(x) \max\{| x - x_k |, | x - x_{k+1} |\} \mathrm{d}tr_k(x)$$

当 $x \in (x_j, x_{j+1}), j = 0,1,2,\cdots,n$ 时,对任意 $k = 0,1,2,\cdots,n$ 有

$$| x - x_k | = \left| 1 - (1-t)^{1+\alpha} - \left[1 - \left(1 - \frac{2k-1}{2n} \right)^{1+\alpha} \right] \right|$$

$$= \left| (1-t)^{1+\alpha} - \left(1 - \frac{2k-1}{2n} \right)^{1+\alpha} \right|$$

$$\leq \left| \left(1 - \frac{2k-1}{2n} \right)^{1+\alpha} - \left(1 - \frac{2j+1}{2n} \right)^{1+\alpha} \right|$$

$$\leq C \left| \frac{2j+1}{2n} - \frac{2k-1}{2n} \right|$$

$$\leqslant C \frac{\mid k - j + 1 \mid}{n}$$

$$\leqslant C \frac{\mid k - j \mid + 1}{n}$$

同理可得 $\mid x - x_{k+1} \mid \leqslant C \dfrac{\mid k - j \mid + 1}{n}$. 因此

$$
\begin{aligned}
\mid f(x) - L_n^*(f,x) \mid &\leqslant C \sum_{k=1}^{n} \frac{1}{x_{k+1} - x_k} \int_{x_k}^{x_{k+1}} \theta_{f'}(x) \frac{\mid k - j \mid + 1}{n} \mathrm{d}t r_k(x) \\
&= \frac{C}{n} \theta_{f'}(x) \sum_{k=1}^{n} (\mid k - j \mid + 1) r_k(x) \\
&\leqslant \frac{C_M}{n} \theta_{f'}(x) \sum_{k=1}^{n} (\mid k - j \mid + 1) \mathrm{e}^{-\mid k - j \mid} \\
&\leqslant \frac{C_M}{n} \theta_{f'}(x)
\end{aligned}
$$

从而

$$
\begin{aligned}
\| f(x) - L_n^*(f,x) \|_M &= \sup_{\rho(v,N) \leqslant 1} \left| \int_0^1 (f(x) - L_n^*(f,x)) v(x) \mathrm{d}x \right| \\
&\leqslant \sup_{\rho(v,N) \leqslant 1} \int_0^1 \mid f(x) - L_n^*(f,x) \mid \mid v(x) \mid \mathrm{d}x \\
&\leqslant \sup_{\rho(v,N) \leqslant 1} \int_0^1 \frac{C_M}{n} \theta_{f'}(x) \mid v(x) \mid \mathrm{d}x \\
&= \frac{C_M}{n} \| \theta_{f'}(x) \|_M
\end{aligned}
$$

由引理 18.5 可知

$$\| f(x) - L_n^*(f,x) \|_M \leqslant \frac{C_M}{n} \| f' \|_M$$

定理 18.4　　如果 $M(u)$ 满足 Δ_2 条件，$f(x)$，$f'(x) \in L_M^*[0,1]$，那么对某一给定常数 $M > 0$ 和 $0 < \alpha < 1$，以及满足条件 $\lambda_{n+1} - \lambda_n \geqslant Mn^{1+\alpha}$（$n \in \mathbf{N}$）的递增实数序列 $\{\lambda_n\}_{n=1}^{\infty}$，有

$$R_n(f,\Lambda) = \min_{r \in \mathbf{R}_n(\Lambda)} \|f - r\|_M \leqslant C_M \omega\Big(f, \frac{1}{n}\Big)_M$$

证明 对任意 $g \in L_M^*[0,1]$ 满足 $g' \in L_M^*[0,1]$ 时,有

$$\|f - L_n^*(g,x)\|_M \leqslant \|f - g\|_M + \|L_n^*(g,x) - g\|_M$$

由定理 18.1 可知

$$\|f - L_n^*(g,x)\|_M \leqslant \frac{C_M}{n}\|g'\|_M + \|f - g\|_M$$

$$\leqslant C_M K\Big(f, \frac{1}{n}\Big)_M$$

$$\leqslant C_M \omega\Big(f, \frac{1}{n}\Big)_M$$

再由 $L_n^*(g,x)$ 的定义,很容易知道 $L_n^*(g,x) \in \mathbf{R}_n(\Lambda)$,因此

$$R_n(f,\Lambda) = \min_{r \in \mathbf{R}_n(\Lambda)} \|f - r\|_M$$

$$\leqslant \|f - L_n^*(g,x)\|_M$$

$$\leqslant C_M \omega\Big(f, \frac{1}{n}\Big)_M$$

按照引理 18.1 的方法将 $f(x)$ 延拓成 $F_n(x)$,对任意 $\varepsilon > 0$,记

$$g(x) = (F_n)_{hh}(x) + \varepsilon$$

对于 $x \in [-1,2]$,取 $x = \cos\theta$,$|\theta| \leqslant \pi$. 记 $G(\theta) = g(\cos\theta)$,则定义

$$\overline{g}(\theta) = \overline{G}(\theta) = \Lambda_n(G,\theta) = \int_{-\pi}^{\pi} G(\theta + s)\lambda_n(s)\mathrm{d}s$$

我们通过 $\overline{g}(x)$ 对 Orlicz 空间中非负函数 $f(x)$ 得到了一个倒数逼近结果:

定理 18.5 设 $M(u)$ 满足 Δ_2 条件,$f(x) \in L_M^*[0,1]$ 非负且不恒为零,则对某一给定常数 $M > 0$ 和 $0 <$

344

$\alpha < 1$, 以及满足条件 $\lambda_{n+1} - \lambda_n \geqslant Mn^{1+\alpha}\ (n \in \mathbf{N})$ 的递增实数序列 $\{\lambda_n\}_{n=1}^{\infty}$ 有

$$\left\| f(x) - L_n^*\left(\frac{1}{g}, x\right) \right\|_M \leqslant C_M \omega\left(f, \frac{1}{n}\right)_M$$

证明　由 $f(x) \geqslant 0$ 易知 $g(x) \geqslant \varepsilon$. 因而

$$\left\| f(x) - \frac{1}{L_n^*\left(\frac{1}{g}, x\right)} \right\|_M \leqslant \| f - g \|_M + \| g - \overline{g} \|_M +$$

$$\left\| \overline{g} - \frac{1}{L_n^*\left(\frac{1}{g}, x\right)} \right\|_M$$

$$= \| I_1 \|_M + \| I_2 \|_M + \| I_3 \|_M$$

由引理 18.1 知

$$\| I_1 \|_M = \| f - (F_n)_{hh} - \varepsilon \|_M$$

$$\leqslant \| F_n - (F_n)_{hh} - \varepsilon \|_M$$

$$\leqslant C\omega\left(F_n, \frac{1}{n}\right)_M$$

$$\leqslant C\omega\left(f, \frac{1}{n}\right)_M$$

进一步

$$| I_2 |_M = | (F_n)_{hh}(\cos\theta) + \varepsilon -$$

$$\int_{-\pi}^{\pi} g(\cos(\theta + s))\lambda_n(s)\mathrm{d}s |_M$$

$$= | (F_n)_{hh}(\cos\theta) - \int_{-\pi}^{\pi} (F_n)_{hh}(\cos(\theta + s))\lambda_n(s)\mathrm{d}s |_M$$

$$= | \int_{-\pi}^{\pi} (F_n)_{hh}(\cos\theta) - (F_n)_{hh}(\cos(\theta + s))]\lambda_n(s)\mathrm{d}s |_M$$

$$\leqslant \left| \int_{-\pi}^{\pi} \frac{1}{|\cos(\theta + s) - \cos\theta|} \cdot \right.$$

$$\left.\int_{\cos\theta}^{\cos(\theta+s)}\mid (F_n)'_{hh}(u)\mid \mathrm{d}u\mid \cos(\theta+s)-\cos\theta\mid \lambda_n(s)\mathrm{d}s\right|_M$$

$$\leqslant \mid C\theta_{(F_n)_{hh}}(x)\int_{-\pi}^{\pi}\mid s\mid \lambda_n(s)\mathrm{d}s\mid_M$$

$$\leqslant C_M n^{-1}\mid \theta_{(F_n)_{hh}}(x)\mid_M$$

由引理 18.3 知

$$\parallel I_2\parallel_M\leqslant C_M\omega\Big(f,\frac{1}{n}\Big)_M$$

最后,为了估计 $\parallel I_3\parallel_M$,记 $P_n(x)=L_n^*(\overline{g}^{-1},x)=$ $L_n^*\Big(\dfrac{1}{\overline{g}},x\Big)$,划分区间 $[0,1]$ 如下

$$E_1=\Big\{x\in[0,1],\frac{1}{P_n(x)}\geqslant \overline{g}(X)\Big\},E_2=[0,1]\backslash E_1$$

对任意 $x\in E_1$,由 Cauchy-Schwarz 不等式知

$$L_n^*(\overline{g},x)L_n^*(\overline{g}^{-1},x)\geqslant L_n^{*,2}(1,x)=1$$

即

$$L_n^*(\overline{g},x)\geqslant \frac{1}{L_n^*(\overline{g}^{-1},x)}=\frac{1}{P_n(x)}$$

因此,当 $x\in E_1$ 时,由引理 18.1,引理 18.3 和引理 18.4 可知

$$\parallel I_3\parallel_M=\left\|\overline{g}(x)-\frac{1}{P_n(x)}\right\|_M$$

$$\leqslant \parallel \overline{g}(x)-L_n^*(\overline{g},x)\parallel_M$$

$$\leqslant C_M\left\|\frac{\overline{g}'}{n}\right\|_M$$

$$\leqslant C_M\omega\Big(f,\frac{1}{n}\Big)_M$$

另外,对 $x\in E_2$ 不等式 $\dfrac{1}{P_n(x)}\leqslant \overline{g}(x)$ 成立. 注意到

$$\left| \overline{g}(x) - \frac{1}{L_n^*(\overline{g}^{-1}, x)} \right|$$

$$= \left| \frac{\overline{g}(x)}{L_n^*(\overline{g}^{-1}, x)} \left[L_n^*(\overline{g}^{-1}, x) - \frac{1}{\overline{g}(x)} \right] \right|$$

$$= \left| \frac{\overline{g}(x)}{L_n^*(\overline{g}^{-1}, x)} \sum_{k=1}^{n} \frac{1}{x_{k+1} - x_k} r_k(x) \int_{x_k}^{x_{k+1}} \left(\frac{1}{\overline{g}(u)} - \frac{1}{\overline{g}(x)} \right) \mathrm{d}u \right|$$

$$\leqslant \sum_{k=1}^{n} \frac{1}{x_{k+1} - x_k} r_k(x) \int_{x_k}^{x_{k+1}} | \overline{g}(u) - \overline{g}(x) | \frac{\overline{g}(x)}{\overline{g}(u)} \mathrm{d}u$$

通过文献《若干函数空间内的几个逼近问题》的引理 3.1.3 和 $\overline{g}(x)$ 的定义可得

$$| I_3 | \leqslant C \sum_{k=1}^{n} \frac{1}{x_{k+1} - x_k} r_k(x) \int_{x_k}^{x_{k+1}} | \overline{g}(u) - \overline{g}(x) | \cdot$$

$$[1 + n | x - u |]^4 \mathrm{d}u$$

$$\leqslant C \sum_{k=1}^{n} \frac{1}{x_{k+1} - x_k} r_k(x) \int_{x_k}^{x_{k+1}} | \overline{g}(u) - \overline{g}(x) | \cdot$$

$$[1 + n\max\{ | x - x_k |, | x - x_{k+1} | \}]^4 \mathrm{d}u$$

同定理 18.1 的证明可得

$$| I_3 | \leqslant C \sum_{k=1}^{n} \frac{1}{x_{k+1} - x_k} r_k(x) \int_{x_k}^{x_{k+1}} | \overline{g}(u) - \overline{g}(x) | \cdot$$

$$[| k - j | + 1]^4 \mathrm{d}u$$

因此

$$\| I_3 \|_{M(E_2)} \leqslant C \left\| \sum_{k=1}^{n} \frac{1}{x_{k+1} - x_k} r_k(x) \int_{x_k}^{x_{k+1}} | \overline{g}(u) - \overline{g}(x) | \cdot \right.$$

$$\left. [| k - j | + 1]^4 \mathrm{d}u \right\|_{M}$$

$$\leqslant C_M \left\| \sum_{k=1}^{n} \frac{\mathrm{e}^{-| k - j |}}{x_{k+1} - x_k} \int_{x_k}^{x_{k+1}} \theta_{g'}(x) \cdot \right.$$

$$\max\{\mid x-x_k\mid,\mid x-x_{k+1}\mid\}\big[\mid k-j\mid+1\big]^4\mathrm{d}u\bigg\|_M$$

$$\leqslant \frac{C_M}{n}\parallel\theta_{g'}(x)\parallel_M$$

$$\leqslant \frac{C_M}{n}\parallel\overline{g}'\parallel_M$$

$$\leqslant \frac{C_M}{n}\parallel(F_n)_{hh}\parallel_M$$

由引理 18.1 和引理 18.3 可得

$$\parallel I_3\parallel_{M(E_2)}\leqslant C_M\omega\Big(F_n,\frac{1}{n}\Big)_M\leqslant C_M\omega\Big(f,\frac{1}{n}\Big)_M$$

第六编

Orlicz 空间与三角级数

数学涉及抽象的过程,这种过程始于具体情况,它认出相应的结构,并用一个结构去解决被另一结构表达的问题.

——T. J. Fletcher

二元 Lagrange 三角插值多项式在 Orlicz 空间内的逼近[①]

第 19 章

内蒙古师范大学数学科学学院的高媛和吴嘎日迪两位教授于 2020 年研究了二元函数用一种组合型的三角插值多项式算子逼近的问题. 借助连续模这一工具,给出了这类三角插值多项式在 Orlicz 空间内的逼近定理.

19.1 引　言

设 $f(x,y) \in L^*_{M,2\pi}$,取节点组为 $x_k = \dfrac{2k+1}{2n+1}\pi, y_l = \dfrac{2l+1}{2n+1}\pi$,令

$$t_k(x) = \frac{\sin\dfrac{2n+1}{2}(x-x_k)}{(2n+1)\sin\dfrac{x-x_k}{2}}$$

$$t_l(y) = \frac{\sin\dfrac{2n+1}{2}(y-y_l)}{(2n+1)\sin\dfrac{y-y_l}{2}}$$

---

① 摘编自《纯粹数学与应用数学》,2020 年 3 月,第 36 卷第 1 期.

这里 $k,l = 0,1,2,\cdots,2n$，则二元函数 $f(x,y)$ 的 Lagrange 三角插值多项式为

$$L_n(f,x,y) = \sum_{k,l=0}^{2n} f(x_k,y_l)t_k(x)t_l(y), k,l = 0,1,2,\cdots,2n$$

众所周知，一元函数用三角插值多项式逼近，已有许多成果，对于二元插值型算子的研究还比较少，文献《关于二元 Lagrange 三角插值多项式的逼近阶》[①]对插值基函数作平均，构造出二元组合型三角插值多项式算子 $H_n(f;r,x,y)$，构造如下：

记

$$d_1 = \left[\frac{r+1}{2}\right] - i, d_2 = \left[\frac{r+1}{2}\right] - j, s = \left[\frac{r+1}{2}\right] + 1$$

这里 r 为任意的非负整数，$i \leq r+1, j \leq r+1$，$[a]$ 表示不超过 a 的整数部分.

令

$$m_k(x) = \frac{1}{2^{r+1}} \sum_{i=0}^{r+1} \binom{r+1}{i} (t_k(x) + (-1)^{s+i} t_{k+d_1}(x))$$

$$m_l(y) = \frac{1}{2^{r+1}} \sum_{j=0}^{r+1} \binom{r+1}{j} (t_l(y) + (-1)^{s+j} t_{l+d_2}(y))$$

则 $H_n(f;r,x,y)$ 可表示为

$$H_n(f;r,x,y) = \sum_{k,l=0}^{2n} f(x_k,y_l)m_k(x)m_l(y)$$

文献《关于二元 Lagrange 三角插值多项式的逼近阶》得到下面的结果：

定理 19.1　对于二元函数 $f(x,y) \in C_{2\pi,2\pi}$，极限式 $\lim\limits_{n\to\infty} H_n(f;r,x,y) = f(x,y)$ 在全平面上一致成立.

---

① 崔利宏,朱宝彦,韩志勤. 关于二元 Lagrange 三角插值多项式的逼近阶 [J]. 沈阳建筑工程学院学报,1998,14(3):298-303.

定理 19.2　如果 $f(x,y) \in C_{2\pi,2\pi}^{T+U}, 0 \leqslant T, U \leqslant r$，那么

$$| H_n(f;r,x,y) - f(x,y) |$$

$$= O\left(E_n^*(f) + \frac{1}{n^T}\omega\left(f^{(T)}; \frac{1}{n}, 0\right) + \frac{1}{n^U}\omega\left(f^{(U)}; 0, \frac{1}{n}\right) + \right.$$

$$\left. \frac{1}{n^{T+U}}\omega\left(f^{(T+U)}; \frac{1}{n}, \frac{1}{n}\right)\right)$$

其中"O"与 $n, f, \cdots, f'^{(T+U)}$ 均无关.

$\omega(f^{(T)}; W_1, 0)$ 为函数 $f^{(T)}$ 的连续模.

$\omega(f^{(U)}); 0, W_2$ 为函数 $f^{(U)}$ 的连续模.

$\omega(f^{(T+U)}; W_1, W_2)$ 为函数 $f^{(T+U)}$ 的连续模.

令 $E_n^*(f)$ 为 f 的阶数不高于 n 的三角多项式的最佳逼近

$$E_n^*(f) = \inf_{t_n \in T_n} \| f - t_n \| = \| f - t_n^* \|$$

称 t_n^* 为 f 的 n 阶最佳逼近三角多项式.

设 $f(x,y) \in L_{M,2\pi}^{*\hat{}}$，令

$$\omega_1(f,t)_M = \sup_{0 < h \leqslant t} \| \Delta_1^{r+1} \|_M, t > 0$$

$$\omega_2(f,t)_M = \sup_{0 < h \leqslant t} \| \Delta_2^{r+1} \|_M, t > 0$$

$$\omega(f,t,t)_M = \sup_{0 < h \leqslant t} \| \Delta_2^{r+1}\Delta_1^{r+1} \|_M, t > 0$$

这里记 $\Delta_1^{r+1}f(x,y)$ 为函数 $f(x,y)$ 在点 (x,y) 处关于 x 步长为 $\frac{2\pi}{N}$ 的 $r+1$ 阶向前差分；$\Delta_2^{r+1}f(x,y)$ 为函数 $f(x,y)$ 在点 (x,y) 处关于 y 步长为 $\frac{2\pi}{N}$ 的 $r+1$ 阶向前差分；$\Delta_2^{r+1}\Delta_1^{r+1}f(x,y)$ 为函数 $f(x,y)$ 在点 (x,y) 处先关于 x 步长为 $\frac{2\pi}{N}$ 的 $r+1$ 阶向前差分，再以相同步长 $\frac{2\pi}{N}$ 对 y 的 $r+1$ 阶向前差分.

令

$$\Delta_1^{r+1}f(x,y) = \sum_{i=0}^{r+1}(-1)^{s+i}\binom{r+1}{i}f(x+(1+i-s)h,y)$$

$$\Delta_2^{r+1}f(x,y) = \sum_{j=0}^{r+1}(-1)^{s+j}\binom{r+1}{j}f(x,y+(1+j-s)h)$$

则由差分的定义有

$$\Delta_2^{r+1}\Delta_1^{r+1}f(x,y) = \sum_{i=0}^{r+1}\sum_{j=0}^{r+1}(-1)^{i+j}\binom{r+1}{i}\binom{r+1}{j}\cdot$$
$$f(x+(1+i-s)h,y+(1+j-s)h)$$

其中 $h = \dfrac{2\pi}{N}$.

设 $f(x,y)$ 为定义在 $\Omega = \{(x,y)\mid\mid x\mid \leqslant \pi,\mid y\mid \leqslant \pi\}$ 上的实值函数,关于每个变量均以 2π 为周期,如果存在实数 $\alpha > 0$ 使得

$$\iint M(\alpha\mid f(x,y)\mid)\mathrm{d}x\mathrm{d}y < +\infty$$

则称 $f(x,y) \in L_M^*$,L_M^* 为 N 函数 $M(u)$ 生成的 Orlicz 空间,具体关于 Orlicz 空间 L_M^* 的定义及相关性质可见文献《奥尔里奇空间及其应用》[①].

对 $f(x,y) \in L_M^*$ 可赋予范数,定义如下

$$\|f\|_M = \sup\left\{\iint f(x,y)g(x,y)\mathrm{d}x\mathrm{d}y : \iint N(g(x,y))\mathrm{d}x\mathrm{d}y \leqslant 1\right\}$$

本章在 Orlicz 空间内研究此二元组合型三角插值多项式算子 $H_n(f;r,x,y)$ 的收敛速度,并得到下面的结论:

定理 19.3 设 $f(x,y) \in L_{M,2\pi}^*$,则

---

① 吴从炘,王廷辅.奥尔里奇空间及其应用 [M].哈尔滨:黑龙江科学技术出版社,1983.

$$\| H_n(f;r,x,y) - f(x,y) \|_M$$

$$\leqslant C\Big(\omega_1\Big(f,\frac{1}{n}\Big)_M + \omega_2\Big(f,\frac{1}{n}\Big)_M \Big)$$

注 C 表示绝对正常数,在不同处表示不同值.

19.2 相关引理

引理 19.1 若 $f(x,y) \in L_{M,2\pi}^{*}$,则

$$E_n^{*}(f)_M = \inf_{t_n \in T_n} \| f - t_n \|_M \leqslant C\omega\Big(f,\frac{1}{n},\frac{1}{n}\Big)_M$$

此引理的证明过程由文献 *On approximation by polynomials in Orlicz spaces*[①] 中一元连续周期函数用三角多项式逼近的 Jackson 定理直接得出.

引理 19.2

$$\sum_{k,l=0}^{2n} \frac{1}{4^{r+1}} \sum_{i=0}^{r+1} \sum_{j=0}^{r+1} \binom{r+1}{i}\binom{r+1}{j} \cdot$$

$$\big| (t_k(x) + (-1)^{s+i}t_{k+d_1}(x))(t_l(y) + (-1)^{s+j}t_{l+d_2}(y)) \big| \leqslant C$$

19.3 定理的证明

由文献《关于二元 Lagrange 三角插值多项值的逼近阶》可知

$$H_n(f;r,x,y) - f(x,y)$$

$$= \sum_{k,l=0}^{2n} f(x_k,y_l)m_k(x)m_l(y) - f(x,y)$$

① WU GARIDI. On approximation by polynomials in Orlicz spaces [J]. Approximation Theory and its Applications,1991,7(3):97-110.

$$= \frac{1}{4^{r+1}} \sum_{k,l=0}^{2n} \Delta_2^{r+1} \Delta_1^{r+1} f(x_k,y_l) t_k(x) t_l(y) \ +$$

$$\frac{1}{2^{r+1}} \sum_{k,l=0}^{2n} \Delta_1^{r+1} f(x_k,y_l) t_k(x) t_l(y) \ +$$

$$\frac{1}{2^{r+1}} \sum_{k,l=0}^{2n} \Delta_2^{r+1} f(x_k,y_l) t_k(x) t_l(y) \ +$$

$$\sum_{k,l=0}^{2n} f(x_k,y_l) t_k(x) t_l(y) \ - f(x,y)$$

设 t_n^* 为 $f(x,y)$ 的 n 阶最佳三角逼近,根据引理 19.1 可知

$$\| f - t_n^* \|_M \leqslant C \omega \Big(f, \frac{1}{n}, \frac{1}{n} \Big)_M$$

由于三角多项式 t_n^* 与它自身的插值多项式重合,从而

$$\frac{1}{4^{r+1}} \sum_{k,l=0}^{2n} \Delta_2^{r+1} \Delta_1^{r+1} t_n^* (x_k,y_l) t_k(x) t_l(y) \ +$$

$$\frac{1}{2^{r+1}} \sum_{k,l=0}^{2n} \Delta_1^{r+1} t_n^* (x_k,y_l) t_k(x) t_l(y) \ +$$

$$\frac{1}{2^{r+1}} \sum_{k,l=0}^{2n} \Delta_2^{r+1} t_n^* (x_k,y_l) t_k(x) t_l(y) \ +$$

$$\sum_{k,l=0}^{2n} t_n^* (x_k,y_l) t_k(x) t_l(y)$$

$$= \frac{1}{4^{r+1}} \Delta_2^{r+1} \Delta_1^{r+1} t_n^* (x,y) + \frac{1}{2^{r+1}} \Delta_1^{r+1} t_n^* (x,y) \ +$$

$$\frac{1}{2^{r+1}} \Delta_2^{r+1} t_n^* (x,y) + t_n^* (x,y)$$

故

$$H_n(f;r,x,y) \ - f(x,y)$$

$$= \Big\{ \frac{1}{4^{r+1}} \sum_{k,l=0}^{2n} \Delta_2^{r+1} \Delta_1^{r+1} (f(x_k,y_l) \ - t_n^* (x_k,y_l)) t_k(x) t_l(y) \ +$$

$$\frac{1}{2^{r+1}} \sum_{k,l=0}^{2n} \Delta_1^{r+1} \left(f(x_k,y_l) - t_n^*(x_k,y_l) \right) t_k(x) t_l(y) \; +$$

$$\frac{1}{2^{r+1}} \sum_{k,l=0}^{2n} \Delta_2^{r+1} \left(f(x_k,y_l) - t_n^*(x_k,y_l) \right) t_k(x) t_l(y) \; +$$

$$\sum_{k,l=0}^{2n} \left(f(x_k,y_l) - t_n^*(x_k,y_l) \right) t_k(x) t_l(y) \Bigg\} +$$

$$\left\{ \frac{1}{4^{r+1}} \Delta_2^{r+1} \Delta_1^{r+1} \left(t_n^*(x,y) - f(x,y) \right) \; + \right.$$

$$\frac{1}{2^{r+1}} \Delta_1^{r+1} \left(t_n^*(x,y) - f(x,y) \right) \; +$$

$$\left. \frac{1}{2^{r+1}} \Delta_2^{r+1} \left(t_n^*(x,y) - f(x,y) \right) + \left(t_n^*(x,y) - f(x,y) \right) \right\} +$$

$$\left\{ \frac{1}{4^{r+1}} \Delta_2^{r+1} \Delta_1^{r+1} f(x,y) \; + \; \frac{1}{2^{r+1}} \Delta_1^{r+1} f(x,y) \; + \; \frac{1}{2^{r+1}} \Delta_2^{r+1} f(x,y) \right\}$$

$$=: e_1 + e_2 + e_3$$

由引理 19.2 可知

$$\begin{aligned}
\mid e_1 \mid \; &= \; \Bigg| \sum_{k,l=0}^{2n} \left(f(x_k,y_l) - t_n^*(x_k,y_l) \right) \cdot \\
&\quad \frac{1}{4^{r+1}} \sum_{i=0}^{r+1} \sum_{j=0}^{r+1} \binom{r+1}{i} \binom{r+1}{j} \cdot \\
&\quad \left(t_k(x) + (-1)^{s+i} t_{k+d_1}(x) \right) \left(t_l(y) + \right. \\
&\quad \left. (-1)^{s+j} t_{l+d_2}(y) \right) \Bigg| \\
&\leqslant C \mid f(x_k,y_l) - t_n^*(x_k,y_l) \mid
\end{aligned}$$

故

$$\parallel e_1 \parallel_M \; \leqslant \; C \parallel f - t_n^* \parallel_M \; \leqslant \; C\omega\left(f, \frac{1}{n}, \frac{1}{n} \right)_M$$

由文献《二元 Jackson 插值多项式及其在 Orlicz 空

Orlicz 空间

间中的逼近阶》[①] 得知 $\omega\left(f,\frac{1}{n},\frac{1}{n}\right)_M \leqslant \omega_1\left(f,\frac{1}{n}\right)_M + \omega_2\left(f,\frac{1}{n}\right)_M$，从而

$$\parallel e_1 \parallel_M \leqslant C\left(\omega_1\left(f,\frac{1}{n}\right)_M + \omega_2\left(f,\frac{1}{n}\right)_M\right)$$

类似于 $\parallel e_1 \parallel_M$ 的估计，由文献《关于二元 Lagrange 三角插值多项式的逼近阶》借助于引理 19. 2 容易得出

$$\parallel e_2 \parallel_M \leqslant C\parallel f - t_n^* \parallel_M \leqslant C\omega\left(f,\frac{1}{n},\frac{1}{n}\right)_M$$
$$\leqslant C\left(\omega_1\left(f,\frac{1}{n}\right)_M + \omega_2\left(f,\frac{1}{n}\right)_M\right)$$

$$\parallel e_3 \parallel_M = \left\|\frac{1}{4^{r+1}}\Delta_2^{r+1}\Delta_1^{r+1}f(x,y) + \frac{1}{2^{r+1}}\Delta_1^{r+1}f(x,y) + \frac{1}{2^{r+1}}\Delta_2^{r+1}f(x,y)\right\|_M$$
$$\leqslant \frac{1}{4^{r+1}}\parallel \Delta_2^{r+1}\Delta_1^{r+1}f(x,y) \parallel_M + \frac{1}{2^{r+1}}\parallel \Delta_1^{r+1}f(x,y) \parallel_M +$$
$$\frac{1}{2^{r+1}}\parallel \Delta_2^{r+1}f(x,y) \parallel_M$$
$$\leqslant C(\omega(f,t,t)_M + \omega_1(f,t)_M + \omega_2(f,t)_M)$$

因为 $0 < h \leqslant t$，这里取 $t = h = \dfrac{2\pi}{2n+1}$，则

$$\parallel e_3 \parallel_M \leqslant C\left(\omega\left(f,\frac{1}{n},\frac{1}{n}\right)_M + \omega_1\left(f,\frac{1}{n}\right)_M + \omega_2\left(f,\frac{1}{n}\right)_M\right)$$

故

$$\parallel e_3 \parallel_M \leqslant C\left(\omega_1\left(f,\frac{1}{n}\right)_M + \omega_2\left(f,\frac{1}{n}\right)_M\right)$$

---

① 盛宝怀,尚增科. 二元 Jackson 插值多项式及其在 Orlicz 空间中的逼近阶[J]. 数学杂志,1994,14(3):413-423.

Orlicz 空间与 Fourier 级数
及奇异积分

本章我们将介绍 Orlicz 空间在 Fourier 级数和奇异积分等方面的某些应用,与此相关的还涉及广义有界变差函数、广义绝对连续函数和 Lebesgue-Orlicz 点等概念.

20.1　Orlicz 空间与 Fourier 级数

在 A. Zygmund 的名著 *Trigonometric series* 中关于 Orlicz 空间 L_M^* 在 Fourier 级数中的广泛应用已有不少内容,许多对 L_p 适用的结果都已得到相应推广. 本节通过对共轭函数的讨论,进一步表明在 Orlicz 空间范围内还可以得到某些定理的逆,从而说明 Orlicz 空间理论对 Fourier 级数的研究起着一定实质性的作用. 本节当然恒设所论函数均为 2π 周期.

我们知道在 Fourier 级数的研究中,共轭函数

$$\tilde{f}(x) = -\frac{1}{\pi}\int_0^\pi \frac{f(x+t)-f(x-t)}{2\tan\frac{1}{2}t}dt$$

$$= \lim_{\varepsilon\to 0^+}\left\{-\frac{1}{\pi}\int_0^\pi \frac{f(x+t)-f(x-t)}{2\tan\frac{1}{2}t}dt\right\}$$

是重要的. 著名的 Riesz 定理是:若 $p > 1$,则对一切

$f(x) \in L_p(0,2\pi)$,有 $\|\tilde{f}\|_p \leqslant A_p\|f\|_p (A_p$ 只与 p 有

关),现在给出这个定理在 Orlicz 空间情况下的逆,也

就是:

定理 20.1 若对 $f(x) \in L_M^*(0,\pi)$ 恒有 $\|\tilde{f}\|_M \leqslant$

$c\|f\|_M$,其中 c 仅与 $M(u)$ 有关,则 L_M^* 为自反.

为证此,先引入几个引理,首先记 $s_n(f)$ 为 $f(x)$ 的

Fourier 级数的部分和,由 Fourier 级数理论有

$$S_n(f,x) = \frac{1}{\pi}\int_0^{2\pi}f(x+t)\frac{\sin\left(n+\frac{1}{2}\right)t}{2\sin\frac{1}{2}t}dt$$

$$= \frac{1}{\pi}\int_0^{2\pi}f(x+t)D_n(t)dt$$

其中 $D_n(t) = \dfrac{\sin\left(n+\frac{1}{2}\right)t}{2\sin\frac{1}{2}t}$ 叫 Dirichlet 核.

引理 20.1 若对 $f(x) \in L_M^*(0,2\pi)$ 恒有 $\|\tilde{f}\|_M \leqslant$

$c\|f\|_M$,则对一切 $f(x) \in L_M^*$ 有 $\|s_n(f)\|_M \leqslant$

$A\|f\|_M$,其中 A 与 n,f 无关.

证明 按照 Fourier 级数的常用方法,考虑

362

$$s_n^*(f,x) = \frac{1}{2}\left[s_n(f,x) + s_{n-1}(f,x)\right] \quad (n = 1,2,\cdots)$$

又记 $s_0^*(f,x) = s_0(f,x)$，显然此时经计算有

$$s_0^*(f,x) = \frac{1}{2\pi}\int_0^{2\pi} f(x+t)\,\frac{\sin\left(n+\frac{1}{2}\right)t + \sin\left(n-\frac{1}{2}\right)t}{2\sin\frac{1}{2}t}\mathrm{d}t$$

$$= \frac{1}{\pi}\int_0^\pi \left[f(x+t) + f(x-t)\right]\frac{\sin nt}{2\tan\frac{1}{2}t}\mathrm{d}t$$

$$= \widetilde{g}_n(x)\sin nx - \widetilde{h}_n(x)\cos nx \qquad (20.1)$$

其中

$$g_n(x) = f(x)\cos nx, h_n(x) = f(x)\sin nx$$

因为 $f(x) \in L_M^*$，故 $g_n(x), h_n(x) \in L_M^*$，从而由假设有

$$\|\widetilde{g}_n\|_M \leqslant c\|g_n\|_M \leqslant c\|f\|_M$$

$$\|\widetilde{h}_n\|_M \leqslant c\|h_n\|_M \leqslant c\|f\|_M$$

于是再由式(20.1) 即得

$$\|s_n^*(f)\|_M \leqslant \|\widetilde{g}_n\|_M + \|\widetilde{h}_n\|_M \leqslant 2c\|f\|_M$$
$$(20.2)$$

注意到

$$s_n(f,x) = s_n^*(f,x) + \frac{1}{2}(a_n\cos nx + b_n\sin nx)$$

$$= s_n^*(f,x) + \frac{1}{2\pi}\int_0^{2\pi} f(t)\cos n(t-x)\mathrm{d}t$$

即有

$$|s_n(f,x)| \leqslant |s_n^*(f,x)| + \frac{1}{2\pi}\int_0^{2\pi} |f(t)|\,\mathrm{d}t$$
$$(20.3)$$

但由 Jensen 不等式

$$\int_0^{2\pi} M\Big(\frac{1}{\|f\|_{(M)}} \cdot \frac{1}{2\pi}\int_0^{2\pi} |f(t)| \, dt\Big) dx$$

$$\leqslant \int_0^{2\pi} \frac{1}{2\pi}\int_0^{2\pi} M\Big(\frac{|f(t)|}{\|f\|_{(M)}}\Big) dt dx$$

$$= \int_0^{2\pi} M\Big(\frac{|f(t)|}{\|f\|_{(M)}}\Big) dt$$

$$\leqslant 1$$

于是

$$\Big\|\frac{1}{2\pi}\int_0^{2\pi} |f(t)| \, dt\Big\|_M \leqslant 2\Big\|\frac{1}{2\pi}\int_0^{2\pi} |f(t)| \, dt\Big\|_{(M)}$$

$$\leqslant 2\|f\|_{(M)}$$

$$\leqslant 2\|f\|_M \qquad (20.4)$$

从而记 $A = 2c + 2$，则由式(20.2) – (20.4)立知当 $f(x) \in L_M^*, n = 1,2,\cdots$ 时

$$\|s_n(f)\|_M \leqslant \|s_n^*(f)\|_M + \Big\|\frac{1}{2\pi}\int_0^{2\pi} |f(t)| \, dt_M\Big\|$$

$$\leqslant (2c+2)\|f\|_M$$

$$= A\|f\|_M$$

引理20.2 若对一切 $f(x) \in L_N^*$ 有 $\|s_n(f)_M\| \leqslant A\|f\|_M$，则

$$\|D_n\|_M \leqslant 2\pi A \cdot \frac{n + M(u)}{u} \quad (0 < u < \infty)$$

证明 显然

$$\|s_n(f)\|_M = \sup_{\int_0^{2\pi} N(g(x)) dx \leqslant 1} \int_0^{2\pi} s_n(f,x) g(x) dx$$

$$= \sup_{\int_0^{2\pi} N(g(x)) dx \leqslant 1} \int_0^{2\pi} \Big\{\frac{1}{\pi}\int_0^{2\pi} f(t) D_n(t-x) dt\Big\} g(x) dx$$

$$= \sup_{\int_0^{2\pi} N(g(x))dx \leqslant 1} \int_0^{2\pi} \left\{ \frac{1}{\pi} \int_0^{2\pi} g(x) D_n(t-x) dx \right\} f(t) dt$$

$$= \sup_{\int_0^{2\pi} N(g(x))dx \leqslant 1} \int_0^{2\pi} f(t) s_n(g,t) dt \qquad (20.5)$$

取 $G(x)$ 使 $\int_0^{2\pi} N(G(x)) dx \leqslant 1$，且

$$\pi s_n(G,\pi) = \int_0^{2\pi} G(x) D_n(x-\pi) dx$$

$$= \int_0^{2\pi} G(x+\pi) D_n(x) dx$$

$$\geqslant \|D_n\|_M - \frac{\varepsilon}{2}$$

又因对任何 t 显然有

$$|s_n(G,t)| \leqslant \frac{1}{\pi} \|D_n\|_M$$

$s_n(G,t)$ 为阶小于或等于 n 的三角多项式，故由著名的 S. Bernstein 定理

$$s_n'(G,t) \leqslant \frac{n}{\pi} \|D_n\|_M$$

于是对任何 $t \in I = \left[\pi - \frac{1}{2n}, \pi + \frac{1}{2n} \right]$

$$s_n(G,t) \geqslant s_n(G,\pi) - \frac{n}{\pi} \|D_n\|_M \cdot \frac{1}{2n}$$

$$\geqslant \frac{1}{\pi} \left(\|D_n\|_M - \frac{\varepsilon}{2} \right) - \frac{1}{2\pi} \|D_n\|_M$$

$$= \frac{1}{2\pi} (\|D_n\|_M - \varepsilon)$$

令 $f(t) = \begin{cases} \xi, & \text{当 } t \in I \text{ 时} \\ 0, & \text{当 } t \notin I \text{ 时} \end{cases}$，则由式（20.5）有

$$\|s_n(f)\|_M \geqslant \int_0^{2\pi} f(t) s_n(G,t) dt$$

$$\geqslant \frac{1}{2\pi}(\parallel D_n \parallel_M - \varepsilon)\int f(t)\mathrm{d}t$$

$$= \frac{\xi}{2n\pi}(\parallel D_n \parallel_M - \varepsilon)$$

故由假设 $\parallel s_n(f) \parallel_M \leqslant A \parallel f \parallel_M$ 便知

$$\frac{\xi}{2n\pi}(\parallel D_n \parallel_M - \varepsilon) \leqslant A \parallel f \parallel$$

$$\leqslant A\Big(1 + \int_0^{2\pi} M(f(x))\mathrm{d}x\Big)$$

$$= A\Big(1 + \frac{M(\xi)}{n}\Big)$$

即

$$\parallel D_n \parallel_M \leqslant \frac{2n\pi}{\xi} \cdot A\Big(1 + \frac{M(\xi)}{n}\Big) + \varepsilon$$

$$= \frac{2\pi A}{\xi}(n + M(\xi)) + \varepsilon$$

再由 ε 的任意性获证.

引理 20.3 $\parallel D_n \parallel_M \geqslant \dfrac{p(u)}{250}\log \dfrac{n}{up(u)}.$ 当

$up(u) \geqslant 1$ 时,其中 $p(u)$ 满足 $\displaystyle\int_0^u p(t)\mathrm{d}t = M(u).$

证明 易见

$$D_n'(t) = \frac{n\cos\Big(n + \dfrac{1}{2}\Big)t}{2\sin\dfrac{1}{2}t} - \frac{\sin nt}{4\sin^2\dfrac{1}{2}t}$$

直接估计之得

$$\mid D_n'(t) \mid \leqslant -\frac{2\pi n}{t} \quad (0 \leqslant t \leqslant \pi, n = 1,2,\cdots)$$

于是若取 $t_k = \dfrac{2k-1}{2n+1}\pi(k = 1,2,\cdots,n+1)$,并令 $I_k =$

366

$\left[t_k - \dfrac{1}{100n}, t_k + \dfrac{1}{100n}\right]$，则当 $t \in I_k$ 时

$$|D_n'(t)| \leqslant \frac{2n\pi}{\dfrac{2k-1}{2n+1}\pi - \dfrac{1}{100n}} \leqslant \frac{3n}{\dfrac{2k-1}{2n+1}} \leqslant \frac{10n^2}{2k-1}$$

$$|D_n(t)| \geqslant |D_n(t_k)| - \frac{1}{100n} \cdot \frac{10n^2}{2k-1}$$

$$= \frac{1}{2\sin\dfrac{2k-1}{2n+1}\cdot\dfrac{\pi}{2}} - \frac{n}{10(2k-1)}$$

$$\geqslant \frac{2n+1}{(2k-1)\pi} - \frac{n}{10(2k-1)}$$

$$\geqslant \frac{n}{5k} \tag{20.6}$$

令

$$g(t) = \begin{cases} p(z)\,\mathrm{sign}\,D_n(t_k), \text{当 } t \in I_k, k = 1,2,\cdots,\left[\dfrac{n}{zp(z)}\right] \\ 0, \text{当 } t \notin \sum_k I_k \text{ 时} \end{cases}$$

其中 z 为满足 $zp(z) \geqslant 1$ 的某个正数，$[\cdot]$ 表示取整数部分（注意当 $t \in I_k$ 时，$D_n(t)$ 与 $D_n(t_k)$ 同号），从而得

$$\int_0^{2\pi} N(g(x))\mathrm{d}x \leqslant \int_0^{2\pi} |g(x)|\,q(|g(x)|)\mathrm{d}x$$

$$\leqslant \sum_{k=1}^{\left[\frac{n}{zp(z)}\right]} p(z)q(p(z))\frac{1}{50n}$$

$$\leqslant \sum_{k=1}^{\left[\frac{n}{zp(z)}\right]} zp(z)\frac{1}{50n}$$

$$\leqslant \frac{1}{50}$$

其中 $q(u)$ 满足 $\displaystyle\int_0^u q(t)\mathrm{d}t = N(u)$，于是由式 (20.6) 知

$$\parallel D_n \parallel_M \geqslant \int_0^{2\pi} D_n(t) g(t) \mathrm{d}t$$

$$\geqslant \sum_{k=1}^{\left[\frac{n}{zp(z)}\right]} \frac{n}{5k} p(z) \frac{1}{50n}$$

$$\geqslant \frac{p(z)}{250} \sum_{k=1}^{\left[\frac{n}{zp(z)}\right]} \frac{1}{k}$$

$$\geqslant \frac{p(z)}{250} \log \frac{n}{zp(z)}$$

现证定理 20. 1. 由引理 20. 1 – 20. 3 即得

$$p(v) \log \frac{n}{vp(v)} \leqslant k \frac{n + M(u)}{u}$$

$$(vp(v) \geqslant 1, 0 < u < \infty)$$

$$k = \frac{2\pi A}{250}$$

取 $\lambda > 1$，使 $\log \lambda > 3k$，又取 $u_0 > 0$，使当 $v \geqslant u_0$ 时有 $\frac{v}{\lambda} p\left(\frac{v}{\lambda}\right) \geqslant 1$，则如 $M(v) \geqslant \frac{v}{2} p\left(\frac{v}{2}\right)$ 之证，我们有

$$M(v) \geqslant \int_{v/\lambda}^{v} p(t) \mathrm{d}t = \left(v - \frac{v}{\lambda}\right) p\left(\frac{v}{\lambda}\right)$$

$$= (\lambda - 1) \frac{v}{\lambda} p\left(\frac{v}{\lambda}\right)$$

故当 $v \geqslant u_0$ 时，取 $n = [M(v)] + 1$ 即得

$$p\left(\frac{v}{\lambda}\right) \log \frac{n}{\frac{v}{\lambda} p\left(\frac{v}{\lambda}\right)} \geqslant p\left(\frac{v}{\lambda}\right) \log \frac{[M(v)] + 1}{\frac{1}{\lambda - 1} M(v)}$$

$$\geqslant p\left(\frac{v}{\lambda}\right) \log(\lambda - 1)$$

$$k \frac{n + M(v)}{v} = k \frac{[M(v)] + 1 + M(v)}{v}$$

$$\leqslant 3k \frac{M(v)}{v}$$

$$\leqslant 3kp(v)$$

从而 $p\left(\dfrac{v}{\lambda}\right) \leqslant \dfrac{3k}{\log(\lambda-1)} p(v)\,(v \geqslant u_0)$，于是当 $v \geqslant \lambda u_0$ 时

$$p(v) \leqslant \frac{1}{\dfrac{\log(\lambda-1)}{3k}} p(\lambda v)$$

因此知 $N(v)$ 满足 Δ_2 条件.

因为由引理 20.2 之证便知对任何 $g(x) \in L_N^*$ 有

$$
\begin{aligned}
\| s_n(g) \|_N &= \sup_{\int_0^{2\pi} M(f(x))\varepsilon x \leqslant 1} \int_0^{2\pi} s_n(f,t) g(t)\,\mathrm{d}t \\
&\leqslant \sup_{\|f\|_M \leqslant 2} \int_0^{2\pi} s_n(f,t) g(t)\,\mathrm{d}t \\
&\leqslant \sup_{\|f\|_M \leqslant 2} \| s_n(f) \|_M \| g \|_N \\
&\leqslant \sup_{\|f\|_M \leqslant 2} A \| f \|_M \| g \|_N \\
&= 2A \| g \|_N
\end{aligned}
$$

故再仿前面的证明,即得 $M(u)$ 也满足 Δ_2 条件.

20.2　广义囿变函数与 Fourier 级数

广义囿变函数对 Fourier 级数也有不少应用,这在 Zygmund 的书中已有所阐述,而广义囿变函数又和 Orlicz 空间有紧密联系. 本节将介绍广义囿变函数的一些初等性质和对 Fourier 级数的一个重要应用.

定义 20.1　设 $f(t)$ 为 $[a,b]$ 上的实值函数,若

$$\nabla_M(f) = \sup_D \sum_{i=0}^{n-1} M(f(t_{i+1}) - f(t_i)) < \infty$$

369

其中 D 取遍 $[a,b]$ 的一切分划

$$a = t_0 < t_1 < t_2 < \cdots < t_n = b$$

则称 $f(t)$ 为广义囿变函数,又当 $f(a) = 0$ 时记 $f(t) \in V_M(a,b)$. 如果有 $k > 0$ 使得 $kf(t) \in V_M$,那么就称 $f(t) \in V_M^*(a,b)$;在 V_M^* 中令

$$\|f\|_{V_M} = \inf\left\{k > 0 : \nabla_M\left(\frac{f}{k}\right) \leqslant 1\right\}$$

则 V_M^* 为赋范空间,叫作广义囿变函数空间. 又记 V_M^* 中所有连续函数的全体为 $CV_M^*(a,b)$.

又称 $f_n(t) \in V_M^*$ 变差收敛于 $f(t) \in V_M^*$,假如有 $k > 0$ 使

$$\lim_{n\to\infty} \nabla_M(k(f_n - f)) = 0$$

命题 20.1 $(1) \nabla_M(f_1 + f_2 + \cdots + f_n) \leqslant \frac{1}{n}(\nabla_M(nf_1) + \nabla_M(nf_2) + \cdots + \nabla_M(nf_n))$.

(2) $\nabla_M(f,a,b) \leqslant \frac{1}{2}(\nabla_M(2f,a,c) + \nabla_M(2f,c,b))$ $(a < c < b)$.

(3) 若 $D_0 : a = t_0 < t_1 < \cdots < t_m = b$ 为 $[a,b]$ 的一确定分划,$f(t_i) = 0$ $(i = 1,2,\cdots,m-1)$,则

$$\nabla_M(f,a,b) \leqslant \frac{1}{2}\sum_{i=1}^m \nabla_M(2f,t_{i-1},t_i)$$

证明 (1) 与 (2) 由 $M(u)$ 的凸性即得. 今证 (3):

于 $[a,b]$ 的任一分划 $D : a = \tau_0 < \tau_1 < \cdots < \tau_{m'} = b$,记所有在 (τ_{i-1}, τ_i) 中含有 D_0 的分点的 i 的渐升序列为 $i_v(v = 1,2,\cdots,\mu)$,又设 $(\tau_{i_v-1}, \tau_{i_v})$ 含有 $\mu_v + 1$ 个 D_0 的分点,即有

$$\tau_{i_{v-1}} < t_{k_v} < t_{k_v+1} < \cdots < t_{k_v+\mu_v} < \tau_{i_v}$$

再设在 (τ_{i-1}, τ_i) 中不含 D_0 的分点的 i 的全体为 $j_v(v = 1, 2, \cdots, m' - \mu)$，于是

$$\sum_{v=1}^{\mu} M(f(\tau_{i_v}) - f(\tau_{i_v-1}))$$

$$\leqslant \sum_{v=1}^{\mu} M(\mid f(\tau_{i_v}) \mid + \mid f(\tau_{i_v-1}) \mid)$$

$$\leqslant \frac{1}{2} \sum_{v=1}^{\mu} (M(2f(\tau_{i_v})) + M(2f(\tau_{i_v-1})))$$

$$\leqslant \frac{1}{2} \sum_{v=1}^{\mu} \{ M(2 \mid f(t_{k_v}) - f(\tau_{i_v-1}) \mid) +$$

$$\sum_{\rho=k_v+1}^{k_v+\mu_v} M(2f(t_\rho) - f(t_{\rho-1}) \mid) +$$

$$M(2 \mid f(\tau_{i_v}) - f(t_{k_v+\mu_v})) \}$$

从而

$$\sum_{i=1}^{m} M(f(\tau_i) - f(\tau_{i-1}))$$

$$\leqslant \frac{1}{2} \sum_{v=1}^{\mu} \{ M(2 \mid f(t_{k_v}) - f(\tau_{i_v-1}) \mid) +$$

$$\sum_{\rho=k_v+1}^{k_v+\mu_v} M(2 \mid f(t_\rho) - f(t_{\rho-1}) \mid) +$$

$$M(2 \mid f(\tau_{i_v}) - f(t_{k_v+\mu_v}) \mid) \} +$$

$$\sum_{v=1}^{m'-\mu} M(f(\tau_{i_v}) - f(\tau_{i_v-1}))$$

$$\leqslant \frac{1}{2} \sum_{i=1}^{m} \nabla_M(f, t_{i-1}, t_i)$$

故获证.

命题 20.2　设 $f_n(t), f(t) \in V_M^*$，则从 $f_n(t)$ 变差收敛于 $f(t)$ 可推出 $f_n(t)$ 一致收敛于 $f(t)$.

证明 因为显然有

$$M(k[f_n(t) - f(t)]) = M(k[(f_n(t) - f(t)) - (f_n(a) - f(a))])$$
$$\leqslant \nabla_M(k(f_n - f))$$
$$(n = 1, 2, \cdots)$$

故当 $t \in [a, b]$, $n = 1, 2, \cdots$ 时

$$|f_n(t) - f(t)| \leqslant \frac{1}{k} M^{-1}[\nabla_M(k(f_n - f))]$$

从而结论成立.

命题 20.3 设 $f_n(t), f(t) \in V_M^*$, 则有：

（1）若 $f_n(t)$ 依范收敛于 $f(t)$, 则 $f_n(t)$ 变差收敛于 $f(t)$;

（2）若 $M(u)$ 对充分小的 u 满足 Δ_2 条件, 即存在 $L > 0$ 和 $u_0 > 0$, 使当 $0 \leqslant u \leqslant u_0$ 时

$$M(2u) \leqslant LM(u)$$

则从 $f_n(t)$ 变差收敛于 $f(t)$ 可推出 $f_n(t)$ 依范收敛于 $f(t)$.

证明 （1）因为有正整数 n_0 使当 $n \geqslant n_0$ 时 $\|f_n - f\|_{V_M} \leqslant 1$, 故

$$\frac{\nabla_M(f_n - f)}{\|f_n - f\|_{V_M}} \leqslant \nabla_M\left(\frac{f_n - f}{\|f_n - f\|_{V_M}}\right) \leqslant 1 \quad (n \geqslant n_0)$$

即有

$$\nabla_M(f_n - f) \leqslant \|f_n - f\|_{V_M} \quad (n \geqslant n_0)$$

（2）对于 $\varepsilon > 0$, 由假设有 $k > 0$ 使 $\nabla_M(k(f_n - f)) \to 0$, 取正整数 m 使 $2^m > \dfrac{1}{\varepsilon k}$, 再由命题 20.2 可取正整数 n_0, 使当 $n \geqslant n_0$ 时有

$$\nabla_M(k(f_n - f)) \leqslant \frac{1}{L^m}$$

$$| f_n(t) - f(t) | \leqslant \frac{u_0}{2k} \quad (t \in [a,b])$$

于是由假设对 $[a,b]$ 的任何分划 $a = t_0 < t_1 < \cdots < t_l = b$ 有

$$\sum_{i=1}^{l} M\left(\frac{1}{\varepsilon}[f_n(t_i) - f(t_i)] - \frac{1}{\varepsilon}[f_n(t_{i-1}) - f(t_{i-1})]\right)$$

$$\leqslant \sum_{i=1}^{l} L^m M\left(k[f_n(t_i) - f(t_i)] - k[f_n(t_{i-1}) - f(t_{i-1})]\right)$$

$$\leqslant L^m \nabla_M(k(f_n - f)) \leqslant 1$$

即当 $n \geqslant n_0$ 时 $\nabla_M\left(\frac{1}{\varepsilon}(f_n - f)\right) \leqslant 1$，这表明

$$\| f_n - f \|_{V_M} \leqslant \varepsilon \quad (n \geqslant n_0)$$

以下自然也设所论函数周期为 2π.

定理 20.2　若 $\displaystyle\sum_{k=1}^{\infty} N\left(\frac{1}{k}\right) < \infty$，$f(x) \in CV_M^*(0,$ $2\pi)$，则 $f(x)$ 的 Fourier 级数均匀收敛.

证明　根据 Lebesgue 判别法，我们只须证

$$\Phi(h) = \int_0^h | \phi_x(t) | \, dt = o(h) \quad (h \to 0)$$

$$\int_\eta^\pi \frac{| \phi_x(t) - \phi_x(t + \eta) |}{t} dt \to 0 \quad \left(\eta = \frac{\pi}{n} \to 0\right)$$

对 x 一致成立，其中 $\phi_x(t) = \frac{1}{2}\{f(x+t) + f(x-t) - 2f(x)\}$. 显然第一个条件满足，因此只须证第二个条件成立.

如果第二个条件不成立，那么不妨设存在 $x_k \searrow 0$，$n \nearrow \infty$ 和 $a > 0$ 使得

$$L(n_k, x_k) = \int_{\pi/n_k}^{\delta} \left| \phi_{x_k}(t) - \phi_{x_k}\left(t + \frac{\pi}{n_k}\right) \right| \frac{1}{t} dt > \alpha$$

$$(k = 1,2,\cdots)$$

记

$$L(n,x) = \int_{\pi/n}^{\delta} + \int_{\delta}^{\pi} = L_1(n,x,\delta) + L_2(n,x,\delta)$$

则因

$$L_2(n,x,\delta) \leqslant \frac{1}{\delta} \cdot \frac{1}{2} \left\{ \int_{\delta}^{\pi} \left| f(x + t) - f\left(x + t + \frac{\pi}{n}\right) \right| \mathrm{d}t + \right.$$

$$\left. \int_{\delta}^{\pi} \left| f(x - t) - f\left(x - t - \frac{\pi}{n}\right) \right| \mathrm{d}t \right\}$$

$$\leqslant \frac{1}{\delta} \int_{-\pi}^{\pi} \left| f(t) - f\left(t + \frac{\pi}{n}\right) \right| \mathrm{d}t = o(1)$$

$$(n \to \infty)$$

故对 $\delta_i \searrow 0$ 存在 n_{k_i} 使得 $n_{k_i} \delta_i \nearrow \infty$ 且 $L_2(n_{k_i}, x_{k_i}, \delta_i) \to 0 (i \to \infty)$. 为简洁起见,我们仍用 n_i 和 x_i 表示与 δ_i 相应的 n_{k_i} 和 x_{k_i}. 记 $m_k = \left[\dfrac{n_k \delta_k}{\pi} + 1 \right]$,则 $\dfrac{m_k \pi}{n_k \delta_k} > \delta_k, m_k \nearrow \infty$ 并且

$$L_2\left(n_k, x_k, \frac{m_k \pi}{n_k} \right) \to 0 \quad (n \to \infty)$$

由此可见,存在 $\bar{k} > 0$,当 $k > \bar{k}$ 时,我们有

$$\frac{3a}{4} < L_1\left(n_k, x_k, \frac{m_k \pi}{n_k} \right)$$

$$= \int_{\pi/n_k}^{m_k \pi/n_k} \left| \phi_{x_k}(t) - \phi_{x_k}\left(t + \frac{\pi}{n_k}\right) \right| \frac{1}{t} \mathrm{d}t$$

$$= \int_0^{\pi/n} \sum_{i=1}^{m_k-1} \left| \phi_{x_k}\left(t + \frac{i\pi}{n_k}\right) - \phi_{x_k}\left(t + \frac{(i+1)\pi}{n_k}\right) \right| \frac{1}{T + \dfrac{i\pi}{n_K}} \mathrm{d}t$$

$$= \frac{\pi}{n_k} \sum_{i=1}^{m_k-1} \left| \phi_{x_k}\left(\theta + \frac{i\pi}{n_k}\right) - \phi_{x_k}\left(\theta + \frac{(i+1)\pi}{n_k}\right) \right| \frac{1}{\theta + \dfrac{i\pi}{n_k}}$$

$$\leqslant \sum_{i=1}^{m_k-1} \frac{1}{i} \left| \phi_{x_k}\left(\theta + \frac{i\pi}{n_k}\right) - \phi_{x_k}\left(\theta + \frac{(i+1)\pi}{n_k}\right) \right| \quad (20.7)$$

其中 $\theta \in \left(0, \dfrac{\pi}{n_k}\right)$（注意利用积分中值定理）.

记

$$\Delta(k) = \sup_{|h| \leqslant \pi/n_k; x \in [-\pi;\pi]} |f(x+h) - f(x)|$$

则由 $f(x)$ 的连续性易见 $\Delta(k) \searrow 0(k \to \infty)$，取 $k_1 > \bar{k}$ 使 $\Delta(k_1) < \alpha/8$，又对 $j = 2,3,\cdots$，取 $k_j > k_{j-1}$ 满足

$$\frac{2(m_{k_j}+1)}{n_{k_j}} < \frac{1}{n_{k_{j-1}}}, \left(\sum_{i=1}^{m_{k_{j-1}}} \frac{1}{i}\right)\Delta(k_j) < \alpha/8$$

$$(20.8)$$

于是对 $j = 1,2,\cdots$，由式 (20.7) 有 $\theta_j \in \left(0, \dfrac{\pi}{n_{k_j}}\right)$ 使得

$$\sum_{i=1}^{m_{k_{j-1}}} \frac{\phi(i,j)}{i} > \frac{3\alpha}{4} \quad (20.9)$$

此处 $\phi(i,j) = \left| \phi_{x_{k_j}}\left(\theta_j + \dfrac{i\pi}{n_{k_j}}\right) - \phi_{x_{k_j}}\left(\theta_j + \dfrac{(i+1)\pi}{n_{k_j}}\right) \right|$.

注意到

$$\phi(i,j) \leqslant \frac{1}{2}\left(\left| f\left(x_{k_j} + \theta_j + \frac{i\pi}{n_{k_j}}\right) - f\left(x_{k_j} + \theta_j + \frac{(i+1)\pi}{n_{k_j}}\right) \right| + \right.$$

$$\left. \left| f\left(x_{k_j} - \theta_j - \frac{i\pi}{n_{k_j}}\right) - f\left(x_{k_j} - \theta_j - \frac{(i+1)\pi}{n_{k_j}}\right) \right| \right)$$

$$= \frac{1}{2}(|f(I_{ij}^+)| + |f(I_{ij}^-)|)$$

$$\leqslant \Delta(k_j) \quad (20.10)$$

其中 $I_{ij}^+ = \left[x_{k_j} + \theta_j + \dfrac{i\pi}{n_{k_j}}, x_{k_j} + \theta_j + \dfrac{(i+1)\pi}{n_{k_j}} \right], I_{ij}^- =$

$\left[x_{k_j} - \theta_j - \dfrac{i\pi}{n_{k_j}}, x_{k_j} - \theta_j - \dfrac{(i+1)\pi}{n_{k_j}} \right], f(I) = f(b) -$

$f(a)(I = [a,b])$,从而由式(20.8) 即得

$$\sum_{i=1}^{m_{x_{j-1}}-1} \frac{\phi(i,j)}{i} < \frac{\alpha}{8} \quad (j > 1)$$

再由式(20.9) 即有

$$\sum_{i=m_{k_{j-1}}}^{m_{k_j}-1} \frac{\phi(i,j)}{i} > \frac{5\alpha}{8} \quad (j > 1) \qquad (20.11)$$

令 $m_{k_0} = 1$,又对每一个 $N = 1,2,\cdots$,令

$$s_N^+ = \sum_{j=1}^{N} \sum_{i=m_{k_{j-1}}}^{m_{k_j}-1} \frac{1}{i} \mid f(I_{ij}^+) \mid$$

$$s_N^- = \sum_{j=1}^{N} \sum_{i=m_{k_{j-1}}}^{m_{k_j}-1} \frac{1}{i} \mid f(I_{ij}^-) \mid$$

则由(20.10),(20.11) 两式便知

$$s_N^+ + s_N^- > 2 \sum_{j=1}^{N} \sum_{i=m_{k_{j-1}}}^{m_{k_j}-1} \frac{1}{i} \phi(i,j) > \frac{5}{4} \alpha N$$

显然所有 I_{ij}^- 包含在以 x_{k_j} 为中心,半径为$(m_{k_j} + 1)\pi/n_{k_j}$ 的区间内,又由式(20.8) 和$\{x_{k_j}\}$ 的单调性可推出对 $j = 2,3,\cdots$,一些区间至多由两个形如 $I_{i,j-1}^-$,$I_{i+1,j-1}^-$ 的区间所遮盖,再对 $j = 1,2,\cdots,N-1$,在 s_N^- 中删去遮盖第 $j + 1$ 步所有区间的至多那两个区间,这种删去的区间总共至多为$2(N-1)$ 个,于是和式 s_N^- 中剩下的区间就不相重叠了,把所有如此的 I_{ij}^- 改写为 $I_{i_n}^-$ $(n = 1,2,\cdots,m(N))$,则由式(20.8) 便知s_N^- 中剩下的这些项的和

$$\sum_{n=1}^{m(N)} \frac{1}{n} \mid f(I_{i_n}^-) \mid > s_N^- - 2N\frac{\alpha}{8}$$

此外注意,从$\{x_{k_j}\}$ 的单调性便知$I_{ij}^+(j = 2,3,\cdots)$ 与 $I_{i'j'}^+$ 互不重叠$(j' < j)$,并将 I_{ij}^+ 重排成 $I_i^+(1 \leqslant i \leqslant$

376

m_{k_N}）即得

$$s_N^+ = \sum_{i=1}^{m_{k_N}} \frac{1}{i} \mid f(I_i^+) \mid$$

总之

$$\sum_{i=1}^{m_{k_N}} \frac{1}{i} \mid f(I_i^+) \mid + \sum_{i=1}^{m(N)} \frac{1}{n} \mid f(I_{i_n}^-) \mid$$

$$> s_N^+ + s_N^- - 2N \cdot \frac{\alpha}{8}$$

$$> \frac{5\alpha}{4} \cdot N - \frac{1}{4}\alpha N$$

$$= \alpha N$$

从而

$$\sum_{i=1}^{m_{k_N}} \frac{1}{i} \mid f(I_i^+) \mid > \frac{1}{2}N\alpha \to \infty$$

或

$$\sum_{n=1}^{m(N)} \frac{1}{n} \mid f(I_{i_n}^-) \mid > \frac{1}{2}N\alpha \to \infty \quad (N \to \infty)$$

这与假设矛盾.

　　事实上,譬如设 $\sum_{i=1}^{m_{k_N}} \frac{1}{i} \mid f(I_i^+) \mid > \frac{1}{2}N\alpha$,则因从

$f(x) \in V_M^*$ 可推出有 $K > 0$ 使 $Kf(x) \in V_M$,可知

$$K\sum_{i=1}^{m_{k_N}} \frac{1}{i} \mid f(I_i^+) \mid \leqslant \sum_{i=1}^{m_{k_N}} M(Kf(I_i^+)) + \sum_{i=1}^{m_{k_N}} N\left(\frac{1}{i}\right)$$

$$\leqslant \nabla_M(Kf) + \sum_{i=1}^{\infty} N\left(\frac{1}{i}\right)$$

$$(N = 1,2,\cdots)$$

20.3　广义绝对连续函数与奇异积分

与广义囿变函数相联系的有广义绝对连续函数，它也可用于奇异积分的研究.

定义 20.2　设 $f(x)$ 定义在 $[a,b]$ 上，若对任何 $\varepsilon > 0$ 存在 $\delta > 0$，使当 $\sum M(b_i - a_i) < \delta$ 时

$$\sum M(f(b_i) - f(a_i)) < \varepsilon$$

其中 $\{(a_i,b_i)\}$ 为 $[a,b]$ 中有限多个不相重叠的开区间，则称 $f(t)$ 为广义绝对连续函数，又当 $f(a) = 0$ 时记 $f(t) \in AC_M(a,b)$. 如果有 $k > 0$，使得 $kf(t) \in AC_M$，那么就称 $f(t) \in AC_M^*(a,b)$.

显然

$$AC_M \subset AC_M^* , AC_M \subset V_M , AC_M^* \subset V_M^*$$

下面我们假设 $f(t)$ 为以 $b - a$ 为周期的函数. 又记

$$f_\tau = f(t + \tau)$$

$$f_n^s(t) = n\int_t^{t+\frac{1}{n}} f(\sigma)\,\mathrm{d}\sigma$$

命题 20.4　$\nabla_M(f_\tau) \leqslant \nabla_M(2f).$

证明

$$\nabla_M(f_\tau,a,b) = \nabla_M(f,a+\tau,b+\tau)$$

$$\leqslant \frac{1}{2}[\nabla_M(2f,a+\tau,b) + \nabla_M(2f,b,b+\tau)]$$

$$= \frac{1}{2}[\nabla_M(2f,a+\tau,b) + \nabla_M(2f,a,a+\tau)]$$

$$\leqslant \frac{1}{2}[\nabla_M(2f,a,b) + \nabla_M(2f,a,b)]$$

378

$$= \nabla_M(2f, a, b)$$

（利用命题 20.1 的（2））．

命题 20.5

$$\nabla_M(f_n^s) \leqslant \frac{m_0}{2} \int_a^b M\left(n2^{m_0-1}\left(f\left(\sigma + \frac{1}{n} \right) - f(\sigma) \right) \right) \mathrm{d}\sigma$$

其中 m_0 为大于 $b - a$ 的最小整数．

证明　（1）先证若记

$$\nabla_M'(f) = \sup_D \sum_{i=0}^{m-1} M\left(\frac{f(t_{i+1}) - f(t_i)}{t_{i+1} - t_i} \right)(t_{i+1} - t_i)$$

则 $\nabla_M(f) \leqslant \dfrac{m_0}{2} \nabla_M'(2^{m_0-1}f)$．

事实上，设 $a = s_0 < s_1 < s_2 < \cdots < s_{m_0} = b$ 满足条件 $s_{k+1} - s_k \leqslant 1$，则对 $[s_k, s_{k+1}]$ 的任何分划

$$s_k = t_0 < t_1 < t_2 < \cdots < t_m = s_{k+1}$$

有

$$\sum_{i=0}^{m-1} M(f(t_{i+1}) - f(t_i))$$

$$\leqslant \sum_{i=0}^{m-1} M\left(\frac{f(t_{i+1}) - f(t_i)}{t_{i+1} - t_i} \right)(t_{i+1} - t_i)$$

故

$$\nabla_M(f, s_k, s_{k+1}) \leqslant \nabla_M'(f, s_k, s_{k+1})$$
$$(k = 0, 1, \cdots, m_0 - 1)$$

从而根据命题 20.1 的（2）即得

$$\nabla_M(f, a, b) \leqslant \sum_{k=0}^{m_0-1} \frac{1}{2^{k+1}} \nabla_M(2^k f, s_k, s_{k+1})$$

$$\leqslant \frac{1}{2} \sum_{k=0}^{m_0-1} \nabla_M(2^{m_0-1}f, s_k, s_{k+1})$$

$$\leqslant \frac{1}{2} \sum_{k=0}^{m_0-1} \nabla_M'(2^{m_0-1}f, s_k, s_{k+1})$$

$$\leqslant \frac{m_0}{2} \ \nabla'_M(2^{m_0-1}f,a,b)$$

（2）再证 $\nabla'_M(f_n^s) \leqslant \int_a^b M\Big(n\Big(f\Big(\sigma+\frac{1}{n}\Big)-f(\sigma)\Big)\Big)\mathrm{d}\sigma.$

事实上，因为对任何分划

$$a = t_0 < t_1 < t_2 < \cdots < t_m = b$$

由 Jensen 不等式有

$$\sum_{i=0}^{m-1} M\Big(\frac{f_n^s(t_{i+1}) - f_n^s(t_i)}{t_{i+1} - t_i}\Big)(t_{i+1} - t_i)$$

$$= \sum_{i=0}^{m-1} M\left(\frac{n\int_{t_{i+1}}^{t_{i+1}+\frac{1}{n}} f(\sigma)\,\mathrm{d}\sigma - n\int_{t_i}^{t_i+\frac{1}{n}} f(\sigma)\,\mathrm{d}\sigma}{t_{i+1} - t_i}\right)(t_{i+1} - t_i)$$

$$= \sum_{i=0}^{m-1} M\left(\frac{n\int_{t_{i+1}+\frac{1}{n}}^{t_{i+1}+\frac{1}{n}} f(\sigma)\,\mathrm{d}\sigma - n\int_{t_i}^{t_{i+1}} f(\sigma)\,\mathrm{d}\sigma}{t_{i+1} - t_i}\right)(t_{i+1} - t_i)$$

$$= \sum_{i=0}^{m-1} M\left(\frac{n\int_{t_i}^{t_{i+1}} f\Big(\sigma+\frac{1}{n}\Big)\mathrm{d}\sigma - n\int_{t_i}^{t_{i+1}} f(\sigma)\,\mathrm{d}\sigma}{t_{i+1} - t_i}\right)(t_{i+1} - t_i)$$

$$= \sum_{i=0}^{m-1} M\left(\frac{n\int_{t_i}^{t_{i+1}} \Big(f\Big(\sigma+\frac{1}{n}\Big)-f(\sigma)\Big)\mathrm{d}\sigma}{t_{i+1} - t_i}\right)(t_{i+1} - t_i)$$

$$\leqslant \sum_{i=0}^{m-1} \frac{\int_{t_i}^{t_{i+1}} M\Big(n\Big(f\Big(\sigma+\frac{1}{n}\Big)-f(\sigma)\Big)\Big)\mathrm{d}\sigma}{t_{i+1} - t_i}(t_{i+1} - t_i)$$

$$= \int_a^b M\Big(n\Big(f\Big(\sigma+\frac{1}{n}\Big)-f(\sigma)\Big)\Big)\mathrm{d}\sigma$$

故获证.

定理 20.8 若采用下列记号：

（1）$f(t) \in AC_M^*$；

380

（2）有 $k > 0$，于 $\varepsilon > 0$ 存在 $\delta > 0$，使得对任何分划 $a = t_0 < t_1 < t_2 < \cdots < t_m = b$ 和 $\tau_i \in [t_{i-1}, t_i)$，若 $t_i - t_{i-1} < \delta(i = 1, 2, \cdots, m)$，则简单函数

$$s(t) = \begin{cases} f(\tau_i)，当 t_{i-1} \leqslant t < t_i(i = 1, 2, \cdots, m) \text{ 时} \\ f(\tau_m) \text{ 或} f(b)，当 t = b \text{ 时} \end{cases}$$

满足 $\nabla_M(k(f - s)) < \varepsilon$，并且 $\sum_{i=1}^{m} \nabla_M(kf, t_{i-1}, t_i) \leqslant \varepsilon$；

（3）$f_\tau(t)$ 变差收敛于 $f(t)$，当 $\tau \to 0^+$ 时；

（4）$f_n^s(t)$ 变差收敛于 $f(t)$，当 $n \to \infty$ 时.

则我们有

$$(1) \Rightarrow (2) \Rightarrow (3) \Rightarrow (4)$$

证明　$(1) \Rightarrow (2)$.

由于 $f(t) \in AC_M^*$，则有 $k > 0$ 使 $kf(t) \in AC_M$. 于 $\varepsilon > 0$，先证存在 $\delta' > 0$ 使对任何满足 $t_i' - t_{i-1}' < \delta'(i = 1, 2, \cdots, m')$ 的分划 $a = t_0' < t_1' < \cdots < t_M' = b$ 有

$$\sum_{i=1}^{m'} M(k(f(t_i') - (t_{i-1}'))) < \varepsilon \quad (20.12)$$

事实上，由定义 20.2 便知只须选 $\delta' > 0$，使得

$$\sum_{i=1}^{m'} M(t_i' - t_{i-1}') < \delta$$

而这一点又只须注意从 $\lim\limits_{u \to 0} \dfrac{M(u)}{u} = 0$ 可推出，存在 $\delta' > 0$，使当 $0 < u < \delta'$ 时，$\dfrac{M(u)}{u} < \dfrac{\delta}{b - a}$，即有

$$\begin{aligned} \sum_{i=1}^{m'} M(t_i' - t_{i-1}') &= \sum_{i=1}^{m'} \frac{M(t_i' - t_{i-1}')}{t_i' - t_{i-1}'} \cdot (t_i' - t_{i-1}') \\ &< \frac{\delta}{b - a} \sum_{i=1}^{m'} (t_i' - t_{i-1}') \\ &= \delta \end{aligned}$$

现在来证明我们的结论. 取 $\delta = \dfrac{1}{2}\delta'$, 则对分划

$\alpha = \tau_0 < \tau_1 < \cdots < \tau_m \leqslant \tau_{m+1} = b$, 有 $\tau_i - \tau_{i-1} < \delta'(i = 1, 2, \cdots, m+1)$, 故由式(20.12) 便知

$$\sum_{i=1}^{m+1} \nabla_M(kf, \tau_{i-1}, \tau_i) \leqslant \varepsilon$$

又易见

$$\nabla_M(ks, \tau_{i-1}, \tau_i) \leqslant \nabla_M(kf, \tau_{i-1}, \tau_i)$$
$$(i = 1, 2, \cdots, m+1)$$

于是由命题 20.1 的(3) 和(1) 即得

$$\begin{aligned}
\nabla_M\left(\frac{1}{4}k(f-s)\right) &\leqslant \frac{1}{2}\sum_{i=1}^{m+1} \nabla_M\left(\frac{1}{2}k(f-s), \tau_{i-1}, \tau_i\right) \\
&\leqslant \frac{1}{4}\sum_{i=1}^{m+1} (\nabla_M(kf, \tau_{i-1}, \tau_i) + \\
&\quad\quad \nabla_M(ks, \tau_{i-1}, \tau_i)) \\
&\leqslant \frac{1}{2}\sum_{i=1}^{m+1} \nabla_M(kf, \tau_{i-1}, \tau_i) \\
&< \varepsilon
\end{aligned}$$

注意到 $\delta = \dfrac{1}{2}\delta'$ 和式(20.12), 即得

$$\sum_{i=1}^{m} \nabla_M(kf, t_{i-1}, t_i) \leqslant \varepsilon$$

$(2) \Rightarrow (3)$.

于 $\varepsilon > 0$, 则由(2) 便知, 有 $k > 0$ 和相应的 $s(t)$ 使得

$$\nabla_M(k(f-s)) < \varepsilon, \sum_{i=1}^{m} \nabla_M(kf, t_{i-1}, t_i) \leqslant \varepsilon$$

$$(20.13)$$

取 $\eta = \min_{1 \leqslant i \leqslant m}(t_i - t_{i-1}), \tau \in (0, \eta)$, 则因

$$s_\tau(t_i) = s(t_i) \quad (i = 1, 2, \cdots, m-1)$$

故由命题 20.4 和命题 20.1 的（3）和（1）以及式
（20.13）即得

$$\nabla_M\left(\frac{1}{8}k(s_\tau - s)\right) \le \frac{1}{2}\sum_{i=1}^m \nabla_M\left(\frac{1}{4}k(s_\tau - s), t_{i-1}, t_i\right)$$

$$\le \frac{1}{4}\sum_{i=1}^m \left(\nabla_M\left(\frac{1}{2}ks_\tau, t_{i-1}, t_i\right) + \right.$$

$$\left. \nabla_M\left(\frac{1}{2}ks, t_{i-1}, t_i\right)\right)$$

$$\le \frac{1}{4}\sum_{i=1}^m \left(\nabla_M(ks, t_{i-1}, t_i) + \right.$$

$$\left. \nabla_M(ks, t_{i-1}, t_i)\right)$$

$$\le \frac{1}{2}\sum_{i=1}^m \nabla_M(ks, t_{i-1}, t_i)$$

$$< \varepsilon$$

于是,再由命题 20.4,20.1 的（1）和式（20.13）便
知当 $0 < \tau < \delta$ 时

$$\nabla_M\left(\frac{1}{24}k(f_\tau - f)\right) \le \frac{1}{3}\left\{\nabla_M\left(\frac{1}{8}k(f_\tau - s_\tau)\right) + \right.$$

$$\nabla_M\left(\frac{1}{8}k(s_\tau - s)\right) +$$

$$\left. \nabla_M\left(\frac{1}{8}k(s - f)\right)\right\}$$

$$< \varepsilon$$

（3）$\Rightarrow$（4）.

由（3）有 $k > 0$,使对任何 $\varepsilon > 0$,存在正整数 n_0,
使得当 $n \ge n_0, 0 \le \tau \le \frac{1}{n}$ 时

$$\nabla_M(k(f_\tau - f)) < \varepsilon \qquad (20.14)$$

于分划 $a = t_0 < t_1 < \cdots < t_m = b$,则对

$$p(\tau) = \begin{cases} n, 当 0 \leqslant \tau \leqslant \dfrac{1}{n} \text{ 时} \\ 0, 当 \tau > \dfrac{1}{n} \text{ 时} \end{cases}$$

$$F(\tau) = \begin{cases} k[D(t_i,\tau) - D(t_{i-1},\tau)], 当 0 \leqslant \tau \leqslant \dfrac{1}{n} \text{ 时} \\ 0, 当 \tau > \dfrac{1}{n} \text{ 时} \end{cases}$$

利用 Jensen 不等式

$$M\left(\frac{\int_0^1 F(\tau)p(\tau)\,\mathrm{d}\tau}{\int_0^1 p(\tau)\,\mathrm{d}\tau}\right) \leqslant \frac{\int_0^1 M(F(\tau))p(\tau)\,\mathrm{d}\tau}{\int_0^1 p(\tau)\,\mathrm{d}\tau}$$

即得

$$M\left(nk\int_0^{\frac{1}{n}}(D(t_i,\tau) - D(t_{i-1},\tau))\,\mathrm{d}\tau\right)$$

$$\leqslant n\int_0^{\frac{1}{n}} M(k(D(t_i,\tau) - D(t_{i-1},\tau)))\,\mathrm{d}\tau$$

$$(20.15)$$

其中 $D(t,\tau) = f(t+\tau) - f(t)$.

显然由 (20.14) 和 (20.15) 两式便知当 $0 \leqslant \tau \leqslant \dfrac{1}{n_0}$ 时

$$\sum_{i=1}^m M(k(f_n^s(t_i) - f(t_i) - f_n^s(t_{i-1}) + f(t_{i-1})))$$

$$= \sum_{i=1}^m M\left(k\left(n\int_0^{\frac{1}{n}} D(t_i,\tau)\,\mathrm{d}\tau - n\int_0^{\frac{1}{n}} D(t_{i-1},\tau)\,\mathrm{d}\tau\right)\right)$$

$$= \sum_{i=1}^m M\left(nk\int_0^{\frac{1}{n}} D(t_i,\tau) - D(t_{i-1},\tau))\,\mathrm{d}\tau\right)$$

$$= n \int_0^{\frac{1}{n}} \sum_{j=1}^n M(kD(t_i,\tau) - D(t_{i-1},\tau)) \,\mathrm{d}\tau$$

$$= n \int_0^{\frac{1}{n}} \sum_{i=1}^n M(k(f(t_i+\tau) - f(t_i) - f(t_{i-1}+\tau) + f(t_{i-1}))) \,\mathrm{d}\tau$$

$$\leqslant n \int_0^{\frac{1}{n}} \nabla_M(k(f_\tau - f)) \,\mathrm{d}\tau$$

$$< \varepsilon$$

我们称 $ffi \subset AC_M^*$ 满足条件:

（A′）假如对任何 $\varepsilon > 0$, ffi 存在有限 ε 网;

（B′）假如 ffi 依范有界, 且对任何 $\varepsilon > 0$ 有 $\delta > 0$, 使当 $0 < \tau < \delta$, $f(t) \in ffi$ 时, $\| f_\tau - f \|_{V_M} < \varepsilon$;

（C′）假如 ffi 依范有界, 且对任何 $\varepsilon > 0$, 有正整数 N, 使当 $n \geqslant N$, $f(t) \in ffi$ 时, $\| f_n^s - f \|_{V_M} < \varepsilon$;

（D′）假如 ffi 依范列紧.

定理 3. 4　若 $ffi \subset AC_M^*$, 则有

$$(\mathrm{B}') \Rightarrow (\mathrm{C}') \Rightarrow (\mathrm{D}') \Rightarrow (\mathrm{A}')$$

证明　（B′）⇒（C′）.

于正数 $\varepsilon < 1$, 由（B′）有 $\delta > 0$, 使当 $0 < \tau < \delta$, $f(t) \in ffi$ 时

$$\| f_\tau - f \|_{V_M} < \frac{\varepsilon}{2}$$

于是若取正整数 N, 使 $\dfrac{1}{N} < \delta$, 则当 $n \geqslant N$, $f(t) \in ffi$ 时

观察定理 20. 3 证明中的（3）⇒（4）部分立得

$$\nabla_M\left(\frac{2}{\varepsilon}(f_n^s - f) \right) \leqslant n \int_0^{\frac{1}{n}} \nabla_M\left(\frac{2}{\varepsilon}(f_\tau - f) \right) \mathrm{d}\tau$$

$$\leqslant n \int_0^{\frac{1}{n}} \nabla_M\left(\frac{f_\tau - f}{\| f_\tau - f \|_{V_M}} \right) \mathrm{d}\tau$$

$$\leqslant 1$$

即当 $n \geq N, f(t) \in ffi$ 时

$$\| f_n^s - f \|_{V_M} \leq \frac{\varepsilon}{2} < \varepsilon$$

$(C') \Rightarrow (D')$.

设 $\| f \|_{V_M} \leq L(f(x) \in ffi)$，则当 $f(x) \in ffi$ 时

$$M\left(\frac{1}{L} \mid f(t) \mid\right) = M\left(\frac{1}{L}(f(t) - f(a))\right)$$

$$\leq \nabla_M\left(\frac{f}{L}\right)$$

$$\leq \nabla_M\left(\frac{f}{\| f \|_{V_M}}\right)$$

$$\leq 1$$

即 $\mid f(t) \mid \leq L M^{-1}(1)(f(t) \in ffi)$. 于是有

$$\mid f_n^s(t) \mid = \left| n\int_t^{t+\frac{1}{n}} f(\sigma)\mathrm{d}\sigma \right|$$

$$\leq n\int_t^{t+\frac{1}{n}} L M^{-1}(1)\mathrm{d}\sigma$$

$$= L M^{-1}(1)$$

$$\mid f_n^s(t') - f_n^s(t'') \mid = \left| n\int_{t'}^{t'+\frac{1}{n}} f(\sigma)\mathrm{d}\sigma - n\int_{t''}^{t''+\frac{1}{n}} f(\sigma)\mathrm{d}\sigma \right|$$

$$= \left| n\int_{x''+\frac{1}{n}}^{x'+\frac{1}{n}} f(\sigma)\mathrm{d}\sigma - n\int_{t''}^{t'} f(\sigma)\mathrm{d}\sigma \right|$$

$$\leq 2n L M^{-1}(1) \mid t' - t'' \mid$$

这表明 $\{f_n^s(t) \mid f(t) \in ffi\}$ 在一致收敛意义下列紧. 利用对角线方法对任何 $\{f_l(t)\} \subset ffi$ 就有子序列 $\{f_{l_i}(t)\}$，使得对一切 $n,\{(f_{l_i})_n^s(t)\}$ 恒一致收敛.

今证 $\{f_{l_i}(t)\}$ 一致收敛.

事实上，于 $\varepsilon > 0$，由假设有正整数 N，使得

$$\| (f_{l_i})_N^s - f_{l_i} \|_{V_M} < \frac{\varepsilon}{4M^{-1}(1)} \quad (i = 1, 2, \cdots)$$

386

于是对 $i = 1, 2, \cdots, t \in [a, b]$ 有

$$
M\left(\frac{1}{\dfrac{\varepsilon}{4M^{-1l}}}\left(f_{l_i}(t) - (f_{l_i})_N^s(t) + (f_{l_i})_N^s(a)\right)\right)
$$

$$
= M\left(\frac{1}{\dfrac{\varepsilon}{4M_{(1)}^{-1}}}\left(f_{t_i}(t) - (f_{l_i})_N^s(t) - f_{l_i}(a) + (f_{l_i})_N^s(a)\right)\right)
$$

$$
\leqslant \nabla_M\left(\frac{1}{\dfrac{\varepsilon}{4M_{(1)}^{-1}}}\left(f_{l_i} - (f_{l_i})_N^s\right)\right)
$$

$$
\leqslant \nabla_M\left(\frac{f_{l_i} - (f_{l_i})_N^s}{\|f_{l_i} - (f_{l_i})_N^s\|_{V_M}}\right)
$$

$$
\leqslant 1
$$

即当 $t \in [a, b], i = 1, 2, \cdots$ 时

$$
|f_{l_i}(t) - ((f_{l_i})_N^s(t) - (f_{l_i})_N^s(a))| \leqslant \frac{\varepsilon}{4}
$$

又有正整数 i_0, 使当 $i, j \geqslant i_0, t \in [a, b]$ 时

$$
|(f_{l_i})_N^s(t) - (f_{l_i})_N^s(t)| < \frac{\varepsilon}{4}
$$

总之当 $i, j \geqslant i_0, t \in [a, b]$ 时

$$
\begin{aligned}
|f_{l_i}(t) - f_{l_j}(t)| \leqslant\ & |f_{l_i}(t) - ((f_{l_i})_N^s(t) - (f_{l_i})_N^s(a))| + \\
& |(f_{l_i})_N^s(t) - (f_{l_i})_N^s(t)| + \\
& |f_{l_j}(t) - ((f_{l_j})_N^s(t) - (f_{l_j})_N^s(a))| + \\
& |(f_{l_j})_N^s(a) + (f_{l_j})_N^s(a)| \\
< \ & \varepsilon
\end{aligned}
$$

现在来证明 $\|f_{l_i} - f_{l_j}\|_{V_m} \to 0\ (i, j \to \infty)$.

由于 $\varepsilon > 0$, 则由假设有正整数 N, 使得

$$
\|(f_{l_i})_N^s - f_{l_i}\|_{V_M} < \frac{\varepsilon}{3} \quad (i = 1, 2, \cdots)
$$

又从 $\{f_{l_i}(t)\}$ 一致收敛可推出,存在正整数 i_0,使得当 $i,j \geqslant i_0, t \in [a,b]$ 时

$$|f_{l_i}(t) - f_{l_j}(t)| < \frac{\varepsilon}{3} \cdot \frac{M^{-1}\left(\dfrac{2}{m_0(b-a)}\right)}{N2^{m_0}}$$

再由命题 20.5,便知当 $i,j \geqslant i_0$ 时

$$\nabla_M\left(\frac{1}{\varepsilon/3}((f_{l_i})_N^s - (f_{l_j})_N^s)\right)$$

$$\leqslant \frac{m_0}{2}\int_a^b M\left(\frac{N2^{m_0-1}}{\frac{\varepsilon}{3}}\left(f_{l_i}\left(\sigma + \frac{1}{N}\right) - \right.\right.$$

$$\left.\left. f_{l_j}\left(\sigma + \frac{1}{N}\right) - f_{l_i}(\sigma) + f_{l_j}(\sigma)\right)\right)d\sigma$$

$$\leqslant \frac{m_0}{2}\int_a^b M\left(\frac{N2^{m_0-1}}{\frac{\varepsilon}{3}} \cdot 2 \cdot \frac{\varepsilon}{3} \cdot \frac{M^{-1}\left(\dfrac{2}{m_0(b-a)}\right)}{N2^{m_0}}\right)d\sigma$$

$$= 1$$

即

$$\|(f_{l_i})_N^s - (f_{l_j})_N^s\|_{V_M} \leqslant \frac{\varepsilon}{3} \quad (i,j \geqslant i_0)$$

综上所述,当 $i,j \geqslant i_0$ 时

$$\begin{aligned}\|f_{l_i} - f_{l_j}\|_{V_M} &\leqslant \|f_{l_i} - (f_{l_i})_N^s\|_{V_M} + \\ &\quad \|(f_{l_i})_N^s - (f_{l_j})_N^s\|_{V_M} + \\ &\quad \|(f_{l_j})_N^s - f_{l_j}\|_{V_M} \\ &< \varepsilon\end{aligned}$$

$(D') \Rightarrow (A')$.

显然由泛函分析的熟知定理立得.

定理20.5 设 $M(u)$ 对充分小的 u 满足 Δ_2 条件,

若 $\mathscr{A} \subset AC_M^*$，则有

$$(A') \Rightarrow (B')$$

证明　由假设，即知存在 $L > 0$，使当 $f(t) \in \mathscr{A}$ 时

$$\|f\|_{V_M} \leqslant L$$

由于 $\varepsilon > 0$，则由假设有

$$f_1(t), f_2(t), \cdots, f_l(t) \in \mathscr{A}$$

使对任何 $f(t) \in \mathscr{A}$，有 $f_i(t)$ 满足 $\|f - f_i\|_{V_M} < \dfrac{\varepsilon}{4}$.

又由定理 20.3 的(2) 和命题 20.3 的(2)，如存在正数 $\delta < b - a$，使当 $0 < \tau < \delta$ 时

$$\|(f_i)_\tau - f_i\|_{V_M} < \frac{\varepsilon}{4} \quad (i = 1, 2, \cdots, m)$$

另外根据命题 20.4 可得

$$\begin{aligned}
\nabla_M\left(\frac{(f_i)_\tau - f_\tau}{2\|f_i - f\|_{V_M}}\right) &= \nabla_M\left(\left(\frac{f_i - f}{2\|f_i - f\|_{V_M}}\right)_\tau\right) \\
&\leqslant \nabla_M\left(2 \cdot \frac{f_i - f}{2\|f_i - f\|_{V_M}}\right) \\
&= \nabla_M\left(\frac{f_i - f}{\|f_i - f\|_{V_M}}\right) \\
&\leqslant 1
\end{aligned}$$

于是有

$$\|(f_i)_\tau - f_\tau\|_{V_M} \leqslant 2\|f_i - f\| < \frac{\varepsilon}{2}$$

由此可见，当 $0 < \tau < \delta, f(t) \in \mathscr{A}$ 时

$$\begin{aligned}
\|f_\tau - f\|_{V_M} \leqslant\ &\|f_\tau - (f_i)_\tau\|_{V_M} + \\
&\|(f_i)_\tau - f_i\|_{V_M} + \\
&\|f_i - f\|_{V_M} \\
<\ &\varepsilon
\end{aligned}$$

下面我们来证明关于奇异积分的一条定理.

定理 20.6 若 $k_n(t) \geqslant 0$，$\lim\limits_{n\to\infty}\int_a^b k_n(t)\,\mathrm{d}t = 1$，

$\lim\limits_{n\to\infty}\int_{a+\delta}^{b-\delta} k_n(t)\,\mathrm{d}t = 0\left(0 < \delta < \dfrac{1}{2}(b-a)\right)$，则当 $f(t) \in$

AC_M^* 时，奇异积分

$$I_n(t) = \int_a^b k_n(\tau) f_l(\tau)\,\mathrm{d}\tau$$

变差收敛于 $f(t)$.

证明 由于 $f(t) \in AC_M^*$，则有 $k > 0$，使 $kf(t) \in$

AC_M，记 $\theta_n = \int_a^b k_n(t)\,\mathrm{d}t$，则

$$I_n(t) - f(t) = \int_a^b k_n(\tau)\Big(f_t(\tau) - \frac{f(t)}{\theta_n}\Big)\mathrm{d}\tau$$

$$= \Big(1 - \frac{1}{\theta_n}\Big)I_n(t) + \int_a^b \frac{k_n(\tau)}{\theta_n}(f_t(\tau) - f(t))\mathrm{d}\tau$$

因为对任何分划：$a = t_0 < t_1 < \cdots < t_m = b$，由

Jensen 不等式和命题 20.4 有

$$\sum_{i=1}^m M\Big(\frac{k}{4}\Big(1 - \frac{1}{\theta_n}\Big)(I_n(t_i) - I_n(t_{i-1}))\Big)$$

$$\leqslant \sum_{i=1}^m M\Big(\frac{k}{4}\Big(1 - \frac{1}{\theta_n}\Big)\int_a^b k_n(\tau)\mid f_{t_i}(\tau) - f_{t_{i-1}}(\tau)\mid\mathrm{d}\tau\Big)$$

$$\leqslant \int_a^b \frac{k_n(\tau)}{\theta_n}\sum_{i=1}^m M\Big(\frac{k}{4}\theta_n\Big(1 - \frac{1}{\theta_n}\Big)(f_\tau(t_i) - f_\tau(t_{i-1}))\Big)\mathrm{d}\tau$$

$$\leqslant \int_a^b \frac{k_n(\tau)}{\theta_n}\nabla_M\Big(2 \cdot \frac{k}{4}\theta_n\Big(1 - \frac{1}{\theta_n}\Big)f\Big)\mathrm{d}\tau$$

$$= \nabla_M\Big(\frac{\theta_n - 1}{2} \cdot kf\Big)$$

又有 N_1，使当 $n > N_1$ 时，$\mid\theta_n - 1\mid < \min(\nabla_M(kf),$

2)，故当 $n > N_1$ 时

$$\nabla_M \left(\frac{k}{4} \left(1 - \frac{1}{\theta_n} \right) I_n \right) \leqslant \nabla_M \left(\frac{\theta_n - 1}{2} \cdot kf \right)$$

$$\leqslant \frac{\theta_n - 1}{2} \nabla_M (kf)$$

$$< \varepsilon \qquad (20.16)$$

同样由 Jensen 不等式可证得

$$\sum_{i=1}^{m} M \left(\frac{k}{4} \left(\int_a^b \frac{k_n(\tau)}{\theta_n} (f_{t_i}(\tau) - f(t_i)) \mathrm{d}\tau - \right. \right.$$

$$\left. \left. \int_a^b \frac{k_n(\tau)}{\theta_n} (f_{t_{i-1}}(\tau) - f(t_{i-1})) \right) \mathrm{d}\tau \right)$$

$$\leqslant \sum_{i=1}^{m} M \left(\frac{k}{4} \int_a^b \frac{k_n(\tau)}{\theta_n} \mid f_{t_i}(\tau) - f(t_i) - \right.$$

$$\left. f_{t_{i-1}}(\tau) + f(t_{i-1}) \mid \mathrm{d}\tau \right)$$

$$\leqslant \int_a^b \frac{k_n(\tau)}{\theta_n} \sum_{i=1}^{m} M \left(\frac{k}{4} (f_{t_i}(\tau) - f(t_i) - \right.$$

$$\left. f_{t_{i-1}}(\tau) + f(t_{i-1})) \right) \mathrm{d}\tau$$

$$\leqslant \int_a^b \frac{k_n(\tau)}{\theta_n} \nabla_M \left(\frac{k}{4} (f_\tau - f) \right) \mathrm{d}\tau \qquad (20.17)$$

注意到

$$\int_a^{a+\delta} \frac{k_n(\tau)}{\theta_n} \nabla_M \left(\frac{k}{4} (t_\tau - f) \right) \mathrm{d}\tau$$

$$\leqslant \sup_{0 < \tau \leqslant \delta} \nabla_M \left(\frac{k}{4} (f_\tau - f) \right) \int_a^{a+\delta} \frac{k_n(\tau)}{\theta_n} \mathrm{d}\tau$$

$$\leqslant \sup_{0 < \tau \leqslant \delta} \nabla_M \left(\frac{k}{4} (f_\tau - f) \right)$$

$$\int_{b-\delta}^b \frac{k_n(\tau)}{\theta_n} \nabla_M \left(\frac{k}{4} (f_\tau - f) \right) \mathrm{d}\tau$$

$$\leqslant \sup_{0 < \tau \leqslant \delta} \nabla_M \left(\frac{k}{4} (f_\tau - f) \right)$$

391

以及从命题 20.4 有

$$\int_{a+\delta}^{b-\delta} \frac{k_n(\tau)}{\theta_n} \; \nabla_M\left(\frac{k}{4}(f_\tau - f)\right) d\tau$$

$$\leqslant \frac{1}{2} \int_{a+\delta}^{b-\delta} \frac{k_n(\tau)}{\theta_n}\left(\; \nabla_M\left(\frac{k}{2}f_\tau\right) + \nabla_M\left(\frac{k}{2}f\right)\right) d\tau$$

$$\leqslant \frac{\nabla_M(kf)}{\theta_n} \int_{a+\delta}^{b-\delta} k_n(\tau) d\tau$$

便知式(20.17)右端

$$\int_a^b \frac{k_n(\tau)}{\theta_n} \; \nabla_M\left(\frac{k}{4}(f_\tau - f)\right) d\tau$$

$$\leqslant 2 \sup_{0 < \tau \leqslant \delta} \; \nabla_M\left(\frac{k}{4}(f_\tau - f)\right) + \frac{\nabla_M(kf)}{\theta_n} \int_{a+\delta}^{b-\delta} k_n(\tau) d\tau$$

由定理 20.3 有 $\delta > 0$ 使得

$$\sup_{0 < \tau \leqslant \delta} \; \nabla_M\left(\frac{k}{4}(f_\tau - f)\right) < \frac{\varepsilon}{4}$$

又取 N_2，使当 $n > N_2$ 时

$$\frac{1}{\theta_n} \int_{a+\delta}^{b-\delta} k_n(\tau) d\tau < \frac{\varepsilon}{2\nabla_M(kf)}$$

从而式(20.17)右端当 $n > N_2$ 时有

$$\int_a^b \frac{k_n(\tau)}{\theta_n} \nabla_M\left(\frac{k}{4}(f_\tau - f)\right) d\tau < \varepsilon$$

即

$$\nabla_M\left(\frac{k}{4} \int_a^b \frac{k_n(\tau)}{\theta_n}(f_t(\tau) - f(t)) d\tau\right) < \varepsilon$$

$$(20.18)$$

综合(20.16),(20.18)两式,再利用命题 20.1 的
(1)便知,当 $n > N = \max\{N_1, N_2\}$ 时

$$\nabla_M\left(\frac{k}{8}(I_n - f)\right) < 3$$

20.4　LO 点、LB 点、MLO 点与奇异积分

众所周知 Lebesgue 点(简称 L 点)对奇异积分的研究起着重要作用. 结合 Orlicz 空间自然可引进 Lebesgue-Orlicz 点(简称 LO 点),Lebesgue-Banach 点(简称 LB 点)和平均 Lebesgue-Orlicz 点(简称 MLO 点)等,它们都可应用于奇异积分的研究,但因推导冗长,就不作介绍了,本节也就仅着眼于阐明这些点之间的相互关系.

定义 20.3　设 $f(x) \in L_M^*(0,1)$,则点 $x_0 \in (0,1)$ 叫作 $f(x)$ 的 LO 点或 LB 点是指

$$\lim_{h\to 0}\left\| M^{-1}\left(\frac{1}{2h}\right)(f(x)-f(x_0))\chi_h(x)\right\|_M = 0$$

($\chi_h(x)$ 为区间 (x_0-h,x_0+h) 的特征函数)或

$$\lim_{h\to 0}\| f(x_0+hx)-f(x_0)\|_M = 0$$

下面我们给出 LO 点与 LB 点之间的关系.

定理 20.7　对一切 $f(x) \in L_M^*(0,1)$,$f(x)$ 的 LB 点必为 LO 点,当且仅当 $M(u)$ 满足 Δ' 条件.

证明　充分性. 设 x_0 为 $f(x)$ 的 LB 点,则欲证 x_0 为 $f(x)$ 的 LO 点,只须证此时有

$$\lim_{h\to 0}\int_{x_0-h}^{x_0+h} M\left(M^{-1}\left(\frac{1}{2h}\right)(f(x)-f(x_0))\right)\mathrm{d}x = 0$$

因为 x_0 为 $f(x)$ 的 LB 点,故有

$$\lim_{h\to 0}\int_0^1 M(f(x_0+hx)-f(x_0))\,\mathrm{d}x = 0$$

令 $u = x_0 + hx$,即得

$$\lim_{h\to 0}\frac{1}{h}\int_{x_0}^{x_0+h} M(f(u)-f(x_0))\,\mathrm{d}u = 0$$

又

$$\lim_{h\to0}\frac{1}{h}\int_{x_0-h}^{x_0}M(f(u)-f(x_0))\mathrm{d}u$$

$$=\lim_{-h\to0}\frac{1}{-h}\int_{x_0}^{x_0-h}M(f(u)-f(x_0))\mathrm{d}u=0$$

于是

$$\lim_{h\to0}\frac{1}{2h}\int_{x_0-h}^{x_0+h}M(f(u)-f(x_0))\mathrm{d}u=0 \quad (20.19)$$

于 $0<\varepsilon<\min\{u_0,1\}$，其中 u_0 使得当 $u,v\geq u_0$ 时 $M(uv)\leq LM(u)M(v)$，则此时有

$$\overline{\lim_{h\to0}}\int_{x_0-h}^{x_0+h}M\Big(M^{-1}\Big(\frac{1}{2h}\Big)(f(x)-f(x_0))\Big)\mathrm{d}x$$

$$\leq\overline{\lim_{h\to0}}\int_{H(x_0,u_0,h)}M\Big(M^{-1}\Big(\frac{1}{2h}\Big)(f(x)-f(x_0))\Big)\mathrm{d}x+$$

$$\overline{\lim_{h\to0}}\int_{H(x_0,s,h)-H(x_0,u_0,h)}M\Big(M^{-1}\Big(\frac{1}{2h}\Big)(f(x)-f(x_0))\Big)\mathrm{d}x+$$

$$\overline{\lim_{h\to0}}\int_{[0,1]\cap CH(x_0,\varepsilon,h)}M\Big(M^{-1}\Big(\frac{1}{2h}\Big)(f(x)-f(x_0))\Big)\mathrm{d}x$$

$$=I_1+I_2+I_3$$

其中对任何 a 规定

$$H(x_0,a,h)=\{x\mid f(x)-f(x_0)\mid\geq a,$$
$$当\mid x-x_0\mid\leq h \ 时\}$$

首先注意当 h 充分小时，有 $M^{-1}\Big(\dfrac{1}{2h}\Big)\geq u_0$，于是由 $M(u)$ 满足 Δ' 条件，可推得

$$I_1\leq\overline{\lim_{h\to0}}\int_{H(x_0,u_0,h)}LM\Big(M^{-1}\Big(\frac{1}{2h}\Big)\Big)M((f(x)-f(x_0)))\mathrm{d}x$$

$$\leq L\overline{\lim_{h\to0}}\frac{1}{2h}\int_{x_0-h}^{x_0+h}((f(x)-f(x_0)))\mathrm{d}x$$

$$=0$$

394

其次 $M(u)$ 满足 Δ_2 条件,且 $M(2u) \leqslant L'M(u)$ $(u \geqslant u_0)$,又取 N 使 $2^N \geqslant u_0$,从而

$$
\begin{aligned}
I_2 &\leqslant \varlimsup_{h \to 0} \int_{H(x_0, \varepsilon, h) - H(x_0, u_0, h)} M\left(M^{-1}\left(\frac{1}{2h}\right)u_0\right)\mathrm{d}x \\
&\leqslant \varlimsup_{h \to 0} \int_{H(x_0, \varepsilon, h)} M\left(M^{-1}\left(\frac{1}{2h}\right)2^N\right)\mathrm{d}x \\
&\leqslant \varlimsup_{h \to 0} \int_{H_M(x_0, M(\varepsilon), h)} L'^N M\left(M^{-1}\left(\frac{1}{2h}\right)\right)\mathrm{d}x \\
&\leqslant L'^N \varlimsup_{h \to 0} \frac{1}{2h} \cdot \frac{1}{M(\varepsilon)} \cdot \\
&\quad \int_{H_M(x_0, M(\varepsilon), h)} M((f(x) - f(x_0)))\mathrm{d}x \\
&\leqslant \frac{L'^N}{M(\varepsilon)} \varlimsup_{h \to 0} \frac{1}{2h}\int_{x_0 - h}^{x_0 + h} M((f(x) - f(x_0)))\mathrm{d}x \\
&= 0
\end{aligned}
$$

其中 $H_M(x_0, M(\varepsilon), h) = \{x \mid M(f(x) - f(x_0)) \geqslant M(\varepsilon)$,当 $|x - x_0| \leqslant h$ 时$\}$.

最后有

$$
\begin{aligned}
I_3 &\leqslant \varlimsup_{h \to 0} \int_{[0,1] \cap CH(x_0, \varepsilon, h)} M\left(M^{-1}\left(\frac{1}{2h}\right)\varepsilon\right)\mathrm{d}x \\
&\leqslant \varlimsup_{h \to 0} \int_{[0,1] \cap CH(x_0, \varepsilon, h)} \varepsilon M\left(M^{-1}\left(\frac{1}{2h}\right)\right)\mathrm{d}x \\
&\leqslant \varepsilon \varlimsup_{h \to 0} \frac{1}{2h}\int_{x_0 - h}^{x_0 + h}\mathrm{d}x \\
&= \varepsilon
\end{aligned}
$$

总之 x_0 为 $f(x)$ 的 LO 点.

必要性. 若 $M(u)$ 不满足 Δ' 条件,则有 $1 \leqslant k_n \nearrow \infty$,$u_n \nearrow \infty$,$v_n \nearrow \infty$ 使得

$$
M(u_n v_n) \geqslant 2^n M(k_n u_n)M(v_n) \quad (n = 1, 2, \cdots)
$$

事实上,如若不然,则有

$$M(uv) \leqslant LM(ku)M(v) \quad (u,v \geqslant u_0)$$

此处不妨设 $u_0 > 1$,于是

$$M(u_0 v) \leqslant LM(ku_0)M(u_0) \quad (v \geqslant u_0)$$

即 $M(u)$ 满足 Δ_2 条件,从而当 $k > 1$ 时,有 $k' > 0$,使 $M(ku) \leqslant k'M(u)(u \geqslant u')$,亦即有

$$M(uv) \leqslant LM(ku)M(v) \leqslant Lk'M(u)M(v)$$
$$(u,v \geqslant \max\{u_0,u'\})$$

又当 $k \leqslant 1$ 时

$$M(uv) \leqslant LM(kv)M(v) \leqslant LkM(u)M(v)$$
$$(u,v \geqslant U_0)$$

总之 $M(u)$ 满足 Δ' 条件,矛盾.

显然还不妨设 $M(u_1) \geqslant 1, M(v_1) \geqslant 1$,并且 $v_{n+1} \geqslant 2v_n$,于是

$$\frac{1}{M(v_{n+1})} \leqslant \frac{1}{M(2v_n)} \leqslant \frac{1}{2M(v_n)}$$

做

$$G_n \subset \left[\frac{1}{2} + \frac{1}{4M(v_n)}, \frac{1}{2} + \frac{1}{2M(v_n)}\right]$$
$$\cup \left[\frac{1}{2} - \frac{1}{2M(v_n)}, \frac{1}{2} - \frac{1}{4M(v_n)}\right]$$

同时满足

$$\text{mes } G_n = \frac{1}{2^n M(k_n u_n)M(v_n)} \quad (n = 1,2,\cdots)$$

即有 $\text{mes } G_n \leqslant \frac{1}{2^n M(v_n)} \leqslant \frac{1}{2M(v_n)}$.

令 $f(x) = \sum_{n=1}^{\infty} u_n \chi_{G_n}(x)$,则因

$$\int_0^1 M(f(x))\,\mathrm{d}x = \sum_{n=1}^{\infty} M(u_n)\text{mes } G_n$$

396

$$= \sum_{n=1}^{\infty} M(u_n) \frac{1}{2^n M(k_n u_n) M(v_n)}$$

$$\leqslant \sum_{n=1}^{\infty} M(u_n) \frac{1}{2^n M(u_n) M(v_n)}$$

$$= \sum_{n=1}^{\infty} \frac{1}{2^n M(v_n)}$$

$$\leqslant \sum_{n=1}^{\infty} \frac{1}{2^n}$$

$$< \infty$$

故 $f(x) \in L_M(0,1) \subset L_M^*(0,1)$.

今证 $x = \dfrac{1}{2}$ 是 $f(x)$ 的 LB 点.

事实上,对任何给定的 k,取 n_0,使得 $k_{n_0} \geqslant |k|$,则当 $0 < h < \dfrac{1}{2M(v_{n_0})}$ 时,有 $n(h) \nearrow \infty (h \to 0)$,使得

$$\frac{1}{4M(v_{n(h)})} \leqslant h < \frac{1}{2M(v_{n(h)})}$$

或

$$\frac{1}{4M(v_{n(h)+1})} \leqslant h < \frac{1}{2M(v_{n(h)})}$$

再注意到 $f\left(\dfrac{1}{2}\right) = 0, M(u)$ 为偶函数,于是有 $0 < \delta < \dfrac{1}{2M(v_{n_0})}$,使得 $\displaystyle\sum_{l=n(\delta)}^{\infty} \frac{1}{2^{l-1}} < \varepsilon$,并且当 $0 < h < \delta$ 时

$$\frac{1}{2h} \int_{\frac{1}{2}-h}^{\frac{1}{2}+h} M\left(k\left(f(x) - f\left(\frac{1}{2}\right)\right)\right) \mathrm{d}x$$

$$\leqslant \frac{1}{2 \cdot \dfrac{1}{4M(v_{n(h)})}} \int_{\frac{1}{2}-\frac{1}{2M(v_{n(h)})}}^{\frac{1}{2}+\frac{1}{2M(v_{n(h)})}} M(kf(x)) \, \mathrm{d}x$$

$$\leqslant 2M(v_{n(h)}) \sum_{l=n(h)}^{\infty} M(k_l u_l) \operatorname{mes} G_l$$

$$= 2M(v_{n(h)}) \sum_{l=n(h)}^{\infty} \frac{1}{2^l M(v_l)}$$

$$\leqslant \sum_{l=n(\delta)}^{\infty} \frac{1}{2^{l-1}}$$

$$< \varepsilon$$

或

$$\frac{1}{2h} \int_{\frac{1}{2}-h}^{\frac{1}{2}+h} M\left(k\left(f(x) - f\left(\frac{1}{2}\right)\right)\right) \mathrm{d}x$$

$$= \frac{1}{2 \cdot \dfrac{1}{2M(v_{n(h)+1})}} \int_{\frac{1}{2}-\frac{1}{4M(v_{n(h)})}}^{\frac{1}{2}+\frac{1}{4M(v_{n(h)})}} M(kf(x)) \mathrm{d}x$$

$$\leqslant M(v_{n(h)+1}) \sum_{l=n(h)+1}^{\infty} M(k_l u_l) \operatorname{mes} G_l$$

$$= M(v_{n(h)+1}) \sum_{l=n(h)+1}^{\infty} \frac{1}{2^l M(v_l)}$$

$$\leqslant \sum_{l=n(\delta)+1}^{\infty} \frac{1}{2^l}$$

$$< \varepsilon$$

最后注意到充分性证明的式(20.19)可往前逆推,便知 x_0 是 $f(x)$ 的 LB 点.

但 $x = \dfrac{1}{2}$ 不是 $f(x)$ 的 LO 点.

又知

$$\left\| M^{-1}\left(\frac{1}{2 \cdot \dfrac{1}{2M(v_n)}}\right)\left(f(x) - f\left(\frac{1}{2}\right)\right) \cdot \chi_{\left(\frac{1}{2}-\frac{1}{2M(v_n)}, \frac{1}{2}+\frac{1}{2M(v_n)}\right)}(x) \right\|_M$$

$$\geqslant \| M^{-1}(M(v_n)) f(x) \chi_{G_n}(x) \|_M$$

$$= u_n v_n \| \chi_{G_n}(x) \|_M$$

$$\geqslant u_n v_n \| \chi_{G_n} \|_{(M)}$$

$$= u_n v_n \cdot \frac{1}{M^{-1}\left(\dfrac{1}{\mathrm{mes}\, G_n}\right)}$$

$$= u_n v_n \cdot \frac{1}{M^{-1}(2^n M(k_n u_n) M(v_n))}$$

$$\geqslant u_n v_n \cdot \frac{1}{M^{-1}(M(u_n v_n))}$$

$$= 1 \quad (n = 1,2,\cdots)$$

总之与假设冲突.

类似地可证得:

定理 20.8　对一切 $f(x) \in L_M^*(0,1)$，$f(x)$ 的 LO 点必为 LB 点，当且仅当余 N 函数 $N(v)$ 满足 Δ' 条件.

定义 20.4　设 $f(x) \in L_M^*(0,1)$，则点 $x_0 \in (0,1)$ 叫作 $f(x)$ 的 MLO 点，是指

$$\lim_{h \to 0} \frac{1}{2h} \int_{x_0-h}^{x_0+h} M(f(x) - f(x_0)) \, \mathrm{d}x = 0$$

定理 20.9　对一切 $f(x) \in L_M^*(0,1)$，其 LB 点，MLO 点等价，当且仅当 $M(u)$ 满足 Δ_2 条件.

证明　充分性.

只须注意当 $M(u)$ 满足 Δ_2 条件时

$$\lim_{h \to 0} \| f(x_0 + hx) - f(x_0) \|_M = 0$$

$$\Leftrightarrow \lim_{h \to 0} \frac{1}{2h} \int_{x_0-h}^{x_0+h} M(f(x) - f(x_0)) \, \mathrm{d}x = 0$$

必要性.

如若不然，则存在 $u_n \nearrow \infty$，满足 $u_{n+1} \geqslant 2u_n$，$M(u_1^n) > 1$ 和

$$M(2u_n) > 2^n M(u_n) \quad (n = 1,2,\cdots)$$

仿定理 20.7 之证,可做出相应的 $f(x) \in L_M^*(0,1)$,只是此时要求

$$\text{mes } G_n = \frac{1}{2^n M^2(u_n)} \quad (n = 1,2,\cdots)$$

$x = \dfrac{1}{2}$ 是 $f(x)$ 的 MLO 点.

事实上,如同定理 20.7 之证,有 $0 < \delta < \dfrac{1}{2M(u_1)}$ 使当 $0 < h < \delta$ 时

$$\frac{1}{2h}\int_{\frac{1}{2}-h}^{\frac{1}{2}+h} M\Big(f(x) - f\Big(\frac{1}{2}\Big)\Big)\mathrm{d}x$$

$$\leqslant M(u_{n(h)+1})\int_{\frac{1}{2}-\frac{1}{4M(u_n(h))}}^{\frac{1}{2}+\frac{1}{4M(u_n(h))}} M(f(x))\mathrm{d}x$$

$$= M(u_{n(h)+1}) \sum_{l=n(h)+1}^{\infty} M(u_l)\text{mes } G_l$$

$$\leqslant \sum_{l=n(\delta)}^{\infty} \frac{1}{2^l}$$

$$< \varepsilon$$

或

$$\frac{1}{2h}\int_{\frac{1}{2}-h}^{\frac{1}{2}+h} M\Big(f(x) - f\Big(\frac{1}{2}\Big)\Big)\mathrm{d}x$$

$$\leqslant 2M(u_{n(h)})\int_{\frac{1}{2}-\frac{1}{2M(u_n(h))}}^{\frac{1}{2}+\frac{1}{2M(u_n(h))}} M(f(x))\mathrm{d}x$$

$$\leqslant 2M(u_{n(h)}) \sum_{l=n(h)}^{\infty} M(u_l)\text{mes } G_l$$

$$\leqslant \sum_{l=n(\delta)}^{\infty} \frac{1}{2^{l-1}}$$

$$< \varepsilon$$

但 $x = \dfrac{1}{2}$ 不是 $f(x)$ 的 LB 点，这只要注意

$$\frac{1}{2\dfrac{1}{M(u_n)}}\int_{\frac{1}{2}-\frac{1}{2M(u_n)}}^{\frac{1}{2}+\frac{1}{2M(u_n)}} M\left(2\left(f(x)-f\left(\frac{1}{2}\right)\right)\right)\mathrm{d}x$$

$$\geqslant M(u_n)M(2u_n)\cdot \mathrm{mes}\ G_n \geqslant 1 \quad (n=1,2,\cdots)$$

Orlicz 空间几何的应用[①]

Orlicz 空间的几何性质,不但能揭示空间的内在结构,而且对空间中算子的性质有微妙的影响. 除此之外,变化甚多的几何技巧又为某些其他问题的研究提供了有效的工具.

本章讨论 Orlicz 空间的凸性、光滑性、H 性质等几何性质在最佳逼近中的应用,并用几何技巧考察预报列的收敛性与非二次指标的最优控制问题,最后给出最小 Orlicz 范数控制的表示.

21.1 最佳逼近元的判据

设 X 为 Banach 空间,M 为 X 的子集,$x \in X$,若有 $y \in M$ 满足

$$\| x - y \| = \inf_{m \in M} \| x - m \|$$

则称 y 为 x 在 M 中的最佳逼近元,记为 $y = \pi(x \mid M)$. 集值映射 $P_M : x \rightarrow \{y \mid y = \pi(x \mid M)\}$

第 21 章

---

① 摘编自《Orlicz 空间几何理论》,吴从炘、王廷辅、陈述涛、王玉文著,哈尔滨工业大学出版社,1986.

称为度量投影. 特别,单值的度量投影称为最佳逼近算子,记为 $\pi(\,\cdot\,|M)$.

最佳逼近元的判据是最佳逼近的基本问题之一,它具有理论和应用的双重意义. 例如,在最优控制理论中,某些类型最优控制的刻画,就归结为适当的最佳逼近元的判据.

本节讨论 L_M^* 与 $L_{(M)}^*$ 中凸集 C 中最佳逼近元的特征,推广了 L^p 中熟知的结果.

定理 21.1　设 $M(u) \in \Delta_2, p(u)$ 连续,C 为 L_M^* 中凸集,$u_0 \in C, u \in L_M^* | C$,则 $u_0 = \pi(u|C)$ 的充分必要条件是:对任意 $w \in C$,有

$$\int_G (u_0(t) - w(t)) p(k \mid u(t) -$$

$$u_0(t) \mid) \operatorname{sign}(u(t) - u_0(t)) \mathrm{d}t \geqslant 0 \quad (21.1)$$

这里 k 满足 $\displaystyle\int_G N(p(k \mid u(t) - u_0(t) \mid)) \mathrm{d}t = 1$.

证明　必要性.

若 $u_0 = \pi(u \mid C)$,对 $w \in C$,令

$$h(\tau) = (1 - \tau) u_0 + \tau w, \tau \in [0,1]$$

由 C 的凸性,$h(\tau) \in C, \tau \in [0,1]$. 再令

$$\Psi(\tau) = \| h(\tau) - u \|_M$$

$$= \| (u_0 - u) + \tau(w - u_0) \|_M, \tau \in [0,1]$$

则 $\Psi(\tau) \geqslant \Psi(0), \tau \in [0,1]$.

由于 $M(u) \in \Delta_2, p(u)$ 连续,便知 $\| \cdot \|_M$ Gateaux 可微,故有

$$0 \leqslant \lim_{\tau \to 0} \frac{\Psi(\tau) - \Psi(0)}{\tau}$$

$$= \lim_{\tau \to 0} \frac{\| (u_0 - u) + \tau(w - u_0) \|_M - \| u_0 - u \|}{\tau}$$

$$= g(u_0 - u, w - u_0)$$
$$= (w - u_0, r(u_0 - u))$$

再由存在 $k > 0$,满足

$$\int_G N(p(k \mid u(t) - u_0(t) \mid)] \mathrm{d}t = 1$$

$$r(u_0 - u) = p(k \mid u_0 - u \mid) \mathrm{sign}(u_0 - u)$$

从而有

$$\int_G (u_0(t) - w(t)) p(k \mid u(t) -$$
$$u_0(t) \mid) \mathrm{sign}(u(t) - u_0(t)) \mathrm{d}t \geqslant 0$$

充分性.

由于 $u - u_0 \neq 0$,可知

$$\| u - u_0 \|_M = \int_G (u(t) - u_0(t)) p(k \mid u(t) -$$
$$u_0(t) \mid) \mathrm{sign}(u(t) - u_0(t)) \mathrm{d}t$$

这里 k 满足

$$\int_G N(p(k \mid u(t) - u_0(t) \mid)) \mathrm{d}t = 1$$

从而对 $w \in C$,由式(21.1) 和 Hölder 不等式,有

$$\| u - u_0 \|_M \leqslant \int_G (u(t) - w(t)) p(k \mid u(t) -$$
$$u_0(t) \mid) \mathrm{sign}(u(t) - u_0(t)) \mathrm{d}t$$
$$\leqslant \| u - w \|_M \| p(k \mid u - u_0 \mid) \|_{(N)}$$
$$= \| u - w \|_M$$

于是 $u_0 = \pi(u \mid C)$.

定理 21.2   设 $M(u) \in \Delta_2, p(u)$ 连续,C 为 $L_{(M)}^*$ 中凸集,$u_0 \in C, u \in L_{(M)}^* \mid C$,则 $u_0 = \pi(u \mid C)$ 的充分必要条件是:对任意 $w \in C$

$$\int_G (u_0(t) - w(t)) p\left(\frac{\mid u(t) - u_0(t) \mid}{\| u - u_0 \|_{(M)}}\right) \mathrm{sign}(u(t) -$$

$$u_0(t))\,\mathrm{d}t \geqslant 0 \qquad\qquad (21.2)$$

证明　必要性.

因为 $M(u) \in \Delta_2, p(u)$ 连续,可知 $L^*_{(M)}$ 光滑,且 $u_0 - u$ 处的支撑泛函为

$$r(u_0 - u) = ap\left(\frac{\mid u_0 - u \mid}{\parallel u_0 - u \parallel_{(M)}}\right)\mathrm{sign}(u_0 - u)$$

$$(21.3)$$

这里

$$a^{-1} = \int_G \frac{\mid u_0(t) - u(t) \mid}{\parallel u_0 - u \parallel_{(M)}} p\left(\frac{\mid u_0(t) - u(t) \mid}{\parallel u_0 - u \parallel_{(M)}}\right)\mathrm{d}t > 0$$

与定理 21.1 充分性的证明一样,对任意 $w \in C$

$$0 \leqslant \lim_{\tau \to 0} \frac{\parallel (u_0 - u) + \tau(w - u_0) \parallel_{(M)} - \parallel u_0 - u \parallel_{(M)}}{\tau}$$

$$= \langle w - u_0, r(u - u_0)\rangle$$

$$= \int_G (w(t) - u_0(t))ap\left(\frac{\mid u_0(t) - u(t) \mid}{\parallel u_0 - u \parallel_{(M)}}\right)\mathrm{sign}(u_0(t) -$$

$$u(t))\mathrm{d}t$$

从而式(21.2)成立.

充分性.

对任意 $w \in C$,由式(21.3)和式(21.2)与 Hölder 不等式

$$\parallel u - u_0 \parallel_{(M)} = \langle u - u_0, r(u - u_0)\rangle$$

$$= \int_G (u(t) - u_0(t))p\left(\frac{\mid u(t) - u_0(t) \mid}{\parallel u - u_0 \parallel_{(M)}}\right) \cdot$$

$$a\mathrm{sign}(u(t) - u_0(t))\mathrm{d}t$$

$$\leqslant \int_G (u(t) - w(t))ap\left(\frac{\mid u(t) - u_0(t) \mid}{\parallel u - u_0 \parallel_{(M)}}\right) \cdot$$

$$\mathrm{sign}(u(t) - u_0(t))\mathrm{d}t$$

$$\leqslant \parallel u - w \parallel_{(M)} \left\Vert ap\left(\frac{\mid u - u_0 \mid}{\parallel u - u_0 \parallel_{(M)}}\right)\right\Vert_N$$

$$= \parallel u - w \parallel_{(M)}$$

于是 $u_0 = \pi(u \mid C)$.

推论 21.1 设 $M(u) \in \Delta_2$, $p(u)$ 连续, L 为 L_M^* 的线性子空间, $u_0 \in L$, $u \in L_M^*/L$, 则 $u_0 = \pi(u \mid L)$ 的充分必要条件为: 对任意 $w \in L$

$$\int_G w(t) p(k \mid u(t) - u_0(t) \mid) \mathrm{sign}(u(t) -$$

$$u_0(t)) \mathrm{d}t = 0 \tag{21.4}$$

这里 k 满足

$$\int_G N(p(k \mid u(t) - u_0(t) \mid)) \mathrm{d}t = 1$$

证明 必要性.

由定理 21.1, 对 $w \in L$, 有

$$\int_G (u_0(t) - w(t)) p(k \mid u(t) - u_0(t) \mid) \mathrm{sign}(u(t) -$$

$$u_0(t)) \mathrm{d}t \geqslant 0 \tag{21.5}$$

这里 k 满足

$$\int_G N(p(k \mid u(t) - u_0(t) \mid)) \mathrm{d}t = 1$$

又由 L 为线性集便知 0 与 $2u_0$ 属于 L, 因而在式 (21.5) 中将 w 换为 0 或 $2u_0$, 其不等号不变, 故

$$\int_G u_0(t) p(k \mid u(t) - u_0(t) \mid) \mathrm{sign}(u(t) - u_0(t)) \mathrm{d}t = 0$$

从而

$$\int_G w(t) p(k \mid u(t) - u_0(t) \mid) \mathrm{sign}(u(t) - u_0(t)) \mathrm{d}t \leqslant 0$$

又因 $-w \in L$, 所以在上式中将 w 换为 $-w$, 其不等号不变, 于是

$$\int_G w(t)p(k\mid u(t) - u_0(t)\mid)\mathrm{sign}(u(t) - u_0(t))\mathrm{d}t = 0$$

充分性.

因式(21.4)蕴涵式(21.1),由定理 21.1 立即可得.

推论 21.2　设 $M(u) \in \Delta_2, p(u)$ 连续,L 为 $L^*_{(M)}$ 的线性子空间,$u_0 \in L, u \in L^*_{(M)} \setminus L$,则 $u_0 = \pi(u\mid C)$ 的充分必要条件为:对任意 $w \in L$

$$\int_G w(t)p\left(\frac{\mid u(t) - u_0(t)\mid}{\parallel u - u_0 \parallel_{(M)}}\right)\mathrm{sign}(u(t) - u_0(t))\mathrm{d}t = 0$$

证明　由定理 21.2 推得.

推论 21.3　若 C 为 $L^p(1 < p < \infty)$ 中凸集,则 $\varphi_0 \in C$ 是 $f \in L^p$ 在 C 内最佳逼近元的充分必要条件是:对任意 $\varphi \in C$

$$\int_a^b (\varphi_0(t) - \varphi(t))\mid f(t) - \varphi_0(t)\mid^{p-1}\mathrm{sign}(f(t) - \varphi_0(t))\mathrm{d}t \geqslant 0$$

证明　由定理 21.2 推得.

推论 21.4　设 F 为 $L^p(1 < p < \infty)$ 的线性子空间,则 $\varphi_0 \in F$ 是 $f \in L^p$ 在 F 内的最佳逼近元的充分必要条件是:对任意 $\varphi \in F$

$$\int_a^b \varphi(t)\mid f(t) - \varphi_0(t)\mid^{p-1}\mathrm{sign}(f(t) - \varphi_0(t))\mathrm{d}t = 0$$

证明　由推论 21.2 推得.

21.2　最佳逼近算子的连续性与单调性

最佳逼近算子一般是非线性算子,因而研究其连续性与单调性是有意义的.

1974 年,Brown 举出反例,说明 Banach 空间 X 的自反,严格凸性不蕴涵算子 $\pi(\cdot \mid C)$ 的连续性,这里 C 为 X 中闭凸集. 1976 年,J. Blatter 证得:对于 X 中任何闭凸集 C,$\pi(\cdot \mid C)$ 存在的充分必要条件是 X 自反、严格凸. 本节将证明,对于 Orlicz 空间,这一条件也蕴涵算子 $\pi(\cdot \mid C)$ 的连续性.

引理 21.1 设 X 为 H 严格凸 Banach 空间,C 为 X 中局部弱列紧闭凸集,则算子 $\pi(\cdot \mid C)$ 连续.

证明 因 C 为局部弱列紧闭凸集,$\|\cdot\|$ 严格凸,易知算子 $\pi(\cdot \mid C)$ 在 X 上存在.

设 $x, x_n \in X(n = 1,2,\cdots)$,$\|x_n - x\| \to 0 (n \to \infty)$,如果 $\|\pi(x_n \mid C) - \pi(x \mid C)\| \overset{w}{\longrightarrow} 0 (n \to \infty)$,不妨设

$$\|\pi(x_n \mid C) - \pi(x \mid C)\| \geqslant \varepsilon_0 > 0 \quad (n = 1,2,\cdots)$$
$$(21.6)$$

由于

$$\Big| \|\pi(x_n \mid C) - x_n\| - \|\pi(x \mid C) - x\| \Big|$$

$$\leqslant \begin{cases} \Big| \|\pi(x \mid C) - x_n\| - \|\pi(x \mid C) - x\| \Big| \\ \quad \text{当 } \|\pi(x_n \mid C) - x_n\| \geqslant \|\pi(x \mid C) - x\| \\ \Big| \|\pi(x_n \mid C) - x_n\| - \|\pi(x_n \mid C) - x\| \Big| \\ \quad \text{当 } \|\pi(x_n \mid C) - x_n\| < \|\pi(x \mid C) - x\| \end{cases}$$

$$\leqslant \|x_n - x\| \to 0 \quad (n \to \infty) \qquad (21.7)$$

可知 $\{\pi(x_n \mid C)\}$ 为 C 中有界序列. 于是由 C 的局部弱列紧性,有子列 $\{\pi(x_{n_k} \mid C)\}$ 满足

$$\pi(x_{n_k} \mid C) \overset{w}{\longrightarrow} y \in X \quad (k \to \infty)$$

因为 C 为闭凸集,从而弱闭,故 $y \in C$.

又因

$$\pi(x_{n_k} \mid C) - x_{n_k} \xrightarrow{w} y - x \quad (k \to \infty)$$

$$(21.8)$$

由范数的弱下半连续性,(21.8),(21.7) 两式,我们有

$$\| y - x \| \leqslant \varliminf_{k \to \infty} \| \pi(x_{n_k} \mid C) - x_{n_k} \|$$

$$= \| \pi(x \mid C) - x \|$$

再由 $\pi(x \mid C)$ 的唯一性,有

$$y = \pi(x \mid C) \qquad (21.9)$$

因而由(21.7),(21.8),(21.9) 三式,应用 H 性质即有

$$\pi(x_{n_k} \mid C) \to x_{n_k} \to \pi(x \mid C) - x \quad (k \to \infty)$$

亦即

$$\pi(x_{n_k} \mid C) \to \pi(x \mid C) \quad (k \to \infty)$$

这与式(21.6) 相矛盾.

定理21.3　设 $M(u) \in \Delta_2$,且 $M(u)$ 严格凸,C 为 L_M^* 中局部弱列紧闭凸集,则 $\pi(\cdot \mid C)$ 连续.

证明　因为 $M(u) \in \Delta_2$,$M(u)$ 严格凸,故 L_M^* 有 H 性质,从而 H 严格凸,于是由引理21.1 推得 $\pi(\cdot \mid C)$ 连续.

定理6.4　对于 L_M^* 中任意闭凸集 C,算子 $\pi(\cdot \mid C)$ 连续的充分必要条件是 L_M^* 自反、严格凸.

证明　仅需证充分性.

因 L_M^* 自反、严格凸,故对 L_M^* 中任何闭凸集 C,$\pi(\cdot \mid C)$ 均存在.

L_M^* 自反、严格凸蕴含 L_M^* 中闭凸集 C 为局部弱列紧的,而且 $M(u) \in \Delta_2$,$M(u)$ 严格凸,于是由定理21.3 推得 $\pi(\cdot \mid C)$ 连续.

下面讨论算子 $\pi(\cdot \mid C)$ 的单调性.

当 $M(u) = \dfrac{|u|^p}{p}$ $(1 < p < \infty)$ 时, $L_M^* = L^p$,对 L^p 中任意闭凸格 C ,算子 $\pi(\cdot \mid C)$ 为单调算子,即 $u_1 \geqslant u_2$ a.e. ,蕴涵 $\pi(u_1 \mid C) \geqslant \pi(u_2 \mid C)$ a.e. ,但当 $M(u)$ 为一般 N 函数时, $\pi(\cdot \mid C)$ 不一定是单调算子. 现举反例如下.

例 21.1 设 $G = [0,8]$, Σ 为 G 中一切 Lebesgue 可测集全体所构成的 σ 代数, mes 表示 Lebesgue 测度. $\Sigma_1 = \{\phi, G\}$,则 Σ_1 为 Σ 的 σ-子格,关于 Σ 可测的函数必为常数函数. 定义

$$p(t) = \begin{cases} \dfrac{t}{5\ 600} & (0 \leqslant t < 10) \\[2mm] \dfrac{1}{112} & (10 \leqslant t < 50) \\[2mm] \dfrac{3}{140} & (50 \leqslant t < 55) \\[2mm] \dfrac{3}{112} & (55 \leqslant t < 57) \\[2mm] \dfrac{5}{112} & (57 \leqslant t < 100) \\[2mm] t & (100 \leqslant t) \end{cases}$$

则 $M(u) = \displaystyle\int_0^{|u|} p(t)\,\mathrm{d}t$ 为 N 函数,而且 $M(u) \in \Delta_2 \cap \nabla_2$,令

$$C = \{u \mid u \in L_{(M)}^*, u(t) \text{ 关于 } \Sigma_1 \text{ 可测}\}$$

则 C 为 $L_{(M)}^*$ 中由常数构成的闭凸格.

在 G 上定义函数

$$u(t) = \begin{cases} 55 & (0 \leqslant t < 2) \\ -10 & (2 \leqslant t \leqslant 8) \end{cases}$$

410

$$w(t) = \begin{cases} 55 & (0 \leqslant t < 1) \\ \dfrac{3\,285}{68} & (1 \leqslant t < 2) \\ -10 & (2 \leqslant t \leqslant 8) \end{cases}$$

则 $u \geqslant w$，下面要证 $\pi(u \mid C) < \pi(w \mid C)$，从而 $\pi(\,\cdot\mid C)$ 不是单调算子.

首先证 $\| u - 0\chi_G \|_{(M)} = 1$，事实上

$$\int_G M(u(t))\mathrm{d}t = 2M(55) + 6M(10)$$

$$= 2\left(\int_0^{10} \frac{t}{5\,600}\mathrm{d}t + \frac{40}{112} + \frac{15}{140} \right) + 6\int_0^{10} \frac{t}{5\,600}\mathrm{d}t$$

$$= 2\left(\frac{41}{112} + \frac{15}{140} \right) + \frac{6}{112}$$

$$= 1$$

从而 $\| u - 0\chi_G \|_{(M)} = \| u \|_{(M)} = 1.$

再证：对任意 $a > 0$，$\| u - a\chi_G \|_{(M)} > 1.$

如果 $0 < a < 5$，那么

$$\int_G M(\mid u(t) - a\chi_G(t) \mid)\mathrm{d}t$$

$$= 2M(55 - a) + 6M(10 + a)$$

$$= 2\left(M(55) - \frac{3}{140}a \right) + 6\left(M(10) + \frac{1}{112}a \right)$$

$$= 1 - \frac{6a}{140} + \frac{6a}{112}$$

$$> 1$$

即有 $\| u - a\chi_G \|_{(M)} > 1.$ 假如 $a > 5$，经过类似的计算，同样有上述结论，这样一来 $\pi(u \mid C) \leqslant 0.$

以下证明 $\pi(w \mid C) \geqslant \dfrac{35}{68}$，因而 $\pi(u \mid C) < \pi(w \mid C)$，于是完成证明.

411

设 $\alpha = \dfrac{65}{68}, \beta = \dfrac{35}{68}, \gamma = \dfrac{3\,285}{68}$，则

$$\int_G M\left(\frac{\mid w(t) - \beta \chi_G(t) \mid}{\alpha}\right) \mathrm{d}t$$

$$= M\left(\frac{55 - \beta}{\alpha}\right) + M\left(\frac{\gamma - \beta}{\alpha}\right) + 6M\left(\frac{10 + \beta}{\alpha}\right)$$

$$= M(57) + M(50) + 6M(1)$$

$$= 1$$

于是 $\| w - \beta \chi_G \|_{(M)} = \alpha$.

最后验证:对于任意 $b < \beta$, 一定有 $\| w - b \chi_G \|_{(M)} > \alpha$.

如若 $-\dfrac{30}{68} < b < \dfrac{35}{68} = \beta$，则

$$\int_G M\left(\frac{\mid w(t) - b\chi_G(t) \mid}{\alpha}\right)\mathrm{d}t$$

$$= M\left(\frac{55 - b}{a}\right) + M\left(\frac{\gamma - b}{a}\right) + 6M\left(\frac{10 + b}{a}\right)$$

$$= M\left(\frac{55 - \beta}{a}\right) + \frac{5}{112}\left(\frac{\beta - b}{a}\right) + M\left(\frac{\gamma - \beta}{a}\right) +$$

$$\frac{3}{140}\left(\frac{\beta - b}{a}\right) + 6M\left(\frac{10 + \beta}{a}\right) - \frac{6}{112}\left(\frac{\beta - b}{a}\right)$$

$$= 1 + \left(\frac{5}{112} + \frac{3}{140} - \frac{6}{112}\right)\left(\frac{\beta - b}{a}\right)$$

$$> 1$$

因而 $\| w - b\chi_G \|_{(M)} > a$. 类似的计算可以导出,

当 $b \leqslant -\dfrac{30}{68}$ 时, 也有 $\| w - b\chi_G \|_{(M)} > a$, 总之

$$\pi(w \mid C) \geqslant \beta = \frac{35}{68}$$

下面的定理给出 $\pi(\cdot \mid C)$ 为单调算子的充分条件.

定理 21.5 设 $M(u) \in \Delta_2, p(u)$ 连续、严格增, u,

$w \in L_{(M)}^{*}, C$ 为 $L_{(M)}^{*}$ 中闭凸格. 若 $\operatorname{dist}(u,C) = \operatorname{dist}(w,C)$, 则 $u \geqslant w$ a. e. $\Rightarrow \pi(u \mid C) \geqslant \pi(w \mid C)$ a. e. .

证明　不妨设 $u,w \notin C.$ 令 $u_0 = \pi(u \mid C), w_0 = \pi(w \mid C), \overline{w} = u_0 \backslash w_0, [u_0 < w_0] = \{t \in G \mid u_0(t) < w(t)\}.$

$$w(\tau) = (1 - \tau)u_0 + \tau \overline{w}$$
$$= u_0 + \tau(w_0 - u_0)\chi_{[u_0 < w_0]} \quad (\tau \in [0,1])$$
$$\Psi(\tau) = \| u - w(\tau) \|_{(M)}$$
$$= \| (u - u_0) + \tau(u_0 - w_0)\chi_{[u_0 < w_0]} \|_{(M)} \quad (\tau \in [0,1])$$

因为 $u_0 = \pi(u \mid C), w(\tau) \in C, \tau \in [0,1],$ 故

$$\Psi'(0) = \lim_{\tau \to 0} \frac{\Psi(t) - \Psi(0)}{\tau}$$
$$= \lim_{\tau \to 0} \frac{\| u - w(\tau) \|_{(M)} - \| u - u_0 \|_{(M)}}{\tau}$$
$$\geqslant 0$$

于是

$$\langle (u_0 - w_0)\chi_{[u_0 < w_0]}, r(u - u_0) \rangle = \Psi'(0) \geqslant 0$$

此处 $r(u - u_0)$ 为 $u - u_0$ 处的支撑泛函. 由 $a > 0$, 使得

$$r(u - u_0) = ap\left(\frac{\mid u - u_0 \mid}{\| u - u_0 \|_{(M)}}\right)\operatorname{sign}(u - u_0)$$

从而

$$\int_G ap\left(\frac{\mid u(t) - u_0(t) \mid}{\| u - u_0 \|_{(M)}}\right)\operatorname{sign}(u(t) - u_0(t))(u_0(t) - w_0(t))\chi_{[u_0 < w_0]}\mathrm{d}t \geqslant 0$$

即有

$$\int_{[u_0 < w_0]} p\left(\frac{\mid u(t) - u_0(t) \mid}{\| u - u_0 \|_{(M)}}\right)\operatorname{sign}(u(t) - u_0(t))(w_0(t) - u_0(t))\mathrm{d}t \leqslant 0 \tag{21.10}$$

类似地,设 $\bar{z} = u_0 \wedge w_0$

$$z(\tau) = (1 - \tau)w_0 + \tau\bar{z} = w_0 + \tau(u_0 - w_0)\chi_{[u_0 < w_0]}$$

$$\phi(\tau) = \| w - z(\tau) \|_{(M)}$$

$$= \| (w - w_0) + \tau(w_0 - u_0)\chi_{[u_0 < w_0]} \|_{(M)} \quad (\tau \in [0,1])$$

则得 $\phi'(\tau) \geqslant 0$. 与上同理,存在 $\beta > 0$ 满足

$$\int_G \beta p\Big(\frac{| w(t) - w_0(t) |}{\| w - w_0 \|_{(M)}}\Big)\mathrm{sign}(w(t) - w_0(t))(w_0(t) - u_0(t))\chi_{[u_0 < w_0]}\mathrm{d}t \geqslant 0$$

因而

$$\int_{[u_0 < w_0]} p\Big(\frac{| w(t) - w_0(t) |}{\| w - w_0 \|_{(M)}}\Big)\mathrm{sign}(w(t) - w_0(t)) \cdot$$

$$(w_0(t) - u_0(t))\mathrm{d}t \geqslant 0 \qquad (21.11)$$

由 (21.10),(21.11) 两式,我们得到

$$\int_{[u_0 < w_0]} p\Big(\frac{| w(t) - w_0(t) |}{\| w - w_0 \|_{(M)}}\Big)\mathrm{sign}(w(t) -$$

$$w_0(t))(w_0(t) - u_0(t))\mathrm{d}t$$

$$\geqslant \int_{[u_0 < w_0]} p\Big(\frac{| u(t) - u_0(t) |}{\| u - u_0 \|_{(M)}}\Big)\mathrm{sign}(u(t) -$$

$$u_0(t))(w_0(t) - u_0(t))\mathrm{d}t \qquad (21.12)$$

因为 $w(t) \leqslant u(t)$ a.e.,故在 $[u_0 < w_0]$ 上,$w(t) - w_0(t) < u(t) - u_0(t)$ a.e.,从而由已知条件:$\| u - u_0 \|_{(M)} = \| w - w_0 \|_{(M)}$,有

$$\frac{w(t) - w_0(t)}{\| w - w_0 \|_{(M)}} < \frac{u(t) - u_0(t)}{\| u - u_0 \|_{(M)}} \quad \text{a.e.}$$

于是

$$p\Big(\frac{| w(t) - w_0(t) |}{\| w - w_0 \|_{(M)}}\Big)\mathrm{sign}(w(t) - w_0(t))$$

$$< p\Big(\frac{| u(t) - u_0(t) |}{\| u - u_0 \|_{(M)}}\Big)\mathrm{sign}(u(t) - u_0(t)) \quad \text{a.e.}$$

414

再由式(21. 12)立即可得

$$\mathrm{mes}(\lbrack u_0 < w_0 \rbrack) = 0$$

即 $\pi(u \mid C) = u_0 \geqslant w_0 = \pi(w \mid C)$ a. e..

21.3　预报算子列的收敛性

设 (Ω, Σ, p) 为概率空间,$\lbrace \Sigma_n \rbrace$ 为 Σ 的单调的 σ-子域列,$\Sigma_1 \subset \Sigma_2 \subset \cdots, \Sigma_\infty = \bigcup_{n=1}^{\infty} \Sigma_n$,或者 $\Sigma_1 \supset \Sigma_2 \supset \cdots$,$\Sigma_\infty = \bigcap_{n=1}^{\infty} \Sigma_n$,Doob 鞅收敛定理指出:对 $L^2(\Omega)$ 中每个随机变量 ξ,有

$$\| E(\xi \mid \Sigma_n) - E(\xi \mid \Sigma_\infty) \|_{L_2} \to 0 \quad (n \to \infty)$$

这里 $E(\xi \mid \Sigma_n)(n = 1, 2, \cdots, \infty)$ 为 ξ 在 Σ_n 上的条件期望. 由概率论中的定理:$E(\xi \mid \Sigma_n) = \pi(\xi \mid C_n)$ $(n = 1, 2, \cdots, \infty)$,这里 $C_n = \lbrace \eta \in L^2(\Omega) \mid \eta$ 为 Σ_n 可测$\rbrace$,而且成立

$$C_\infty = \bigcup_{n=1}^{\infty} C_n \quad (C_1 \subset C_2 \subset \cdots)$$

或

$$C_\infty = \bigcap_{n=1}^{\infty} C_n \quad (C_1 \supset C_2 \supset \cdots)$$

Doob 鞅定理有各种不同形式的推广,本节将对自反、H 严格凸 Banach 空间 X 中单调闭凸集列 $\lbrace C_n \rbrace$,证明广义的 Doob 定理,然后由 Orlicz 空间具有 H 性质的条件,推出自反、严格凸的 Orlicz 空间中预报算子列的极限定理.

设 X 为 Banach 空间,$\lbrace C_n \rbrace$ 为 X 中单调闭凸集列,如果 $C_1 \supset C_2 \supset C_3 \supset \cdots$,令 $C_\infty = \bigcap_{n=1}^{\infty} C_n$,记为

$C_n \downarrow C_\infty (n \to \infty)$，如果 $C_1 \subset C_2 \subset \cdots$，令 $C_\infty = \overline{\bigcup_{n=1}^{\infty} C_n}$，记为 $C_n \uparrow C_\infty (n \to \infty)$.

定理 21.6 设 X 为自反，H 严格凸 Banach 空间，$\{C_n\}$ 为 X 中单调闭凸集列，若 $C_n \downarrow C_\infty$ 或 $C_n \uparrow C_\infty (n \to \infty)$，则对任意 $x \in X$，有

$$\| \pi(x \mid C_n) - \pi(x \mid C_\infty) \| \to 0 \quad (n \to \infty)$$

证明 （1）$C_n \uparrow C_\infty (n \to \infty)$，对任何 $x \in X$，如若该定理不真，不妨设

$$\| \pi(x \mid C_n) - \pi(x \mid C_\infty) \| \geqslant \varepsilon_0 > 0 \quad (n = 1, 2, \cdots)$$

$$(21.13)$$

由于 $\| x - \pi(x \mid C_1) \| \geqslant \| x - \pi(x \mid C_2) \| \geqslant \cdots \geqslant \| x - \pi(x \mid C_\infty) \|$，所以 $\lim\limits_{n \to \infty} \| x - \pi(x \mid C_n) \| = r \geqslant \| x - \pi(x \mid C_\infty) \|$.

若出现 $r > \| x - \pi(x \mid C_\infty) \|$，则对一切 $n \geqslant 1$，均有

$$\| x - \pi(x \mid C_n) \| \geqslant r > \| x - \pi(x \mid C_\infty) \|$$

$$(21.14)$$

因为 $\pi(x \mid C_\infty) \in C_\infty = \overline{\bigcup_{n=1}^{\infty} C_n}$，故有 $\{C_n\}$ 的子列 $\{C_{n_k}\}$，$x_{n_k} \in C_{n_k} (k = 1, 2, \cdots)$，满足

$$\lim_{k \to \infty} \| \pi(x \mid C_\infty) - x_{n_k} \| = 0$$

从而存在 k_0，当 $k \geqslant k_0$ 时

$$\| \pi(x \mid C_n) - x_{n_k} \| < \frac{1}{2}(r - \| x - \pi(x \mid C_\infty) \|)$$

$$(21.15)$$

于是当 $k \geqslant k_0$ 时，由(21.14)和(21.15)两式，我们有

$$\| x - x_{n_k} \| \leqslant \| x - \pi(x \mid C_\infty) \| +$$

$$\| \pi (x \mid C_\infty) - x_{n_k} \|$$

$$< r$$

这与式 (21.14) 相矛盾. 因此

$$\lim_{n \to \infty} \| x - \pi (x \mid C_n) \| = \| x - \pi (x \mid C_\infty) \|$$

$$(21.16)$$

由于 C_1 非空, 选 $x_0 \in C_1$, 对一切 $n \geqslant 1$

$$\| \pi (x \mid C_n) \| \leqslant \| \pi (x \mid C_n) - x \| + \| x \|$$

$$\leqslant \| x_0 - x \| + \| x \|$$

$$< \infty$$

即 $\{ \pi (x \mid C_n) \}$ 为 X 中的有界序列, 因而由 X 自反, 可选子列 $\{ \pi (x \mid C_{n_k}) \}$, $y_0 \in X$, 满足

$$\pi (x \mid C_{n_k}) \xrightarrow{w} y_0 \quad (k \to \infty) \quad (21.17)$$

因为 C 闭凸, 从而弱闭, 故 $y_0 \in C_\infty$. 再由范数的弱下半连续性, 有

$$\| x - y_0 \| \leqslant \lim_{k \to \infty} \| x - \pi (x \mid C_{n_k}) \|$$

$$= \| x - \pi (x \mid C_\infty) \|$$

顾及 X 的严格凸性, 便知

$$y_0 = \pi (x \mid C_\infty) \quad (21.18)$$

由 (21.17), (21.18), (21.16) 三式, 应用空间 X 的 H 性质, 得到 $x - \pi (x \mid C_{n_k}) \to x - \pi (x \mid C_\infty) (k \to \infty)$, 这与式 (21.13) 矛盾.

(2) 设 $C_n \downarrow C_\infty (n \to \infty)$, $x \in X$, 假如有 $\varepsilon_0 > 0$,

$$\| \pi (x \mid C_n) - \pi (x \mid C_\infty) \| \geqslant \varepsilon_0 > 0 \quad (n = 1, 2, \cdots)$$

$$(21.19)$$

下面将导致矛盾.

因为 $\| x - \pi (x \mid C_1) \| \leqslant \| x - \pi (x \mid C_2) \| \leqslant \cdots \leqslant \| x - \pi (x \mid C_\infty) \|$, 故 $\{ \pi (x \mid C_n) \}$ 有界, 从而有子列

417

$\{\pi(x\mid C_{n_k})\}$, $y_1\in X$, 满足

$$\pi(x\mid C_{n_k})\xrightarrow{w}y_1\quad(k\to\infty)$$

易知 $y_1\in C_\infty$, 且

$$x-\pi(x\mid C_{n_k})\xrightarrow{w}x-y_1\quad(k\to\infty)\quad(21.20)$$
$$y_1=\pi(x\mid C_\infty)$$

再证

$$\lim_{n\to\infty}\|x-\pi(x\mid C_n)\|=\|x-\pi(x\mid C_\infty)\|$$

$$(21.21)$$

如若不然, 设 $r>0$, 满足

$$\lim_{n\to\infty}\|x-\pi(x\mid C_n)\|=r<\|x-\pi(x\mid C_\infty)\|$$

令 $C=\{y\mid\|x-y\|\leqslant r\}$, 则 $\{\pi(x\mid C_{n_k})\}\subset C$, $\pi(x\mid C_\infty)\notin C$. 由分离定理, $\pi(x\mid C_{n_k})\xrightarrow{w}\pi(x\mid C_\infty)$ $(k\to\infty)$, 此为矛盾.

由 (21.20), 相 (21.21) 两式, 应用 H 性质, 导出

$$\pi(x\mid C_{n_k})\to\pi(x\mid C_\infty)\quad(k\to\infty)$$

与式 (21.19) 相矛盾.

推论 21.5 设 $L_{(M)}^*$ 自反严格凸, $\{C_n\}$ 为 $L_{(M)}^*$ 中单调闭凸集列, 如果 $C_n\uparrow C_\infty$ 或 $C_n\downarrow C_\infty$ $(n\to\infty)$, 则对任意 $u\in L_{(M)}^*$, 有

$$\|\pi(u\mid C_n)-\pi(u\mid C_\infty)\|_{(M)}\to0\quad(n\to\infty)$$

证明 由定理 21.6 立即可得.

下面研究 Orlicz 空间中由 σ-格列给出的预报算子列的收敛性.

设 (Ω,Σ,μ) 为全有限不含原子测度空间. Σ 的子类 Σ_0 称为 Σ 的 σ-子格, 是指 $\phi,\Omega\in\Sigma_0$, 且 $\{A_n\}\subset\Sigma_0$ 蕴涵 $\bigcup_{n=1}^\infty A_n\in\Sigma_0$, $\bigcap_{n=1}^\infty A_n\in\Sigma_0$; Ω 上实函数 $u(t)$ 称为

关于 Σ_0 可测,系指对任意实数 c,集合 $\{t \mid t \in \Omega, u(t) \geqslant c\} \in \Sigma_0$;设 $C = \{u \mid u \in L^*_{(M)}, u$ 关于 Σ_0 可测 $\}$, $(\cdot \mid C)$ 称为由 σ-格 Σ_0 给出的预报算子(易知:C 在通常的半序下成为闭凸格).

设 $\{\Sigma_n\}$ 为 Σ 的一列单调的 σ-子格,若 $\Sigma_1 \subset \Sigma_2 \subset \cdots$,令 Σ_∞ 为 $\bigcup_{n=1}^{\infty} \Sigma_n$ 张成的 σ-格,记为 $\Sigma_n \uparrow \Sigma_\infty (n \to \infty)$,若 $\Sigma_1 \supset \Sigma_2 \supset \cdots$,令 $\Sigma_\infty = \bigcap_{n=1}^{\infty} \Sigma_n$,记为 $\Sigma_n \downarrow \Sigma_\infty (n \to \infty)$. 不妨设 $\Sigma_n \neq \phi (n = 1, 2, \cdots)$.

再令 $C_n = \{u \mid u \in L^*_{(M)}, u$ 关于 Σ_n 可测 $\} (n = 1, 2, \cdots, \infty)$.

引理 21.2　如果格 Σ' 生成 σ-格 Σ'',那么对任意 $A \in \Sigma'', \varepsilon > 0$,存在 $B \in \Sigma'$,使得

$$\mu(A \triangle B) < \varepsilon$$

此处 $A \triangle B$ 为 A 与 B 的对称差.

引理 21.3　设 $M(u) \in \Delta_2, \Sigma_0 = \bigcup_{n=1}^{\infty} \Sigma_n (\Sigma_1 \subset \Sigma_2 \subset \cdots), C_0 = \{u \in L^*_{(M)}, u(t)$ 为 Σ_0 可测 $\}$,则对任意 $u \in C_\infty$,存在 C_0 中简单函数列 $\{g_n\}$,满足

$$\| u - g_n \|_{(M)} \to 0 \quad (n \to \infty)$$

证明　无碍一般性,只须对 $u \in C_\infty, u(t) \geqslant 0$,建立引理 21.3. 事实上,设引理对 C_∞ 中非负函数为真,对于任意的 $u \in C_\infty$,有

$$u(t) = u(t) \vee 0 + u(t) \wedge 0$$

因为 C_∞ 为 σ-格,从而 $u \vee 0, u \wedge 0 \in C_\infty$ 且 $u \vee 0 \geqslant 0$,记 $-(u \wedge 0)$ 为 g,则 $g(t) \geqslant 0$,且 $g(t)$ 为 Σ^c_∞ 可测函数,这里 $\Sigma^c_\infty = \{A^c \mid A \in \Sigma_\infty\}$,由对偶律,$\Sigma^c_\infty$ 为格 $\Sigma^c_0 = \{A^c \mid A \in \Sigma_0\}$ 张成的 σ-格. 现将非负情形应用

到 Σ_0^c 与 Σ_∞^c,则有关于 Σ_0 可测的简单函数列 $\{h_n\}$ 按范数收敛于 $-g = u \wedge 0$,以及按范数收敛于 $u \vee 0$ 的 Σ_0 可测简单函数列 $\{g_n\}$,令

$$k_n = g_n + h_n \quad (n = 1,2,\cdots)$$

则

$$\begin{aligned}
\| u - k_n \|_{(M)} &= \| (u \vee 0 + u \wedge 0) - (g_n + h_n) \|_{(M)} \\
&\leqslant \| u \vee 0 - g_n \|_{(M)} + \| u \wedge 0 - h_n \|_{(M)} \to 0 \\
&(n \to \infty)
\end{aligned}$$

以下总设 $u \in C_\infty, u(t) \geqslant 0$.

对每个自然数 k,将区间 $[0,k]$ 等分为 k_2^k 个长度为 $\dfrac{1}{2^k}$ 的区间.

由于 $u(t)$ 为 Σ_∞ 可测,注意到 Σ_0 为格,且生成 σ- 格 Σ_∞,从引理 21.2,有 $E_{k,j} \in \Sigma_0 (j = 1,2,\cdots,k2^k + 1)$ 满足

$$\mu\left(\left\{t \in \Omega \mid u(t) > k - \frac{j}{2^k}\right\} \Delta E_{k,k2^k+1-j}\right) < \varepsilon_k$$
$$(j = 0,1,2,\cdots,k2^k - 1)$$
$$\mu(\{t \in \Omega \mid u(t) \geqslant 0\} \Delta E_{k,1}) < \varepsilon_k$$

这里 $\varepsilon_k (k = 1,2,\cdots)$ 待定. 顾及到当 $t \in \Omega$ 时,$u(t) \geqslant 0$ 可取 $E_{k,1} = \Omega$.

对固定的 k,令 $E_j = E_{k,k2^k+1-j} (j = 0,1,\cdots,k2^k - 1)$ 定义 Σ_0 可测的简单函数

$$g_k(t) = \begin{cases} k & (t \in E_0) \\ k - \dfrac{j}{2^k} & \left(t \in E_j \diagup \bigcup\limits_{i=0}^{j-1} E_i, j = 1,2,\cdots,k2^k\right) \end{cases}$$

为进一步简化记号,令

$$K = \{t \in \Omega \mid u(t) > k\}$$
$$K_i = \left\{t \in \Omega \mid k - \frac{j+1}{2^k} < u(t) \leqslant k - \frac{j}{2^k}\right\}$$

420

$$(j = 0, 1, \cdots, k2^k - 2)$$

$$k2^k - 1 = \left\{ t \in \Omega \mid 0 \leqslant u(t) \leqslant \frac{1}{2^k} \right\}$$

$$L_j = E_{j+1} \Big/ \bigcup_{i=0}^{j} E_i \quad (j = 0, 1, \cdots, k2^k - 1)$$

则

$$L_j^{\xi} = E_{j+1}^{\xi} \cup \Big(\bigcup_{i=1}^{j} E_i \Big) \quad (j = 0, 1, \cdots, k2^k - 1)$$

于是

$$\int_{\Omega} M(u(t) - g_k(t)) \mathrm{d}\mu = \int_K M(u(t) - g_k(t)) \mathrm{d}\mu +$$

$$\sum_{i=0}^{k2^k-1} \int_{K_j} M(u(t) - g_k(t)) \mathrm{d}\mu$$

$$(21.22)$$

根据在 K 上，$u(t) > k, 0 \leqslant g_k(t) \leqslant k$，从而

$$0 \leqslant u(t) - g_k(t) \leqslant u(t), t \in K$$

再由 $M(u(t))$ 可积，故

$$\int_K M(u(t) - g_k(t)) \mathrm{d}\mu$$

$$\leqslant \int_K M(u(t)) \mathrm{d}\mu \to 0 \quad (k \to \infty)$$

$$(21.23)$$

下面估计式(21.22) 右方第二项.

对于每个 $j, 0 \leqslant j \leqslant k2^k - 1$

$$\int_{K_j} M(u(t) - g_k(t)) \mathrm{d}\mu = \int_{K_j \cap L_j} + \int_{K_j \cap L_j^c}$$

$$(21.24)$$

而

$$\int_{K_j \cap L_j} M(u(t) - g_k(t)) \mathrm{d}\mu \leqslant \int_{K_j \cap L_j} M\left(\frac{1}{2^k} \right) \mathrm{d}\mu$$

Orlicz 空间

$$\leqslant M\left(\frac{1}{2^k}\right)\mu(K_j) \quad (j = 0,1,\cdots,k2^k - 1) \quad (21.25)$$

又对 $j = 0,1,\cdots,k2^k - 2$,有

$$K_j \cap E_{j+1}^c \subset \left\{t \in \Omega \mid u(t) > k - \frac{j+1}{2^k}\right\}\Delta E_{j+1}$$

$$K_j \cap E_i \subset \left\{t \in \Omega \mid u(t) > k - \frac{i}{2^k}\right\}\Delta E_i \quad (i = 0,1,\cdots,j)$$

且对于 $j = k2^k - 1$,也有

$$K_j \cap E_{j+1}^c \subset \{t \in \Omega \mid u(t) \geqslant 0\}\Delta E_{j+1}$$

$$K_j \cap E_i \subset \left\{t \in \Omega \mid u(t) > k - \frac{i}{2^k}\right\}\Delta E_i \quad (i = 1,2,\cdots,j)$$

由此即得

$$\mu(E_j \cap L_j^c) \geqslant (j+2)\varepsilon_k \leqslant (k2^k + 1)\varepsilon_k$$
$$(j = 0,1,\cdots,k2^k - 1)$$

因而

$$\int_{K_j \cap L_j^c} M(u(t) - g_k(t))\mathrm{d}\mu \leqslant \int_{K_j \cap L_j^c} M(k)\mathrm{d}\mu$$
$$\leqslant M(k)(k2^k + 1)\varepsilon_k$$
$$(j = 0,1,\cdots,k2^k + 1) \quad (21.26)$$

选 $\{\varepsilon_k\}$ 使 $M(k)(k2^k)(k2^k + 1)\varepsilon_k \to 0 (k \to \infty)$,
由式$(21.24),(21.25)$,我们得到

$$\sum_{j=0}^{k2^k-1} \int_{K_j} M(u(t) - g_k(t))\mathrm{d}\mu$$

$$\leqslant M\left(\frac{1}{2^k}\right)\sum_{j=0}^{k2^k-1}\mu(K_j) + (k2^k)M(k)(k2^k + 1)\varepsilon_k$$

$$\leqslant M\left(\frac{1}{2^k}\right)\mu(\Omega) + M(k)(k2^k)(k2^k + 1)\varepsilon_k \to 0$$

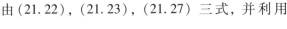

$$(k \to \infty) \quad (21.27)$$

由 $(21.22),(21.23),(21.27)$ 三式,并利用

422

$M(u) \in \Delta_2$，即得

$$\| u - g_k \|_{(M)} \to 0 \quad (k \to \infty)$$

引理 21.4　若 $M(u) \in \Delta_2$，则：

(1) $\Sigma_n \downarrow \Sigma_\infty \Rightarrow C_n \downarrow C_\infty (n \to \infty)$；

(2) $\Sigma_n \uparrow \Sigma_\infty \Rightarrow C_n \uparrow C_\infty (n \to \infty)$.

证明　（1）明显，仅需证（2）.

由 C_n 的定义，并顾及 C 的闭性，我们有

$$\overline{\bigcup_{n=1}^{\infty} C_n} \subset C_\infty$$

任取 $u \in C_\infty, \varepsilon > 0$，由引理 21.3，存在关于 $\Sigma_0 = \bigcup_{n=1}^{\infty} \Sigma_n$ 可测的简单函数 $g(t)$，满足

$$\| u - g \|_{(M)} < \varepsilon$$

因为 $g(t)$ 为简单函数，而且 $\Sigma_1 \subset \Sigma_2 \subset \cdots \subset \Sigma_0$，$\Sigma_0 = \bigcup_{n=1}^{\infty} \Sigma_n$，故必有 n_0，使得 $g(t)$ 关于 Σ_{n_0} 可测，从而 $g \in C_{n_0}$，于是 $u \in \overline{\bigcup_{n=1}^{\infty} C_n}$. 因此

$$C_\infty = \overline{\bigcup_{n=1}^{\infty} C_n}$$

定理 21.7　设 $M(u) \in \Delta_2 \cap \nabla_2$，且 $M(u)$ 严格凸，$\Sigma_n \downarrow \Sigma_\infty$ 或 $\Sigma_n \uparrow \Sigma_\infty (n \to \infty)$，则对任意 $u \in L_{(M)}^*$

$$\| \pi(u \mid C_n) - \pi(u \mid C) \|_{(M)} \to 0 \quad (n \to \infty)$$

证明　由 $L_{(M)}^*$ 为自反，H 严格凸空间，从而据引理 21.4、推论 21.5，立即可得.

21.4　一个非二次指标最优控制问题

考虑分布参数系统

$$\begin{cases} (\lambda - \Delta)y = f & (x \in \Omega) \\ \dfrac{\partial y}{\partial n} = g & (x \in \Gamma_1) \\ y = v & x \in \Gamma_2 \end{cases} \qquad (21.28)$$

这里 Δ 为 Laplace 算子, Ω 为 $\mathbf{R}^n$ 中具有光滑边界 Γ 的有界开域, Ω 局部地位于 Γ 的一侧, $\lambda > 0$, $\Gamma = \Gamma_0 \cup \Gamma_1$, $\Gamma_0 \cap \Gamma_1 = \varnothing$, $f \in L^2(\Omega)$, $g \in L^2(\Gamma_1)$, v 为 Γ_0 上待定的边界条件.

工程中提出的许多问题均可归结为：给定 v 的一个"约束" U_{ad}, 在 U_{ad} 中是否唯一存在 v^*, 使得式 (21.28) 的解 $y(v^*)$ 与给定的函数 h "最接近"？此即一个最优边界控制问题.

对于 $h \in L^1(\Omega)$, 不宜采用"p 次 $(1 < p < \infty)$ 指标"：$J(v) = \| y(v) - h \|_{L^p}$, $v \in U_{ad}$ 来刻画式 (21.28) 的解与 h 的接近程度, 如用"一次指标"：$J(v) = \| y(v) - h \|_{L^1}$, $v \in U_{ad}$ 讨论, 又不能保证最优控制的唯一性（因为范数 $\| \cdot \|_{L^1}$ 不严格凸）. 本节借助于 Orlicz 空间, 引入与 h 有关的非二次指标 J_h：$J_h(v) = \| y(v) - h \|_{(M)}$, $v \in U_{ad}$（这里 $M(u)$ 为一个适当的 N 函数, 且当 $h \in L^2(\Omega)$ 时, J_h 为二次指标）. 用几何技巧证得在适当的"允许控制集" U_{ad} 内, 最优控制唯一存在.

定理 21.8　如果 $h \in L^1(\Omega)$, 那么存在光滑、严格凸的 Orlicz 空间 $L_{(M)}^*(\Omega)$ 满足：

(1) $h \in L_{(M)}^*(\Omega)$；(2) $L^2(\Omega) \subset L_{(M)}^*(\Omega)$, 且当 $h \in L^2(\Omega)$ 时, $L^2(\Omega) = L_{(M)}^*(\Omega)$.

证明　若有 $p > 1$, $h \in L^p(\Omega)$, 当 $p < 2$ 时, 取

$M(u) = \dfrac{|u|^p}{p}$；当 $p \geqslant 2$ 时，取 $M(u) = \dfrac{|u|^2}{2}$，则 $M(u)$ 满足定理的要求. 否则，$h \in L^1(\Omega) \backslash L^p(\Omega)(1 < p \leqslant \infty)$，令

$$G_n = \{t \in \Omega \mid n-1 \leqslant |h(t)| < n\} \quad (n = 1, 2, \cdots)$$

则

$$\sum_{n=1}^{\infty} n \cdot \operatorname{mes} G_n \leqslant \int_G |h(t)|\,\mathrm{d}t + \operatorname{mes} \Omega < \infty$$

选一列自然数 $\{m_k\}$，满足 $m_k \geqslant k, m_{k+1} \geqslant 2m_k$，且

$$\sum_{n=m_k}^{m_{k+1}-1} n \cdot \operatorname{mes} G_n < \frac{1}{2^k} \quad (k = 1, 2, \cdots)$$

令

$$p_1(t) = \begin{cases} t & (0 \leqslant t < 1) \\ 1 & (1 \leqslant t < m_1) \\ k & (m_k \leqslant t < m_{k+1}) \end{cases} \quad (k = 1, 2, \cdots)$$

则 $M_1(u) = \displaystyle\int_0^{|u|} p_1(t)\,\mathrm{d}t$ 为 N 函数，而且

$$
\begin{aligned}
\int_{\Omega} M_1(h(t))\,\mathrm{d}t &= \sum_{n=1}^{\infty} \int_{G_n} M_1(h(t))\,\mathrm{d}t \\
&\leqslant \sum_{n=1}^{\infty} M_1(n) \operatorname{mes} G_n \\
&\leqslant \sum_{n=1}^{\infty} np(n) \operatorname{mes} G_n \\
&\leqslant \sum_{n=1}^{m_1-1} n \cdot \operatorname{mes} G_n + \sum_{n=1}^{\infty} \frac{k}{2^k} \\
&< \infty
\end{aligned}
$$

故 $h \in L^*_{(M_1)}(\Omega)$.

又由 $m_k \geqslant k(k = 1, 2, \cdots)$，有

$$p_1(t) \leqslant t \quad (0 \leqslant t < \infty)$$

从而 $M_1(u)$ 慢于 $|u|^2$, 于是 $L^2(\Omega) \subset L^*_{(M_1)}(\Omega)$.

当 $t \geqslant m_1$ 时, 设 $m_k \leqslant t < m_{k+1}$, 则

$$2m_k \leqslant 2t < 2m_{k+1} < m_{k+2}$$

故

$$p_1(2t) \leqslant k+1 \leqslant 2k = 2p_1(t)$$

从而当 $u \geqslant u_0 = 2m_1$ 时

$$M_1(2u) = \int_0^{2u} p_1(t)\,\mathrm{d}t \leqslant 2up_1(2u)$$

$$\leqslant 16\frac{u}{2}p_1\left(\frac{u}{2}\right)$$

$$\leqslant 16M_1(u)$$

亦即 $M_1(u) \in \Delta_2$. 再令

$$p(t) = \frac{M_1(t)}{t}, M(u) = \int_0^{|u|} p(t)\,\mathrm{d}t$$

则 $M(u)$ 与 $M_1(u)$ 等价, 于是 $M(u) \in \Delta_2$, 但 $p(t)$ 连续、严格增, 从而 $L^*_{(M)}$ 光滑、严格凸, 并有

$$h \in L^*_{(M)}(\Omega), L^2(\Omega) \subset L^*_{(M)}(\Omega)$$

以下固定 $M(u)$ 为定理 21.8 中所构造的 N 函数, 设 $N(v)$ 为其余 N 函数. $h \in L^1(\Omega)$.

引理 21.5 $C_0^\infty(\Omega)$ 在 $E_N(\Omega)$ 中稠.

证明 仿照 $C_0^\infty(\Omega)$ 在 $L^p(\Omega)(1 \leqslant p < \infty)$ 中稠的证明即可.

引理 21.6 对 $v \in L^2(\Gamma_0)$, 记式 (21.28) 的广义解为 $y(v)$, 定义 $A:v \to y(v)$, 则:

(1) A 为从 $L^2(\Gamma_0)$ 到 $L^*_{(M)}(\Omega)$ 的连续算子;

(2) $A(v)$ 在点 0 处 Frèchet 可导, 且

$$A(v) = A'(0)v + A(0), v \in L^2(\Gamma_0)$$

证明 (1) 对 $v \in L^2(\Gamma_0)$, 式 (21.28) 有唯一广

义解 $y(v), y(v) \in H^{\frac{1}{2}}(\Omega) \subset H^0(\Omega) = L^2(\Omega) \subset L^*_{(M)}(\Omega)$，从而 A 为从 $L^2(\Gamma_0)$ 到 $L^*_{(M)}(\Omega)$ 内的算子. （这里 $H^{\frac{1}{2}}(\Omega), H^0(\Omega)$ 为 Sobolev 空间）.

设 $v_n \in L^2(\Gamma_0)(n = 0, 1, \cdots), \| v_n - v_0 \|_{L^2(\Gamma_0)} \to 0(n \to \infty)$，由式（21.28）的解对 v 的连续相依性，$L^2(\Omega) \subset L^*_{(M)}(\Omega)$，有 $\beta > 0$，使得

$$\| y(v_n) - y(v_0) \|_{(M)}$$
$$\leqslant \beta \| y(v_n) - y(v_0) \|_{L^2(\Omega)} \to 0 \quad (n \to \infty)$$

（2）任取 $\varphi \in C^\infty(\Omega) \cap L^\infty(\overline{\Omega})$. 由式（21.28），应用 Green 公式

$$\int_G f\varphi \mathrm{d}t = \int_G (\lambda - \Delta) y(v) \varphi \mathrm{d}t$$
$$= -\int_\Gamma \frac{\partial y(v)}{\partial n} \varphi \mathrm{d}t + \int_\Gamma y(v) \frac{\partial \varphi}{\partial n} \mathrm{d}t +$$
$$\int_\Omega y(v) (\lambda - \Delta) \varphi \mathrm{d}t$$
$$= -\int_{\Gamma_0} \frac{\partial y(v)}{\partial n} \varphi \mathrm{d}t - \int_{\Gamma_1} g\varphi \mathrm{d}t + \int_{\Gamma_0} v \frac{\partial \varphi}{\partial n} \mathrm{d}t +$$
$$\int_{\Gamma_1} y(v) \frac{\partial \varphi}{\partial n} \mathrm{d}t + \int_\Omega y(v) (\lambda - \Delta) \varphi \mathrm{d}t$$

$$(21.29)$$

对于任意 $\Psi \in C_0^\infty(\Omega)$，由解的正则性，存在 $\varphi \in C^\infty(\Omega) \cap L^\infty(\overline{\Omega})$，满足方程

$$\begin{cases} (\lambda - \Delta)\varphi = \Psi & (x \in \Omega) \\ \dfrac{\partial \varphi}{\partial n} = 0 & (x \in \Gamma_1) \\ \varphi = 0 & (x \in \Gamma_0) \end{cases} \quad (21.30)$$

将此函数代入式（21.29），得到

$$\int_{\Omega} y(v) \Psi \mathrm{d}t = \int_{\Omega} y(v)(\lambda - \Delta)\varphi \mathrm{d}t$$

$$= \int_{\Omega} f\varphi \mathrm{d}t + \int_{\Gamma_1} g\varphi \mathrm{d}t - \int_{\Gamma_0} v\frac{\partial\varphi}{\partial n}\mathrm{d}t$$

$$(21.31)$$

在式(21.31) 中,分别将 v 换为 $\theta v(0 < \theta < 1)$ 与 0,记为(*)和(* *). 由(*)减(* *),即得

$$\int_{\Omega}(y(\theta v) - y(0))\Psi \mathrm{d}t = -\int_{\Gamma_0}\theta v\frac{\partial\varphi}{\partial n}\mathrm{d}t$$

$$(21.32)$$

再由式(21.31)减(* *)又得

$$\int_{\Omega}(y(v) - y(0))\Psi \mathrm{d}t = -\int_{\Gamma_0}v\frac{\partial\varphi}{\partial n}\mathrm{d}t \quad (21.33)$$

于是由式(21.32)、(21.33) 便知

$$\int_{\Omega}\left(\frac{y(\theta v) - y(0)}{\theta} - (y(v) - y(0))\right)\Psi \mathrm{d}t = 0$$

因为 $C_0^{\infty}(\Omega)$ 在 $E_N(\Omega)$ 中稠,故由 $A(v) = y(v)$, $v \in L^2(\Gamma_0)$,得

$$\left\|\frac{A(\theta v) - A(0)}{\theta} - (A(v) - A(0))\right\|_{(M)} = 0$$

$$(0 < \theta < 1) \qquad (21.34)$$

据定义, $A(v)$ 在点 0 的 Frèchet 导数存在,且

$$A'(0)v = A(v) - A(0)$$

引理 21.7 设 U_{ad} 为 $L^2(\Gamma_0)$ 中有界闭凸集,则 $C = \{y(v) \mid u \in U_{ad}\}$ 为 $L_{(M)}^*$ 中弱列紧闭凸集.

证明 设 $y(v_1), y(v_2) \in C$,由引理 21.6

$$\frac{1}{2}(y(v_1) + y(v_2)) = \frac{1}{2}(A'(0)v_1 + A(0)) +$$

$$\frac{1}{2}(A'(0)v_2 + A(0))$$

$$= A'(0)\left(\frac{v_1 + v_2}{2}\right) + A(0)$$

$$= y\left(\frac{v_1 + v_2}{2}\right)$$

因 $\dfrac{v_1 + v_2}{2} \in U_{ad}$，故 C 为凸集.

任取一列 $\{y(v_n)\} \subset C$，由于 U_{ad} 为 $L^2(\varGamma_0)$ 中有界闭凸集，故有 $\{v_n\}$ 的子列 $\{v_{n_k}\}$ 满足

$$v_{n_k} \xrightarrow{\ w\ } v_0 \in U_{ad}$$

由于 $A'(0)$ 为从 $L^2(\varGamma_0)$ 到 $L^*_{(M)}(\varOmega)$ 的有界线性算子，因此

$$A'(0)v_{n_k} \xrightarrow{\ w\ } A'(0)v_0 \quad (k \to \infty)$$

于是 $y(v_{n_k}) = A'(0)v_{n_k} + A(0) \xrightarrow{\ w\ } A'(0)v_0 + A(0) = y(v_0)(k \to \infty)$. 而且 $y(v_0) \in C$，所以 C 为弱列紧闭凸集.

定理21.9　设 U_{ad} 为 $L^2(\varGamma_0)$ 中有界闭凸集，$J_h(v) = \| y(v) - h \|_{(M)} v \in U_{ad}$，则唯一存在 $v^* \in U_{ad}$

$$J_h(v^*) = \inf_{v \in U_{ad}} J_h(v)$$

证明　设 $C = \{ y(v) \mid v \in U_{ad} \}$，则 C 为 $L^*_{(M)}$ 中弱列紧闭凸集，从而由 $L^*_{(M)}(\varOmega)$ 的严格凸性，唯一存在 $y \in C$，使得

$$\| y - h \|_{(M)} = \inf_{y(v) \in C} \| y(v) - h \|_{(M)}$$

亦即有 $v^* \in U_{ad}$，使得 $y = y(v^*)$，且

$$J_h(v^*) = \inf_{v \in U_{ad}} J_h(v)$$

如果又有 $v_1^* \in U_{ad}$，满足 $y(v_1^*) = y = y(v^*)$，$x \in \varOmega$，由著名迹定理，$v_1^* = y(v_1^*) = y(v^*) = v^*$，$x \in \varGamma_0$.

推论 21.7 设 $U_{ad} = \{v(t) \mid v(t)$ 定义于 $\Gamma_0, m_1 \leqslant v(t) \leqslant m_2\}, h \in L^2(\Omega)$，则唯一存在 $v^* \in U_{ad}$，使得

$$\overline{J}_h(v^*) = \inf_{v \in U_{ad}} \overline{J}_h(v)$$

这里 $\overline{J}_h(v) = \| y(v) - h \|_{L^2}, v \in U_{ad}$.

证明 易知 U_{ad} 为 $L^2(\Gamma_0)$ 中有界闭凸集，又由定理 21.8，$L^2(\Omega) = L^*_{(M)}(\Omega)$，从而由定理 21.9 立即可得.

定理 21.10 设 $h \notin C$，则 $v^* \in U_{ad}, J_h(v^*) = \inf_{v \in U_{ad}} J_h(v) \Leftrightarrow$ 对任意 $v \in U_{ad}$

$$\int_{\Omega} (y(v^*) - y(v)) p\left(\frac{\mid h - y(v^*) \mid}{\| h - y(v^*) \|_{(M)}} \right) \cdot$$

$$\text{sign}(h - y(v^*)) \mathrm{d}t \geqslant 0$$

证明 因 $M(u) \in \Delta_2, p(u)$ 连续，C 为 $L^*_{(M)}$ 中闭凸集，由定理 21.2，即可导出.

21.5 最小 Orlicz 范数控制

在分布参数系统的最优控制中，最小能量控制具有明显的实际意义，其抽象形式便是最小范数控制.

考虑单输入的分布参数系统

$$x(t) = V(t)x_0 + \int_0^T U(t, \tau) b u(\tau) \mathrm{d}\tau$$

这里控制空间为 Orlicz 空间 $L^*_M[0, T]$，即 $u \in L^*_M[0, T]$；状态空间为 Banach 空间 X，即 $x_0 \in X, x(t) \in X$，$0 \leqslant t \leqslant T; V(t), 0 \leqslant t \leqslant T, U(t, \tau), 0 \leqslant \tau < t \leqslant T$ 是从 X 到 X 的单参数与双参数的有界算子族；$b \in X$. 令

$$Q_T = \{x \mid x \in X, \exists u \in L^*_M \text{ 使得 } x = x(T)$$

$$= V(T)x_0 + \int_0^T U(T, \tau) b u(\tau) \mathrm{d}\tau\}$$

无碍一般性,以下总设 $x_0 = 0$.

对 $\bar{x} \in Q_T(\bar{x} \neq 0)$,再令

$$C_{\bar{x}} = \left\{ u \mid u \in L_M^*,\text{使得 } \bar{x} = \int_0^T U(T,\tau) b u(\tau) \mathrm{d}\tau \right\}$$

最小 Orlicz 范数控制问题,就是确定 $u_0 \in C_{\bar{x}}$,使得

$$\| u_0 \|_M = \inf_{u \in C_{\bar{x}}} \| u \|_M$$

特别,当 $M(u) = \dfrac{|u|^2}{2}$ 时,最小 Orlicz 范数控制问题,便是最小能量控制问题.

本节做如下假设:

(1) $M(u) \in \Delta_2$,且严格凸,$N(v)$ 亦然;

(2) $\| U(T,\cdot) b \| \in L_M^*[0,T]$;

(3) X 自反,且有无条件基 $\{e_n\}$;

(4) $\bar{x} = \sum\limits_{n=1}^{\infty} a_n e_n$, $U(T,\tau) b = \sum\limits_{n=1}^{\infty} g_n(\tau) e_n$.

由于 $\{e_n\}$ 为无条件基,对 $\tau \in [0,T]$,自然数 $n \geq 1$, $|g_n(\tau)| = \| g_n(\tau) e_n \| / \| e_n \| \leq \| \sum\limits_{k=1}^{\infty} g_k(\tau) e_k \| / \| e_n \| = \| U(T,\tau) b \| / \| e_n \|$,从而由(2)推知 $g_n \in L_{(N)}^*[0,T]$ ($n = 1,2,\cdots$).

$u \in L_M^*$ 称为 Orlicz 范数可达,是指有 $v \in L_{(N)}^*$,满足 $\| v \|_{(N)} = 1$, $\| u \|_M = \int_0^T u(t) v(t) \mathrm{d}t$.

$u \in L_M^*$ 称为 Luxemburg 范数可达,是指有 $v \in L_N^*$, $\| v \|_N = 1$, $\| u \|_{(M)} = \int_0^T u(t) v(t) \mathrm{d}t$.

作为必要的准备知识,先证明几个辅助命题. 其中引理 21.8,21.9 有其独立意义.

引理 21.8　设 $p(u)$ 连续,$u \in L_M^*$,则 $\| u \|_M$ 可达

的充分必要条件是存在 $k > 0$, 使得

$$\int_0^T N(p(k \mid u(t) \mid)) \mathrm{d}t = 1$$

证明 必要性.

存在 $k > 0$, 使得

$$\frac{1}{k}\Big(1 + \int_0^T M(ku(t)) \mathrm{d}t\Big)$$

$$= \parallel u \parallel_M$$

$$= \int_0^T u(t)v(t) \mathrm{d}t$$

$$= \frac{1}{k}\int_0^T ku(t)v(t) \mathrm{d}t$$

$$\leqslant \frac{1}{k}\Big(\int_0^T N(v(t)) \mathrm{d}t + \int_0^T M(ku(t)) \mathrm{d}t\Big)$$

$$\leqslant \frac{1}{k}\Big(1 + \int_0^T M(ku(t)) \mathrm{d}t\Big)$$

所以

$$\int_0^T N(v(t)) \mathrm{d}t = 1$$

而且

$$\int_0^T (N(v(t)) + M(ku(t)) - ku(t)v(t)) \mathrm{d}t = 0$$

从而

$$N(v(t)) + M(ku(t)) = ku(t)v(t) \quad \text{a. e.}$$

由 Young 不等式推出等式的条件, 并注意到 $p(u)$ 的连续性, 这时只能

$$v(t) = p(k \mid u(t) \mid)\operatorname{sign} u(t) \quad (21.35)$$

于是

$$\int_0^T N(p(k \mid u(t) \mid)) \mathrm{d}t = \int_0^T N(v(t)) \mathrm{d}t = 1$$

充分性.

有

$$\|u\|_M = \int_0^T |u(t)| p(k|u(t)|) \mathrm{d}t$$

且 $\|p(k(|u(t)|))\|_{(N)} = 1$. 因此只要取

$$v(t) = p(k|u(t)|) \operatorname{sign} u(t)$$

则 $v \in L_{(N)}^*$, $\|v\|_{(N)} = 1$, 而且

$$\|u\|_M = \int_0^T u(t) v(t) \mathrm{d}t$$

引理 21. 9　设 $p(u)$ 连续, $u \in L_M^*$, 则 $\|u\|_{(M)}$ 可达的充分必要条件是: $\displaystyle\int_0^T M\left(\frac{u(t)}{\|u\|_{(M)}}\right)\mathrm{d}t = 1$ 且 $p\left(\frac{|u(t)|}{\|u\|_{(M)}}\right) \in L_M^*$.

证明　必要性.

设有 $v \in L_N^*$, $\|v\|_N = 1$, 满足 $\|u\|_{(M)} = \displaystyle\int_0^T u(t) \cdot v(t)\mathrm{d}t$, 又有 $k > 0$, 使得

$$\frac{1}{k}\left(1 + \int_0^T N(kv(t))\mathrm{d}t\right) = \|v\|_N = 1$$

$$= \int_0^T \frac{u(t)}{\|u\|_{(M)}} v(t) \mathrm{d}t$$

$$\leqslant \frac{1}{k}\left(\int_0^T M\left(\frac{u(t)}{\|u\|_{(M)}}\right)\mathrm{d}t + \int_0^T N(kv(t))\mathrm{d}t\right)$$

$$\leqslant \frac{1}{k}\left(1 + \int_0^T N(kv(t))\mathrm{d}t\right)$$

由此得 $\displaystyle\int_0^T M\left(\frac{u(t)}{\|u\|_{(M)}}\right)\mathrm{d}t = 1$, 而且

$$M\left(\frac{u(t)}{\|u\|_{(M)}}\right) + N(kv(t)) = \frac{u(t)}{\|u\|_{(M)}} kv(t) \quad \text{a. e.}$$

同样顾及 $p(u)$ 的连续性, 我们有

$$kv(t) = p\left(\frac{|u(t)|}{\|u\|_{(M)}}\right)\text{sign } u(t)$$

从而 $p\left(\frac{|u(t)|}{\|u\|_{(M)}}\right) \in L_N^*$.

充分性.

取 $a > 0$, 使 $\left\|ap\left(\frac{|u(t)|}{\|u\|_{(M)}}\right)\right\|_N = 1$, 因而

$$\|u\|_{(M)} = \|u\|_{(M)}\left\|ap\left(\frac{|u(t)|}{\|u\|_{(M)}}\right)\right\|_N$$

$$= \int_0^T u(t) ap\left(\frac{|u(t)|}{\|u\|_{(M)}}\right)\text{sign } u(t)\,\mathrm{d}t$$

但是, 另外, 又有

$$\|u\|_{(M)} \leq \|u\|_{(M)} a\left(1 + \int_0^T N\left(p\left(\frac{|u(t)|}{\|u\|_{(M)}}\right)\right)\mathrm{d}t\right)$$

$$= \|u\|_{(M)} a\left(\int_0^T M\left(\frac{|u(t)|}{\|u\|_{(M)}}\right)\mathrm{d}t +$$

$$\int_0^T N\left(p\left(\frac{|u(t)|}{\|u\|_{(M)}}\right)\right)\mathrm{d}t\right)$$

$$= \|u\|_{(M)}\int_0^T \frac{|u(t)|}{\|u\|_{(M)}} \cdot a \cdot p\left(\frac{|u(t)|}{\|u\|_{(M)}}\right)\mathrm{d}t$$

$$= \int_0^T u(t) ap\left(\frac{|u(t)|}{\|u\|_{(M)}}\right)\text{sign } u(t)\,\mathrm{d}t$$

因此, 只要取

$$v(t) = ap\left(\frac{|u(t)|}{\|v\|_{(M)}}\right)\text{sign } u(t)$$

引理 21.10 唯一存在 $u_0 \in C_{\bar{x}}$, 使得

$$\|u_0\|_M = \inf_{u \in C_{\bar{x}}} \|u\|_M$$

证明 由 $C_{\bar{x}}$ 的定义, 易知 $C_{\bar{x}}$ 为闭凸集, 而且 $0 \notin C_{\bar{x}}$. 由假设(1), 知 $L_M^*[0, T]$ 为自反、光滑、严格凸空

间，从而 0 在 $C_{\bar{x}}$ 中存在最佳逼近元 u_0，$\|u_0\|_M = \inf\limits_{u \in C_{\bar{x}}} \|u\|_M$；再由严格凸性，便知 u_0 唯一.

引理 21.11　设 $\lambda^0 = \{\lambda_n^0\}$ 满足 $\sum\limits_{n=1}^{\infty} \lambda_n^0 a_n = 1$，而且 $\left\| \sum\limits_{n=1}^{\infty} \lambda_n^0 g_n \right\|_{(N)} = \inf\limits_{\sum\limits_{n=1}^{\infty} \lambda_n a_n = 1} \left\| \sum\limits_{n=1}^{\infty} \lambda_n g_n \right\|_{(N)}$. 若 $u_0 \in C_{\bar{x}}$ 为最小 Orlicz 范数控制，即 $\|u_0\|_M = \inf\limits_{u \in C_{\bar{x}}} \|u\|_M$，则

$$\|u_0\|_M = 1 \Big/ \left\| \sum_{n=1}^{\infty} \lambda_n^0 g_n \right\|_{(N)}$$

证明　由 $\bar{x} = \int_0^T U(T,\tau) b u_0(\tau) \mathrm{d}\tau$ 有

$$\sum_{n=1}^{\infty} a_n e_n = \int_0^T \Big(\sum_{n=1}^{\infty} g_n(\tau) e_n \Big) u_0(\tau) \mathrm{d}\tau$$
$$= \sum_{n=1}^{\infty} \Big(\int_0^T g_n(\tau) u_0(\tau) \mathrm{d}\tau \Big) e_n$$

从而得到 $a_n = \int_0^T g_n(\tau) u_0(\tau) \mathrm{d}\tau (n = 1,2,\cdots)$.

任选使 $\sum\limits_{n=1}^{\infty} \lambda_n a_n = 1$，$\left\| \sum\limits_{n=1}^{\infty} \lambda_n g_n \right\|_{(N)} < \infty$ 的 $\lambda = \{\lambda_n\}$，由上式可得

$$1 = \sum_{n=1}^{\infty} \lambda_n a_n = \int_0^T \Big(\sum_{n=1}^{\infty} \lambda_n g_n(\tau) \Big) u_0(\tau) \mathrm{d}\tau$$
$$\leqslant \int_0^T \Big| \sum_{n=1}^{\infty} \lambda_n g_n(\tau) \Big| |u_0(\tau)| \mathrm{d}\tau$$
$$\leqslant \left\| \sum_{n=1}^{\infty} \lambda_n g_n \right\|_{(N)} \|u_0\|_M \qquad (21.36)$$

于是

$$1 \Big/ \left\| \sum_{n=1}^{\infty} \lambda_n^0 g_n \right\|_{(N)} = 1 \Big/ \inf_{\sum\limits_{n=1}^{\infty} \lambda_n a_n = 1} \left\| \sum_{n=1}^{\infty} \lambda_n g_n \right\|_{(N)}$$

$$\leqslant \parallel u_0 \parallel_M$$

如果上面的等式不成立,即

$$1/\parallel \sum_{n=1}^{\infty} \lambda_n^0 g_n \parallel_{(N)} < \parallel u_0 \parallel_M \qquad (21.37)$$

定义 $X_0 = \{g \mid g \in L_{(M)}^*, \exists \{\lambda_n\}$ 使得 $\sum_{n=1}^{\infty} \lambda_n a_n < \infty,$ 且

$g(t) = \sum_{n=1}^{\infty} \lambda_n g_n(t)\}$,则 X_0 为 $L_{(M)}^*$ 的线性子空间. 在

X_0 上定义泛函

$$F(g) = \sum_{n=1}^{\infty} \lambda_n a_n, \quad 当 \ g(\tau) = \sum_{n=1}^{\infty} \lambda_n g_n(\tau) \ 时$$

$F(g)$ 是唯一确定的. 事实上,如若 $g(\tau) = \sum_{n=1}^{\infty} \lambda_n g_n(t) = \sum_{n=1}^{\infty} \mu_n g_n(\tau)$ 则

$$\left| \sum_{n=1}^{\infty} a_n \lambda_n - \sum_{n=1}^{\infty} a_n \mu_n \right|$$

$$= \left| \sum_{n=1}^{\infty} (\lambda_n - \mu_n) \int_0^T g_n(\tau) u(\tau) d\tau \right|$$

$$= \left| \int_0^T \Big(\sum_{n=1}^{\infty} (\lambda_n - \mu_n) g_n(\tau) \Big) u(\tau) d\tau \right|$$

$$\leqslant \parallel \sum_{n=1}^{\infty} (\lambda_n - \mu_n) g_n \parallel_{(N)} \parallel u \parallel_M$$

$$= 0$$

至于 $F(g)$ 的线性是显然的,又 F 的范数

$$\parallel F \parallel = \sup_{\substack{g \neq 0 \\ g \in X_0}} \frac{\mid F(g) \mid}{\parallel g \parallel_{(N)}}$$

$$= \sup_{\sum_{n=1}^{\infty}\lambda_n a_n < \infty} \frac{|\sum_{n=1}^{\infty}\lambda_n a_n|}{\|\sum_{n=1}^{\infty}\lambda_n g_n\|_{(N)}}$$

$$= \frac{1}{\inf_{\sum_{n=1}^{\infty}\lambda_n a_n < \infty}\|\sum_{n=1}^{\infty}\lambda_n g_n\|_{(N)}}$$

$$= \frac{1}{\|\sum_{n=1}^{\infty}\lambda_n^0 g_n\|_{(N)}}$$

依 Hahn-Banach 定理，将 F 保范延拓到 $L_{(N)}^*$ 上，则存在 $\bar{u} \in L_M^*$ ，使得

$$\|\bar{u}\|_M = 1 \Big/ \|\sum_{n=1}^{\infty}\lambda_n^0 g_n\|_{(N)}$$

$$F(g) = \int_0^T g(\tau)\bar{u}(\tau)\mathrm{d}\tau , g \in L_{(N)}^* \quad (21.38)$$

特别

$$a_n = F(g_n) = \int_0^T g_n(\tau)\bar{u}(\tau)\mathrm{d}\tau \quad (n = 1,2,\cdots)$$

因而

$$\bar{x} = \sum_{n=1}^{\infty}a_n e_n = \sum_{n=1}^{\infty}\Big(\int_0^T g_n(\tau)\bar{u}(\tau)\mathrm{d}\tau\Big)e^n$$

$$= \int_0^T \Big(\sum_{n=1}^{\infty}g_n(\tau)e_n\Big)\bar{u}(\tau)\mathrm{d}\tau$$

$$= \int_0^T U(T,\tau)b\bar{u}(\tau)\mathrm{d}\tau$$

即 $\bar{u} \in C_{\bar{x}}$ ，然而由(21.37)，(21.38) 两式，可推知

$$\|\bar{u}\|_M < \|u_0\|_M , \text{且} \bar{u} \in C_{\bar{x}}$$

这与 u_0 为最小 Orlicz 范数控制矛盾. 因此

$$\| u_0 \|_M = 1 \Big/ \| \sum_{n=1}^{\infty} \lambda_n^0 g_n \|_{(N)}$$

定理 21.11　若 $u_0 \in C_{\bar{x}}$ 为最小 Orlicz 范数控制,则

$$u_0(t) = \frac{1}{k} q\Big(| \sum_{n=1}^{\infty} \lambda_n^0 g_n(t) | \Big/ \| \sum_{n=1}^{\infty} \lambda_n^0 g_n \|_{(N)} \Big) \cdot$$

$$\mathrm{sign} \sum_{n=1}^{\infty} \lambda_n^0 g_n(t)$$

这里 $k = \| \sum_{n=1}^{\infty} \lambda_n^0 g_n \|_{(N)} \| q(| \sum_{n=1}^{\infty} \lambda_n^0 g_n | \Big/ \| \sum_{n=1}^{\infty} \lambda_n^0 g_n \|_{(N)}) \|_M$,
其中 $\{\lambda_n^0\}$ 由引理 21.11 确定.

证明　由引理 21.11 与式(21.36)有

$$1 \Big/ \| \sum_{n=1}^{\infty} \lambda_n^0 g_n \|_{(N)}$$

$$= \int_0^T \Big(\sum_{n=1}^{\infty} \lambda_n^0 g_n(t) \Big/ \| \sum_{n=1}^{\infty} \lambda_n^0 g_n \|_{(N)} \Big) u_0(t) \mathrm{d}t$$

$$= \int_0^T \Big(| \sum_{n=1}^{\infty} \lambda_n^0 g_n(t) | \Big/ \| \sum_{n=1}^{\infty} \lambda_n^0 g_n \|_{(N)} \Big) | u_0(t) | \mathrm{d}t$$

$$= \| u_0 \|_M \qquad\qquad (21.39)$$

即 u_0 的 Orlicz 范数可达. 由引理 21.8,存在 $k > 0$,满足

$$\int_0^T N(p(k | u_0(t) |)) \mathrm{d}t = 1 \qquad (21.40)$$

又知

$$\| u_0 \|_M = \int_0^T | u_0(t) | p(k | u_0(t) |) \mathrm{d}t \qquad (21.41)$$

再由 L_M^* 的光滑性, 并顾及式(21.40)蕴涵 $\| p(k | u_0 |) \|_{(N)} = 1$,知式(21.39)与式(21.41)蕴涵

$$p(k | u_0(t) |) = | \sum_{n=1}^{\infty} \lambda_n^0 g_n(t) | \Big/ \| \sum_{n=1}^{\infty} \lambda_n^0 g_n \|_{(N)}$$

从式(21.39)可知

$$\operatorname{sign} u_0(t) = \operatorname{sign} \sum_{n=1}^{\infty} \lambda_n^0 g_n(t)$$

于是,注意到 $p(u),q(v)$ 互为反函数,便有

$$u_0(t) = \frac{1}{k} q\left(\left|\sum_{n=1}^{\infty} \lambda_n^0 g_n(t)\right| \Big/ \left\|\sum_{n=1}^{\infty} \lambda_n^0 g_n\right\|_{(N)}\right) \cdot$$

$$\operatorname{sign} \sum_{n=1}^{\infty} \lambda_n^0 g_n(t) \qquad (21.42)$$

下面计算 k,由于

$$1 = \sum_{n=1}^{\infty} \lambda_n^0 a_n = \int_0^T \left(\sum_{n=1}^{\infty} \lambda_n^0 g_n(t)\right) u_0(t)\,\mathrm{d}t$$

$$= \frac{1}{k} \left\|\sum_{n=1}^{\infty} \lambda_n^0 g_n\right\|_{(N)} \cdot$$

$$\int_0^T p\left(q\left(\left|\sum_{n=1}^{\infty} \lambda_n^0 g_n(t)\right| \Big/ \left\|\sum_{n=1}^{\infty} \lambda_n^0 g_n\right\|_{(N)}\right)\right) \cdot$$

$$q\left(\left|\sum_{n=1}^{\infty} \lambda_n^0 g_n(t)\right| \Big/ \left\|\sum_{n=1}^{\infty} \lambda_n^0 g_n\right\|_{(N)}\right)\mathrm{d}t \quad (21.43)$$

为简单计,令

$$h(t) = q\left(\left|\sum_{n=1}^{\infty} \lambda_n^0 g_n(t)\right| \Big/ \left\|\sum_{n=1}^{\infty} \lambda_n^0 g_n\right\|_{(N)}\right)$$

则

$$\int_0^T N(p(h(t)))\,\mathrm{d}t$$

$$= \int_0^T N\left(\left|\sum_{n=1}^{\infty} \lambda_n^0 g_n(t)\right| \Big/ \left\|\sum_{n=1}^{\infty} \lambda_n^0 g_n\right\|_{(N)}\right)\mathrm{d}t$$

$$= 1$$

从而有

$$\|h\|_M = \int_0^T p(|h(t)|)|h(t)|\,\mathrm{d}t$$

$$= \int_0^T p\left(q\left(\left|\sum_{n=1}^{\infty} \lambda_n^0 g_n(t)\right| \Big/ \left\|\sum_{n=1}^{\infty} \lambda_n^0 g_n\right\|_{(N)}\right)\right) \cdot$$

$$q(\mid \sum_{n=1}^{\infty}\lambda_n^0 g_n(t) \mid / \parallel \sum_{n=1}^{\infty}\lambda_n^0 g_n \parallel_{(M)})\mathrm{d}t$$

$$(21.44)$$

由 (21.43),(21.44) 两式,得到

$$k = \parallel \sum_{n=1}^{\infty}\lambda_n^0 g_n \parallel_{(N)} \parallel q(\mid \sum_{n=1}^{\infty}\lambda_n^0 g_n \mid / \parallel \sum_{n=1}^{\infty}\lambda_n^0 g_n \parallel_{(N)}) \parallel_M$$

推论 21.8 设 $M(u) = \dfrac{\mid u \mid^s}{s}(1 < s < \infty)$,$u_0 \in C_{\bar{x}}$ 为最小 L^* 范数控制,则

$$u_0(t) = [\mid \sum_{n=1}^{\infty}\lambda_n^0 g_n(t) \mid^{s-1}/ \parallel \sum_{n=1}^{\infty}\lambda_n^0 g_n \parallel_{L^s}^{s'}] \cdot$$

$$\mathrm{sign}(\sum_{n=1}^{\infty}\lambda_n^0 g_n(g))$$

这里 $\sum_{n=1}^{\infty}\lambda_n^0 a_n = 1$ 且

$$\parallel \sum_{n=1}^{\infty}\lambda_n^0 g_n \parallel_{L^s} = \inf_{\sum_{n=1}^{\infty}\lambda_n a_n = 1} \parallel \sum_{n=1}^{\infty}\lambda_n g_n \parallel_{L^s}, \frac{1}{s} + \frac{1}{s'} = 1$$

证明 因为 $M(u) = \dfrac{\mid u \mid^s}{s}(1 < s < \infty)$,则 $N(v) = \dfrac{\mid v \mid^{s'}}{s'}\left(\dfrac{1}{s} + \dfrac{1}{s'} = 1\right)$,从而 $q(\mid v \mid) = \mid v \mid^{s'-1}$,于是由定理 21.11,有

$$u_0(t) = \frac{1}{k}q(\mid \sum_{n=1}^{\infty}\lambda_n^0 g_n(t) \mid / \parallel \sum_{n=1}^{\infty}\lambda_n^0 g_n \parallel_{(N)}) \cdot$$

$$\mathrm{sign}(\sum_{n=1}^{\infty}\lambda_n^0 g_n(t))$$

$$= (\mid \sum_{n=1}^{\infty}\lambda_n^0 g_n(t) \mid^{s'-1}/k \parallel \sum_{n=1}^{\infty}\lambda_n^0 g_n \parallel_{(N)}^{s'-1}) \cdot$$

$$\mathrm{sign}(\sum_{n=1}^{\infty}\lambda_n^0 g_n(t)) \qquad (21.45)$$

将式(21.45) 代入

$$1 = \sum_{n=1}^{\infty} \lambda_n^0 a_n = \int_0^T \big(\sum_{n=1}^{\infty} \lambda_n^0 g_n(t) \big) u_0(t) \mathrm{d}t$$

得到

$$k \parallel \sum_{n=1}^{\infty} \lambda_n^0 g_n \parallel_{(N)}^{s'-1} = \parallel \sum_{n=1}^{\infty} \lambda_n^0 g_n \parallel_{L^{s'}}^{s'}$$

推论 21.9　设 $X = H$ 为 Hilbert 空间，$M(u) = \dfrac{\mid u \mid^2}{2}$，$U(T,t) = e^{-(T-t)A} b, b \in H, \{e^{-tA} : t \geqslant 0\}$ 为 H 中闭稠定算子 $- A$ 生成的 (c_0) 类算子半群.

又设 $\{\tau_n\}$ 为 A 的全部本征值(不妨设其重数为 1)，对应的本征元 $\{\varphi_n\}$ 构成 H 的完全基，$\{\varPsi_n\}$ 为其对偶列，则 $u_0 \in C_{\bar{x}}$ 为最小能量控制蕴涵

$$u_0(t) = \sum_{n=1}^{\infty} \lambda_n^0 \langle b, \varPsi_n \rangle e^{-(T-t)\tau_n} /$$

$$\int_0^T \big(\sum_{n=1}^{\infty} \lambda_n^0 \langle b, \varPsi_n \rangle e^{-(T-t)\tau_n} \big)^2 \mathrm{d}t$$

这里 $\{\lambda_n^0\}$ 满足 $\sum_{n=1}^{\infty} \lambda_n^0 \langle \bar{x}, \varPsi_n \rangle = 1$ 且

$$\int_0^T \big(\sum_{n=1}^{\infty} \lambda_n^0 \langle b, \varPsi_n \rangle e^{-(T-t)\tau_n} \big)^2 \mathrm{d}t$$

$$= \inf_{\sum_{n=1}^{\infty} \lambda_n \langle \bar{x}, \varPsi_n \rangle = 1} \int_0^T \big(\sum_{n=1}^{\infty} \lambda_n \langle b, \varPsi_n \rangle e^{-(T-t)\tau_n} \big)^2 \mathrm{d}t$$

证明　因为 $\bar{x}, b \in H$，则

$$\bar{x} = \sum_{n=1}^{\infty} \langle \bar{x}, \varPsi_n \rangle \varphi_n, b = \sum_{n=1}^{\infty} \langle b, \varPsi_n \rangle \varphi_n \quad (n = 1, 2, \cdots)$$

于是由普映射定理

$$e^{-(T-t)A} b = \sum_{n=1}^{\infty} \langle b, \varPsi_n \rangle e^{-(T-t)\tau_n} \varphi_n \quad (n = 1, 2, \cdots)$$

从而由推论 21.8 立即可得.